LEÇONS

DE GÉOMÉTRIE

SUIVIES

DE NOTIONS ÉLÉMENTAIRES

DE GÉOMÉTRIE DESCRIPTIVE

TYPOGRAPHIE DE CH. LAHURE
Imprimeur du Sénat et de la Cour de Cassation
rue de Vaugirard, 9

LEÇONS
DE GÉOMÉTRIE

SUIVIES

DE NOTIONS ÉLÉMENTAIRES

DE GÉOMÉTRIE DESCRIPTIVE

PAR

P. L. CIRODDE

ANCIEN PROFESSEUR DE MATHÉMATIQUES AU LYCÉE NAPOLÉON

OUVRAGE AUTORISÉ

PAR LE CONSEIL DE L'INSTRUCTION PUBLIQUE

———

Troisième Édition
mise en harmonie avec les derniers programmes officiels

PAR

ALFRED ET ERNEST CIRODDE
anciens élèves de l'École polytechnique, ingénieurs des Ponts et Chaussées

PARIS

LIBRAIRIE DE L. HACHETTE ET Cie

RUE PIERRE-SARRAZIN, N° 14

(Près de l'École de médecine)

———

1858

On a marqué d'une étoile (*) les articles qui ne sont pas d'une importance immédiate et que l'on pourra omettre à une première lecture.

Les numéros placés entre parenthèses indiquent qu'il faut toujours se reporter aux articles correspondants. Par exemple, dans la ligne 5 de la page 14, le signe (37) marque un renvoi au théorème énoncé au numéro 37, et rappelle ainsi au lecteur que *par un point pris sur une droite, on peut toujours lui élever une perpendiculaire, mais qu'on ne peut lui en élever qu'une seule d'un même côté.*

De même le signe (G., 451), que l'on trouve à l'avant-dernière ligne de la page 415, renvoie le lecteur au numéro 451 de la Géométrie, et il lui rappelle ainsi que *la projection d'une ligne droite sur un plan est une ligne droite.*

Les renvois à l'Arithmétique se rapportent à la 12ᵉ édition de cet ouvrage.

AVERTISSEMENT.

Cette troisième édition des *Leçons de géométrie* renferme tou-
les les matières contenues dans les programmes officiels.

Le livre XI (*De quelques courbes usuelles, ellipse, parabole et
hélice*) a été ajouté en entier; il en est de même du § V (*Problèmes relatifs aux intersections de surfaces*) dans les *Notions élémentaires de géométrie descriptive* qui terminent cet ouvrage.

Toutes les autres parties de l'ouvrage ont été revues avec
soin, de manière à les mettre en harmonie avec les programmes officiels. Ainsi, nous avons partout substitué les rapports
aux proportions; nous avons remplacé autant que possible par
des démonstrations directes les démonstrations dites *par la réduction à l'absurde*; la méthode infinitésimale a été seule conser-
vée pour établir les expressions des aires et des volumes.

Enfin, nous avons cru devoir donner place à certains problèmes et à diverses applications pratiques de la géométrie, qui
sont pour ainsi dire d'un usage journalier, et qui figuraient au
surplus dans la première édition.

A. et E. CIRODDE.

ERRATA.

Page 262, ligne 11, *au lieu de :* (522 ou 537), *lisez :* (523 ou 537).

Page 365, ligne 5 en remontant, *au lieu de :* sur le milieu I, *lisez :* sur le milieu P.

Page 366, lignes 19-23, *lisez :* FG, F'G', et en abaissant du point S sur ces droites deux perpendiculaires ST, ST', on aura les tangentes demandées. Les points de contact M, M' seront à l'intersection de ces perpendiculaires avec F'G et F'G'. En effet, joignons FM : puisque SG = SF, ST sera perpendiculaire sur le milieu de FG; donc FM = FG, donc FM + F'M = F'G = 2a, et par conséquent le point M appartient à l'ellipse; de plus, le triangle FMG étant isocèle, ST divise, etc.

Page 367, lignes 17-20, *au lieu de :* En abaissant, etc., *lisez :* En élevant sur les milieux de FQ et FQ' les perpendiculaires TT', et T"T''', on aura les deux tangentes demandées. Les points de contact M et M' seront à l'intersection de ces perpendiculaires avec F'Q et F'Q'. En effet, joignons FM : puisque TT' est perpendiculaire sur le milieu de FQ, FM = MQ; donc FM + F'M = F'Q = 2a, et par conséquent le point M appartient à l'ellipse. De plus, les deux triangles MIQ, MIF sont égaux, etc.

LEÇONS

DE GÉOMÉTRIE

ET ÉLÉMENTS

DE GÉOMÉTRIE DESCRIPTIVE.

LEÇONS DE GÉOMÉTRIE.

NOTIONS PRÉLIMINAIRES.

1. « J'avance mon bras dans l'obscurité, dit M. Biot dans son
« estimable *Traité de Physique ;* il rencontre un obstacle qui
« l'empêche de s'étendre ; ma main, promenée sur cet obsta-
« cle, trouve qu'il est limité, qu'il finit à certains endroits,
« commence à d'autres, et qu'autour de lui l'espace est libre :
« j'en conclus que cet obstacle existe ou paraît exister hors de
« moi, dans une certaine portion de l'espace de laquelle son
« existence m'exclut ; d'après cela je l'appelle *un corps.* Le pre-
« mier de ces phénomènes, la *limitation*, est le caractère de l'é-
« tendue *figurée*, c'est-à-dire douée d'une forme. Le second,
« *l'exclusion des autres corps*, est le caractère que l'on désigne
« par le nom d'*impénétrabilité.* » L'étendue et l'impénétrabilité,
voilà les deux propriétés essentielles de la matière. Or il est possible, sinon de réaliser, au moins de concevoir des portions de
l'espace qui seraient terminées de toute part, sans être pour cela

impénétrables : c'est là précisément ce que nous ferons dans
tout le cours de cet ouvrage. Ainsi *un* CORPS *ne sera*, *pour nous*,
qu'une portion de l'espace indéfini, PÉNÉTRABLE, DIVISIBLE ET FIGU-
RÉE. Cette portion de l'espace a toujours trois *dimensions : longueur*, *largeur* et *épaisseur*. Cette dernière prend quelquefois le
nom de *hauteur* ou de *profondeur*.

2. *Les limites des corps s'appellent* SURFACES. Les surfaces sont
étendues en longueur et en largeur seulement.

3. Lorsque deux surfaces se rencontrent, leur intersection
est leur limite commune, et on l'appelle *ligne*. Ainsi *les* LIGNES
sont les limites des surfaces. Elles ne sont étendues qu'en longueur.

4. Lorsque deux lignes se rencontrent, leur intersection est
leur limite commune, et on l'appelle *point*. *Donc les* POINTS *sont
les limites des lignes*. Le point n'a pas d'étendue.

5. Un corps ne saurait exister sans réunir les trois dimensions de l'étendue. Ainsi les surfaces, les lignes et les points
n'existent pas indépendamment du corps, de la surface, ou de
la ligne auxquels ils servent respectivement de limites ; cependant nous pouvons très-bien, par une abstraction de notre es-
prit, les considérer isolément. Quand on se propose, par exemple, de mesurer la profondeur d'un réservoir, on ne s'occupe
nullement de sa longueur et de sa largeur ; tandis que si l'on
veut en évaluer la surface, c'est de la profondeur au contraire
qu'il n'est plus question. Mais on sent que si l'on a besoin de
connaître la quantité d'eau contenue dans ce réservoir, on devra avoir égard à la fois à ses trois dimensions. En conséquence,
nous étudierons successivement les propriétés des lignes, des
surfaces et des corps considérés relativement à leur étendue, et
nous apprendrons à les mesurer. Tel est l'objet et la division
naturelle de la *géométrie*. Nous définirons donc LA GÉOMÉTRIE
*une science qui a pour objet l'étude des propriétés de l'étendue et
la mesure de cette étendue.*

6. On distingue trois sortes de lignes : *la droite, la brisée* et
la courbe.

7. On peut définir la ligne droite *la ligne qui tend constam-*

ment vers un seul et même point. Il n'est personne, au surplus, qui ne sache très-bien ce que c'est qu'une ligne droite : l'arête d'une règle bien dressée nous en offre un exemple. Tout le monde sait encore que *la ligne droite est le plus court chemin pour aller d'un point à un autre,* et qu'en conséquence, *entre deux points donnés on ne peut tirer qu'une ligne droite.* Ce sont là des idées que nous acquérons dès notre enfance, et sur lesquelles tous les hommes sont d'accord.

8. Il suit de là que *la ligne droite qui joint deux points,* étant le plus court chemin pour aller de l'un à l'autre, *est la mesure naturelle de la distance de ces deux points.*

THÉORÈME I.

9. *Deux droites qui ont deux points communs coïncident dans toute leur étendue*([1]).

Soient en effet ZX et Z′ X′ deux lignes droites (fig. 1), et supposons que l'on porte la seconde sur la première, en plaçant les points A′ et B′ respectivement sur les points A et B. D'abord il est clair que les deux droites coïncideront parfaitement dans l'intervalle de A à B (**7**); mais en sera-t-il de même au delà de ces points? Supposons qu'elles se séparent en C, de sorte que A′X′ prenne la position ABCY, et faisons tourner cette dernière autour de A, de manière à amener un quelconque Y de ses points sur la première droite. Il est évident que tous les points de ABY, à l'exception de A, auront participé à son mouvement, et qu'ainsi tous ceux de ses points qui se trouvaient sur ABX s'en seront détachés. Nous aurons donc ainsi deux droites distinctes de A en X, ce qui est absurde : donc il était pareillement absurde de supposer que les deux droites pussent se séparer; donc elles coïncident entièrement.

10. COROLLAIRE I. *Deux points donnés déterminent la position d'une droite :* car on peut évidemment tirer une ligne droite

---

([1]) Il y a des lignes droites de toute grandeur; car on peut supposer aussi éloignés qu'on le voudra les deux points dont une pareille ligne mesure la distance.

par ces deux points (7), et nous venons de voir qu'on ne peut en faire passer qu'une.

11. Corollaire II. Lorsque l'on fait coïncider une ligne droite finie **AB** avec une portion d'une ligne droite indéfinie **ZABX**, on peut regarder les parties **AZ** et **BX** de celle-ci comme les *prolongements* de l'autre.

12. *Une ligne* brisée *est un assemblage de lignes droites consécutives que l'on appelle ses côtés.*

13. *Une ligne courbe est une ligne qui n'est ni droite ni composée de lignes droites.* On peut aussi la définir *une ligne décrite par un point qui dans son mouvement se détourne infiniment peu à chaque pas.*

ACDB est une ligne brisée, et AMB est une ligne courbe (fig. 2).

14. Il est évident que *l'on peut mener d'un point à un autre une infinité de lignes courbes ou brisées.*

15. Il suit des définitions mêmes du point et de la ligne (3 et 4) *que l'on peut regarder une ligne comme engendrée par le mouvement d'un point, et une surface par le mouvement d'une ligne.*

16. De même qu'il y a des lignes droites et des lignes courbes, de même il y a aussi des surfaces planes et des surfaces courbes.

La surface plane *ou* le plan *est une surface telle que, si l'on joint deux quelconques de ses points par une ligne droite, cette droite est tout entière sur la surface.* Il suit de là que, pour vérifier si une portion de surface est plane, il n'y a qu'à lui appliquer l'arête d'une règle bien dressée, et voir si, dans chaque position, cette arête coïncide exactement avec la surface.

17. *Une surface courbe est celle qui n'est ni plane ni composée de surfaces planes.*

THÉORÈME II.

18. *Trois points qui ne sont pas situés en ligne droite* déterminent *un plan, c'est-à-dire qu'on peut toujours faire passer un* *plan par ces trois points, mais qu'on ne peut en faire passer qu'un.*

Soient A,B,C ces trois points (fig. 3). Joignons-en deux quelconques, A et B par exemple, par une ligne droite. On pourra évidemment (**16**) faire passer un plan par la droite AB, et si l'on conçoit que ce plan tourne autour de cette droite, il viendra bientôt s'appuyer sur le point C : donc déjà on peut faire passer un plan par les trois points A, B, C.

Je dis maintenant que l'on n'en pourra faire passer qu'un seul. Supposons, en effet, que l'on puisse mener un second plan par les trois points A, B, C, et joignons AC. Il suit de la définition du plan que les deux droites indéfinies AB et AC seront tout entières dans chacun des deux plans. Cela posé, tirons une ligne droite MN par un point quelconque M du second plan et un point quelconque N de AC, qui soit situé de l'autre côté de AB par rapport au point M; cette droite MN coupera nécessairement AB; donc elle aura deux points dans chaque plan, et par conséquent elle y sera tout entière. Donc tout point M du second plan est en même temps dans le premier; donc ces deux plans coïncident; donc trois points non en ligne droite déterminent un plan.

THÉORÈME III.

19. *Deux droites*, AB *et* CD, *qui se coupent*, DÉTERMINENT *un plan* (fig. 4).

Marquons, en effet, les deux points B et D sur les droites AB et CD. Il sera toujours possible de faire passer un plan par les trois points B, O, D qui ne sont pas en ligne droite, et ce plan contiendra les droites AB et CD, car chacune aura deux points dans ce plan; de plus, on n'en fera passer qu'un seul, sans quoi deux plans pourraient avoir les trois points communs B, O, D sans coïncider. Donc par deux droites qui se coupent on peut faire passer un plan, et l'on ne peut en faire passer qu'un : donc deux pareilles droites déterminent un plan ([1]).

([1]) Le procédé que suit le tailleur de pierre pour exécuter une surface plane

THÉORÈME IV.

20. *L'intersection de deux plans est une ligne droite, et celle de trois plans est un point.*

1° D'abord l'intersection de deux plans est une ligne droite; car si l'on pouvait trouver sur cette intersection trois points qui ne fussent pas en ligne droite, les deux plans dont il s'agit, passant chacun par ces trois points, coïncideraient (**18**) : ce qui est contre l'hypothèse.

2° L'intersection de trois plans, n'étant évidemment que l'intersection de l'un d'eux avec la droite suivant laquelle les deux autres se coupent, sera par conséquent un point.

21. La plus simple des lignes courbes que l'on considère en géométrie est *la circonférence du cercle.* On appelle ainsi *une ligne dont tous les points sont situés sur un même plan, et également éloignés d'un autre point pris dans ce plan. Ce point se nomme le* CENTRE. ABCD est une circonférence dont O est le centre (fig. 21).

Les lignes droites qui, comme OA, *vont du centre à la circonférence, se nomment* RAYONS. Il est visible que *tous les rayons sont égaux,* puisqu'ils mesurent les distances du centre aux différents points de la circonférence (**8**).

On appelle DIAMÈTRE *une droite qui, passant par le centre, va se terminer à la circonférence.* Un diamètre est donc la somme de deux rayons, et ainsi *tous les diamètres sont égaux.*

Une partie quelconque de la circonférence se nomme *arc;* ainsi AMB, BNC,.... sont des arcs.

La partie du plan enveloppée par la circonférence est LE CERCLE.

22. Les courbes planes les plus usuelles après la circonférence du cercle sont l'*ellipse,* la *parabole* et l'*hélice.* Nous y reviendrons plus loin avec quelques détails.

---

est fondé sur ce théorème. Il forme, sur deux bords contigus de la pierre, deux bandes sur lesquelles il puisse appliquer l'arête de sa règle, et alors il y trace avec la pierre noire deux lignes droites qui se coupent. Puis, regardant ces lignes comme deux *directrices* fixes, il fait glisser sur elles l'arête de sa règle, et il ôte de la pierre tout ce qui empêche cette arête de s'appliquer exactement dans tous les sens sur les deux droites.

LIVRE PREMIER [1].

DES LIGNES.

CHAPITRE PREMIER.

DE LA LIGNE DROITE.

§ I. De la mesure des lignes droites.

23. La ligne droite qui joint deux points étant, comme nous l'avons vu (8), la mesure naturelle de leur distance, on comprend combien il est important de savoir mesurer une ligne droite. Occupons-nous donc de cette question.

PROBLÈME I.

24. *Mesurer une droite donnée.*

Mesurer une ligne droite, c'est chercher le rapport de cette droite à une autre que l'on est *convenu* de prendre pour unité. Or, si cette unité est contenue un nombre exact de fois dans la droite à mesurer, ce nombre est la mesure demandée; mais lorsqu'il n'en est pas ainsi, il faut chercher s'il n'y a pas une certaine longueur qui, étant contenue exactement dans l'unité linéaire et dans la droite donnée, soit par conséquent la *commune mesure* de toutes deux. Supposons qu'il en soit ainsi, c'est-à-dire que les deux lignes soient *commensurables* entre elles : si l'on trouve, par exemple, que la droite donnée et l'unité linéaire contiennent respectivement 15 fois et 7 fois une même longueur, on en conclura que cette longueur est *le septième* de l'unité linéaire, et qu'ainsi la droite à mesurer vaut quinze fois le septième de cette unité, c'est-à-dire qu'elle en est les $\frac{15}{7}$. Donc

---

([1]) Dans les cinq premiers livres de cet ouvrage, nous supposerons toutes les figures tracées sur un même plan.

la mesure demandée est exprimée par une fraction dont les deux termes sont les nombres de mesures communes contenues dans les deux droites que l'on a comparées.

Lorsque la droite proposée est *incommensurable* avec l'unité linéaire, cette mesure n'est pas assignable numériquement, mais elle n'en existe pas moins, et nous verrons, dans un instant, que l'on peut, sinon l'obtenir exactement, du moins en approcher aussi près que l'on veut.

25. La détermination de la mesure d'une droite est donc ramenée à la solution de ce problème : *Deux droites* AB et CD *étant données* (fig. 5), *trouver leur commune mesure si elles en ont une.*

Si l'on raisonne sur les deux droites données comme on l'a fait dans l'arithmétique, quand il s'est agi de trouver le plus grand commun diviseur de deux nombres, on sera conduit à porter la plus petite CD sur la plus grande AB, autant de fois qu'il sera possible, et l'on trouvera, par exemple, qu'elle y est contenue deux fois de A en F avec un reste FB ; de sorte que

[1] $$AB = 2\,CD + FB;$$

ce qui montre que CD n'est pas la commune mesure demandée. Mais on verra encore, comme dans l'arithmétique, que la plus grande commune mesure des droites AB et CD est la même que celle de CD et de FB. Je porte donc FB sur CD, et je trouve qu'elle y est contenue trois fois de C en G, avec un reste GD : donc

[2] $$CD = 3\,FB + GD.$$

Je porte maintenant GD sur FB : elle y est comprise une fois, avec un reste IB : donc

[3] $$FB = GD + IB.$$

Enfin, en portant IB sur GD, on trouvera, je suppose, qu'elle y est contenue trois fois exactement, et qu'ainsi

$$GD = 3\,IB.$$

IB est donc la plus grande commune mesure des droites AB et CD.

Concluons de là que, *pour trouver la plus grande commune mesure de deux droites, il faut leur appliquer la méthode donnée en arithmétique pour trouver le plus grand commun diviseur de deux nombres.*

26. Maintenant que nous connaissons la commune mesure des droites AB et CD, il faut, pour évaluer leur rapport, déterminer combien de fois chacune d'elles contient IB. Or, l'équation [3] nous montre que, comme GD = 3IB, FB vaudra 3IB + IB = 4IB. En remontant de même aux équations [2] et [1], on trouvera d'abord que CD vaut d'une part trois fois 4IB ou 12IB, et de l'autre 3IB, ce qui fait 15IB; ensuite que AB contient deux fois 15IB ou 30IB, et encore 4IB, c'est-à-dire 34IB. Donc, puisque la commune mesure IB est contenue 34 fois dans AB et 15 fois dans CD, on en conclut que le rapport de ces deux droites est $\frac{34}{15}$, et que, par conséquent, si CD est l'unité linéaire, cette fraction $\frac{34}{15}$ est la mesure ou *la longueur* de AB.

27. *Nous appellerons désormais* LONGUEUR D'UNE LIGNE *le rapport de cette ligne à l'unité linéaire.*

28. Remarquons que cette fraction $\frac{34}{15}$ est nécessairement irréductible, sans quoi IB ne serait pas la plus grande commune mesure des droites AB et CD. On voit, en effet, que si l'on avait trouvé, par exemple, AB = 35IB, auquel cas le rapport de AB à CD serait $\frac{35}{15}$, fraction dont les deux termes sont divisibles par 5, ces deux droites auraient 5IB pour commune mesure : car alors AB et CD vaudraient respectivement 7 fois et 3 fois 5IB.

29. Lorsque deux droites A et B sont *commensurables*, l'opération du n° **25** se termine nécessairement : car si p et q indiquent combien de fois elles contiennent cette commune mesure K, on a A = pK et B = qK, de sorte que l'opération dont il s'agit ne diffère pas de celle qu'il faudrait exécuter sur les nombres p et q pour déterminer leur plus grand commun diviseur, et celle-ci n'exige qu'un nombre fini de divisions.

30. Si au contraire les droites A et B sont *incommensurables*, l'opération ne peut pas se terminer (¹): car si l'on pouvait trouver un reste qui fût contenu exactement dans le précédent, ce reste serait une commune mesure des droites A et B.

Quelle idée faut-il alors se faire du rapport de ces droites? Supposons qu'en négligeant un reste quelconque on regarde le précédent, que je désignerai par K, comme la commune mesure des deux droites A et B, et admettons que ces droites contiennent p fois et q fois la droite K avec des restes respectifs α et β moindres que K. On aura $A - \alpha = pK$ et $B - \beta = qK$: donc le rapport $\frac{A-\alpha}{B-\beta}$ est égal à $\frac{p}{q}$. Or α et β sont deux quantités variables qui sont d'autant plus petites que le reste K, auquel on s'est arrêté, est lui-même plus petit, et qui ont par conséquent *zéro* pour limite (*Arith.*, 236) (²); donc le rapport $\frac{A-\alpha}{B-\beta}$ tend vers une certaine limite, et comme ses deux termes convergent respectivement vers A et B, cette limite est ce qu'on appelle le rapport de A à B. Donc LE RAPPORT DE DEUX GRANDEURS INCOMMENSURABLES *est la limite vers laquelle tendent les rapports successifs que l'on obtient, lorsqu'on remplace ces grandeurs par des quantités commensurables qui en approchent indéfiniment.*

Ainsi, quand les droites A et B seront commensurables, on calculera exactement leur rapport; mais quand elles seront incommensurables, on ne pourra l'obtenir qu'avec approximation; cette approximation sera d'ailleurs aussi grande que l'on voudra, puisqu'il s'agira pour cela de s'arrêter à un reste suffisamment petit, c'est-à-dire de prendre pour valeur de ce rapport le rapport de deux quantités commensurables dont la commune mesure peut être aussi petite qu'on le voudra.

(¹) Observons qu'il n'en sera jamais ainsi dans la pratique; car on arrivera bientôt à un reste qui échappera aux sens par sa petitesse.

(²) On ne saurait douter que les quantités α et β n'aient zéro pour limite; car si l'on considère trois restes consécutifs quelconques R, R′, R″, on a R′ > R″. Mais R vaut au moins R′ + R″: donc il est plus grand que 2 R″; donc un reste quelconque est moindre que la moitié du reste antéprécédent; donc le 2ᵉ, le 4ᵉ, le 6ᵉ,...... restes sont respectivement plus petits que $\frac{1}{2}$, $\frac{1}{4}$, $\frac{1}{8}$,...... de la plus petite droite B; donc après un nombre suffisant d'opérations, on arrivera à un

THÉORÈME I.

31. *Si deux lignes brisées* ABC *et* AOC (fig. 6), *composées chacune de deux lignes droites, se terminent aux mêmes points A et C, et que l'une enveloppe l'autre* (¹), *la première sera plus grande que la seconde.*

En effet, prolongeons AO jusqu'à sa rencontre en D avec BC ; le point D sera situé entre B et C, puisque ABC enveloppe AOC. Cela posé, la droite OC est plus courte que la brisée ODC (7) : donc, en ajoutant AO de part et d'autre, on aura

$$AOC < ADC.$$

D'un autre côté, la droite AD est plus courte que la ligne brisée ABD : donc, en ajoutant DC de part et d'autre, on aura

$$ADC < ABC.$$

Donc AOC, qui est moindre que ADC, est à plus forte raison plus petite que ABC.

§ II. Des perpendiculaires et des obliques.

32. Lorsque deux droites AB, CD (fig. 4) se coupent, elles partagent le plan qu'elles déterminent (19) en quatre parties AOC, COB, BOD, DOA, dont chacune s'appelle un *angle*. Ainsi un ANGLE *est une portion indéfinie de surface plane, comprise entre deux droites qui se coupent et sont terminées à leur point de section.* Ce point se nomme *le sommet* de l'angle, et les deux droites en sont *les côtés*. Ainsi O est le sommet de l'angle AOC, et OA et OC en sont les deux côtés.

On désigne, comme on voit, un angle par trois lettres, dont les deux extrêmes indiquent deux points de ses côtés, et dont

---

reste K moindre que toute droite donnée (*Arith.*, 333). Mais α et β sont plus petites que K ; donc ces quantités ont bien zéro pour limite.

(¹) Deux pareilles lignes brisées étant situées d'un même côté de la droite qui unit leurs extrémités communes, celle qui est la plus rapprochée de cette droite est *enveloppée* par l'autre.

celle du milieu appartient au sommet. Quelquefois même on dénomme un angle par la lettre placée à son sommet; mais il faut, pour cela, que ce sommet ne soit pas commun à d'autres angles. Ainsi, dans la figure 2, nous pourrons dire l'angle C pour désigner l'angle ACD.

33. Remarquons que la grandeur d'un angle dépend de la quantité de surface plane comprise entre ses côtés, et par conséquent de leur écartement : ainsi, si l'on fait sur AB l'angle DAB égal à BAC (fig. 7), sur AD l'angle FAD = DAB, etc., les angles DAC, FAC,... seront respectivement double, triple,... de l'angle BAC. D'où il suit qu'on peut très-bien comparer plusieurs angles à l'un d'eux pris pour *unité*, par suite les mesurer, et conséquemment les soumettre à toutes les opérations du calcul. Ainsi, en prenant BAC pour unité, les angles DAC et FAC vaudront l'un 2, et l'autre 3 unités.

On peut aussi arriver très-simplement à se rendre compte de la grandeur d'un angle, en le considérant comme engendré par une droite AD, qui, d'abord couchée sur AB, se relève et s'en écarte progressivement en tournant autour du point A.

34. Puisque les côtés d'un angle doivent toujours être supposés indéfinis, et que deux droites coïncident dans toute leur étendue lorsqu'elles ont seulement deux points communs (9), on devra conclure que *deux angles sont égaux lorsque, étant placés l'un sur l'autre, ils se recouvrent parfaitement dans une certaine portion de leur étendue.*

35. Ce principe a donné l'idée d'un instrument très-simple pour faire un angle égal à un autre. Cet instrument, que l'on nomme une *fausse équerre*, est composé de deux règles AB et AC (fig. 8), qui tournent *à frottement dur* sur un même pivot auquel elles sont fixées, comme les branches d'un compas. Cela posé, si l'on veut mener par le point O d'une ligne OD une droite qui fasse avec elle un angle égal à un angle donné M, on ajustera la fausse équerre de manière que les deux arêtes intérieures coïncident exactement avec les côtés de cet angle; ainsi l'angle qu'elles formeront alors sera parfaitement égal à M : donc si l'on place l'une des arêtes AB sur OD, le point A (intersection des deux arêtes intérieures) sur O, et qu'on fasse glisser une pointe à tracer le long de l'autre arête AC, la droite OK ainsi déterminée formera avec OD un angle égal à BAC, et par conséquent à l'angle donné.

Quelquefois chaque règle est terminée par une pointe, et l'on peut alors employer la fausse équerre aux mêmes usages que le compas.

36. Si l'on conçoit qu'une droite OC (fig. 9), d'abord couchée sur OA, tourne autour du point O, en s'éloignant de la partie OA, cette droite formera avec AB deux angles que l'on appelle *adjacents*, dont l'un, COA, ira constamment en augmentant depuis zéro, et dont l'autre, COB, ira, au contraire, en diminuant sans cesse jusqu'à devenir nul, ce qui arrivera quand CO sera couchée sur OB. On conçoit, d'après cela, qu'il y aura une position OD de la droite mobile et une seule, dans laquelle elle fera avec AB deux angles égaux, DOA et DOB : on dit qu'elle est alors *perpendiculaire* sur AB. Ainsi *une droite est* PERPENDICULAIRE *sur une autre lorsqu'elle fait avec cette autre deux angles adjacents égaux*, et ces angles se nomment ANGLES DROITS.

THÉORÈME II.

37. *Par un point pris sur une droite on peut toujours lui élever une perpendiculaire, mais on ne peut lui en élever qu'une seule d'un même côté.*

La vérité de cette proposition est une conséquence immédiate des considérations précédentes.

THÉORÈME III.

38. *Tous les angles droits sont égaux entre eux.*

Soient OC perpendiculaire sur AB (fig. 10), et O′C′ perpendiculaire aussi sur A′B′; je dis que les angles droits C′O′A′ et C′O′B′ sont égaux aux angles droits COA et COB. Marquons, en effet, sur le côté AO le point quelconque D, et prenons sur O′A′ la distance O′D′ = OD. Supposons maintenant que l'on porte la figure C′A′B′ sur la figure CAB, en plaçant les points O′ et D′

respectivement sur les points correspondants O et D, ce qui est possible, puisque O'D' = OD ; les deux droites A'B' et AB coïncideront alors dans toute leur étendue (9), et par conséquent O'C' tombera sur OC, sans quoi on aurait par le même point O deux perpendiculaires sur AB, ce qui ne se peut pas (37). Donc les angles C'O'A' et C'O'B' recouvriront parfaitement les angles respectifs COA et COB : donc ces angles sont égaux ; mais ils sont droits : donc les angles droits sont égaux.

39. On appelle angle *aigu* tout angle moindre qu'un droit, et tout angle plus grand qu'un droit se nomme angle *obtus*. Ainsi dans la figure 9, où OD est perpendiculaire sur AB, l'angle COB est un angle obtus, et COA est un angle aigu.

Théorème IV.

40. *Lorsqu'une droite* OC *en rencontre une autre* AB (fig. 9), *la somme des deux angles adjacents* COA *et* COB *est égale à la somme de deux angles droits.*

Élevons par le point O la perpendiculaire OD sur AB, ce qui formera les deux angles droits DOA et DOB. Cela posé, l'angle COB se compose des angles COD et DOB : donc la somme des deux angles AOC et COB sera celle même des trois angles AOC, COD et DOB. Mais les deux premiers réunis forment l'angle droit AOD, le troisième DOB est aussi droit : donc enfin la somme des deux angles AOC et COB est égale à celle des deux angles droits AOD et DOB, et par conséquent à celle de deux angles droits (38).

41. Corollaire I. Si l'un des angles COA et COB est droit, l'autre l'est aussi.

42. Corollaire II. *Si une droite* OD *est perpendiculaire sur une autre* AB, *réciproquement cette seconde sera perpendiculaire sur la première.*

En effet, prolongeons OD au-dessous de AB, l'angle AOD est droit par hypothèse (36) : donc son adjacent AOF l'est aussi ; donc AO forme avec DF deux angles adjacents égaux AOD et AOF (38) : donc AO est perpendiculaire sur DF.

43. Corollaire III. Puisque l'angle AOF est droit, son adjacent FOB l'est aussi : donc OF est perpendiculaire sur AB ; donc *lorsqu'une droite OD est perpendiculaire sur une autre AB, son prolongement OF l'est aussi.*

44. Corollaire IV. *La somme de tous les angles* IOA, AOB, BOC, *formés autour d'un même point et du même côté d'une droite* IC, *est égale à deux droits* (fig. 11) : car leur somme est la même que celle des deux angles adjacents IOB et BOC.

45. Corollaire V. *La somme de tous les angles* AOB, BOC, COD, DOA, *formés autour d'un même point* O, *est égale à quatre droits.* Prolongeons en effet CO en OI, il est évident, d'après le corollaire précédent, que la somme des angles IOA + AOB + BOC + COD + DOI est égale à quatre droits. Mais IOA + DOI = AOD : donc, etc.

46. Lorsque la somme de deux angles est égale à deux angles droits, on dit que chacun d'eux est *le supplément* de l'autre, ou que ces angles *sont supplémentaires.* On voit que *deux angles qui ont le même supplément sont égaux,* puisqu'en leur ajoutant un même angle on obtient la même somme, deux angles droits.

47. Lorsque la somme de deux angles est égale à un angle droit, on dit que chacun d'eux est le *complément* de l'autre, ou que ces angles sont *complémentaires.* On voit que *deux angles qui ont le même complément sont égaux.*

THÉORÈME V.

48. *Si deux angles adjacents* COA *et* COB (fig. 9) *sont supplémentaires, les côtés extérieurs* AO *et* OB *sont en ligne droite.*

En effet, le prolongement de AO formera avec OC un angle qui sera supplémentaire de l'angle COA, et qui sera par conséquent égal à l'angle COB (**46**); donc le prolongement de AO coïncide nécessairement avec OB, donc AOB est une ligne droite.

49. Scolie. Lorsque deux propositions sont telles que, le sujet étant le même, l'hypothèse que l'on fait dans l'une est précisément le jugement que l'on porte dans l'autre, et *vice versa,* on dit que l'une est la *réciproque* de l'autre. Ainsi la proposition précédente est la réciproque de celle du n° **40** : car dans toutes deux la droite OC, qui concourt à former les angles COA et COB, est le sujet; l'hypothèse et le jugement de la proposition du n° **40** sont respectivement : AOB *est une ligne droite*, et COA + COB *égale deux droits;* tandis que l'hypothèse et le jugement de celle du n° **48** sont au contraire : COA + COB *égale deux droits*, et AOB *est une ligne droite.*

Théorème VI.

50. *Lorsque deux droites* AB *et* CD *se coupent* (fig. 4), *les angles opposés par le sommet, tels que* AOC *et* BOD, *sont égaux.*

En effet, puisque AOB est une ligne droite, l'angle COB est le supplément de COA ; de même, puisque COD est une ligne droite, l'angle COB est aussi le supplément de BOD ; donc les deux angles COA et BOD, qui ont le même supplément, sont égaux.

Théorème VII.

51. *Par un point donné on peut mener une perpendiculaire à une droite donnée, mais on ne peut lui en mener qu'une seule.*

Il peut arriver deux cas, selon que le point donné est situé sur la droite donnée, ou hors de cette droite. Le premier cas a été démontré aux n°ˢ **37** et **43**; occupons-nous donc du second.

Je suppose que le point C soit pris hors de la droite AB (fig. 12), et je dis d'abord que de ce point on peut abaisser une perpendiculaire sur AB. Pour le prouver, je fais tourner la partie supérieure du plan autour de AB comme charnière, jusqu'à ce que le point C soit venu se placer quelque part en C' sur sa partie inférieure; je joins CC' et soit D le point où cette droite coupe AB. Si l'on replie de nouveau la figure le long de AB, le point D restera immobile, et ainsi l'angle CDA recouvrira C'DA; donc AB est perpendiculaire sur CC', et réciproquement CC' est perpendiculaire sur AB (**42**).

Supposons maintenant qu'on puisse abaisser du point C une seconde perpendiculaire CI sur AB : si l'on fait tourner la partie supérieure du plan autour de AB, CI viendra se rabattre sur C'1 : donc l'angle C'ID est droit comme son égal CID ; mais ces deux angles sont adjacents, donc leurs côtés extérieurs CI et IC' sont en ligne droite (48) ; donc on a, du point C au point C', deux lignes droites distinctes, ce qui est absurde (7) ; donc il n'est pas possible d'abaisser du point C deux perpendiculaires sur AB.

52. On dit qu'*une droite est* OBLIQUE *à une autre lorsqu'elle la rencontre sans lui être perpendiculaire.* Il suit du numéro précédent que si d'un point C on abaisse une perpendiculaire CD sur AB, toute droite telle que CI, qui, partant du point C, ira rencontrer AB, sera oblique à celle-ci.

THÉORÈME VIII.

53. *Lorsqu'une perpendiculaire* CD *et une oblique* CI *à une droite* AB *partent du même point* C, *la perpendiculaire est plus courte que l'oblique* (fig. 12).

En effet, faisons tourner la partie supérieure du plan autour de AB comme charnière, jusqu'à ce que le point C vienne se placer quelque part en C' sur sa partie inférieure ; joignons C'D et C'I : ces droites seront les rabattements de CD et de CI, et ainsi leur seront égales ; de plus, CDC' sera une ligne droite, puisque les angles CDI et C'DI sont droits (48) ; donc la droite CDC' est plus petite que la ligne brisée CIC' ; donc CD, moitié de CDC', est moindre que CI, moitié de CIC' ; ce qu'il fallait démontrer.

54. COROLLAIRE I. *La perpendiculaire, étant la plus courte de toutes les lignes que l'on peut mener d'un point à une droite, est la mesure de la distance de ce point à cette droite.*

55. COROLLAIRE II. *Lorsqu'une droite est la plus courte que l'on puisse mener d'un point à une droite, elle lui est perpendiculaire,* sans quoi elle ne serait pas la plus courte.

THÉORÈME IX.

56. *Si une perpendiculaire* CD *et différentes obliques* CA, CB, CI, *à une droite* AB, *partent d'un même point* C *situé hors de cette* *droite* (fig. 12), 1° *les obliques qui s'écartent également du pied de la perpendiculaire sont égales; 2° de deux obliques qui s'écartent inégalement du pied de la perpendiculaire, celle qui s'en éloigne le plus est la plus longue.*

1° Soit DA = DB, je dis que CA = CB. Plions en effet la figure le long de CD : il est clair que le segment DA viendra tomber sur DB, puisque les angles CDA et CDB, étant égaux (**36**), sont superposables; et, comme DA = DB, le point A viendra se placer sur le point B ; la droite CA, ayant ainsi ses deux extrémités confondues avec celles de CB, coïncidera avec elle dans toute son étendue : donc ces deux droites sont égales.

2° Supposons DI > DA, je dis que CI est > CA. Plions en effet la figure le long de AB, et soient C'D, C'A et C'I, les rabattements respectifs de CD, CA et CI : CDC' sera une ligne droite, et l'on aura C'A = CA, et C'I = CI. Mais la ligne brisée CIC' est plus grande que la brisée CAC' qu'elle enveloppe (**31**); donc CI, moitié de CIC', est plus grande que CA, moitié de CAC'; donc, de deux obliques qui s'écartent inégalement du pied de la perpendiculaire, celle qui s'en éloigne le plus est la plus longue.

57. Corollaire I. Réciproquement, *deux obliques égales s'écartent également du pied de la perpendiculaire*, sans quoi l'une serait plus longue que l'autre ; et, *de deux obliques inégales, la plus longue est la plus éloignée du pied de la perpendiculaire*, sans quoi elle serait ou égale à l'autre ou moindre qu'elle.

58. Corollaire II. *D'un point donné on ne peut pas mener à une même ligne droite trois droites égales.* En effet, si de ce point on abaisse une perpendiculaire sur cette droite, il pourra arriver trois cas : 1° ou la perpendiculaire coïncidera avec une des trois droites, et alors celle-ci sera plus petite que les deux autres ; 2° ou elle en laissera deux d'un même côté, et ces deux-là seront inégales ; 3° ou elle les laissera toutes les trois d'un même côté, et ainsi elles seront toutes les trois inégales.

THÉORÈME X.

59. *Tout point* M *situé sur la perpendiculaire* CD *élevée sur une droite* AB *par son milieu* D (fig. 12) *est également distant des* *extrémités* A *et* B *de cette droite; et tout point* E *situé hors de cette perpendiculaire est inégalement distant de ces mêmes extrémités.*

1° Puisque le point D est le milieu de AB, les obliques MA et MB s'écartent également du pied de la perpendiculaire MD ; donc elles sont égales.

2°. Tirons du point E les droites EA et EB aux points A et B, et soit M le point où la première coupe la perpendiculaire CD : ce point sera donc équidistant de A et de B ; de sorte que si l'on joint MB, on aura MA = MB. Or, la droite BE est plus courte que la ligne brisée EMB (7), et partant que son égale EMA : donc tout point situé hors de la perpendiculaire CD est inégalement distant des points A et B.

60. COROLLAIRE I. Il suit de là que *la perpendiculaire élevée sur une droite par son milieu passe par tous les points équidistants des extrémités de cette droite :* car tous les points de cette perpendiculaire sont également éloignés des deux extrémités de la droite, et ces points sont les seuls du plan qui jouissent de cette propriété. En conséquence, on dit que *le* LIEU GÉOMÉTRIQUE *de tous les points équidistants de deux points donnés est la perpendiculaire élevée sur le milieu de la droite qui joint ces deux points.*

61. COROLLAIRE II. Il suit de ce corollaire et du principe du n° 9 que *si une droite* CC' *passe par deux points* C *et* C' *équidistants des extrémités* A *et* B *d'une autre droite* AB, *elle sera perpendiculaire sur le milieu de cette autre :* car, si par le milieu de AB on élève une perpendiculaire à cette droite, elle passera par tous les points équidistants de ses extrémités A et B, et par conséquent par les points C et C' : donc elle aura deux points communs avec la droite CC' ; donc elle coïncidera avec cette droite ; donc CC' est elle-même cette perpendiculaire élevée sur le milieu de AB.

§ III. Des parallèles.

THÉORÈME XI.

62. *Deux perpendiculaires* AB, CD *à une même droite* FG (fig. 13)

*ne peuvent jamais se rencontrer, à quelque distance qu'on les pro-
longe.*

Car si elles se rencontraient, on pourrait de leur point d'intersection abaisser deux perpendiculaires sur la même droite
FG, ce qui est absurde (**51**). Deux pareilles droites sont dites
parallèles.

63. *On appelle donc* PARALLÈLES *deux droites qui, situées sur un
même plan, ne peuvent pas se rencontrer, à quelque distance qu'on
les prolonge :* ainsi deux perpendiculaires à une même droite
sont parallèles.

64. La théorie des parallèles repose sur la proposition suivante, qui est connue sous le nom de *Postulatum d'*EUCLIDE
et que nous admettrons comme une vérité évidente d'elle-
même.

Une perpendiculaire quelconque AB *à une droite* CD (fig. 14)
est rencontrée par toute oblique FG *à cette droite.*

THÉORÈME XII.

65. *Par un point donné* C (fig. 15) *on peut mener une parallèle
à une droite donnée* AB, *mais on ne peut lui en mener qu'une
seule.*

En effet, abaissons du point C une perpendiculaire CD sur la
droite AB. Cela posé, de toutes les droites que l'on peut mener
par le point C, une seulement sera perpendiculaire à CD, et les
autres lui seront obliques ; la perpendiculaire à CD sera parallèle à AB (**62** et **63**), et les autres rencontreront cette droite (**64**) :
donc par le point C on ne peut mener qu'une seule parallèle à
AB.

THÉORÈME XIII.

66. *Lorsque deux droites* AB, CD (fig. 13) *sont parallèles, toute
perpendiculaire* FG *élevée sur l'une d'elles* AB *l'est aussi sur l'autre*
CD.

D'abord FG rencontrera CD, sans quoi elle lui serait parallèle, et l'on aurait ainsi par le point F deux parallèles FG et AB
à CD, ce qui ne se peut (**65**). En second lieu, FG sera perpen-

diculaire à CD, sans quoi elle lui serait oblique, et réciproquement CD serait oblique à FG : donc alors CD irait rencontrer
AB perpendiculaire à FG (64), ce qui est absurde, puisque AB
et CD sont supposées parallèles : donc FG est perpendiculaire
à CD.

THÉORÈME XIV.

67. *Deux droites* AB *et* CD (fig. 16), *parallèles à une troisième*
FG, *sont parallèles entre elles.*

Car si l'on élève une perpendiculaire MN sur FG, elle le sera
aussi sur ses parallèles AB et CD (66) : donc celles-ci seront ainsi
perpendiculaires à une même droite MN, et par conséquent
parallèles (65).

THÉORÈME XV.

68. *Deux parallèles* AB *et* CD (fig. 17) *sont partout équidistantes.*

Il s'agit de prouver que deux points quelconques P et Q de
l'une d'elles AB sont à la même distance de l'autre CD. Abaissons des points P et Q les perpendiculaires PR et QS sur CD,
et démontrons qu'elles sont égales (54). Pour cela, du point M,
milieu de PQ, j'abaisse MN perpendiculaire sur CD ; cette droite
l'est aussi sur AB (66), et ainsi les angles en M sont droits : donc,
si l'on replie la figure le long de MN, les droites MB et ND viendront se rabattre respectivement sur MA et sur NC, et par conséquent les points Q et S iront tomber sur ces droites ; mais
MQ = MP : donc le point Q se placera sur le point P. Or, les
angles P et Q sont droits, comme les angles en M : donc, puisqu'ils
ont déjà le côté commun PM, il faudra que QS prenne la direction de PR, et qu'ainsi le point S aille tomber sur cette droite.
Mais il doit déjà se trouver sur NC : donc il se placera nécessairement au point R d'intersection de ces droites. QS a donc ses
extrémités confondues avec celles de PR : donc ces deux droites
coïncident dans toute leur étendue ; donc elles sont égales : ce
qui démontre notre théorème.

69. Lorsque deux droites parallèles AB et CD (fig. 18) sont
coupées par une troisième FK, elles forment avec elle différents
angles auxquels on a donné des noms particuliers.

On appelle ANGLES INTERNES *ou* EXTERNES *des angles dont l'ouverture est entre les droites* AB *et* CD, *ou hors de ces droites.* AGK est un angle interne ; AGF est un angle externe.

Deux angles internes ou externes, situés de part et d'autre de la sécante FK, *et dont les côtés sont dirigés en sens contraires par rapport à la droite qui joint leurs sommets, se nomment* ANGLES ALTERNES-INTERNES *ou* ALTERNES-EXTERNES. AGK et FID sont deux angles alternes-internes. D'abord ce sont des angles internes ; ensuite l'un est situé à gauche de la sécante FK, et l'autre l'est à sa droite ; enfin les côtés GA et GK du premier sont évidemment dirigés en sens contraires des côtés ID et IF du second par rapport à la droite GI. FGB et CIK sont deux angles alternes-externes.

On appelle ANGLES CORRESPONDANTS *deux angles situés d'un même côté de la sécante, et dont les côtés sont dirigés dans le même sens.* Tels sont les angles FGB et FID.

THÉORÈME XVI.

70. *Lorsque deux parallèles* AB *et* CD *sont coupées par une sécante* FK (fig. 18),

1° *Les angles alternes-internes sont égaux ;*

2° *Les angles alternes-externes sont égaux ;*

3° *Les angles correspondants sont égaux ;*

4° *Les angles internes d'un même côté de la sécante sont supplémentaires ;*

5° *Les angles externes d'un même côté de la sécante sont supplémentaires.*

1° et 2°. Par le milieu O de la portion de la sécante comprise entre les parallèles, menons MN parallèle à AB : elle le sera aussi à CD (**67**). Puis faisons tourner la partie FNK du plan autour du point O, jusqu'à ce que ON soit venu coïncider avec OM ; alors CK ira tomber sur OF à cause de l'égalité des angles NOK et FOM (**50**) ; et, comme OI = OG, les points I et G de la partie FNK du plan se trouveront respectivement en G et en I. Mais les droites GB et ID n'auront pas cessé d'être parallèles à ON : donc elles le seront actuellement à OM, et par conséquent coïncideront respectivement avec IC et GA, sans quoi, par un même point I ou G, on aurait deux parallèles à une même droite OM (65) : donc les angles BGK et DIF recouvriront leurs alternes-internes FIC et AGK ; et les angles BGF et DIK recouvriront aussi leurs alternes-externes CIK et FGA. Donc 1° et 2° les angles alternes-internes ou alternes-externes sont égaux.

3° Je dis maintenant que les angles correspondants AGK et CIK, par exemple, sont égaux. En effet, l'angle CIK est égal à FID, son opposé par le sommet ; mais celui-ci est égal à son alterne-interne AGK ; donc les deux angles AGK et CIK, égaux à un troisième FID, sont égaux. Donc 3° les angles correspondants sont égaux.

4° Soient les deux angles internes d'un même côté AGK et CIF. L'angle CIF a pour supplément son adjacent FID (40) ; mais FID est égal à son alterne-interne AGK ; donc CIF a aussi pour supplément AGK. Donc 4° les angles internes d'un même côté de la sécante sont supplémentaires.

5° Considérons enfin deux angles externes d'un même côté, AGF et CIK. Celui-ci a pour supplément son adjacent CIF, et par conséquent AGF, le correspondant de CIF. Donc 5° les angles externes d'un même côté de la sécante sont supplémentaires.

Théorème XVII.

71. Réciproquement, *deux droites sont parallèles lorsqu'elles font avec une même sécante,*

1° *Des angles alternes-internes égaux ;*

2° *Des angles alternes-externes égaux ;*

3° *Des angles correspondants égaux ;*

4° *Des angles internes d'un même côté qui sont supplémentaires ;*

5° *Des angles externes d'un même côté qui sont supplémentaires.*

Supposons, par exemple, que les angles alternes-internes AGK et DIF soient égaux : je dis que les droites AB et CD sont parallèles. En effet, une parallèle menée par le point I à AB formera avec IF un angle égal à l'angle AGK comme alterne-interne, et par conséquent égal à DIF. Donc cette parallèle coïncidera avec CD : donc CD est parallèle à AB.

Théorème XVIII.

72. *Deux angles sont égaux lorsqu'ils ont les côtés parallèles et dirigés dans le même sens ou en sens contraires par rapport à la droite qui joint leurs sommets.*

Soient d'abord les deux angles ABC, DFG (fig. 19), qui ont les côtés parallèles et dirigés dans le même sens. Prolongeons DF jusqu'à sa rencontre avec CB au point I. Les deux angles ABC, DIC, sont égaux comme correspondants par rapport aux parallèles AB et DI et à la sécante BC ; mais DIC est aussi égal à DFG (**70,** 3°) : donc les deux angles ABC, DFG, égaux à un troisième DIC, sont égaux entre eux.

Considérons maintenant les deux angles ABC, OFK, qui ont les côtés parallèles et dirigés en sens contraires. Ces deux angles sont égaux ; car OFK est égal à DFG, son opposé par le sommet, et nous venons de voir que celui-ci est égal à ABC.

Théorème XIX.

73. *Lorsque deux angles ABC, DFO (fig. 19), ont leurs côtés parallèles, et que deux de ces côtés AB et DF sont dirigés dans le même sens, et les deux autres BC et FO en sens contraires, ces angles sont supplémentaires.*

En effet, l'angle DFO est le supplément de son adjacent DFG, et DFG est égal à ABC.

74. Corollaire. *Deux angles qui ont les côtés parallèles sont égaux ou supplémentaires.*

Théorème XX.

75. *Deux angles ABC, DFG (fig. 20), qui ont leurs côtés AB et DF, BC et FG, perpendiculaires, sont égaux ou supplémentaires.*

Menons, par le point B, BI et BK, perpendiculaires respectivement à AB et à BC : les deux angles IBK et ABC sont évidemment égaux, car ils ont le même complément KBA (**47**). Mais les angles IBK et DFG sont égaux ou supplémentaires, puisque leurs côtés sont parallèles (74) : donc aussi les angles ABC et DFG sont égaux ou supplémentaires.

CHAPITRE II.

DE LA CIRCONFÉRENCE.

§ I. Propriétés générales de la circonférence.

76. Nous avons vu au n° **21** ce qu'on entend par les mots *circonférence, rayon, diamètre* et *arc*.

Nous appellerons CORDE *ou* SOUS-TENDANTE *d'un arc la droite qui unit ses extrémités.* AB est la corde de l'arc AMB (fig. 21).

THÉORÈME I.

77. *Deux circonférences décrites avec le même rayon sont égales.*

Car si l'on place le plan de la seconde circonférence sur celui de la première, de manière toutefois que les deux centres ne fassent qu'un seul point, les deux circonférences coïncideront, sans quoi tous leurs points ne seraient pas également éloignés du centre. *Les cercles de même rayon sont donc aussi égaux* (**21**).

THÉORÈME II.

78. *Le diamètre est la plus grande des cordes que l'on puisse tirer d'un point de la circonférence à un autre.*

Considérons, en effet, la corde AB et le diamètre AC issus du même point A de la circonférence, et joignons le point B avec le centre O. La corde AB est évidemment plus petite que la brisée AOB; mais celle-ci est égale à AC, car l'une et l'autre sont la somme de deux rayons : donc la corde AB est plus courte que le diamètre AC.

THÉORÈME III.

79. *Tout diamètre divise la circonférence en deux parties égales.*

Si l'on plie, en effet, la figure le long du diamètre AC, il faudra nécessairement que tous les points de l'arc ANC viennent se placer sur ceux de AMC, sans quoi tous les points de la circonférence ne seraient pas également éloignés du centre O, puisque dans le mouvement de l'arc ANC leur distance à ce centre n'a pu varier.

Théorème IV.

80. *Trois points* A, B, C (fig. 22), *qui ne sont pas en ligne droite, déterminent une circonférence.*

Il s'agit de démontrer que par ces trois points on peut faire passer une circonférence, mais qu'on ne peut en faire passer qu'une.

Pour le prouver, je joins AB et BC; puis j'élève sur ces droites, et par leurs milieux, les perpendiculaires respectives DE et FG, et je dis que ces perpendiculaires se rencontreront. En effet, si elles ne se rencontraient pas, elles seraient parallèles (65) : donc AB, qui est perpendiculaire sur DE, le serait aussi sur FG (66); mais déjà BC est perpendiculaire sur FG : donc il y aurait deux perpendiculaires AB et BC abaissées du même point B sur la même droite FG, ce qui est absurde (61), puisque, les trois points A, B, C n'étant pas en ligne droite, AB et BC sont deux droites distinctes. DE et FG se rencontreront donc en un certain point O. Or ce point, appartenant à la perpendiculaire DE élevée sur le milieu de AB, est également éloigné de ses extrémités A et B (59); comme appartenant à FG, il est équidistant de B et de C : donc les trois distances OA, OB et OC sont égales; donc la circonférence décrite du point O comme centre avec le rayon OA passera par les trois points A, B, C.

Remarquez que la perpendiculaire élevée au milieu de AC passerait par le point de section O des deux autres (60).

Concluons que l'on peut toujours décrire une circonférence par trois points qui ne sont pas situés en ligne droite. Je dis de plus qu'on ne peut en faire passer qu'une.

Supposons, en effet, qu'on puisse faire passer une seconde circonférence par les trois points A, B, C. Son centre sera né-

cessairement sur la perpendiculaire DE, sans quoi il ne serait
pas également distant des points A et B (59). Par la même raison, il doit se trouver sur la perpendiculaire FG : donc il ne
peut se trouver qu'à leur point de section O; donc la seconde
circonférence a le même centre et le même rayon que la première; donc elle coïncide avec elle; donc il n'y a qu'une circonférence qui puisse passer par les trois points A, B, C; donc
trois points qui ne sont pas en ligne droite déterminent une
circonférence.

81. Scolie. Si les trois points A, B, C étaient en ligne droite,
les deux perpendiculaires DE et FG seraient parallèles (62), et
ainsi elles ne se rencontreraient pas. Or nous avons prouvé tout
à l'heure que le centre de la circonférence qui passerait par les
trois points A, B, C, devait se trouver à la fois sur les deux
perpendiculaires DE et FG : donc *il est impossible qu'une circonférence puisse être coupée en plus de deux points par une ligne
droite;* et, en effet, si cela était possible, on n'aurait qu'à
joindre trois de ces points avec le centre, et l'on aurait ainsi trois
droites égales menées d'un même point à une même droite : ce
qui est absurde (58).

Théorème V.

82. *La perpendiculaire OM (fig. 23), abaissée du centre O d'une
circonférence sur une corde quelconque AB, divise cette corde et les
arcs sous-tendus chacun en deux parties égales.*

Joignons en effet OA et OB : ces deux droites seront égales
comme rayons, et partant obliques sur AB (51 et 55) : donc
elles s'écartent également du pied I de la perpendiculaire
OM (56): donc ce pied est le milieu de AB.

Si maintenant on plie la figure le long du diamètre M'OM, les
deux demi-circonférences se recouvriront; mais, à cause de l'é-
galité des angles OIB et OIA, le côté IB doit aller se placer sur le
côté IA; et comme IB = IA, le point B tombera sur le point A :
donc les arcs BM et AM se recouvriront, ainsi que les arcs BM'
et AM'; donc ces arcs sont égaux.

83. Scolie. *La perpendiculaire abaissée du centre d'un cercle*

*sur une corde satisfait donc aux cinq conditions suivantes : 1° passer
par le centre ; 2° être perpendiculaire à la corde ; 3° passer par son
milieu ; 4° et 5° passer par les milieux des deux arcs sous-tendus
par cette corde.* Or nous avons vu aux n°⁸ **10** et **51** que deux
quelconques de ces conditions suffisent pour déterminer une
ligne droite : donc *toute droite qui satisfera à ces deux conditions satisfera aussi aux trois autres.* Ainsi, par exemple, *la* PER-
PENDICULAIRE *élevée sur le* MILIEU *d'une corde passe par le* CENTRE *et
par les* MILIEUX *des arcs sous-tendus par cette corde.*

84. *Une corde indéfiniment prolongée se nomme* SÉCANTE. Ainsi
CABF est une sécante (fig. 24).

Si l'on conçoit que la sécante CABF tourne autour de l'un des
points où elle coupe la circonférence, autour de A par exemple,
son autre point d'intersection B finira par venir coïncider avec
lui. On dira alors que la sécante CF est devenue *tangente.* Ainsi
la TANGENTE *à une circonférence en un point donné est la limite vers
laquelle tend la direction d'une sécante que l'on fait tourner autour
de ce point, jusqu'à ce que le second point d'intersection vienne coïncider avec le premier.*

THÉORÈME VI.

85. *La tangente TT' en un point quelconque A d'une circonférence est perpendiculaire sur le rayon OA mené au point de contact A* (fig. 24).

Tirons en effet par le point A une sécante quelconque CABF.
Lorsque cette sécante tournera autour du point A, la droite OI,
qui joint le centre avec le milieu de la corde interceptée par la
circonférence, tournera aussi autour de ce centre, en restant
toujours perpendiculaire à la sécante (**83**) : donc à la limite,
c'est-à-dire quand la sécante sera devenue la tangente TT', cette
droite de jonction lui sera encore perpendiculaire ; mais alors le
milieu de la corde sera le point A lui-même : donc, etc.

86. COROLLAIRE I. *La tangente n'a qu'un point de commun avec
la circonférence ;* car tout point de cette droite autre que le point
de contact est hors de cette courbe, puisque sa distance au
centre est plus grande que le rayon (**55**).

87. Corollaire II. *Toute droite* CAF, *autre que la tangente* TAT', *menée par le point de contact* A *est une sécante.* En effet, cette droite est oblique sur OA (57); donc si du centre on abaisse une perpendiculaire OI sur FC, cette perpendiculaire sera différente de OA, et par conséquent moindre qu'elle; donc le point I est intérieur à la circonférence.

<h3 style="text-align:center">Théorème VII.</h3>

88. Réciproquement, *toute perpendiculaire* TAT' *élevée à l'extrémité* A *d'un rayon* OA *est tangente à la circonférence* (fig. 24).

En effet, si par le point A nous menons une tangente à la circonférence, cette tangente sera perpendiculaire sur le rayon OA (85); elle coïncidera donc avec TAT' (51); donc TAT' est tangente à la circonférence.

89. Corollaire. *Toute droite qui n'a qu'un point de commun avec une circonférence lui est tangente.* En effet, la droite qui joindra ce point au centre sera la plus courte que l'on puisse mener de ce centre à la droite dont il s'agit; donc elle lui est perpendiculaire (55); donc cette droite est une tangente.

<h3 style="text-align:center">Théorème VIII.</h3>

90. *Deux parallèles interceptent sur la circonférence des arcs égaux* (fig. 25).

Trois cas peuvent se présenter, selon que les parallèles seront toutes deux sécantes, l'une sécante et l'autre tangente, ou toutes deux tangentes.

1° Soient les deux sécantes parallèles AB et CD, je dis que les arcs AC et DB sont égaux. J'abaisse, en effet, du centre O la perpendiculaire OI sur AB : elle le sera aussi sur sa parallèle CD, et par conséquent le point I sera le milieu des arcs AIB et CID (82). Ainsi AI = IB et CI = ID : donc l'arc AC, différence des arcs AI et IC, est égal à l'arc DB, différence des arcs IB et ID qui sont respectivement égaux aux deux précédents.

2° Soient la sécante AB et la tangente TT', je joins le centre O et le point I de contact. La droite OI sera ainsi perpendiculaire sur TT' (85), et par conséquent sur sa parallèle AB : donc le point I est le milieu de l'arc AIB;·donc les arcs AI et IB, interceptés entre la corde AB et la tangente TT', sont égaux.

3° Soient les deux tangentes parallèles TT' et SS'. Si l'on mène un diamètre au point I, il sera perpendiculaire à TT' et par conséquent à sa parallèle SS'; donc il ira ·passer par le point K, où cette seconde tangente rencontre la circonférence (**51**); donc IAK = IBK.

.**91**. Scolie. La réciproque se démontrerait facilement; mais pour qu'elle soit vraie dans le cas de deux cordes, il faut que ces cordes ne se coupent pas dans le cercle.

Théorème IX.

92. *Dans le même cercle ou dans des cercles égaux* (fig. 26 et 27), 1° *deux arcs égaux* AMB, CND *sont sous-tendus par des cordes égales* AB, CD; 2° *de deux arcs inégaux* AMB, CNF, *le plus grand*, CNF, *est sous-tendu par la plus grande corde* CF. (Quand ·nous parlerons de l'arc sous-tendu par une corde, il s'agira toujours du plus petit des deux qu'elle sous-tend.)

1° Supposons que les deux arcs égaux AMB, CND (fig. 26) appartiennent à la même circonférence; prenons le milieu L de l'arc AC, et tirons le diamètre LOQ. Si maintenant nous faisons tourner la demi-circonférence LNQ autour de LQ jusqu'à ce qu'elle vienne se rabattre sur LMQ, il est clair que ces deux demi-circonférences coïncideront parfaitement, sans quoi il y aurait des points inégalement éloignés du centre : donc le point C viendra se rabattre sur A ; et, comme l'arc CND est égal à l'arc AMB, le point D ira de même se placer sur B. Les deux cordes CD et AB auront donc leurs extrémités confondues :. donc elles coïncideront dans toute leur·étendue; donc elles sont égales.

2° Supposons que les arcs AMB, CNF (fig. 27) appartiennent à deux circonférences égales. Tirons les diamètres AG et CK, et portons la seconde circonférence sur la première, en faisant coïncider ces diamètres: elles coïncideront elles-mêmes ; et, comme CNF > AMB, le point F ira se placer en F' entre B et G, et la corde CF aura pris la position AF'. Joignons OF' et OB: ce dernier rayon coupera AF' entre A et F' (c'est·là ce qui exprime que CNF > AMB). Or, les droites AB et OF′ sont plus petites que les brisées respectives AI + IB et OI + IF′ : donc

$$AB < AI + IB,$$

$$OF' < OI + IF';$$

donc leur somme est aussi plus petite que celle de ces brisées; ainsi

$$AB + OF' < AI + IB + OI + IF';$$

mais IB + OI = OB, et AI + IF′ = AF′ : donc

$$AB + OF' < OB + AF'.$$

Retranchant d'une part OF′, et de l'autre son égale OB, il restera AB < AF′ ou < CF; ce qu'il fallait démontrer.

THÉORÈME X.

93. Réciproquement, *dans le même cercle ou dans des cercles égaux, deux cordes égales* AB *et* CD *sous-tendent des arcs égaux* AMB *et* CND, *et de deux cordes inégales* AB *et* CF, *la plus grande* CF *sous-tend le plus grand arc* CNF (fig. 26).

1° En effet, si l'arc AMB n'était pas égal à l'arc CND, le plus grand des deux serait sous-tendu par la plus grande corde, et ainsi AB ne serait pas égal à CD.

2° Si l'arc CNF n'est pas plus grand que AMB, il lui sera égal ou il sera plus petit que lui; mais, dans le premier cas, la corde CF serait égale à AB, et, dans le second, elle serait plus petite qu'elle, résultats contraires à l'hypothèse. Donc l'arc CNF > AMB.

94. SCOLIE. En généralisant la méthode de démonstration que nous venons d'employer tout à l'heure (**93**), nous établirons la règle suivante, qui trouvera quelquefois son application dans la démonstration des réciproques.

Supposez faux le principe que vous voulez établir, et faites successivement toutes les hypothèses qui lui sont contradictoires. Examinez les conséquences qui en résultent, d'après les théorèmes précédents; et si ces conséquences ne peuvent s'accorder avec l'hypothèse sur laquelle est établie votre réciproque, vous conclurez que cette réciproque est vraie.

Nous avons déjà fait usage de ce moyen de démonstration au n° **57**.

THÉORÈME XI.

95. *Dans le même cercle ou dans des cercles égaux, deux cordes égales* AB, CD *sont également éloignées du centre ; et de deux cordes inégales* AB, CF, *la plus grande* CF *est le plus près du centre* (fig. 26).

Nous supposerons que les cordes soient tracées dans le même cercle. Abaissons du centre O les perpendiculaires OG, OI, OK sur les cordes respectives AB, CD et CF, et il s'agira de prouver que OG $=$ OI, et que OK $<$ OG (**54**).

1° Employez le même tour de démonstration que dans le premier paragraphe du n° **92**, et vous conclurez la coïncidence des deux perpendiculaires OG et OI, du théorème du n° **51**.

2° Puisque la corde CF est plus grande que AB, l'arc CNF est plus grand que AMB, et ainsi l'on pourra prendre sur cet arc une *partie* CND égale à AMB. Joignez CD, et abaissez sur cette corde la perpendiculaire OI, qui coupe CF en H : on a évidemment OK $<$ OH. Mais, comme le point I est au-dessus du point H, sans quoi la corde CD ne pourrait aller se terminer en D qu'en coupant CF en un autre point que C, on a aussi OH $<$ OI : donc, à plus forte raison, OK est-il plus petit que OI. Mais OI $=$ OG, puisque les cordes AB et CD sont égales : donc enfin OK $<$ OG.

THÉORÈME XII.

96. Réciproquement, *dans le même cercle ou dans des cercles égaux, deux cordes également éloignées du centre sont égales, et, de deux cordes inégalement éloignées du centre, celle qui en est le plus près est la plus grande.*

Appliquez la règle du n° **94**.

§ II. Des circonférences tangentes et sécantes.

97. Nous avons vu que trois points qui ne sont pas situés en ligne droite déterminent une circonférence : d'où il suit que deux circonférences ont au plus deux points communs. *Deux circonférences qui se rencontrent en deux points sont dites* SÉCANTES. *Elles sont* TANGENTES *si elles n'ont qu'un point commun.*

THÉORÈME XIII.

98. *Lorsque deux circonférences se coupent, la droite qui joint leurs centres est perpendiculaire sur le milieu de la corde commune.*

En effet, si l'on élève une perpendiculaire sur le milieu de cette corde AB (fig. 28), elle ira passer par les deux centres O et O' (85) : donc elle aura deux points communs avec la droite OO', et coïncidera par conséquent avec elle ; donc OO' est elle-même cette perpendiculaire élevée sur le milieu de AB.

THÉORÈME XIV.

99. *Lorsque deux circonférences sont tangentes, le point de contact est sur la droite qui joint les centres.*

Considérons en effet deux circonférences O et O' qui se coupent aux points A et B (fig. 28 et 29), et supposons que la seconde tourne autour du point fixe A : il arrivera un instant où le second point d'intersection B se sera réuni au premier, et alors les deux circonférences seront devenues tangentes. Or la droite qui joint les centres n'aura pas cessé d'être perpendiculaire sur le milieu de la corde commune ; et, comme cette corde est alors réduite au point A, ce point doit se trouver sur la ligne des centres. Donc, etc. ([1]).

([1]) Si l'on veut démontrer ce théorème *a priori*, on dira : Supposons, s'il est possible, que le point de contact soit en M (fig. 30), hors de la droite OO' qui joint les centres O et O'. Abaissons MA, perpendiculaire sur OO', et prolongeons-la d'une quantité AM' = AM. Il est clair que, de cette manière, la droite OO' est perpendiculaire sur le milieu de MM', et qu'ainsi les centres O et O' sont chacun également éloignés de ses extrémités M et M' : donc les deux circonférences passeront aussi par le point M' ; donc elles auront deux points communs, ce qui est contraire à l'hypothèse. Donc le point de contact M ne peut pas être hors de la droite OO'.

100. Scolie. Le théorème précédent peut s'énoncer de la manière suivante :

Lorsque deux circonférences sont tangentes extérieurement ou intérieurement, la distance des centres est égale à la somme ou à la différence de leurs rayons (fig. 29).

En effet, le point de contact A, devant se trouver sur la droite qui joint les centres (**99**), sera situé entre les deux centres, ou les laissera tous deux d'un même côté ; mais alors il est évident que, dans le premier cas, la distance OO' des centres est égale à la somme OA + O'A des deux rayons, et que dans le second elle est égale à leur différence OA — O'A.

THÉORÈME XV.

101. Réciproquement, *deux circonférences sont tangentes lorsqu'elles ont un point commun A sur la droite qui joint les centres* (fig. 29).

Nous considérerons deux cas, selon que le point commun A sera entre les deux centres O et O', ou sur le prolongement de la droite qui les unit.

1° Joignons les deux centres O et O' avec un point quelconque M de la circonférence O' : nous formerons ainsi la brisée OMO', qui sera plus grande que la droite OAO'. Retranchons d'une part MO' et de l'autre son égale O'A : il restera OM > OA : donc tous les points de la circonférence O' sont, à l'exception de A, extérieurs à la circonférence O; donc ces deux circonférences se touchent *extérieurement* en A.

2° Joignons encore les centres O et O' avec un point quelconque M de la circonférence O'. La droite OM est plus courte que la brisée OO'M, ou que son égale OA : ainsi tous les points de la circonférence O' sont, à l'exception de A, intérieurs à la circonférence O; donc ces deux circonférences se touchent *intérieurement* en A.

102. Scolie. Cette réciproque peut s'énoncer comme il suit :

Deux circonférences sont tangentes extérieurement ou intérieurement lorsque la distance de leurs centres est égale à la somme ou à la différence de leurs rayons (fig. 29).

1° Supposons que la distance OO' des centres soit égale à la somme des rayons ; soit OA l'un des rayons, l'autre sera nécessairement O'A : donc les deux circonférences passeront par le point A de la droite OO' ; donc elles seront tangentes (**101**).

2° Supposons que la distance OO' des centres soit égale à la différence des rayons, le plus grand se composera alors du plus petit et de cette distance : donc si OA est ce plus grand rayon, le plus petit sera nécessairement O'A ; donc les deux circonférences passeront alors par le point A de la droite OO' ; donc elles seront tangentes (**101**).

103. COROLLAIRE. Il suit de cette proposition et de la précédente (**99** et **101**) que *la droite indéfinie* OA *est le lieu géométrique des centres de toutes les circonférences tangentes à la circonférence* O *au point* A ; et si par le point A on mène une perpendiculaire TT' à OA, cette droite sera une tangente commune à toutes ces circonférences. Or, chacune de ces circonférences enveloppe toutes celles dont les centres sont compris entre le sien et le point A : donc ces circonférences s'approchent d'autant plus de cette tangente que leurs rayons sont plus grands ; de sorte qu'*on peut regarder la tangente* TT' comme *leur limite*, c'est-à-dire *comme une circonférence dont le rayon est infini*.

THÉORÈME XVI.

104. *Pour que deux circonférences se coupent, il faut et il suffit que la distance de leurs centres soit plus petite que la somme de leurs rayons, et plus grande que leur différence.*

Prouvons d'abord que ces deux conditions sont nécessaires, et nous ferons voir ensuite qu'elles sont suffisantes.

1° Soient O et O' (fig. 28) les centres de deux circonférences qui se coupent : la droite OO' sera perpendiculaire sur le milieu de la corde qui joint leurs points d'intersection A et B, de sorte que ces points seront situés de part et d'autre de cette droite ; si donc on tire OA et O'A, on aura

$$OO' < OA + O'A \quad \text{et} \quad OA < OO' + O'A,$$

d'où

$$OO' > OA - O'A, \quad \text{en supposant } OA > O'A.$$

Donc, *quand deux circonférences se coupent, la distance des centres est plus petite que la somme de leurs rayons et plus grande que leur différence.* Ces deux conditions sont donc *nécessaires* pour qu'il y ait intersection.

2° Elles sont *suffisantes.* Nous le démontrerons en prouvant que les deux circonférences ne peuvent être ni *extérieures*, ni *tangentes*, ni *intérieures* l'une à l'autre.

Si elles étaient extérieures (fig. 31), la droite qui irait du centre O au centre O', rencontrerait d'abord la première circonférence en A, pour en sortir et rencontrer ensuite la deuxième circonférence en A'; donc on aurait

$$OO' = OA + AA' + A'O',$$

de sorte que *la distance des centres serait plus grande que la somme des rayons*, et nous la supposons plus petite.

Si les deux circonférences étaient tangentes, la distance des centres serait égale à la somme ou à la différence de leurs rayons (**100**), et nous supposons qu'il n'en est pas ainsi.

Si les deux circonférences étaient intérieures l'une à l'autre (fig. 32), la droite qui irait du centre O au centre O' rencontrerait d'abord la seconde circonférence en A', pour en sortir et rencontrer ensuite la première circonférence en A: donc on aurait

$$OA = OO' + O'A' + A'A,$$

donc le plus grand rayon surpasserait la somme faite du plus petit rayon et de la distance des centres, ou, ce qui revient au même, *la distance des centres serait moindre que la différence des rayons*, et nous supposons le contraire. Donc les deux circonférences ne peuvent être ni extérieures, ni tangentes, ni intérieures l'une à l'autre; donc elles se coupent.

105. Scolie. *Si l'on ignore lequel des deux rayons est le plus* *grand, il faudra vérifier que chaque rayon est plus petit que la somme faite de l'autre rayon et de la distance des centres*, pour être sûr que la seconde condition est satisfaite.

§ III. De la mesure des angles.

THÉORÈME XVII.

106. *Dans la même circonférence ou dans des circonférences égales, les* ANGLES AU CENTRE *(on appelle ainsi ceux qui ont leur sommet au centre)* AOB *et* COD *(fig. 33), qui comprennent des arcs égaux* AB *et* CD *entre leurs côtés, sont égaux.*

Par le milieu I de l'arc AC menez le diamètre IK, et pliez ensuite la figure le long de ce diamètre : il est clair que de cette manière le point A viendra se placer en C, et le point B en D, puisque nous supposons l'arc AB = CD. L'angle AOB recouvrira donc exactement l'angle COD, et par conséquent ces angles sont égaux (**34**).

THÉORÈME XVIII.

107. Réciproquement, *dans la même circonférence ou dans des circonférences égales, si deux angles au centre* AOB *et* COD *(fig. 33) sont égaux, les arcs* AB *et* CD *compris entre leurs côtés sont aussi égaux.*

On démontrera cette réciproque en imitant la démonstration de la proposition directe.

108. COROLLAIRE. *Un angle droit dont le sommet est au centre intercepte entre ses côtés un quart de la circonférence ou un* QUADRANT. Réciproquement, *si un angle au centre* AOB *(fig. 34) comprend un quadrant entre ses côtés, cet angle sera droit :* car si l'on prolonge le côté AO, on formera un angle BOC = AOB, puisque BC sera nécessairement un quadrant ; donc ces deux angles sont droits.

THÉORÈME XIX.

109. *Dans le même cercle ou dans des cercles égaux, deux angles au centre* AOB, DCF *(fig. 35 et 36) sont proportionnels aux* *arcs* AB, DF, *compris entre leurs côtés*, c'est-à-dire que l'on aura la proportion

$$\frac{AOB}{DCF} = \frac{AB}{DF}.$$

Il peut se présenter deux cas, suivant que les arcs AB et DF seront commensurables ou qu'ils ne le seront pas.

1° *Supposons que les arcs* AB *et* DF (fig. 35) *soient commensurables*, et que leur commune mesure soit contenue 8 fois dans AB et 3 fois dans DF : le rapport de ces deux arcs sera donc $\frac{8}{3}$. Si l'on joint tous leurs points de division aux centres O et C, on aura partagé les angles AOB et DCF, respectivement, en 8 et en 3 parties égales, et comme les parties du premier sont égales à celles du second (**106**) (car il en est ainsi des subdivisions des arcs AB et DF), on voit que le rapport de AOB à DCF est aussi $\frac{8}{3}$; donc

$$\frac{AOB}{DCF} = \frac{AB}{DF}.$$

2° *Supposons que les arcs* AB *et* DF (fig. 36) *soient incommensurables*. Je partage l'arc DF en un nombre quelconque de parties égales, et je porte l'une de ces parties sur AB autant de fois qu'elle pourra y être contenue : soit BG le reste que je trouverai ainsi. Je joins OG; et comme les arcs AG et DF sont commensurables, on aura

$$\frac{AOG}{DCF} = \frac{AG}{DF}.$$

Or l'arc AG et l'angle AOG sont deux quantités variables qui tendent respectivement vers l'arc AB et vers l'angle AOB, à mesure que le nombre des parties dans lesquelles on a divisé l'arc DF est plus grand; car le point G pourra ainsi s'approcher du point B d'aussi près que l'on voudra. Donc les rapports variables $\frac{AOG}{DCF}$ et $\frac{AG}{DF}$ ont pour limites respectives

$$\frac{AOB}{DCF} \text{ et } \frac{AB}{DF};$$

mais ces rapports variables sont constamment égaux; donc leurs limites sont égales (*Arith.*, 237); donc

$$\frac{AOB}{DCF} = \frac{AB}{DF};$$

ce qu'il fallait démontrer.

Théorème XX.

110. *Un angle a pour mesure l'arc compris entre ses côtés et décrit de son sommet comme centre.*

Mesurer un angle, c'est chercher le rapport de cet angle à un autre angle pris pour unité. Si donc A (fig. 37) est l'angle à mesurer, et D l'unité angulaire, la mesure de l'angle A sera le rapport de A à D. Mais nous venons de voir que deux angles sont proportionnels aux arcs compris entre leurs côtés et décrits de leurs sommets comme centres avec des rayons égaux : donc, si des points A et D comme centres, et avec la même ouverture de compas, nous décrivons les arcs B et C, le rapport $\frac{A}{D}$ sera le même que celui $\frac{B}{C}$, et par conséquent ce dernier sera la mesure de l'angle A. Or, *si l'on convient* de prendre l'arc C pour unité d'arc, le rapport $\frac{B}{C}$ sera la mesure de l'arc B : donc *la mesure de l'arc* B *sera aussi celle de l'angle* A, ce qu'on énonce en disant qu'*un angle a pour mesure l'arc compris entre ses côtés, et décrit de son sommet comme centre*.

111. Scolie. Remarquons toutefois qu'il ne faut pas prendre à la lettre cette manière de s'énoncer : car elle est tout à fait inexacte, attendu que l'on ne peut comparer entre elles que des quantités homogènes, tandis qu'un angle et un arc sont des quantités d'espèces essentiellement différentes; mais quand on dit qu'un angle a pour mesure l'arc compris entre ses côtés et décrit de son sommet comme centre, on doit entendre que *le nombre abstrait qui exprime la mesure de l'angle est celui même qui exprime la mesure de l'arc compris entre ses côtés, en prenant pour unité d'arc l'arc décrit avec le même rayon entre les côtés de l'unité angulaire.*

112. On prend ordinairement l'angle droit pour unité angulaire, et par conséquent le quadrant pour unité d'arc : d'où l'on voit que, *pour avoir alors la mesure d'un angle, il faudra chercher le rapport de l'arc compris entre ses côtés et décrit de son sommet comme centre au quadrant de la circonférence dont il fait partie,* ce qui ne saurait présenter de difficulté, puisqu'il suffira d'appliquer à ces deux arcs la méthode du n° **25** et le calcul du n° **26**.

113. Pour faciliter, dans la pratique des arts, l'évaluation du rapport d'un arc donné au quadrant de la circonférence à laquelle il appartient, on est convenu de partager la circonférence en 400 parties égales que l'on nomme *grades* et que l'on désigne par la lettre^G ; de sorte que le quadrant (^{q}) contient 100^G. On a ensuite subdivisé le grade en cent parties égales appelées *minutes* ($'$), et la minute en cent parties égales nommées *secondes* ($''$). Il suit de là que le grade est la *centième* partie du quadrant ; que la minute est la *centième* partie du grade, et par conséquent la *dix-millième* partie du quadrant ; enfin, que la seconde est là centième partie de la minute, et partant la *millionième* partie du quadrant ; de sorte qu'un nombre quelconque de grades, de minutes et de secondes peut toujours s'exprimer en fraction décimale du quadrant. Par exemple, un arc de 145^G 82$'$ 36$''$ équivaut à 1^q,458236 : car 100^G = 1^q; 45^G sont les 45 centièmes du quadrant ; 82$'$ = 0^q,0082 et 36$''$ = 0^q,000036. Donc un angle qui comprend entre ses côtés un arc de 145^G 82$'$ 36$''$ vaut 1^D,458236, c'est-à-dire un angle droit, plus les quatre cent cinquante-huit mille deux cent trente-six millionièmes d'un droit. Donc, *pour obtenir la mesure d'un angle, il suffira d'évaluer l'arc compris entre ses côtés en fraction décimale du quadrant, et cette fraction, considérée comme exprimant des parties de l'angle droit, sera la mesure demandée.*

114. Avant l'établissement du *système métrique décimal,* on partageait la circonférence en 360 parties égales nommées degrés (^{0}) ; de sorte que le quadrant contenait 90^0; le degré se subdivisait en 60 minutes, et la minute en 60 secondes. Pour avoir, dans ce système, la mesure d'un angle, il faut donc prendre le rapport du nombre de degrés et de parties de degré contenus dans l'arc qui lui correspond, à 90°. Pour cela, on convertit cet arc, ainsi que 90°, en unités de la plus basse espèce de celles qu'il contient, et l'on prend le rapport des deux *nombres abstraits* ainsi trouvés. Par exemple, si l'angle à mesurer intercepte entre ses côtés un arc de 36° 54′ 45″, on réduira cet arc en secondes, ce qui donnera 132885″; on verra de même que 90° = 324000″, de sorte que l'angle donné est les $\frac{132885}{324000} = \frac{2953}{7200}$ de l'angle droit.

115. Cette division de la circonférence en 360 parties égales présente des avantages qui la font encore préférer à la nouvelle dans bien des circonstances. Le principal tient à la propriété qu'a le nombre 360 d'avoir beaucoup de diviseurs : ainsi $\frac{1}{2}, \frac{1}{3}, \frac{1}{4}, \frac{1}{5}, \frac{1}{6}, \frac{1}{9}, \frac{1}{10}, \frac{1}{12}, \frac{1}{15}$, etc., de la circonférence, valent respectivement 180°, 120°, 90°, 72°, 60°, 40°, 36°, 30°, 24°, etc.

116. Il est d'ailleurs facile de convertir un nombre quelconque de grades et parties de grade en degrés, minutes et secondes, et réciproquement. En effet, puisque le quadrant se divise en 100° ou en 90°, on voit qu'un grade est les $\frac{9}{10}$ d'un degré, et qu'un degré est les $\frac{10}{9}$ d'un grade.

D'après cela, si l'on veut convertir 101°,6695 en degrés, minutes et secondes, il n'y aura qu'à prendre les $\frac{9}{10}$ de ce nombre : ce qui se fera en en retranchant la dixième partie, puis à convertir successivement les fractions décimales de degré et de minute respectivement en minutes et en secondes, en les multipliant par 60. On fera donc le calcul suivant :

$$101^c,6695$$
$$10\ ,16695$$
$$\overline{}$$
$$91^o,50255$$
$$30′,15300$$
$$9″,18000$$

de sorte que 101°,6695 valent 91° 30′ 9″,18.

Si maintenant on veut évaluer 91° 30′ 9″,18 en grades, on commencera par réduire les secondes en fraction décimale d'une minute en les divisant par 60, puis les minutes en fraction décimale du degré en les divisant aussi par 60, et l'on trouvera ainsi que 91° 30′ 9″,18 valent successivement 91° 30′,153 et 91°,50255. Maintenant, pour convertir ce dernier nombre en grades, il faudra en prendre les $\frac{10}{9}$, ou, ce qui revient au même, l'augmenter de sa neuvième partie. On fera donc le calcul suivant :

$$91°,50255$$
$$10\ ,16695$$
$$\overline{101°,66950}\quad \text{nombre primitif.}$$

THÉORÈME XXI.

117. *Tout angle* INSCRIT (*on appelle ainsi celui qui est formé par deux cordes qui se coupent sur la circonférence*) *a pour mesure la moitié de l'arc compris entre ses côtés.*

Nous distinguerons trois cas, selon que le centre sera sur un des côtés de l'angle, qu'il sera intérieur ou extérieur à l'angle.

1° Soit l'angle BAC (fig. 38), dont le côté AC passe par le centre O. Si nous menons le diamètre IK parallèle à AB, nous formerons l'angle IOC égal à BAC son correspondant, par rapport aux parallèles AB et IO et à la sécante AC ; or l'angle au centre IOC a pour mesure l'arc IC compris entre ses côtés : donc l'angle BAC a aussi pour mesure cet arc IC. Mais l'arc IC est égal à AK ; car ils correspondent aux angles égaux IOC et AOK (50 et 107) ; d'un autre côté l'arc AK est égal à BI, puisqu'ils sont compris entre les cordes parallèles AB et IK (90) : donc les deux arcs IC et BI, égaux à un troisième AK, sont égaux ; donc IC est la moitié de l'arc BC ; donc enfin l'angle BAC a pour mesure la moitié de l'arc BC compris entre ses côtés.

2° Considérons l'angle BAD qui comprend le centre entre ses côtés. Si nous menons le diamètre AC, nous le décomposerons dans les deux angles BAC et CAD, de sorte qu'il aura pour mesure la somme des mesures de ces angles. Mais, d'après ce que nous venons de voir, les angles BAC et CAD ont respectivement pour mesure la moitié de BC et la moitié de CD : donc l'angle

BAD a pour mesure $\frac{1}{2}$ BC $+ \frac{1}{2}$ CD, c'est-à-dire la moitié de BCD.

3° Soit enfin l'angle FAB auquel le centre est extérieur. Je tire encore le diamètre AC, et je forme ainsi les deux angles FAC et BAC, dont la différence est précisément l'angle proposé FAB : donc sa mesure sera la différence de leurs mesures. Or les angles FAC et BAC, dont un des côtés passe par le centre, ont respectivement pour mesure la moitié de FC et la moitié de BC : donc l'angle FAB a pour mesure $\frac{1}{2}$ FC $- \frac{1}{2}$ BC, c'est-à-dire la moitié de FB.

118. COROLLAIRE I. *Tous les angles* ABC, ADC, AFC, *inscrits dans un même arc* ABC (fig. 39), c'est-à-dire qui ont leurs sommets placés sur cet arc, et dont les côtés passent par ses extrémités A et C, *sont égaux*, puisqu'ils ont pour mesure la moitié du même arc AMC, compris entre leurs côtés.

119. COROLLAIRE II. *Tout angle* DOF (fig. 50) *inscrit dans une demi-circonférence est un angle droit :* car il a pour mesure la moitié de l'arc DMF compris entre ses côtés, c'est-à-dire un quadrant (**108**).

THÉORÈME XXII.

120. *L'angle* BAT (fig. 38), *formé par une corde et par la tangente à l'une de ses extrémités, a pour mesure la moitié de l'arc* BMA *compris entre ses côtés.*

Si l'on conçoit, en effet, que la corde AD, supposée prolongée indéfiniment, tourne autour du point A, de manière qu'elle tende à sortir de la circonférence, le point D se rapprochera sans cesse de A, et l'angle BAD ne cessera pas d'avoir pour mesure la moitié de l'arc BCD compris entre ses côtés : donc à la limite, c'est-à-dire quand le point D sera venu se réunir au point A, ou, en d'autres termes, quand la sécante AD sera devenue la tangente AT, l'angle correspondant BAT aura encore pour mesure la moitié de l'arc BMA compris entre ses côtés (¹).

(¹). On peut démontrer ce théorème directement de la manière suivante : Par le point de contact A, menons le diamètre AC ; nous décomposerons ainsi l'an-

Théorème XXIII.

121. *L'angle* D'AB (fig. 38), *formé par une corde* AB *et par le prolongement d'une autre* AF, *a pour mesure la demi-somme des arcs* FNA *et* AMB, *sous-tendus par ces cordes.*

En effet, la somme des angles adjacents BAD′ et FAB vaut deux droits : donc la somme de leurs mesures est une demi-circonférence ; or l'angle inscrit FAB a pour mesure la moitié de l'arc FB compris entre ses côtés ; donc, en retranchant cette moitié d'une demi-circonférence, on aura la mesure de l'angle BAD′. Mais retrancher $\frac{1}{2}$ FB d'une demi-circonférence, revient évidemment à retrancher FB de la circonférence entière, et à prendre la moitié du reste FNAMB ; .donc enfin l'angle BAD′ a pour mesure $\frac{1}{2}$ FNAMB, c'est-à-dire la demi-somme des deux arcs FNA et AMB.

Théorème XXIV.

122. *L'angle* ABC (fig. 40), *dont le sommet est placé entre le centre et la circonférence, a pour mesure la demi-somme des arcs* AC *et* DF *compris entre ses côtés et entre leurs prolongements.*

Si nous menons par le point F la parallèle FI au côté BC, nous formerons l'angle inscrit AFI, égal à l'angle ABC : donc l'angle ABC aura pour mesure la moitié de ACI (**117**), c'est-à-dire la moitié de AC plus la moitié de CI. Mais l'arc CI = DF (**90**) : donc enfin l'angle ABC a pour mesure la moitié de AC plus la moitié de DF : ce qu'il fallait démontrer.

Théorème XXV.

123. *L'angle* ABC (fig. 41), *dont le sommet est situé hors de la circonférence, a pour mesure la demi-différence des arcs concave et convexe* AC *et* DF *compris entre ses côtés.*

Menons par le point F la parallèle FI au côté BC, et nous formerons l'angle inscrit AFI, égal à ABC : donc cet angle ABC

---

gle BAT dans les deux angles BAC et CAT : donc il aura pour mesure la somme de leurs mesures. Or l'angle CAT, qui est droit (85), a pour mesure un quadrant (110), c'est-à-dire la moitié de la demi-circonférence AMC ; l'angle inscrit BAC a pour mesure la moitié de l'arc BC compris entre ses côtés : donc l'angle BAT a pour mesure $\frac{1}{2}$ AMC + $\frac{1}{4}$ BC, c'est-à-dire la moitié de l'arc AMB intercepté par ses côtés.

aura pour mesure la moitié de l'arc AI compris entre les côtés de AFI, ou, ce qui revient au même, la demi-différence des arcs AC et CI. Mais CI = DF : donc l'angle ABC a pour mesure la demi-différence des arcs AC et DF : ce qu'il fallait démontrer.

124. Nous avons vu qu'un angle au centre a pour mesure l'arc compris entre ses côtés. On peut se demander si la réciproque de cette proposition est vraie, c'est-à-dire *si de ce qu'un angle a pour mesure l'arc concave AMC* (fig. 42) *compris entre ses côtés, on doit conclure que cet angle a son sommet au centre.*

Le principe que nous avons posé au n° **94** va nous conduire à la solution de cette question. En effet, si l'angle dont il s'agit n'a pas son sommet au centre, il l'aura nécessairement ou hors de la circonférence, ou sur la circonférence, ou entre cette courbe et le centre. Dans le premier cas sa mesure sera moindre que la moitié de AMC (**123**), et dans le second elle sera précisément la moitié de AMC (**117**) : donc les deux premières hypothèses ne peuvent avoir lieu. Actuellement si le sommet de l'angle est placé entre le centre et la circonférence, cet angle aura pour mesure la moitié de l'arc AMC compris entre ses côtés, plus la moitié de l'arc compris entre leurs prolongements (**122**) : donc, pour qu'il ait pour mesure l'arc AMC, il suffira que l'arc compris entre les prolongements de ses côtés soit égal à AMC; donc si l'on prend un arc *quelconque* DNF égal à AMC, et que l'on tire les cordes *transversales* AF et DC, on formera un angle ABC qui aura pour mesure l'arc AMC compris entre ses côtés, et dont le sommet ne sera pas au centre; et l'on voit qu'il y a une infinité d'angles qui jouissent de cette propriété. Donc *la réciproque du théorème XX est fausse.*

THÉORÈME XXVI.

125. *Tout angle qui a pour mesure la moitié de l'arc concave AMC* (fig. 39), *compris entre ses côtés, a son sommet placé sur la partie restante de la circonférence.*

Cette proposition est la réciproque de celle du n° **117**, et se démontrera d'après la règle du n° **94**.

126. COROLLAIRE. Il suit de là que si l'on fait mouvoir un angle ABC sur un plan, de manière que ses deux côtés passent constamment par deux points fixes A et C de ce plan, son som-met B décrira un arc de cercle tel, que tous les angles que l'on pourra y inscrire seront égaux à l'angle B.

127. Scolie. Remarquons que si l'angle B était droit, l'arc dont il s'agit serait une demi-circonférence (**108**). Donc *le lieu des sommets de tous les angles droits dont les côtés passent par deux points donnés, est une circonférence dont le diamètre est la droite qui unit ces deux points.*

CHAPITRE III.

PROBLÈMES SUR LA LIGNE DROITE ET SUR LA CIRCONFÉRENCE.

PROBLÈME I.

128. *Mener une ligne droite par deux points donnés.*

Lorsque la ligne à tracer doit avoir une longueur peu con-sidérable, comme celles que l'on a à tirer sur le papier, on fait usage d'un instrument appelé *règle*. Une règle est une lame mince en bois ou en métal, dont les faces sont planes, et les bords opposés bien droits et parallèles. Pour tracer avec la règle une ligne droite entre deux points donnés sur un plan (ces deux points y sont représentés par deux empreintes faites avec une pointe très-fine), on applique la règle sur ce plan de telle sorte que l'une de ses arêtes passe à égale distance des deux points, et aussi près de chacun que le comporte l'épais-seur de la pointe à tracer; et il n'y a plus qu'à faire glisser cette pointe d'un point à l'autre et le long de l'arête, en ayant soin toutefois de maintenir la règle dans une position invariable.

129. Ce procédé exige que la règle que l'on emploie soit par-faitement dressée. Pour s'assurer qu'il en est ainsi, le moyen le plus simple est de placer l'œil dans le prolongement de l'a-rête que l'on veut vérifier, et cette arête ne doit paraître alors que comme un seul point, parce qu'en effet la lumière se propage d'un point à un autre en suivant la ligne droite qui les unit.

On peut encore vérifier très-simplement une règle de la manière suivante. Tracez avec l'une des arêtes de votre règle RS une ligne CD (fig. 43) sur un plan, et marquez deux points A et B sur cette ligne; puis, ayant retourné la règle en R'S', sans intervertir ses deux bouts, de telle sorte que la face qui était inférieure devienne supérieure et *vice versâ*, tirez le long de la même arête une seconde ligne par les points A et B. Si la règle est *bonne*, les deux lignes ainsi tracées doivent coïncider : si elle est *fausse*, chacune d'elles s'écartera de la droite AB, mais en sens inverse à cause du retournement de la règle, et l'erreur sera facile à distinguer.

130. Si la ligne doit être un peu grande, ce qui arrive quand on veut tracer, par exemple, une allée dans un jardin, on tend, entre les deux points donnés, un cordeau avec des piquets, et ce cordeau prend *sensiblement* la forme de la ligne droite qui les unit. Je dis sensiblement : car on démontre dans la statique qu'il est impossible de tendre rigoureusement un fil en ligne droite, à moins que sa direction ne soit verticale, ou qu'il ne soit appuyé sur un plan qui l'empêche de se courber; mais aussi qu'il se courbe d'autant moins que la tension qu'il éprouve est plus considérable. Si donc on tend fortement sur un plan un cordeau, préalablement frotté d'ocre ou de blanc d'Espagne, puis qu'on le pince pour le laisser retomber *d'aplomb* sur le plan, il y tracera la ligne droite demandée. Tel est le procédé qu'emploient les charpentiers.

131. Si l'on a une droite fort longue à tracer sur le terrain, s'il s'agit, par exemple, de percer une route ou de creuser un canal, on se contente de marquer un certain nombre de points de cette ligne. Pour cela, on plante aux deux points donnés, A et B (fig. 44), deux jalons([1]) bien verticaux, ce dont on s'assure en comparant leur direction à celle d'un fil à plomb; puis, se plaçant à

([1]) Un jalon est un bâton bien droit, d'environ 2 mètres de longueur, et dont l'un des bouts est terminé par une pointe métallique pour que l'on puisse l'enfoncer plus facilement dans la terre.

un mètre environ de l'un d'eux A, on fait planter d'autres jalons à différents points C, D, E, ... de manière qu'en regardant avec un seul œil, le premier jalon A couvre la file de tous les autres. Alors tous les points C, D, E,... sont dans la droite AB.

En effet, l'on sait que la direction de la *pesanteur*, c'est-à-dire de cette force inconnue qui fait descendre les corps vers la terre lorsqu'ils sont abandonnés à eux-mêmes, est celle d'un fil-à-plomb en équilibre. Cette direction de la pesanteur ou du fil-à-plomb, dans le lieu que l'on considère, se nomme *la verticale* de ce lieu; pour deux positions, telles que A et B, dont la distance est très-petite relativement aux dimensions du globe, les verticales concourent en un même point dans l'intérieur de la terre et déterminent un plan, qui contient aussi les verticales menées par les positions intermédiaires C, D, E, ... : donc l'intersection de ce plan avec la surface du terrain supposée plane est une ligne droite qui passe par les pieds A, C, D, E, ... B de tous les jalons (**19**).

PROBLÈME II.

132. *Mesurer une ligne droite donnée.*

Lorsque, dans la pratique des arts, on a une ligne à mesurer, on évite de la manière suivante les opérations et les calculs des n^{os} **24** et **25**. Pour cela, on commence par diviser l'unité linéaire en un grand nombre de parties égales, par exemple en **10**, ou en **100**, ou en **1000** parties; puis on porte cette unité sur la ligne à mesurer autant de fois qu'il est possible, et ensuite la portion de ligne restante sur l'unité. Cette double opération fait connaître combien la droite donnée contient d'unités et de dixièmes, ou de centièmes, ou de millièmes de cette unité, et en donne par conséquent la longueur. Ainsi, avec un mètre divisé en mille parties, on peut avoir la mesure d'une droite à moins d'un millimètre, et même à moins d'un demi-millimètre près : car si, après avoir porté le mètre CD sur la longueur à mesurer AB (fig. 5), et trouvé qu'il y est contenu deux fois, on porte ensuite le reste FB sur CD à partir du point C numéroté *zéro*, et que son extrémité tombe entre la 267e et la 268e division, mais plus près de celle-ci, par exemple, que de l'autre, on prendra 268 millimètres pour la valeur approchée de FB, et l'on en conclura ainsi que AB vaut $2^m,268$ à moins d'un demi-millimètre près.

153. Mais dans les arts de précision l'approximation précédente est loin d'être suffisante. On a recours alors à un instrument nommé *vernier* [1], avec lequel on peut atteindre un très-grand degré d'exactitude. Le vernier n'est autre chose qu'une règle VV mobile le long de la règle CD (fig. 45) dont on veut fractionner les parties. Il est aussi divisé en parties égales, mais plus petites que celles de CD, tellement, par exemple, que 9 divisions de celles-ci en valent 10 du vernier : alors une division du vernier est les $\frac{9}{10}$ d'une division de la règle. Par conséquent, si l'on fait coïncider le zéro du vernier avec un trait quelconque A de la règle, les traits numérotés 1, 2, 3, 4,...... du vernier seront chacun en arrière du trait suivant de la règle respectivement de $\frac{1}{10}$, $\frac{2}{10}$, $\frac{3}{10}$, $\frac{4}{10}$,..... d'une division de celle-ci : aussi l'extrémité du vernier coïncide-t-elle avec la 9ᵉ division de la règle à partir de A. Donc, si l'on pousse le vernier le long de la règle, de sorte que son $n^{ième}$ trait vienne coïncider avec le trait suivant de la règle, ses deux extrémités auront marché chacune de n dixièmes d'une division de la règle. Donc *chaque extrémité du vernier dépasse la division précédente de la règle d'autant de dixièmes d'une division de celle-ci qu'il est marqué par le numéro du trait du vernier qui coïncide avec un trait de la règle.*

D'après cela, pour évaluer la partie restante FB de la ligne AB (fig. 5), on la portera de C en K sur l'unité linéaire CD (fig. 45 *bis*), et l'on amènera l'une des extrémités du vernier, le zéro par exemple, à répondre au point K, qui tombe, comme on voit, entre la 267ᵉ et la 268ᵉ division. Comme la coïncidence a lieu sur le 6ᵉ trait du vernier, on en conclura que son zéro dépasse le 267ᵉ trait de CD des $\frac{6}{10}$ d'une division de la règle, c'est-à-dire de $\frac{6}{10}$ de millimètre. Donc FB = $267^{mm},6$.

Lorsque aucune des divisions du vernier ne coïncide avec

---

[1] C'est le nom du géomètre français qui l'a inventé.

celles de la règle, on prend pour le numéro de la coïncidence celui des traits du vernier qui approche le plus de l'un de ceux de la règle. Si, par exemple, les traits nᵒˢ 6 et 7 du vernier sont compris entre deux traits consécutifs de la règle, mais de manière que le 6ᵉ soit plus près de son correspondant que le 7ᵉ, on prendra $\frac{6}{10}$ de millimètre pour la quantité dont le zéro du vernier est écarté du trait précédent de la règle, et l'erreur sera moindre qu'un demi-dixième de division de la règle : car si l'on poussait le vernier assez à droite pour que les traits nᵒ 6 et nᵒ 7 fussent équidistants des traits de la règle qui les comprennent, il est clair qu'il n'indiquerait alors que 6 $\frac{1}{2}$ dixièmes d'une division : donc le zéro ne dépasse pas le trait précédent de la règle de 6 $\frac{1}{2}$ dixièmes.

Il est évident que l'on obtiendrait un plus grand degré d'exactitude si le vernier embrassait un plus grand nombre de divisions de la règle, puisque alors ses divisions, différant moins de celles de la règle, sa marche serait plus petite d'une coïncidence à une autre.

Supposons, en effet, que v divisions du vernier en vaillent $(v-1)$ de la règle : une division du vernier en vaudra

$$\frac{v-1}{v} = 1 - \frac{1}{v}$$

de la règle ; de sorte que la quantité dont le vernier se meut par les coïncidences successives de ses divisions est la $v^{ième}$ partie d'une division de la règle, quantité d'autant plus petite que v est plus grand. Donc le vernier est d'autant plus sensible qu'il contient un plus grand nombre de parties de la règle. Ainsi, en *théorie*, il est susceptible de fournir une approximation indéfinie ; mais cette approximation est limitée dans la *pratique* par la difficulté d'observer exactement sur quelle division du vernier se fait la coïncidence, même en employant une loupe, et cette difficulté augmente à mesure que les parties du vernier diffèrent moins de celles de la règle. C'est pour cela que l'on n'a pu pousser l'approximation des mesures de longueur, au moyen du vernier, que jusqu'à *un cinquantième* de millimètre.

134. Si l'on a à mesurer une distance sur le terrain, on emploie la *chaîne métrique,* ou *chaîne d'arpenteur.* Elle se compose de 50 chaînons, ou tiges en gros fil de fer, dont chaque bout est recourbé en boucle, et qui sont réunies deux à deux par un anneau ; les longueurs des tiges, des boucles et des anneaux sont déterminées de manière que la distance entre les centres de deux anneaux consécutifs soit de 20 centimètres. La longueur totale de la chaîne représente donc un *décamètre.*

Dàns le but de rendre plus commode la lecture des fractions du décamètre, les anneaux placés de mètre en mètre sont en cuivre, et celui du milieu porte en outre, comme marque distinctive, un petit appendice en métal. Enfin, pour faciliter l'emploi de la chaîne, chacune de ses extrémités est munie d'une poignée dont la longueur est prise sur les 20 centimètres du dernier chaînon.

Pour mesurer une ligne droite avec la chaîne, on commence par la *jalonner,* c'est-à-dire par placer des jalons (**134**) à ses deux extrémités et en différents points intermédiaires, afin de marquer sa direction ; se plaçant ensuite au premier jalon, l'opérateur tient et arrête au point de départ une des poignées de la chaîne, tandis que son aide, appelé *porte-chaîne,* marche en avant dans la direction des jalons, emportant l'autre poignée. Celui-ci, après s'être assuré que la chaîne est complétement et régulièrement tendue, place d'une main la poignée à fleur du sol, et pique en terre, à l'intérieur de la poignée, une fiche en fer qui servira de point de départ à la mesure du second décamètre. Après la mesure de chaque décamètre, l'agent principal enlève la fiche, et, quand il se trouve avoir en main les 10 fiches remises avant l'opération au porte-chaîne, il les lui remet de nouveau, en inscrivant sur son carnet une dizaine de décamètres ou *portée.*

L'effort constamment exercé pour tendre la chaîne finit par allonger les anneaux et les boucles ; aussi doit-on la vérifier fréquemment sur une longueur préalablement préparée avec soin pour servir d'étalon.

Problème III.

135. *Décrire une circonférence.*

Lorsque le rayon de la circonférence n'est pas d'une grande dimension, on fait usage du *compas*. Le compas est composé de deux tiges métalliques appelées jambes ou branches, lesquelles se terminent en pointe à l'une de leurs extrémités, et sont réunies à l'autre extrémité par une charnière qui permet de faire varier leur écartement. L'une des branches a ordinairement une partie mobile qui peut être remplacée par un crayon ou par une plume.

Il est clair que l'on décrira une circonférence en fixant sur un plan une des pointes d'un compas ouvert et en faisant tourner l'autre pointe autour de la première, de manière qu'elle ne quitte pas le plan.

Remarquons que l'empreinte laissée sur le plan par la ligne mobile n'est pas rigoureusement une ligne, car elle a nécessairement de la largeur ; mais elle en différera d'autant moins que cette pointe sera plus fine. *La pointe à tracer devra donc être aussi aiguë qu'il sera possible.*

136. Si le rayon de la circonférence à décrire surpasse l'écartement dont sont susceptibles les deux branches du compas, on emploie une règle armée à l'une de ses extrémités d'une pointe *fixe* et pouvant glisser dans un bracelet en cuivre auquel est attachée une autre pointe. Ce bracelet se fixe sur la règle au moyen d'une vis de pression, de sorte que l'on peut ainsi amener les deux pointes à telle distance invariable que l'on veut.

137. Enfin, si le rayon de la circonférence à décrire doit être très-grand, on fait usage d'un cordeau bouclé à ses extrémités ; on passe dans l'une des boucles une pointe fixée au centre, et dans l'autre la pointe à tracer. Il faut avoir soin de tenir le cordeau toujours également tendu et d'empêcher les boucles de glisser le long des pointes, afin que la longueur du rayon reste invariable.

PROBLÈME IV.

138. *Mesurer un angle donné.*

Nous avons vu (**115**) que cette question revenait à évaluer le nombre des parties du quadrant contenues dans un arc donné. On parvient à résoudre cette question dans la pratique à l'aide du *rapporteur*. Le rapporteur est un demi-cercle en cuivre ou en corne, dont la circonférence est divisée en grades où en degrés, et quelquefois en demi-grades ou en demi-degrés. Si l'instrument est en cuivre, la partie A'B'C' (fig. 46) est évidée, et le centre est indiqué par un très-petit cran O. Deux autres entailles A' et C' laissent voir les deux points A' et C' du diamètre AOC. Le rapporteur en corne n'a pas besoin de ces entailles à cause de sa transparence ; seulement il est percé en son centre d'un très-petit trou.

Si maintenant on veut savoir combien un arc MN (fig. vaut de *degrés*, par exemple, on mènera de son centre O à ses deux extrémités deux droites indéfinies, puis on placera le diamètre AC d'un rapporteur divisé en 180° sur le côté OM, de manière que le centre coïncide exactement avec celui de l'arc MN, et l'on verra par quelle division passe l'autre côté ON ; le numéro de cette division indiquera le nombre de degrés de l'arc MN ; car tous les arcs compris entre les côtés de l'angle NOM doivent être du même nombre de degrés, puisque le rapport de chacun d'eux au quadrant de la circonférence à laquelle il appartient, étant la mesure de cet angle (**112**), doit être une quantité constante.

Si le côté ON passait entre deux traits consécutifs de la division du limbe, on verrait duquel il se rapproche le plus ; ce serait alors le numéro de ce trait que l'on prendrait pour l'indication du nombre de degrés de l'arc, et *l'on aurait ainsi la valeur de cet arc à moins d'un demi-degré près.*

139. L'approximation donnée par le rapporteur est souvent insuffisante ; on peut obtenir la valeur d'un angle avec plus de précision de la manière suivante.

Il est évident qu'il existe une relation déterminée entre un arc quelconque et sa corde, de sorte que la connaissance de l'une de ces quantités entraîne nécessairement celle de l'autre. On conçoit donc que l'on a pu construire une *table* qui, pour une valeur donnée du rayon, fît connaître les cordes de tous les arcs croissant de minute en minute, ou de seconde en seconde depuis 0° jusqu'à 90°. C'est ce qui a été fait; et l'on trouvera à la fin de cet ouvrage une table qui, pour un rayon égal à 100, donne les cordes de tous les arcs en progression arithmétique dont la raison est 10′, ce qui est bien suffisant pour la pratique.

Pour mesurer un angle à l'aide de la *table des cordes*, on décrira entre ses côtés un arc dont le rayon soit égal à cent unités (on pourra prendre avec avantage le millimètre pour unité, car on trouve dans le commerce, sous le nom de *règles de Kutsch*, des doubles décimètres très-bien divisés en millimètres); on mesurera la corde de cet arc, et, en la cherchant dans la table, on lira à côté la valeur de l'angle demandé. Si, par exemple, cette corde valait 44^{mm},43, on trouverait que ce nombre est à la fois dans la ligne horizontale commençant par 25°, et dans la ligne verticale qui porte en tête 40′, c'est-à-dire que l'angle vaut 25° 40′.

Mais si la corde vaut 44^{mm},59, par exemple, on verra que l'angle est compris entre 25°40′, et 25°50′. Pour l'avoir plus approximativement, on opérera en admettant ce principe, qui est sensiblement vrai, savoir, que *les différences des cordes sont proportionnelles aux différences des arcs correspondants* [1], et l'on posera la proportion :

Le rapport de 28 centièmes (différence des cordes des arcs 25° 40′ et 25°50′) à 16 centièmes (différence de la corde de l'arc 25°40′ à celle de l'arc inconnu) = le rapport de 10′ (différence des arcs 25° 40′ et 25°50′) à x (différence de l'arc inconnu à l'arc 25°40′).

D'où l'on tirera $x = \frac{160'}{28} = 6'$: ainsi l'angle demandé vaut 25°40′ $+ 6'$ = 25°46′.

---

[1] C'est sur un principe analogue que l'on s'est appuyé dans l'*Arithmétique* (n° 290) pour calculer le logarithme d'un nombre.

Si l'angle donné est obtus, on cherchera la mesure de son supplément, et il n'y aura qu'à retrancher cette mesure de 180°.

PROBLÈME V.

140. *Partager une droite donnée* AB (fig. 48) *en deux parties égales par une perpendiculaire.*

La question revient évidemment (**61**) à trouver deux points également distants des extrémités A et B de la droite donnée. En conséquence, du point A comme centre, et avec une ouverture de compas plus grande que la moitié de AB, on décrira de part et d'autre de cette ligne deux arcs de circonférence CD, C′D′; puis du point B comme centre, et avec la même ouverture de compas, on décrira pareillement deux nouveaux arcs FG, F′G′, qui couperont les premiers aux points M et M′. Ces points seront chacun également distants des points A et B : donc la droite MM′ qui les unit est perpendiculaire sur le milieu de AB.

Les arcs CD et C′D′ couperont FG et F′G′ : car, puisque nous avons pris une ouverture de compas plus grande que la moitié de AB, la somme de leurs rayons est plus grande que cette droite, c'est-à-dire que la distance des centres ; et comme d'ailleurs ces rayons sont égaux, leur différence est nulle, et par conséquent moindre que cette même distance. Ainsi les conditions d'intersection sont remplies (**104**).

Nous avons marqué de part et d'autre de AB les deux points M et M′ qui déterminent la perpendiculaire demandée, parce qu'une droite qui doit passer par deux points est d'autant mieux déterminée que ces points sont plus éloignés. On conçoit, en effet, que si l'on ne plaçait pas l'arête de la règle rigoureusement à égale distance des deux points, la ligne que l'on tracerait dévierait d'autant plus de la droite demandée que les deux points seraient plus près l'un de l'autre.

PROBLÈME VI.

141. *Par un point* O *donné sur une droite* AB *élever une perpendiculaire sur cette droite.*

Nous distinguerons deux cas, selon que la droite AB sera indéfinie, ou qu'on ne pourra pas la prolonger au delà du point O.

1° Il est clair que si l'on prend de part et d'autre du point O (fig. 49) les deux distances égales OC et OD, il ne s'agira plus que d'élever une perpendiculaire sur le milieu de CD, et il suffira, pour cela, de trouver un point équidistant de C et de D, puisque O jouit déjà de cette propriété. En conséquence, des points C et D comme centres, et avec une ouverture de compas plus grande que CO, on décrira deux arcs qui se couperont au point G, et en tirant GO le problème sera résolu.

2° D'un point quelconque C comme centre (fig. 50), avec CO pour rayon, décrivez une circonférence; par le point F, où cette circonférence coupe AB, tirez le diamètre FCD, et en joignant OD vous aurez la perpendiculaire demandée (119).

Problème VII.

142. *D'un point G donné hors d'une droite* AB, *abaisser une perpendiculaire sur cette droite.*

Si l'on prend sur la droite AB (fig. 51) un point quelconque D, et que du point G comme centre, avec GD pour rayon, on décrive une circonférence, il est clair qu'elle coupera AB en un second point C (56, 1°), et le point G sera ainsi également distant de D et de C : si donc on marque un second point G' qui soit aussi équidistant de D et de C (140), il suffira de le joindre au point G pour avoir la perpendiculaire demandée.

Si la droite AB n'est pas assez grande pour que l'arc décrit du point G comme centre, avec le rayon GD, puisse la couper en un second point, on prendra sur cette ligne un autre point quelconque A (fig. 52), puis des deux points A et D comme centres, avec les rayons respectifs AG et DG, on décrira au-dessous de AB deux arcs qui se couperont en G' : de cette manière les points A et D seront équidistants de G et de G', de sorte que la droite AB sera perpendiculaire sur GG' (61), et réciproquement.

143. Les deux derniers problèmes que nous venons de résoudre se présentent sans cesse dans la pratique des arts, et surtout dans le dessin linéaire : aussi a-t-on cherché à en trouver des solutions plus simples que celles que nous en avons données, et l'on y est parvenu à l'aide de l'instrument nommé *équerre*. Il y a plusieurs sortes d'équerres (fig. 53). Celle du charpentier et du tailleur de pierres est formée de deux règles de fer ou de bois réunies invariablement, et de manière que leurs arêtes se coupent à angle droit. L'équerre du dessinateur est une petite planchette, terminée par trois côtés parfaitement dressés, dont deux forment un angle droit.

Pour mener avec l'équerre une perpendiculaire à une droite donnée AB, par un point donné G (fig. 54), on place l'équerre de manière que l'un des côtés PR de l'angle droit coïncide avec la droite AB; puis, appliquant une règle ST le long du côté PQ opposé à l'angle droit, on fera glisser l'équerre contre la règle, jusqu'à ce que le côté QR vienne passer par le point G : la ligne Q'R' sera la perpendiculaire demandée.

144. Ce procédé serait parfait si l'équerre dont on se sert était bien juste; mais, comme il est rare de trouver une bonne équerre, il faut, avant d'en faire usage, la vérifier avec le plus grand soin. Pour cela, tirez très-exactement sur un plan une ligne droite DEF (fig. 55); placez ensuite le côté AB de l'équerre sur EF, et tracez EG le long de AC. Cela fait, renversez votre équerre de manière que AC vienne se placer sur ED, le sommet A restant toujours en E : si le second côté AB tombe juste sur la ligne déjà tracée EG, c'est une preuve que les angles GED et GEF sont égaux entre eux, puisqu'ils le sont à BAC, et l'équerre est *bonne*. Si AB, dans sa nouvelle position, tombe à gauche ou à droite de EG, le double de GEF (et par conséquent de BAC) est plus petit ou plus grand que deux angles droits; ainsi l'angle BAC est aigu ou obtus, et l'équerre est *fausse*.

145. On peut également faire usage du rapporteur pour élever des perpendiculaires, en observant que la droite qui va du centre à la 90e division est perpendiculaire sur le diamètre.

146. Si l'on a une perpendiculaire à tracer sur le terrain, et qu'elle ne doive pas être bien longue, on y parviendra par les méthodes données aux numéros **140, 141 et 142**, en employant un cordeau au lieu d'un compas ; ou bien encore, on attachera aux extrémités de la droite sur le milieu de laquelle la perpendiculaire doit tomber, un cordeau au milieu duquel on aura fixé un anneau ; puis, tendant le cordeau au moyen de cet anneau, son milieu viendra se placer sur la perpendiculaire demandée. Répétant cette opération de l'autre côté de la droite, on obtiendra un second point de la perpendiculaire, et sa direction sera déterminée.

Ce procédé s'appliquerait également bien au cas où la perpendiculaire devrait partir d'un point pris sur la droite donnée ou hors de cette droite.

PROBLÈME VIII.

147. *Par le point A de la droite AB (fig. 56), mener une droite qui fasse avec AB un angle égal à un angle donné C.*

Du sommet de l'angle C, et avec un rayon quelconque, je décris entre ses côtés l'arc MN ; puis du point A comme centre, et avec le même rayon, je décris, à partir de la droite AB, l'arc PQ, sur lequel je porte de P en D une ouverture de compas égale à la corde de l'arc MN ; je joins AD, et l'angle DAB est égal à NCM : car ce sont des angles au centre qui interceptent des arcs égaux sur deux circonférences égales (**106**).

148. Ce problème peut également se résoudre au moyen du *rapporteur.* Il suffira de placer le centre du rapporteur en A, en dirigeant son diamètre suivant la ligne AB ; puis, ayant marqué avec un crayon sur le plan la division du limbe qui correspond à la grandeur de l'angle donné, et enlevant le rapporteur, il ne restera qu'à joindre par une ligne droite le point A au point ainsi obtenu.

On pourra aussi faire usage de la *table des cordes* (**159**). Ainsi, si l'on veut faire en un point d'une droite donnée un angle de 25° 46', on décrira de ce point comme centre avec le décimètre pour rayon, un arc indéfini ; puis on calculera la corde de 25° 46', on la portera sur cet arc, et en joignant son extrémité au point donné on aura l'angle demandé. Comme l'arc 25° 46' ne se trouve pas dans la table, on y cherchera l'arc 25° 40', et l'on trouvera que sa corde est 44^{mm},43 ; puis, prenant la différence (28 centièmes) des cordes des arcs 25° 40' et 25° 50', on aura, comme dans le n° **297** de l'*Arithmétique*, la proportion $\frac{10}{6} = \frac{28}{x}$, d'où l'on tirera $x = 17$ centièmes ; la corde de l'arc de 25° 46' est donc égale à 44^{mm},43 + 0,17 = 44^{mm},60.

Si l'arc donné était plus grand que 90°, on construirait sur le prolongement de la droite donnée un angle dont la mesure fût le supplément de cet arc.

Enfin, l'on pourra se servir, pour résoudre le même problème, de la *fausse équerre*, ainsi que nous l'avons vu précédemment (**35**).

PROBLÈME IX.

149. *Diviser un angle donné* AOB *en deux parties égales* (fig. 57).

Du sommet O comme centre, et avec un rayon arbitraire AO, décrivez l'arc AMB entre les côtés de l'angle donné ; puis abaissez du centre une perpendiculaire sur la corde de cet arc, et le problème sera résolu (**82** et **106**).

On pourra donc partager un angle en un nombre de parties égales qui soit une puissance parfaite de 2 (**106**).

150. On pourra aussi résoudre rapidement cette question à l'aide du rapporteur.

PROBLÈME X.

151. *Par un point donné* C, *mener une parallèle à une droite donnée* AB (fig. 58).

Ce problème est susceptible de plusieurs solutions, parmi lesquelles nous citerons les suivantes :

1° Si l'on mène par le point C une sécante quelconque CD, il est clair qu'il suffira de faire au point C, et avec cette droite, un angle égal à CDA, ce qui ne saurait présenter de difficulté (**147**) ; mais, comme le rayon des arcs à décrire pour faire cet angle est arbitraire, nous le choisirons égal à CD : de cette manière nous pourrons nous dispenser de tracer cette droite CD. Ainsi, du point C comme centre, et d'un rayon aussi grand qu'il sera possible, décrivez, à partir de AB, l'arc DF ;

puis, du point D comme centre et avec la même ouverture de compas, décrivez l'arc CA; prenez ensuite l'arc DG = CA, et joignez CG : cette droite résoudra le problème.

2° D'un point quelconque D de AB (fig. 59), avec DC pour rayon, décrivez les deux arcs CA et BF, le premier terminé en C, et le second indéfini au-dessus de AB; prenez l'arc BG = AC, et joignez CG : cette droite résoudra le problème (**91**).

3° Placez sur AB le grand côté PQ d'une équerre de dessinateur PRQ (fig. 60), et appliquez une règle ST le long de l'un quelconque PR des deux autres côtés; puis, la maintenant invariablement dans cette position, faites glisser l'équerre le long de la règle jusqu'à ce que le grand côté vienne passer par le point C : alors la ligne CD, tracée le long de P'Q', résoudra le problème : car les angles R'P'Q' et RPQ sont évidemment égaux comme correspondants.

152. Le rapporteur fournit aussi le moyen de résoudre cette question. Je joins le point C à un point quelconque D (fig 58) de la droite AB, et je mesure l'angle CDA (**138**); puis je fais, au point C sur la ligne CD, un angle égal DCG (**148**).

Problème XI.

153. *Par trois points donnés* A, B, C, *faire passer une circonférence de cercle* (fig. 22).

Je joins AB et BC, j'élève des perpendiculaires DE et FG sur les milieux de ces droites (**140**), et de leur point d'intersection O comme centre, avec OA pour rayon, je décris une circonférence qui résoudra le problème.

154. Scolie. *Pour trouver le centre d'un arc, tirez deux cordes quelconques, élevez des perpendiculaires sur les milieux de ces cordes, et leur point d'intersection sera le centre demandé.*

Problème XII.

155. *Décrire une circonférence qui touche la droite* AB *au point* C *et qui passe en outre par le point* D (fig. 61).

Le lieu géométrique des centres des circonférences tangentes à la droite AB au point C est la perpendiculaire FF' élevée par ce point sur cette droite (85) : donc le centre de la circonférence demandée est sur FF'; il doit aussi se trouver sur la perpendiculaire GG' élevée sur le milieu de CD (60 ou 85) : donc il est à leur point d'intersection O; décrivant donc une circonférence du point O comme centre avec le rayon OC, on aura résolu le problème (59 et 88).

Ce problème n'admet qu'une solution, puisque, les deux droites FF' et GG' ne pouvant avoir qu'un seul point d'intersection, on n'obtient ainsi qu'un seul centre, et partant qu'un seul rayon. Il serait impossible si le point D était donné sur la droite AB : car alors les perpendiculaires FF' et GG' seraient parallèles (63). Dans tout autre cas il sera possible.

Problème XIII.

156. *Décrire sur une droite donnée* AB (fig. 62) *un arc* CAPABLE *de l'angle donné* K, *c'est-à-dire tel que tous les angles inscrits dans cet arc soient égaux à l'angle* K.

Supposons le problème résolu, et soit ACB l'arc demandé : tous les angles inscrits dans cet arc auront pour mesure la moitié de la partie restante AMB de la circonférence, et par conséquent cette moitié devra être la mesure de l'angle donné K. Donc si l'on fait au point B et *au-dessous* de AB l'angle ABD égal à K, cet angle aura pour mesure la moitié de AMB, et par conséquent BD sera tangente à la circonférence (117 et 120) : donc cette circonférence doit passer par le point A, et toucher la droite BD au point B : ce qui nous ramène au problème précédent.

Ainsi, pour résoudre le problème, on fera au point B et au-dessous de AB un angle ABD égal à K (147); on mènera une perpendiculaire sur le milieu de AB; on en élèvera une seconde au point B sur BD; et du point O, où ces deux perpendiculaires se couperont, avec OB pour rayon, on décrira une circonférence. L'arc situé au-dessus de AB résoudra le problème.

Quant à l'arc inférieur AMB, il est capable du supplément de l'angle donné : car la somme des deux angles AMB et ACB a pour mesure la moitié de la circonférence.

Si l'angle donné K est droit, l'arc demandé doit être une demi-circonférence (119); et, en effet, la perpendiculaire élevée sur BD au point B coïncide alors avec AB. Cela résulte encore de la remarque que nous avons faite au n° 127.

PROBLÈME XIV.

157. *Par un point A donné sur le plan d'une circonférence, mener une tangente à cette circonférence.*

Nous distinguerons deux cas, selon que le point donné sera situé sur la circonférence ou partout ailleurs que sur cette courbe.

1° Le point A étant situé sur la circonférence (fig. 24), on le joindra au centre, et en élevant ensuite au point A une perpendiculaire sur le rayon OA, on aura la tangente demandée (88).

2° Supposons que le point A ne soit pas situé sur la circonférence (fig. 63), et que AT soit la tangente demandée. Si nous joignons OT, l'angle OTA ainsi formé sera droit : donc son sommet se trouvera sur la circonférence décrite sur OA comme diamètre (127). Mais ce sommet doit aussi se trouver sur la circonférence donnée : donc il sera à l'intersection de ces deux circonférences. Ainsi, pour résoudre le problème, on tirera OA; sur cette droite, comme diamètre, on décrira une circonférence, et, en joignant le point donné A avec les points T et T', où elle coupe la circonférence donnée, on aura les deux tangentes AT et AT', qui résolvent également le problème. Si l'on joint, en effet, OT et OT', on formera des angles droits OTA et OT'A (119) : donc les droites OT et OT' sont chacune perpendiculaires à l'extrémité d'un rayon, et par conséquent tangentes à la circonférence.

DISCUSSION. Pour que le problème soit possible, il faut que la circonférence ATOT' rencontre la circonférence donnée, et le nombre des solutions sera celui même de leurs points communs. Or il peut se présenter trois cas que nous allons examiner successivement.

1er CAS. *Le point A est extérieur à la circonférence donnée.* Alors le rayon OB est plus petit que OA, c'est-à-dire que la somme

faite de l'autre rayon AD et de la distance DO des centres, puisque ces deux droites sont chacune la moitié de OA ; d'un autre
côté, cet autre rayon AD est moindre que la distance des centres
augmentée de OB, donc déjà la distance des centres est
plus grande que la différence des rayons (105) ; elle est aussi
moindre que leur somme, puisqu'elle est égale à l'un d'eux ;
donc les deux circonférences se coupent (104) ; donc il y a deux
solutions.

2e CAS. *Le point* A *est sur la circonférence donnée.* Alors OB est
égal à OA, c'est-à-dire à la distance des centres augmentée de
l'autre rayon, ou, en d'autres termes, la distance des centres est
égale à la différence des rayons ; donc les deux circonférences,
se touchent intérieurement au point A (102), et il n'y a qu'une
seule solution.

3e CAS. *Le point* A *est intérieur à la circonférence donnée.* Alors
OB est plus grand que OA, c'est-à-dire que la somme faite de
la distance des centres et de l'autre rayon : donc la circonférence
auxiliaire est intérieure à l'autre, et par conséquent le problème
est impossible.

158. COROLLAIRE. Si l'on fait tourner la partie inférieure de
la figure autour de OA comme charnière, les deux demi-circonférences AT'O et CT'B viendront recouvrir exactement leurs correspondantes supérieures : donc le point T' viendra tomber à
la fois sur ATO et sur BTC, et par conséquent à leur point de
section T ; donc *les deux tangentes* AT *et* AT' *sont égales*, et
l'angle TAO = T'AO ; de sorte que *la droite qui joint le point de
concours de deux tangentes au centre, divise l'angle formé par ces
tangentes en deux parties égales.*

159. Réciproquement, si l'on divise l'angle TAT' de deux
tangentes en deux parties égales, la droite de division passera
par le centre de la circonférence, sans quoi, en joignant ce
centre avec le point A, l'angle TAT' serait divisé en deux parties
égales par deux droites distinctes, ce qui est absurde.

Donc *le lieu des centres de toutes les circonférences tangentes à
deux droites données est la droite qui divise leur angle en deux
parties égales.*

160. On peut encore résoudre le problème précédent de la manière suivante :

Décrivez des points O et A comme centres (fig. 64), et avec les rayons respectifs 2OB et OA, deux circonférences qui se couperont aux points I et I'; joignez ensuite OI et OI', et les points T et T', où ces droites rencontreront la circonférence donnée, seront les points de contact des tangentes demandées : de sorte qu'en joignant AT et AT', le problème sera résolu. Les points T et A sont en effet équidistants de O et de I : donc AT est perpendiculaire sur OI (**61**); donc cette droite est une tangente.

Remarquons que cette méthode fournirait encore le moyen de résoudre le problème, lors même que la circonférence OB ne pourrait pas être tracée. Seulement, après avoir déterminé le point I, il faudrait chercher un point équidistant de I et de O; la droite qui l'unirait au point A serait perpendiculaire sur le milieu de OI, et serait par conséquent tangente à la circonférence (1).

PROBLÈME XV.

161. *Décrire une circonférence qui soit tangente à trois droites indéfinies* PQ, RS *et* TU (fig. 65).

Nous avons vu que le lieu des centres de toutes les circonférences tangentes à deux droites est la bissectrice de l'angle qu'elles forment (**159**) : donc si l'on divise les angles en A en deux parties égales par les droites DE et FG, le centre de la circonférence demandée devra se trouver sur l'une ou sur l'autre de ces droites. Par la même raison il devra aussi se trouver sur l'une des deux droites IK et LM, qui partagent les angles en C en deux parties égales : donc il sera l'un des points où elles rencontrent les deux premières, c'est-à-dire O, O', O'' ou O''', de sorte que le problème aura quatre solutions. Abaissons, en effet, du point O par exemple, les perpendiculaires OC', OB' et

---

(1) Cette méthode est une application de celle que l'on emploie pour mener une tangente à l'ellipse par un point extérieur, quand on connaît son grand axe et ses foyers, ainsi qu'on le verra plus loin.

OA' sur les droites respectives RS, PQ et TU. Il est évident que si l'on plie la figure le long de OA, les droites PQ et RS se recouvriront, puisque les angles SAO et QAO sont égaux : donc les perpendiculaires OC' et OB' coïncideront aussi, sans quoi on pourrait abaisser d'un même point deux perpendiculaires sur une même droite ; donc elles sont égales. On verrait de même que OB' = OA', et qu'ainsi, si du point O comme centre, et avec OA' pour rayon, on décrit une circonférence, elle sera tangente aux trois droites données.

Les trois autres points O', O'' et O''' sont de même les centres de trois circonférences faciles à décrire, et qui seront aussi des solutions de la question.

Quoiqu'on n'ait pas fait usage des angles en B, on ne doit pas penser que les droites qui les partagent en deux parties égales fournissent de nouvelles solutions : car ces droites, étant le lieu des centres de toutes les circonférences tangentes à RS et à TU, devront nécessairement aller passer, l'une par les points O et O'', et l'autre par O' et O'''.

Si l'on suppose que la droite RS, par exemple, tourne autour du point A, dans le sens indiqué par la flèche, en allant de droite à gauche, elle entraînera les droites GF et DE, de sorte que, quand elle sera devenue parallèle à TU, ces droites le seront respectivement à IK et à LM (**70**, 3°, et **71**) : donc alors les centres O' et O''' n'existeront plus, et ainsi le problème n'admettra plus que deux solutions ([1]).

Enfin si les trois droites étaient parallèles, le problème serait évidemment impossible.

PROBLÈME XVI.

162. *Mener une tangente commune à deux circonférences données.*

Ce problème admet en général quatre solutions, savoir : deux tangentes *externes* et deux tangentes *internes*. Supposons-le

---

([1]) Il est clair que, dans le mouvement de la droite AE autour de A, le point O'O' s'éloignera de plus en plus du point C, et qu'en même temps l'angle AO'C résolu, et soit AB une tangente externe (fig. 136). Joignons OA et O'B : ces droites seront perpendiculaires sur cette tangente : donc, si l'on mène par le centre O' la parallèle O'C à AB, la partie AC ainsi déterminée sur le rayon AO sera égale à O'B (68), de sorte que OC sera égale à la différence des rayons des deux circonférences; mais O'C est perpendiculaire sur OA (66) : donc elle est tangente à la circonférence que l'on décrirait avec le rayon OC (88).

Décrivez donc une circonférence du point O comme centre avec un rayon OD égal à la *différence* de ceux des deux circonférences données; menez de O' deux tangentes à cette circonférence, et joignez le centre O avec les points de contact C et C'; menant enfin des tangentes aux points A et A', où ces droites OC et OC' vont couper la circonférence O, on aura les deux tangentes externes AB et A'B'.

On verra de la même manière que, pour trouver les deux tangentes internes, il faudra décrire du centre O une circonférence avec la *somme* OG des rayons des deux circonférences données, et achever la construction comme précédemment.

Il est facile de voir que les deux tangentes externes vont se couper sur la droite qui joint les centres, et qu'il en est de même pour les deux tangentes internes.

PROBLÈME XVII.

163. *Décrire une circonférence qui touche une circonférence donnée* O (fig. 66), *et soit en outre tangente à une droite donnée* AB *en un point donné* C.

Soit O' le centre inconnu de la circonférence demandée : ce point se trouvera évidemment sur la perpendiculaire indéfinie DD', menée à AB par le point C. D'un autre côté, si les deux

---

= O'AE' (70, 1°) diminuera continuellement. On voit encore que la *limite* de la distance O'C sera l'*infini*, tandis que celle de l'angle O' sera *zéro*. Or, quand ces limites seront atteintes, la droite AE sera devenue parallèle à CM; car alors elle ne la rencontrera plus. Ainsi nous pourrons dire que *deux droites sont parallèles quand elles ne se rencontrent qu'à une distance infinie ou qu'elles font un angle nul.*

circonférences doivent être tangentes extérieurement, O'O sera la somme des deux rayons : par conséquent, si l'on prend CD égal au rayon de O, le centre O' sera également distant des points O et D, de sorte qu'il sera déterminé par l'intersection de DD' avec la perpendiculaire FF' élevée sur le milieu de OD. Mais si les deux circonférences doivent se toucher intérieurement, la distance de leurs centres sera la différence de leurs rayons; et conséquemment si l'on prend CD' égal au rayon de la circonférence O, le centre inconnu sera équidistant des points O et D', et se trouvera ainsi à l'intersection O'' de DD' avec la perpendiculaire GG' élevée sur le milieu de OD'.

On voit donc que le problème admet en général deux solutions, si, comme nous l'avons supposé, le point C est extérieur à la circonférence donnée. Cependant, si la droite AB était tangente à la circonférence O, il est clair que OD' serait alors parallèle à cette droite (68), et qu'ainsi le centre O'' s'éloignerait à l'infini (161, note). Dans ce cas la circonférence O''C dégénérerait dans la tangente AB (105).

Si le point C était l'un des points d'intersection de AB avec la circonférence O, CD et GD' seraient alors égales à OC, et ainsi les points O' et O'' coïncideraient avec C : donc les circonférences O'C et O''C se réduiraient au point C.

Si le point C est intérieur à la circonférence O, la construction réussit toujours; mais les deux circonférences sont intérieures à la circonférence donnée.

Enfin, si AB est tangente à la circonférence O, et que C soit précisément le point de contact, le problème admet une infinité de solutions (105).

164. PROBLÈMES A RÉSOUDRE. 1° *Décrire une circonférence qui touche deux droites données, et l'une d'elles en un point donné.*

2° *Décrire une circonférence qui touche une circonférence donnée en un point donné et qui passe par un second point donné. — Déduire de la solution trouvée celle du problème du n° 155.*

3° *Décrire une circonférence qui touche une circonférence donnée en un point donné et soit en outre tangente à une droite donnée.*

4° *Décrire une circonférence d'un rayon donné, et qui touche à la fois une droite et une circonférence données.*

5° *Par un point donné sur le plan d'une circonférence tirer une sécante telle, que la corde interceptée soit égale à une droite donnée.*

LIVRE II.

DES POLYGONES.

DÉFINITIONS.

165. *On appelle* POLYGONE *une portion de plan terminée de toutes parts par des lignes droites que l'on nomme les* CÔTÉS *du polygone.*

166. Si une ligne droite, tracée d'une manière quelconque, ne peut rencontrer le *périmètre*, c'est-à-dire le contour d'un polygone, en plus de deux points, on dit que ce polygone est *convexe* ou *à angles saillants ;* et dans le cas contraire, il est *concave* ou *à angles rentrants*. ABCDEF est un polygone convexe (fig. 67), et GHIKLMN en est un concave. Les angles saillants de celui-ci sont G, H, K, L, M; I et N sont ses angles rentrants. Il faut entendre par l'angle rentrant I toute la portion du plan du polygone qui serait parcourue par le côté indéfiniment prolongé IK, s'il tournait autour de I de manière que son point *k* vînt, en décrivant l'arc *klh*, se rabattre en *h* sur IH. Ainsi cet angle est égal à quatre droits, moins l'angle KIH.

On appelle *diagonale* la droite qui joint les sommets de deux angles non adjacents : telles sont les droites AD et MK.

Quand nous parlerons d'un polygone, il s'agira toujours d'un polygone convexe, à moins que nous n'exprimions précisément le contraire.

167. On appelle *polygone inscrit à un cercle* celui dont tous les angles ont leurs sommets sur sa circonférence; en même temps on dit que le cercle est *circonscrit* à ce polygone.

Un polygone est *circonscrit à un cercle* lorsque tous ses côtés sont des tangentes à la circonférence. Le cercle est alors *inscrit* dans ce polygone.

168. On distingue les polygones d'après le nombre de leurs côtés ou de leurs angles, ce qui revient tout à fait au même, et on leur a donné des noms qui désignent précisément le nombre de ces angles ou de ces côtés. Ainsi on appelle

Triangles les polygones de 3 côtés
Quadrilatères 4
Pentagones 5
Hexagones 6
Heptagones 7
Octogones 8
Ennéagones 9
Décagones 10
Endécagones 11
Dodécagones 12
Etc.

On ne pousse pas ordinairement cette nomenclature au delà du dodécagone, si ce n'est pour le *pentédécagone*, qui est le polygone de 15 côtés.

169. On conçoit très-bien que deux figures, un cercle et un triangle par exemple, peuvent renfermer entre leurs côtés des portions égales de l'étendue, sans cependant être superposables. Nous exprimerons qu'il en est ainsi en disant que ces figures sont *équivalentes*, et nous réserverons la dénomination de figures *égales* pour celles qui pourront être superposées.

Les triangles et les quadrilatères ont des propriétés qui leur sont particulières : nous allons les étudier d'abord, et nous verrons ensuite quelles sont les propriétés communes aux polygones de tous les ordres.

CHAPITRE PREMIER.

DES TRIANGLES.

THÉORÈME I.

170. *La somme des angles d'un triangle est égale à deux angles droits.*

Pour le démontrer, je prolonge le côté BC (fig. 68), et je mène par le point C la droite CD, parallèle à AB. La somme des trois angles du triangle est égale à celle des trois angles formés autour du point C ; car d'abord l'angle ACB est commun à toutes deux ; l'angle A est égal à 'angle ACD comme alternes-internes, par rapport aux parallèles AB et CD et à la sécante AC ; et l'angle B est égal à DCF, son correspondant par rapport aux mêmes parallèles et à la sécante BF. Mais la somme des trois angles formés autour du point C vaut deux droits : donc celle des trois angles du triangle ABC vaut aussi deux droits.

171. COROLLAIRE I. *Chaque angle d'un triangle est le supplément de la somme des deux autres :* ainsi, *quand deux angles d'un triangle sont respectivement égaux à deux angles d'un autre triangle, le troisième angle de l'un est égal au troisième angle de l'autre, et les deux triangles sont* ÉQUIANGLES *entre eux.*

172. COROLLAIRE II. *L'angle* EXTÉRIEUR ACF *d'un triangle (on appelle ainsi celui qui est formé par un côté et le prolongement d'un autre) est égal à la somme des deux angles intérieurs opposés* A *et* B ; car cette somme des angles A et B a pour supplément l'angle ACB, qui est aussi le supplément de ACF (40).

173. COROLLAIRE III. *Un triangle ne peut avoir qu'un seul angle droit, et à plus forte raison qu'un seul angle obtus.*

174. Ce dernier corollaire conduit à une division des triangles en trois classes, d'après la nature de leurs angles. *On*

nomme triangle RECTANGLE celui qui a un angle droit, et on appelle
HYPOTÉNUSE le côté opposé à l'angle droit. Le triangle ABC (fig. 69)
est un triangle rectangle dont BC est l'hypoténuse. Il est évident que *dans un triangle rectangle les deux angles aigus sont
complémentaires.*

175. On appelle triangle *acutangle* celui dont les trois angles
sont aigus, et triangle *obtusangle* celui qui a un angle obtus. Tels
sont ABC et DEF (fig. 70).

176. On distingue aussi les triangles d'après les rapports qui
existent entre leurs côtés. Ainsi *on appelle triangle* SCALÈNE *celui dont les trois côtés sont inégaux;* ISOCÈLE *celui dont deux
côtés sont égaux*, et alors le troisième côté est dit la *base* du
triangle, et le sommet de l'angle opposé à la base est le *sommet*
du triangle.

Il suit du n° **61** que la droite qui va du sommet d'un triangle
isocèle au milieu de sa base est perpendiculaire à cette base.
Cette droite se nomme *la hauteur* du triangle. On voit donc
qu'*un triangle isocèle est déterminé lorsqu'on connaît sa base et sa
hauteur*.

Enfin *on nomme triangle* ÉQUILATÉRAL *celui qui a ses trois côtés
égaux.*

THÉORÈME II.

177. *De deux angles d'un triangle, celui-là est le plus grand
qui est opposé à un plus grand côté; et réciproquement, le plus
grand de deux côtés est celui qui est opposé à un plus grand
angle.*

Supposons, en effet, que le côté AC soit plus grand que AB
(fig. 71). Il suit immédiatement de cette hypothèse que la perpendiculaire DE, élevée sur le milieu de BC, ira couper AC entre A et C, sans quoi le point A serait plus près de C que de B
(59) : de sorte qu'en joignant EB, cette droite sera tracée dans
l'angle ABC; mais nous avons vu, dans la démonstration du
n° **56**, que les angles ECB et EBC sont superposables : donc
l'angle ECB est plus petit que ABC.

Supposons actuellement que l'angle ABC soit plus grand que

ACB. Si l'on élève encore une perpendiculaire sur le milieu de CB et que l'on joigne le point B avec le point E où elle rencontrera AC, l'angle EBC ainsi formé sera égal à ACB, et par conséquent la droite EB sera tracée dans l'angle ABC : donc le point E se trouve entre A et C ; donc le point A est à gauche de la perpendiculaire ED, donc AC est plus grand que AB.

178. Corollaire. Dans un triangle rectangle, l'hypoténuse est le plus grand des côtés, et dans un triangle obtusangle, le côté opposé à l'angle obtus est le plus grand (**173**).

Théorème III.

179. *Dans un triangle isocèle, les angles opposés aux côtés égaux sont égaux ; et, réciproquement, si deux angles d'un triangle sont égaux, les côtés qui leur sont opposés seront égaux.*

Faites usage du mode de démonstration employé au n° **94**, en vous appuyant sur le théorème du n° **177**.

180. Corollaire. *Un triangle équilatéral est aussi équiangle, et réciproquement.*

On voit encore que chaque angle d'un triangle équilatéral est les deux tiers d'un angle droit, de sorte qu'il a pour mesure un arc de 60°.

Théorème IV.

181. *Deux triangles ABC, A'B'C' (fig. 72) sont égaux lorsqu'ils ont un angle égal B = B' compris entre deux côtés égaux chacun à chacun AB et A'B', BC et B'C'.*

Portons en effet le triangle A'B'C' sur le triangle ABC en plaçant les points B' et C' respectivement sur les points B et C. Le côté B'C' coïncidera ainsi avec son égal BC. Par conséquent, puisque l'angle B' est égal à l'angle B, le côté A'B' prendra la direction AB ; et, comme ils sont égaux, le point A' tombera nécessairement sur le point A. Le côté A'C' aura ainsi les mêmes extrémités que AC : donc ces deux côtés coïncideront ; donc le triangle A'B'C' recouvrira exactement le triangle ABC ; donc il lui est égal.

182. Corollaire. Nous appellerons *angles homologues* deux angles qui sont opposés à des côtés égaux, et *côté homologues* ceux qui sont opposés à des angles égaux. Cela posé, il suit de la superposition des deux triangles ABC et A'B'C' que les angles B et C sont respectivement égaux à leurs homologues B' et C', et que le côté BC est égal à son homologue B'C' : donc, *quand deux triangles seront égaux comme ayant un angle égal compris entre deux côtés égaux chacun à chacun, on devra en conclure que leurs parties homologues sont égales.*

Théorème V.

183. *Deux triangles* ABC, A'B'C' (fig. 72) *sont égaux lorsqu'ils ont un côté égal* AB = A'B' *adjacent à deux angles égaux chacun à chacun* A *et* A', B *et* B'.

Portons le triangle A'B'C' sur le triangle ABC, en mettant les points A' et B' respectivement sur les points A et B. Le côté A'B' coïncidera ainsi avec son égal AB. Par conséquent, puisque l'angle B' est égal à l'angle B, le côté B'C' prendra la direction BC, et le point C' se trouvera ainsi sur quelque point de la droite indéfinie BC. De même, puisque l'angle A' est égal à l'angle A, le côté A'C' prendra la direction AC, et le point C' ira encore tomber sur quelque point de la droite AC : donc ce point C', devant se trouver à la fois sur les deux droites BC et AC, sera nécessairement à leur point d'intersection C. Donc le triangle A'B'C' recouvrira exactement le triangle ABC ; donc il lui est égal.

184. Corollaire I. *Quand deux triangles sont égaux, comme ayant un côté égal adjacent à deux angles égaux chacun à chacun, leurs parties homologues sont égales;* car elles sont superposables, puisque les triangles le sont.

185. Corollaire II. *Deux triangles sont égaux quand ils ont un côté égal et deux angles égaux chacun à chacun:* car ils sont alors équiangles (**171**), et satisfont ainsi aux conditions énoncées dans le numéro **183**.

186. Corollaire III. *Deux triangles rectangles sont égaux lorsqu'ils ont l'hypoténuse égale et un angle aigu égal.*

Théorème VI.

187. *Si deux triangles* ABC, A'B'C' (fig. 73) *ont deux côtés égaux chacun à chacun,* AB = A'B' *et* AC = A'C', *et que l'angle* A *compris entre les deux côtés du premier soit plus grand que l'angle* A'. *compris entre les deux côtés du second, le troisième côté* BC *du premier triangle surpassera le troisième côté* B'C' *du second.*

Je porte, en effet, le triangle A'B'C' sur ABC, de manière que A'C' coïncide avec AC; et soit ACB" la position que prendra ce triangle. Je partage l'angle B"AB en deux parties égales par la droite AI et je joins IB". Les deux triangles BAI et B"AI seront égaux (**184**), et par conséquent le côté B"I sera égal à son homologue BI. Or, l'angle CAB étant plus grand que C'A'B', la droite AB" est nécessairement tracée dans l'angle CAB, et par suite la bissectrice AI de l'angle B"AB va couper CB de telle sorte que CI + IB = CB. Mais la droite CB" est plus courte que la brisée CI + IB", ou que CI + IB; donc le côté CB", c'est-à-dire C'B', est plus petit que CB.

Théorème VII.

188. Réciproquement, *si deux triangles* ABC, A'B'C' *ont deux côtés égaux chacun à chacun,* AB = A'B' *et* AC = A'C', *et que le troisième côté* BC *du premier soit plus grand que le troisième côté* B'C' *du second, l'angle* A, *opposé au troisième côté du premier triangle, surpassera son correspondant* A' *dans le second.*

Cette réciproque se démontrera d'après le principe que nous avons établi au n° 94, en s'appuyant sur les théorèmes des n° 181 et 187.

Théorème VIII.

189. *Deux triangles* ABC, A'B'C' (fig. 72), *sont égaux lorsqu'ils ont leurs trois côtés égaux chacun à chacun,* AB = A'B', AC = A'C', *et* BC = B'C'.

Il suffit, pour démontrer cette proposition, de faire voir que l'angle A, par exemple, est égal à son homologue A' : car alors les deux triangles auront un angle égal compris entre deux côtés égaux chacun à chacun, et seront par conséquent égaux.

Or, si l'angle A n'est pas égal à l'angle A', il sera plus grand ou plus petit que lui : si A est plus grand que A', comme les côtés qui le comprennent sont respectivement égaux à ceux de A', on devra en conclure que BC est plus grand que B'C' (187), ce qui est contraire à l'hypothèse. Donc l'angle A n'est pas plus grand que A'. On prouverait de même qu'il n'est pas plus petit que A' : donc il lui est égal; donc les triangles A'B'C' et ABC sont égaux.

On peut donner de cette proposition la démonstration suivante, qui a l'avantage d'être indépendante des théorèmes énoncés aux n°[s] 184 et 187.

Plaçons le triangle A'B'C' au-dessous de ABC, de manière que les deux sommets B' et C' coïncident avec leurs homologues B et C; et soit A'' la position que prendra ainsi le troisième sommet A', de sorte que BA'' = BA, et que CA'' = CA. Chacun des points B et C sera ainsi équidistant de A et de A''; et par conséquent, si l'on joint AA'', la droite BC sera perpendiculaire sur le milieu de AA'' (61) : donc, si l'on plie la figure le long de BC, AI se rabattra sur IA'' (37), et le point A sur le point A''; donc les deux triangles ABC et A''BC se recouvriront parfaitement; donc ils sont égaux. Mais BCA'' n'est autre que A'B'C' : donc ABC = A'B'C'.

190. COROLLAIRE. *Quand deux triangles sont égaux comme ayant leurs trois côtés égaux chacun à chacun, on doit en conclure que leurs angles homologues sont égaux.*

191. SCOLIE. Il suit de ce qui précède, qu'il y a trois cas dans lesquels deux triangles sont égaux : ce sont ceux énoncés aux n°[s] 181, 185 et 189, et, dans chaque cas, on conclut de leur égalité que les parties homologues de ces triangles sont égales. Par conséquent, *lorsque l'on voudra établir l'égalité de deux angles ou de deux droites, il suffira de vérifier que ces angles ou ces droites sont des parties homologues de triangles égaux.*

THÉORÈME IX.

192. *Deux triangles rectangles sont égaux lorsqu'ils ont l'hypoténuse égale et un côté égal.*

Soient l'hypoténuse BC = B'C', et le côté AC = A'C' (fig. 74).
Je porte le triangle A'B'C' sur ABC, en posant les points A' et
C' sur leurs homologues A et C, de sorte que A'C' coïncidera
avec AC : alors A'B' tombera sur AB (38), et le point B' se trouvera quelque part sur AB. De cette manière nous aurons du
même côté de la perpendiculaire CA, et à partir du même point
C, deux obliques égales CB et C'B' sur AB : donc elles devront
coïncider : donc les triangles ABC et A'B'C' se recouvrent parfaitement; donc ils sont égaux.

CHAPITRE II·

DES QUADRILATÈRES.

193. Parmi les quadrilatères on distingue *le trapèze, le pa-*
rallélogramme, la losange, le rectangle et le carré.

194. On appelle *trapèze* un quadrilatère ABCD (fig. 75) dont
deux côtés seulement sont parallèles.

Les côtés parallèles AB et DC se nomment *les bases* du trapèze, et la perpendiculaire DE, abaissée d'un point de l'une des
bases sur l'autre, en est *la hauteur.*

195. *Le parallélogramme est un quadrilatère dont les côtés op-*
posés sont parallèles. Telle est la figure 76.

Théorème I.

196. *Les côtés opposés* AB *et* CD, BC *et* AD (fig. 76), *d'un parallé-*
logramme ABCD *sont égaux.*

Tirons la diagonale AC (fig. 76), et nous formerons les deux
triangles égaux ABC et ACD. En effet, le côté AC leur est commun, l'angle CAB est égal à ACD : car ils sont alternes-internes
par rapport aux parallèles AB et CD et à la sécante AC; de
même l'angle ACB est égal à CAD, son alterne-interne par rapport aux parallèles CB et AD et à la même sécante : donc les

deux triangles ABC et ACD ont un côté égal adjacent à deux angles égaux chacun à chacun ; donc ils sont égaux (183) ; donc leurs parties homologues sont égales (184) : ainsi le côté CB opposé à l'angle CAB, est égal au côté AD, opposé à l'angle ACD ; de même le côté AB est égal à son homologue CD ; donc enfin, les côtés opposés d'un parallélogramme sont égaux.

197. Corollaire. *Les parties de deux parallèles comprises entre deux autres parallèles sont égales.*

198. Scolie. *Les angles opposés d'un parallélogramme sont égaux :* car leurs côtés sont parallèles et dirigés en sens contraires.

Théorème II.

199. Réciproquement, *si dans un quadrilatère* ABCD (fig. 76) *les côtés opposés* AB *et* CD, BC *et* AD, *sont égaux, la figure sera un parallélogramme.*

Si nous tirons la diagonale AC, les deux triangles ABC et ACD, que nous formerons ainsi, auront leurs trois côtés égaux chacun à chacun, et seront par conséquent égaux (189). Donc leurs angles homologues seront égaux (190) : ainsi l'angle CAB, opposé au côté BC, sera égal à l'angle ACD, opposé au côté AD. Mais ces angles sont alternes-internes par rapport aux droites AB et CD et à la sécante AC : donc ces droites sont parallèles (71). Par une raison semblable AD est parallèle à CB ; donc le quadrilatère ABCD est un parallélogramme (195).

200. Ce théorème a donné l'idée d'un instrument très-commode pour tracer des parallèles. Il est composé de deux grandes règles assemblées avec deux réglettes plus petites par des tourillons en cuivre qui les traversent d'outre en outre. Cet assemblage est tel, que les côtés opposés du quadrilatère formé par les centres des tourillons sont égaux, de sorte que ce quadrilatère est toujours un parallélogramme, et qu'ainsi les deux grandes règles ne cessent pas d'être parallèles, quelle que soit la quantité dont on les écarte. Alors, si, par un point donné, on veut mener une parallèle à une droite donnée, on appliquera l'une des arêtes de l'une des règles sur la droite donnée, et l'on amènera ensuite l'une des arêtes de l'autre règle à passer par le point donné ; il ne s'agira plus alors que de faire glisser une pointe à tracer le long de cette arête pour avoir la parallèle demandée.

THÉORÈME III.

201. *Si deux côtés* AB *et* CD (fig. 76) *d'un quadrilatère sont égaux et parallèles, la figure sera un parallélogramme.*

Tirons encore la diagonale AC, et les deux triangles ABC et ACD, que nous formerons ainsi, auront un angle égal compris entre deux côtés égaux chacun à chacun : car le côté AC est commun ; AB = CD ; et puisque ces deux côtés sont de plus parallèles, les angles CAB et ACD sont égaux comme alternes-internes : donc les triangles ABC et ACD sont égaux ; donc leurs angles homologues ACB et CAD sont égaux ; donc les droites CB et AD sont parallèles (**71**) ; donc le quadrilatère ABCD est un parallélogramme (**195**).

THÉORÈME IV.

202. *Les diagonales d'un parallélogramme se coupent mutuellement en deux parties égales.*

Si l'on compare, en effet, les deux triangles AOB et COD (fig. 76), on voit que le côté AB est égal à CD (**196**), que l'angle OAB = OCD, et que l'angle OBA = ODC (**70, 1°**) : donc les deux triangles AOB et COD sont égaux (**185**) ; donc leurs côtés homologues AO et OC, OB et OD, sont égaux ; donc les deux diagonales AC et BD se coupent mutuellement en parties égales.

203. SCOLIE. Si l'on mène par le point de section O des deux diagonales une sécante quelconque, les parties OI et OK comprises entre le point O et le périmètre du parallélogramme seront égales : car les triangles DOI et KOB sont égaux (**185**). Cette propriété dont jouit le point O l'a fait nommer le *centre de figure* du parallélogramme. En général, *on appelle* CENTRE *d'une ligne ou d'une surface un point tel, que toute sécante menée par ce point rencontre la ligne ou la surface en des points qui en sont équidistants.*

Théorème V.

204. *Deux parallélogrammes sont égaux lorsqu'ils ont un angle égal compris entre deux côtés égaux chacun à chacun.*

Il sera facile de démontrer ce théorème en superposant les deux figures.

205. Dans un parallélogramme et dans un triangle on donne le nom de *base* à l'un quelconque des côtés, et l'on appelle *hauteur* la perpendiculaire abaissée sur la base d'un point quelconque du côté opposé du parallélogramme ou du sommet de l'angle opposé du triangle, sommet que l'on nomme le *sommet* du triangle. AB est la base du parallélogramme ABCD (fig. 76), et CE est sa hauteur. AB, CD et C sont respectivement la base, la hauteur et le sommet du triangle ABC (fig. 77).

206. Si les deux côtés contigus d'un parallélogramme ABCD (fig. 78) sont égaux, les deux autres sont aussi égaux entre eux et à ces deux-là (**196**), et la figure prend alors le nom de *losange*. Ainsi, *la* LOSANGE *est un quadrilatère dont les côtés sont égaux.*

207. Il suit du n° **199** que *la losange est un parallélogramme,* et qu'en conséquence *ses diagonales doivent se couper mutuellement en deux parties égales* (**202**). Mais de plus, *elles sont perpendiculaires l'une sur l'autre :* car les deux triangles AOB, BOC, sont équilatéraux entre eux, et ainsi l'angle AOB est égal à son homologue BOC.

On pourrait dire encore que les sommets opposés A et C étant chacun équidistants des deux autres B et D, la diagonale qui les unit est perpendiculaire sur le milieu de celle qui joint ces deux derniers (**61**), et réciproquement.

208. Si l'un quelconque des angles d'un parallélogramme est droit (fig. 79), son adjacent le sera aussi (**70**, 4°); et, comme ces deux angles sont égaux à leurs opposés (**72**), le parallélogramme aura ses quatre angles droits, et en conséquence on lui donnera le nom de *rectangle*. Ainsi, *le* RECTANGLE *est un quadrilatère dont les angles sont droits.*

209. *Les diagonales d'un rectangle se coupent mutuellement* *en deux parties égales* (**202**), *et de plus elles sont égales :* car les triangles ABC et ABD, par exemple, ont un angle égal compris entre deux côtés égaux chacun à chacun ; donc leurs hypoténuses AC et BD sont égales.

210. Si deux côtés contigus d'un rectangle ABCD (fig. 80) sont égaux, les deux autres le seront aussi, et la figure se nommera alors un *carré. Le* CARRÉ *est* donc *un quadrilatère dont les côtés sont égaux et les angles droits. Ses diagonales se coupent en deux parties égales* (**202**) *à angles droits* (**207**), *et elles sont égales* (**209**). .

211. Nous avons vu que l'on pouvait faire passer une circonférence par trois points qui ne sont pas en ligne droite, et par conséquent par les sommets d'un triangle ABC (fig. 81), mais que l'on n'en pouvait faire passer qu'une (**80**) : donc un quatrième point E pris au hasard sur le plan de ce triangle ne se trouvera point sur la circonférence dont il s'agit ; par conséquent, un quadrilatère quelconque n'est pas inscriptible au cercle ; à plus forte raison en est-il de même pour un polygone d'un plus grand nombre de côtés. Quelles sont donc les conditions nécessaires et suffisantes pour qu'un quadrilatère soit inscriptible ?

THÉORÈME VI.

212. *Dans tout quadrilatère inscrit* ABCD *la somme des angles opposés est égale à deux droits ;* et réciproquement, *si deux angles opposés* A *et* C *sont supplémentaires, le quadrilatère est inscriptible au cercle* (fig. 81).

1° En effet, dans le quadrilatère inscrit ABCD la somme des deux angles opposés A et C a pour mesure la demi-somme des arcs DCB et DAB, c'est-à-dire la moitié de la circonférence : donc cette somme vaut deux droits.

2° Soit ABCD un quadrilatère dans lequel les deux angles opposés A et C sont supplémentaires. Nous pourrons toujours faire passer une circonférence par les trois sommets B, A, D, et je dis qu'elle passera aussi par le quatrième C. En effet, les angles A et C étant supplémentaires, leur somme doit avoir pour mesure

la moitié de la circonférence. Mais l'angle inscrit A a pour
mesure la moitié de l'arc DMB : donc l'angle C doit avoir pour
mesure la moitié de l'arc *concave* restant DAB compris entre ses
côtés (aucun des angles A et C n'est rentrant (**166**), puisque
leur somme vaut deux droits); donc son sommet est situé sur
la circonférence BADMB (**125**); donc le quadrilatère est inscriptible.

213. COROLLAIRE I. *Le rectangle et le carré sont inscriptibles.*
Cela résulte d'ailleurs des n°ˢ **209** et **210**, ou encore du
n° **127**.

214. COROLLAIRE II. *Le parallélogramme et la losange ne sont
pas inscriptibles* : car alors la somme de leurs angles opposés
serait égale à deux droits; donc ces angles seraient droits,
puisque, d'ailleurs, ils sont égaux (**198** et **207**); donc, au lieu
d'un parallélogramme ou d'une losange, on aurait un rectangle
ou un carré.

THÉORÈME VII.

215. *Dans tout quadrilatère* ABCD *circonscrit au cercle, la
somme de deux côtés opposés* AB *et* CD *est égale à celle des deux
autres* BC *et* AD ; *et réciproquement, tout quadrilatère convexe
est circonscriptible, lorsque la somme de deux côtés opposés est
égale à celle des deux autres* (fig. 82 et 83).

1° Soient F, G, I, K les points de contact des côtés du quadrilatère avec la circonférence, on a évidemment

$$AB = AF + FB = AK + BG \ (\mathbf{158}),$$

et $$CD = CI \pm ID = CG \pm DK.$$

En ajoutant ces deux égalités membre à membre, il viendra

$$AB + CD = BC + DA.$$

2° Soit ABCD (fig. 82) un quadrilatère, tel que

$$AB + CD = BC + DA,$$

je dis qu'il est circonscriptible à la circonférence. Décrivons, en effet, une circonférence qui soit tangente aux trois droites AD, AB et BC (161); soit F son point de contact avec AB, et O son centre. J'abaisse, de ce centre, OI perpendiculaire sur DC, et je dis que OI = OF. S'il n'en est pas ainsi, nous pourrons prendre, sur cette perpendiculaire, une distance OI' = OF; et en menant D'C' parallèlement à DC par le point I', on formera un quadrilatère ABC'D' qui sera circonscrit à la circonférence KGF, puisque ses quatre côtés sont équidistants du centre O. Nous aurons donc (1°) :

$$AB + D'C' = BC' + AD'.$$

Mais, par hypothèse,

$$AB + DC = BC + AD;$$

donc on aura, en retranchant ces deux égalités membre à membre,

$$DC - D'C' = DD' + CC',$$

ou bien, en ajoutant D'C' de part et d'autre,

$$DC = DD' + D'C' + CC',$$

ce qui est évidemment absurde. Donc OI n'est pas différent de OF; donc OI = OF; donc la circonférence IGF est tangente aux quatre côtés du quadrilatère.

216. Corollaire. La losange et le carré sont circonscriptibles au cercle; mais le parallélogramme et le rectangle ne le sont pas.

217. Scolie. Il suit des n°s **212** et **215** que la losange et le rectangle ne sont pas en même temps inscriptibles et circonscriptibles au cercle, mais que le carré jouit de cette propriété.

On peut se demander s'il y a des quadrilatères autres que le carré qui soient à la fois inscriptibles et circonscriptibles au cercle. Pour répondre à cette question, j'inscris un quadrilatère quelconque ABCD (fig. 84) dans un cercle; puis, ayant divisé deux de ses angles adjacents A et B chacun en deux parties égales par les droites AI et BI, j'abaisse de leur point de section I les perpendiculaires IP et IK sur les côtés respectifs AB et CD. La première IP mesurera la distance du point I aux trois côtés AB, AD et BC (**161**) : donc, si l'on prend IQ = IP et que par le point Q on mène C′D′ parallèle à CD, le quadrilatère ABC′D′ sera circonscrit à la circonférence décrite du point I comme centre avec le rayon IP. Je dis qu'il est aussi inscriptible (**212**) : car l'angle C′, par exemple, étant égal à son correspondant C, est par conséquent le supplément de son opposé A.

CHAPITRE III.

DES POLYGONES EN GÉNÉRAL.

THÉORÈME I.

218. *La somme des angles intérieurs de tout polygone est égale à autant de fois deux droits qu'il a de côtés moins deux.*

1° Soit ABCDEF (fig. 67) un polygone convexe quelconque : si du sommet de l'angle A on mène des diagonales aux sommets de tous les angles non adjacents à celui-ci, on partagera le polygone ABCDEF en autant de triangles qu'il a de côtés moins deux : car les deux triangles extrêmes ABC et AFE comprennent chacun deux côtés du polygone, tandis que les triangles intermédiaires n'en contiennent qu'un seul. Or la somme des angles de chaque triangle vaut deux droits : donc la somme des angles de tous les triangles vaut autant de fois deux droits qu'il y a de triangles, c'est-à-dire qu'il y a de côtés moins deux dans le polygone. Mais la somme des angles de tous les triangles est évidemment égale à celle des angles du polygone : donc, enfin, la somme des angles d'un polygone convexe quelconque est égale à autant de fois deux droits qu'il a de côtés moins deux.

*2° Soit un polygone concave ABCDEFGIK (fig. 85). Joignons

AI, GE, EC, et nous formerons ainsi le polygone *convexe* ABCEGIA, dont la somme des angles sera égale à autant de fois deux droits qu'il a de côtés moins deux. Or il est clair qu'en partant de ce polygone on reproduira le proposé si l'on substitue aux droites AI, GE, EC, les lignes brisées AKI, GFE, EDC. Examinons donc de combien variera la somme de ses angles par chacune de ces substitutions, et commençons par la première. Or, en remplaçant le côté AI par la ligne brisée AKI, nous diminuerons la somme des angles du polygone ABCEGIA des deux angles KAI et KIA, puisque nous substituons les angles BAK' et GIK aux angles BAI et GIA; mais nous l'augmenterons aussi de l'angle rentrant K, c'est-à-dire de quatre droits moins AKI : donc la somme des angles du polygone est augmentée de quatre droits et diminuée des trois angles KAI, KIA, AKI, c'est-à-dire diminuée de deux droits (**170**); donc elle est augmentée de deux droits; donc la somme des angles du nouveau polygone ABCEGIKA surpasse celle des angles du polygone primitif ABCEGIA de deux droits; mais il a aussi un côté de plus; donc la somme des angles du polygone ABCEGIKA est encore égale à autant de fois deux droits qu'il a de côtés moins deux; et, comme on pourra répéter, pour les autres angles rentrants F et D, le même raisonnement que nous venons de faire pour l'angle K, le théorème est ainsi démontré.

Il pourrait arriver que les trois points A, I, G fussent en ligne droite (fig. 86). Alors, en substituant la ligne brisée AKI à la droite AI, on augmenterait le nombre des côtés du polygone de deux unités, mais aussi la somme de ses angles augmenterait de quatre droits. En effet, en remplaçant la droite AI par la ligne brisée AKI, on diminue la somme des angles du polygone ABCEGA de l'angle KAI, mais on l'augmente des nouveaux angles K et GIK; or, ce dernier, étant extérieur au triangle AKI, vaut la somme des deux intérieurs opposés KAI et AKI (**172**) : donc la somme des angles du polygone augmente de K + KAI + AKI, et diminue de KAI; donc elle augmente de K + AKI, c'est-à-dire de quatre droits, mais aussi le nombre des côtés a augmenté de deux unités.

Enfin, il pourrait encore se faire que la droite AI prolongée traversât le polygone (fig. 87), de sorte que le polygone ABCEGIA serait lui-même concave, comme on le voit dans la figure. Alors on joindrait AG, et l'on partirait du polygone convexe ABCEGA; puis, en substituant d'abord la ligne brisée AIG à la droite AG, et ensuite AKI à AI, on reviendrait au polygone primitif.

219. Scolie. Le théorème que nous venons de démontrer peut encore s'énoncer ainsi qu'il suit :

La somme des angles intérieurs de tout polygone est égale à autant de fois deux droits qu'il a de côtés, moins quatre droits : car, en répétant deux droits autant de fois qu'il y a de côtés moins deux, il s'en faut évidemment de deux fois deux droits ou de quatre droits que l'on n'obtienne autant de fois deux droits qu'il y a de côtés. Au reste, on serait conduit *directement* à cet énoncé pour un polygone *convexe* en le décomposant en triangles par des diagonales issues d'un point pris dans l'intérieur de ce polygone.

THÉORÈME II.

220. *Si l'on prolonge tous les côtés d'un polygone convexe quelconque* ABCDE (fig. 88) *dans le même sens, la somme de tous les angles extérieurs* (**172**) B'BC, C'CD, D'DE, etc., *est égale à quatre droits.*

En effet, chaque angle intérieur, tel que ABC, réuni à son extérieur adjacent B'BC, vaut deux droits : donc la somme de tous les angles tant intérieurs qu'extérieurs du polygone est égale à autant de fois deux droits qu'il a de côtés; si donc on en retranche la somme des angles intérieurs, qui vaut autant de fois deux droits qu'il y a de côtés moins quatre droits (**219**), il restera évidemment quatre droits pour la somme des angles extérieurs.

THÉORÈME III.

* 221. *Si l'on prolonge dans le même sens tous les côtés d'un polygone concave quelconque* ABCDEF (fig. 89), *la différence entre la somme des angles extérieurs des angles saillants et celle des angles extérieurs des angles rentrants est égale à quatre droits.*

En effet, chaque angle saillant, tel que ABC, *augmenté* de son extérieur B′BC, vaut deux droits; et chaque angle rentrant, tel que C, *diminué* de son extérieur C′CD, vaut aussi deux droits : donc, si à la somme de tous les angles intérieurs du polygone on ajoute la somme des angles extérieurs des angles saillants, et que l'on en retranche la somme des angles extérieurs des angles rentrants, on trouvera autant de fois deux droits qu'il y a de côtés. Par conséquent, si l'on retranche de cette quantité la somme de tous les angles intérieurs, c'est-à-dire autant de fois deux droits qu'il y a de côtés, moins quatre droits, le reste, *quatre droits*, exprimera l'excès de la somme des angles extérieurs des angles saillants sur celle des angles extérieurs des angles rentrants, et c'est précisément là ce qu'on voulait démontrer.

THÉORÈME IV.

222. *Deux polygones quelconques sont égaux lorsque tous leurs côtés, à l'exception d'un seul, sont égaux chacun à chacun, et que les angles compris entre les côtés égaux sont aussi égaux chacun à chacun.*

Supposons, en effet, que dans les deux polygones ABCDE, A′B′C′D′E′ (fig. 90), on ait AB = A′B′, BC = B′C′, CD = C′D′, DE = D′E′, et que les angles B, C, D, soient respectivement égaux aux angles B′, C′, D′. Je porte le second polygone sur le premier, en posant les points A′ et B′ sur leurs homologues A et B : de cette manière le côté A′B′ coïncidera avec AB, et, comme l'angle B′ = B, le côté B′C′ prendra la direction BC. Mais B′C′ = BC : donc le point C′ tombera sur C. Or l'angle C′ = C : ainsi le côté C′D′ prendra la direction CD; et, comme C′D′ = CD, le point D′ tombera sur D. On verra de même que E′ tombera sur E, et qu'en conséquence les deux côtés A′E′ et AE coïncideront, puisque leurs extrémités seront confondues. Donc les deux polygones sont égaux.

THÉORÈME V.

223. *Deux polygones sont égaux lorsqu'ils ont tous leurs an-*

gles, à l'exception d'un seul, égaux chacun à chacun, et que les côtés adjacents aux angles égaux sont aussi égaux chacun à chacun.

Ce théorème se démontrerait comme le précédent en superposant les deux polygones.

224. Corollaire. Deux parallélogrammes sont égaux lorsqu'ils ont un angle égal compris entre deux côtés égaux chacun à chacun (**204**).

Théorème VI.

225. *Deux polygones sont égaux lorsqu'ils ont tous leurs côtés égaux chacun à chacun, et que les angles compris entre les côtés égaux sont aussi égaux chacun à chacun, à l'exception de trois angles consécutifs.*

Supposons, en effet, que dans les deux polygones ABCDE, A'B'C'D'E' (fig. 90), on ait $AB = A'B'$, $BC = B'C'$, $CD = C'D'$, $DE = D'E'$, $EA = E'A'$, et que les angles A et B soient respectivement égaux aux angles A' et B'. Je porte le second polygone sur le premier, en posant les points A' et B' sur leurs homologues A et B; il est visible que les côtés A'E' et B'C' prendront respectivement les directions AE et BC, et que les points E' et C' tomberont sur les points E et C, de sorte que la diagonale E'C' du second polygone coïncidera avec la diagonale EC du premier. Donc $EC = E'C'$. Mais, par hypothèse, $CD = C'D'$ et $DE = D'E'$; donc les triangles CDE, C'D'E' ayant leurs trois côtés égaux chacun à chacun, sont égaux (**189**) et superposables. Donc le polygone A'B'C'D'E' recouvrira exactement le polygone ABCDE; donc ces deux polygones sont égaux.

226. Il y a plusieurs autres cas d'égalité de deux polygones; mais, comme ils sont peu importants, nous ne nous arrêterons pas à les énumérer. Nous observerons seulement que si, dans la suite, on a besoin de prouver l'égalité de deux polygones qui ne satisferaient pas aux conditions énoncées aux n° **222**, **223** et **225**, on devra les superposer, et, s'ils coïncident parfaitement, en conclure qu'ils sont effectivement égaux.

227. Scolie. Il suit des trois théorèmes précédents qu'un polygone est déterminé quand on connaît, 1° tous ses côtés, à l'exception d'un seul, ainsi que les angles compris entre chacun de ces côtés et le suivant; 2° tous ses angles moins un, ainsi que tous les côtés qui leur sont respectivement adjacents; 3° tous ses côtés et tous ses angles sauf trois angles consécutifs. Observons d'ailleurs que lorsqu'on a tous les angles, moins un, d'un polygone, ce dernier angle est connu (**218**).

Il suit de là que le nombre des données nécessaires à la détermination d'un polygone de n côtés est $2n - 3$. Mais il faut dire encore entre quels côtés les angles donnés sont compris, ou à quels angles les côtés donnés sont adjacents. Ainsi un pentagone ne serait pas déterminé par la connaissance seule des quatre côtés a, b, c, d, et des angles β, γ, δ; mais si l'on ajoute que β est compris entre a et b, γ entre b et c, et δ entre c et d, on pourra construire le polygone. Pour cela, à l'extrémité B (fig. 88) d'une droite AB $= a$, on fera un angle ABC $= \beta$, on prendra BC $= b$; puis au point C on fera un angle BCD $= \gamma$, on prendra CD $= c$; ensuite on fera au point D un angle CDE $= \delta$, et l'on prendra DE $= d$; en joignant enfin EA, le polygone sera construit.

CHAPITRE IV.

PROBLÈMES SUR LES POLYGONES.

PROBLÈME 1.

228. *Construire un triangle dont on connaît deux côtés* a *et* b *et l'angle* C *compris entre ces deux côtés.*

Tracez une droite CB (fig. 91) égale au côté a, par exemple; puis faites au point C un angle égal à l'angle donné C (**147**), et prenez sur le second côté de cet angle une distance CA $= b$. Enfin, tirez AB, et le problème sera résolu.

Ce problème est toujours possible.

PROBLÈME II.

229. *Construire un triangle dont on connaît un côté* b *et deux angles* A *et* C.

. Il peut se présenter deux cas, selon que le côté donné est adjacent aux deux angles donnés A et C, ou qu'il est opposé à l'un d'eux, à C par exemple.

Premier cas. Tirez la droite AC (fig. 92) égale au côté donné *b ;* faites à ses extrémités des angles égaux aux deux angles donnés A et C, et le triangle ABC ainsi formé résoudra évidemment le problème.

Second cas. Aux deux extrémités d'une droite quelconque AD (fig. 93) faites des angles égaux aux angles donnés, et le troisième angle F du triangle AFD ainsi formé sera le troisième angle du triangle demandé (**171**) : ce sera donc l'un des angles adjacents au côté donné. A étant l'autre, on prendra sur la droite indéfinie AF une longueur AB égale au côté donné *b ;* et, en menant par le point B une parallèle BC au côté FD, on formera le triangle ABC, qui résoudra le problème.

Le problème sera toujours possible si la somme des deux angles donnés est moindre que deux droits.

230. Si l'on propose de construire un triangle rectangle, connaissant un de ses angles aigus, et son hypoténuse *en grandeur et en position*, on décrira sur cette hypoténuse AB (fig. 94) une circonférence, et le sommet de l'angle droit devra se trouver sur cette courbe (**127**); faisant ensuite au point A l'angle CAB égal à l'angle donné A, et joignant CB, on aura une solution du problème. Mais, comme l'angle donné ne doit pas avoir son sommet en A plutôt qu'en B, on prendra sur la demi-circonférence ACB l'arc BC' = AC; et, en joignant C'A et C'B, on aura une seconde solution. Enfin, on en aura encore deux autres en prenant sur la demi-circonférence inférieure les arcs AC" et BC''' égaux à l'arc AC, et joignant les points C" et C''' avec les extrémités de AB.

Ainsi ce problème admet quatre solutions, mais il faut remarquer que les quatre triangles ainsi construits sont égaux (**186**).

PROBLÈME III.

231. *Construire un triangle dont on connaît les trois côtés*
a, b *et* c.

Tracez une droite quelconque BC (fig. 95) égale à l'un des
côtés donnés, *a* par exemple ; du point C comme centre, et avec
le second côté *b* pour rayon, décrivez un arc ; du point B comme
centre, et avec un rayon égal au troisième côté *c*, décrivez un
autre arc, qui coupera le premier en A ; joignez AB et AC, et
le triangle ABC résoudra le problème.

232. Pour que ce problème soit possible, il faut et il suffit
que les deux arcs que l'on a décrits puissent se couper, et, pour
cela, que le côté *a* soit plus petit que la somme des deux autres
b et *c*, et plus grand que leur différence (104) ; et, comme le
côté des extrémités duquel les deux circonférences ont été décrites est quelconque, on en conclut que, *pour que l'on puisse
construire un triangle avec trois droites données, il faut et il suffit
que l'une d'elles soit moindre que la somme des deux autres et plus
grande que leur différence*, conditions que l'on peut évidemment
comprendre dans celle-ci : *Le plus grand côté doit être moindre
que la somme des deux autres.*

PROBLÈME IV.

233. *Étant donnés deux côtés* a *et* b *d'un triangle, et l'angle* A
opposé au premier, construire le triangle.

A l'extrémité A d'une droite AC = *b*, faites un angle égal à
l'angle donné A ; puis, du point C comme centre, et avec un
rayon égal à *a*, décrivez un arc qui coupera le côté AB de cet
angle en B, et joignez BC : le triangle ABC résoudra évidemment
le problème. Examinons maintenant cette solution. Il peut se
présenter trois cas, selon que l'angle A est obtus, droit ou
aigu.

Premier cas. Si l'angle A est obtus (fig. 96), le côté *a* qui lui
est opposé doit être plus grand que *b* (177), et ainsi le problème sera impossible si cette condition n'est pas remplie. Et
en effet, si du point C on abaisse une perpendiculaire sur AB,
elle tombera nécessairement sur son prolongement, sans quoi

on aurait dans un triangle un angle droit et un angle obtus, ce qui est absurde (**170**), puisque d'ailleurs elle ne peut couper AB en A : donc, pour que la circonférence puisse couper AB, il faut et il suffit que son rayon a soit plus grand que AC $= b$.

Second cas. Si l'angle A est droit (fig. 97), il faut encore que a soit plus grand que b (**178**). Si cette condition est remplie, la circonférence coupera AB et son prolongement, et les deux triangles ABC, AB'C, satisferont à la question. Mais ces deux solutions n'en font qu'une ; car on voit, en pliant la figure le long de AC, que ces deux triangles se recouvrent exactement (**192**).

Troisième cas. Si l'angle A est aigu (fig. 98), et que le côté a soit plus grand que b, la circonférence enveloppera le point A, et par conséquent coupera AB et son prolongement : donc le problème sera possible, et n'admettra qu'une solution. Il en sera de même si $a = b$: car alors A sera un point d'intersection. Dans ces deux cas, l'angle B sera *aigu*, puisqu'il sera ou plus petit que A (**177**), ou égal à A (**179**).

Si $a < b$, la circonférence ne coupera la droite indéfinie AB (fig. 99) qu'autant que a ne sera pas moindre que la perpendiculaire CI abaissée du point C sur cette droite (**54**). Si $a = $ CI, la circonférence sera tangente à AB au point I (**88**). Le triangle AIC résoudra alors le problème, et l'angle B sera *droit*. Enfin si $a >$ CI, la circonférence coupera AB aux deux points B et B', puisque A lui est extérieur. Alors les deux triangles ABC, AB'C satisferont également à la question. Ainsi le problème admettra deux solutions ; et ce qui les différencie, c'est que dans l'un de ces deux triangles l'angle opposé au côté b est aigu, et que dans l'autre il est obtus : en outre ces deux angles sont supplémentaires ; car dans le triangle CBB' l'angle BB'C est égal à B (**179**), et de plus il est supplémentaire de AB'C.

PROBLÈME V.

234. *Construire un parallélogramme, connaissant deux cotés* a, b, *et l'angle compris* A.

A l'extrémité d'une droite AB égale à a (fig. 76), je fais un angle DAB = A, et je prends sur son second côté une longueur AD = b. Puis des points B et D comme centres, et avec les rayons respectifs b et a, je décris deux arcs qui se coupent en C; je joins CB et CD, et ABCD est le parallélogramme demandé. En effet, ce quadrilatère est un parallélogramme (**199**), puisque ses côtés opposés sont égaux ; de plus l'angle A et les côtés qui le comprennent ont été faits égaux à l'angle et aux deux côtés donnés.

On voit que le problème n'admet qu'une seule solution, et qu'ainsi un parallélogramme est déterminé par deux côtés et l'angle compris.

235. Puisqu'un parallélogramme est déterminé lorsque l'on donne deux de ses côtés et l'angle compris, on voit 1° qu'*une losange le sera par la connaissance d'un angle et d'un côté ;*

2° Qu'*un rectangle est déterminé quand on connaît ses deux côtés contigus,* que l'on nomme *sa base* et *sa hauteur ;*

3° Qu'*un carré est déterminé par la connaissance de son côté.* On construira d'ailleurs ces trois figures par le procédé du n° **234**.

PROBLÈME VI.

236. *Construire un polygone égal à un polygone donné.*

La méthode que nous avons indiquée au n° **227** peut évidemment servir à résoudre ce problème ; mais elle présente un inconvénient assez grave, en ce que la moindre erreur commise sur un angle influant sur les directions des côtés de tous les angles suivants, la longueur du côté qui doit fermer le polygone pourra être très-sensiblement altérée. Le procédé qui suit, d'ailleurs plus simple, est à l'abri de cet inconvénient.

Par le sommet A du polygone donné ABCDEFGI (fig. 100) tirez une droite quelconque AA' d'une grandeur arbitraire, et par tous les autres sommets menez-lui des parallèles indéfinies (**151**, 3°) sur lesquelles vous prendrez des longueurs BB', CC',...... toutes égales à AA', et joignez enfin A'B', B'C', C'D'...... Il est clair que le polygone A'B'C'D'E'F'G'I' est égal à ABCDEFGI; car leurs côtés et leurs angles homologues sont égaux chacun à chacun (**201, 196** et **74**).

237. Ce procédé, connu des charpentiers de vaisseaux sous le nom de *tricage*, peut être employé avec succès pour exécuter les *cherches* ou *patrons* des courbes qui doivent terminer une pierre ou une pièce de bois. En effet, soit C la courbe dont il s'agit. On marquera sur cette courbe un assez grand nombre de points très-rapprochés, là surtout où la courbure sera la plus forte, et par tous ces points on mènera une suite de lignes parallèles. Cela fait, au moyen d'une règle flexible on prolongera toutes ces parallèles sur une planche très-mince posée sur l'*épure* où est tracée la courbe C, et l'on prendra sur ces parallèles, à partir de chacun des points marqués sur C, des distances toutes égales entre elles; unissant ensuite par un trait continu les points ainsi déterminés, on aura une courbe C' qui sera très-sensiblement égale à la courbe C; car on conçoit que si elle glissait parallèlement à elle-même, quand l'un de ses points serait arrivé sur le point correspondant de C, les autres points se trouveraient aussi sur leurs correspondants. Il n'y aura plus alors qu'à couper la planche suivant le contour obtenu, et l'on aura ainsi un patron qui, porté sur une pierre ou sur une pièce de bois, servira à y tracer une courbe égale à C.

238 Les artistes emploient encore pour copier une figure une autre méthode qui est très-expéditive lorsqu'on n'a pas besoin d'une exactitude mathématique : c'est *la méthode des carreaux*.

On recouvre d'abord la figure que l'on veut copier d'un cadre divisé en carrés égaux par des fils de soie bien tendus, ou, si l'on ne possède pas un tel instrument, on commence par tracer un angle droit qui comprenne la figure entre ses côtés, et l'on porte sur chacun d'eux un nombre assez grand de petites parties égales pour qu'en menant par tous les points de division de chaque ligne une série de parallèles à l'autre ligne, le rectangle déterminé par les deux parallèles extrêmes renferme la figure. On numérote ensuite toutes ces parallèles à partir du sommet de l'angle, I, II, III,... 1, 2, 3.... Cela fait, on construit sur la feuille de papier qui doit recevoir la copie un rectangle égal au précédent, et divisé, comme lui, en carrés que l'on numérote de la même manière. Veut-on maintenant fixer sur la copie la position d'un point quelconque de l'original, je remarque qu'il se trouve dans le carré formé par les verticales numérotées II, III et par les horizontales numérotées 6, 7, par exemple ; je prends avec le compas sa distance à la verticale II, et je porte cette distance sur l'horizontale 7 du second cadre à partir de cette verticale ; puis ayant mesuré de même la distance du point à l'horizontale 7, je la porte perpendiculairement à l'horizontale 7 de la copie, ce qui peut se faire à vue d'œil, et j'ai ainsi la position de l'homologue du point pris sur l'original. Je déterminerai de même la position de tous les autres sommets du polygone, et en joignant chacun d'eux avec le suivant, la copie sera exécutée.

Si la figure renferme des lignes courbes, on rapportera sur a copie les points où chacune d'elles coupe les côtés des différents carreaux qu'elle traverse, ce qui donnera un certain nombre de points de chaque courbe, de sorte qu'il ne s'agira plus que de joindre ces points par un trait continu.

Telle est la méthode que l'on emploie pour copier les cartes de géographie, les plans topographiques, et même les tableaux lorsqu'on veut en avoir une copie fidèle. Seulement, on n'y fait usage du compas que pour tracer les rectangles et leurs divisions, et l'on marque *à peu près* dans chaque carré de la copie les points homologues de ceux de l'original : d'où l'on voit que les erreurs seront d'autant moindres que les carrés seront plus petits. Aussi, quand les détails d'un carré sont très-multipliés, on le subdivise lui-même en parties plus petites, de sorte que l'on parvient ainsi à atténuer les erreurs autant qu'on le veut. On sent qu'en s'exerçant à cette méthode de dessin, et en employant des carrés de plus en plus grands, on acquerra bientôt une grande exactitude de coup d'œil. Aussi cette méthode a-t-elle été recommandée par les grands peintres.

259. PROBLÈMES A RÉSOUDRE. 1° *Construire un triangle, connaissant un angle, un des cotés qui lui sont adjacents et la somme ou la différence des deux autres côtés.*

2° *Construire un triangle, connaissant un angle, la somme ou la différence des côtés qui le comprennent et le troisième côté.*

3° *Construire un triangle, connaissant le rayon du cercle inscrit à ce triangle, un de ses côtés, et la somme ou la différence des deux autres.*

4° *Étant donné un angle d'un triangle et les rayons des cercles qui lui sont l'un inscrit et l'autre circonscrit, construire ce triangle.*

5° *Construire un triangle, connaissant sa base, sa hauteur, et le rayon du cercle inscrit ou celui du cercle circonscrit.*

6° *Étant données deux circonférences O et O' et deux droites AB et CD de grandeur et de position (fig. 101), construire un triangle dont un des côtés ait ses extrémités sur ces deux circonférences, et dont les deux autres côtés soient respectivement égaux et parallèles à AB et à CD.*

7° *Par un point donné sur le plan de deux parallèles, mener une sécante telle que la somme ou la différence des distances des points où elle les coupera au point donné soit égale à une droite donnée.*

8° *En quel point la bille placée en F doit-elle aller frapper la bande AB d'un billard, pour venir choquer une bille placée en G (fig. 102) ([1]).*

9° *En quel point la bille placée en F doit-elle aller frapper la bande AB d'un billard, pour que, après avoir heurté successivement les trois autres bandes BC, CD et DA, elle vienne choquer une bille placée en G?*

10° *Mener par l'un des points d'intersection de deux circonférences une sécante telle que la somme ou la différence des cordes qu'elle laissera dans ces deux circonférences soit égale à une droite donnée m. — Dans quel cas la somme des deux cordes sera-t-elle la plus grande possible?*

11° *Construire un triangle égal à un triangle donné et qui soit tel que les directions de ses côtés passent par trois points donnés.*

12° *Par trois points donnés faire passer les côtés d'un triangle équilatéral qui soit le plus grand possible.*

([1]) On sait que la direction que suit la bille en se réfléchissant fait avec la bande un angle égal à celui que fait avec elle la droite suivant laquelle elle est venue la heurter.

LIVRE III.

DES LIGNES PROPORTIONNELLES ET DES POLYGONES SEMBLABLES.

CHAPITRE PREMIER.

DES LIGNES PROPORTIONNELLES.

240. On dit que *deux longueurs sont proportionnelles à deux autres longueurs lorsque le rapport des deux premières est égal au rapport des deux dernières.*

Si, par exemple, on a quatre longueurs A, B, A′, B′ telles que $A = \frac{3}{8} B$ et $A' = \frac{3}{8} B'$, le rapport $\frac{A}{B}$ sera égal au rapport $\frac{A'}{B'}$, et les longueurs A et B seront dites proportionnelles aux longueurs A′ et B′.

L'expression $\frac{A}{B} = \frac{A'}{B'}$ *qui indique l'égalité de deux rapports* $\frac{A}{B}, \frac{A'}{B'}$ *est ce qu'on appelle une proportion.*

241. Une ligne donnée AB peut toujours être partagée en deux parties telles que leur rapport soit égal à celui de deux longueurs données.

Considérons, en effet, un point M partant de l'une des extrémités A de la ligne donnée et marchant vers l'autre extrémité B : il divisera la ligne AB en deux parties, dont l'une AM ira en croissant progressivement de zéro à AB, tandis que l'autre MB diminuera de AB à zéro. Par conséquent, le rapport $\frac{AM}{MB}$ augmentera d'une manière continue en passant par toutes les valeurs depuis zéro jusqu'à l'infini. Il y aura donc une position du point M pour laquelle ce rapport sera égal au rapport donné, et il est clair qu'il n'y en aura qu'une.

THÉORÈME I.

242. *Trois parallèles* AB, CD *et* EF (fig. 103 et 104) *coupent deux droites quelconques* AE *et* BF *en parties proportionnelles*, c'est-à-dire qu'on aura la proportion

$$\frac{AC}{CE} = \frac{BD}{DF}.$$

Nous distinguerons deux cas, selon que les droites AC et CE seront commensurables ou qu'elles ne le seront pas.

1° *Supposons que* AC *et* CE (fig. 103) *soient commensurables*, et que leur commune mesure soit contenue 8 fois dans AC et 3 fois dans CE : le rapport de ces deux droites sera $\frac{8}{3}$. Si, par tous les points de division de AE, on tire des parallèles à EF, je dis qu'on partagera ainsi BF en *onze* parties égales, de sorte que BD en contenant *huit* et DF *trois*, le rapport de BD à DF sera aussi $\frac{8}{3}$. En effet, si par tous les points de division de BF on mène des parallèles à AE, on formera une suite de triangles BGI, IKL, LMN, NOP.... qui seront tous égaux (**185**); car les côtés BG, IK, LM, NO.... sont égaux aux parties correspondantes de AE (**197**), et, par conséquent, égaux entre eux ; les angles B, I, L, N.... sont correspondants, et les angles G, K, M, O.... ont leurs côtés parallèles et dirigés dans le même sens ; donc ces triangles sont tous égaux ; donc BI = IL = LN = NP...; donc enfin le rapport de BD à DF est $\frac{8}{3}$, et par conséquent

$$\frac{AC}{CE} = \frac{BD}{DF}.$$

2° *Supposons que les droites* AC *et* CE (fig. 104) *soient incommensurables*. Je partage CE en un nombre quelconque de parties égales, et je porte l'une de ces parties sur AC autant de fois qu'elle pourra y être contenue. Soit AG le reste que je trouverai ainsi : je tire GI parallèlement à AB, et comme les droites GC et CE sont commensurables, j'aurai

$$\frac{GC}{CE} = \frac{ID}{DF}.$$

Or, GC et ID sont deux quantités variables qui tendent respectivement vers AC et BD à mesure que le nombre des parties dans lesquelles on a divisé CE est plus grand ; car le point G pourra ainsi s'approcher du point A d'aussi près qu'on le voudra. Donc les rapports variables

$$\frac{GC}{CE} \text{ et } \frac{ID}{DF}$$

ont pour limites respectives

$$\frac{AC}{CE} \text{ et } \frac{BD}{DF};$$

mais ces rapports variables sont constamment égaux ; donc leurs limites sont égales ; donc

$$\frac{AC}{CE} = \frac{BD}{DF},$$

ce qu'il fallait démontrer.

243. COROLLAIRE I. *Si l'on coupe deux droites quelconques* AB *et* A'B' (fig. 105) *par une suite de parallèles* AA', CC', DD', *etc., les parties de l'une seront proportionnelles aux parties correspondantes de l'autre,* de sorte qu'on aura

$$\frac{AC}{A'C'} = \frac{CD}{C'D'} = \frac{DF}{D'F'} = \frac{FB}{F'B'}.$$

244. COROLLAIRE II. *Toute parallèle* DF *à l'un des côtés* BC *d'un triangle* (fig. 106) *coupe les deux autres côtés en parties proportionnelles,* car on peut concevoir une troisième parallèle par le sommet A. Ainsi on aura

$$\frac{AD}{DB} = \frac{AF}{FC}.$$

En appliquant à cette proportion le principe du n° 105 de l'arithmétique, il viendra

$$\frac{AD + DB}{AF + FC} \text{ ou } \frac{AB}{AC} = \frac{AD}{AF} = \frac{DB}{FC}.$$

THÉORÈME II.

245. Réciproquement *toute droite* CD *qui divise en parties proportionnelles les deux côtés non parallèles d'un trapèze* ABFE *est parallèle aux deux bases* (fig. 104), c'est-à-dire que si l'on a

$$\frac{AC}{CE} = \frac{BD}{DF},$$

la droite CD sera parallèle à AB.

En effet, la parallèle menée par le point C à AB ira partager le côté BF en deux parties dont le rapport sera égal à $\frac{AC}{CE}$ (**242**). Mais, par hypothèse, le point D partage déjà BF en deux parties qui sont entre elles dans ce même rapport; donc, comme il jouit seul de cette propriété (**241**), la parallèle menée par le point C passera précisément au point D et coïncidera avec CD.

246. COROLLAIRE I. *Toute droite qui divise deux côtés d'un triangle en parties proportionnelles est parallèle au troisième,* car on peut regarder un triangle comme un trapèze dont une des bases serait nulle.

247. COROLLAIRE II. Donc *si l'on coupe en parties proportionnelles les droites* AB, AC, AD, AE, AF, *menées d'un même point* A *aux différents points de la droite* XY (fig. 107), *tous les points de division* B', C', D', E', F' *seront en ligne droite.*

THÉORÈME III.

248. *Toute droite qui divise un angle intérieur ou extérieur d'un triangle en deux parties égales, partage le côté opposé en deux* SEGMENTS ADDITIFS *ou* SOUSTRACTIFS [1] *qui sont proportionnels aux côtes adjacents.*

_____

[1] On appelle segments d'une droite les distances d'un point de sa direction

1° Soit AI la bissectrice de l'angle A (fig. 108), je lui mène par le point B une parallèle terminée en D au prolongement du côté CA, et nous aurons ainsi la proportion (**244**) ·

$$\frac{IB}{IC} = \frac{AD}{AC},$$

de sorte que la première partie de notre théorème sera démontrée si nous prouvons que AD = AB. Or, l'angle BDA = IAC (**70**, 3°), l'angle DBA = BAI (**70**, 1°); donc BDA = DBA, puisque les angles IAC et BAI sont égaux par hypothèse; donc AD = AB, et par suite

[1] $$\frac{IB}{IC} = \frac{AB}{AC}.$$

2° Soit AI' la bissectrice de l'angle extérieur DAB ; on fera la même construction, et, en prouvant que D'A = AB, on arrivera à la proportion

[2] $$\frac{I'B}{I'C} = \frac{AB}{AC}.$$

249. Corollaire. Si le point A se meut de telle manière que le rapport de ses distances aux points B et C reste constant, les bissectrices de l'angle BAC et de son supplément BAD couperont toujours la droite indéfinie BC aux points I et I' ; mais l'angle IAI' qu'elles forment est droit; donc le point A parcourra la circonférence décrite sur II' comme diamètre. Donc *le lieu géométrique de tous les points dont les distances à deux points donnés* B *et* C *sont dans le rapport constant* $\frac{p}{q}$, *est la circonférence qui a pour diamètre l'intervalle compris entre les deux points de* BC, *dont les distances à* B *et à* C *sont proportionnelles à* p *et* q.

THÉORÈME IV.

250. *Deux triangles équiangles entre eux ont leurs côtés homologues proportionnels.* (Les côtés homologues sont ceux qui sont opposés à des angles égaux.)

à ses deux extrémités, et les segments sont dits *additifs* ou *soustractifs*, selon que ce point est situé sur la droite ou sur son prolongement.

Supposons les trois angles A, B, C (fig. 109), respectivement égaux aux angles A', B', C' : je dis que les deux triangles ABC et A'B'C' auront leurs côtés homologues proportionnels.

En effet, puisque l'angle A = A', si l'on prend sur les côtés AB et AC des parties AD et AF respectivement égales à A'B' et à A'C', et qu'on joigne DF, on formera un triangle ADF égal à A'B'C' (181) : donc leurs parties homologues sont égales ; ainsi le côté DF = B'C', et l'angle ADF = B' ; par conséquent cet angle ADF est aussi égal à B ; donc la droite DF est parallèle à BC (71,3°) ; donc on a (244)

$$\frac{AB}{AD} = \frac{AC}{AF}.$$

Or, si l'on mène FG parallèlement à AB, cette droite coupera les deux côtés AC et BC en parties proportionnelles ; et, comme BG = DF (197), on aura

$$\frac{AC}{AF} = \frac{BC}{DF}.$$

Donc, à cause du rapport commun $\frac{AC}{AF}$,

$$\frac{AB}{AD} = \frac{AC}{AF} = \frac{BC}{DF},$$

ou, en remplaçant les lignes AD, AF et DF par leurs égales A'B', A'C' et B'C' :

$$\frac{AB}{A'B'} = \frac{AC}{A'C'} = \frac{BC}{B'C'},$$

ce qu'il fallait démontrer.

251. Scolie. Observez que dès que l'on aura reconnu que deux triangles ont deux angles égaux chacun à chacun, on pourra en conclure que leurs côtés homologues sont proportionnels : car le troisième angle de l'un sera égal au troisième de l'autre (171).

THÉORÈME V.

252. *Les droites* AC, AD, AE, *qui partent du sommet d'un triangle* ABF (fig. 107), *divisent sa base et sa parallèle* B'F' *en parties proportionnelles, et sont aussi coupées par cette parallèle en parties proportionnelles.*

En effet, les triangles ABC et AB'C', ACD et AC'D', ADE et AD'E', AEF et AE'F' sont équiangles (**70**, 3°) : donc leurs côtés homologues sont proportionnels (**250**) ; ainsi nous aurons entre ces côtés les quatre suites de rapports égaux

$$\frac{AB}{AB'} = \frac{BC}{B'C'} = \frac{AC}{AC'},$$

$$\frac{AC}{AC'} = \frac{CD}{C'D'} = \frac{AD}{AD'},$$

$$\frac{AD}{AD'} = \frac{DE}{D'E'} = \frac{AE}{AE'},$$

$$\frac{AE}{AE'} = \frac{EF}{E'F'} = \frac{AF}{AF'}.$$

Chaque suite étant ainsi liée avec la précédente par un rapport commun, on doit en conclure que tous les rapports qui les composent sont égaux, et qu'ainsi

$$\frac{BC}{B'C'} = \frac{CD}{C'D'} = \frac{DE}{D'E'} = \frac{EF}{E'F'},$$

et que

$$\frac{AB}{AB'} = \frac{AC}{AC'} = \frac{AD}{AD'} = \frac{AE}{AE'} = \frac{AF}{AF'},$$

ce qui prouve, 1° que les droites BF et B'F' sont coupées en parties proportionnelles ; 2° que la droite B'F' coupe AB, AC, AD, AE et AF en parties proportionnelles.

Théorème VI.

253. *Si deux angles* BAC, B'A'C' (fig. 110), *ont leurs côtés* AB *et* A'B', AC *et* A'C' *parallèles, proportionnels, et dirigés dans le même sens ou en sens contraires, les droites qui joindront les extrémités* B *et* B', C *et* C' *de leurs côtés homologues, iront concourir avec celle qui joint leurs sommets* A *et* A'.

En effet, soit O le point de concours de BB' et de AA', je dis que les trois points O, C' et C sont sur une même ligne droite. Supposons, en effet, qu'il n'en soit pas ainsi, et soit C'' le point où OC coupe A′C′; puisque A′C′ est parallèle à AC, les triangles OAC et OA′C″ sont équiangles et par conséquent (**250**)

$$\frac{AC}{A'C''} = \frac{OA}{OA'};$$

mais les triangles OAB et OA′B′ donnent pareillement

$$\frac{AB}{A'B'} = \frac{OA}{OA'};$$

donc, à cause du rapport commun $\frac{OA}{OA'}$,

$$\frac{AB}{A'B'} = \frac{AC}{A'C''}.$$

Or, on a, par hypothèse,

$$\frac{AB}{A'B'} = \frac{AC}{A'C'};$$

donc A′C″ = A′C′; donc les trois points O, C′ et C sont en ligne droite, ce qu'il fallait démontrer.

254. Scolie. Remarquons que cette démonstration s'applique au cas où les lignes brisées BAC et B′A′C′ deviendraient deux droites parallèles, puisqu'elle est indépendante de la grandeur des angles égaux BAC et B′A′C′.

D'où il suit que *les diagonales d'un trapèze, ainsi que les directions des côtés non parallèles, vont se croiser sur la droite qui joint les milieux des deux bases :* car les droites AI et MC, IB et DM (fig. 75) sont proportionnelles, parallèles et de sens contraires, et les droites AI et DM, BI et MC sont proportionnelles, parallèles et de même sens.

Donc, *si une droite glisse sur le plan d'un triangle parallèlement à sa base, et que, dans chacune de ses positions, on joigne avec les extrémités de la base les points où elle coupe les deux autres côtés,* LE LIEU *des points de section de toutes les lignes de jonction sera la droite qui va du sommet du triangle au milieu de sa base.*

THÉORÈME VII.

255. *Deux sécantes OA et OB (fig. 111) qui partent d'un même* *point O pris hors d'un cercle, sont réciproquement proportionnelles à leurs parties extérieures OC et OD*, c'est-à-dire que l'on a la proportion

$$\frac{OA}{OB} = \frac{OD}{OC},$$

dans laquelle l'une des sécantes et sa partie extérieure forment les deux extrêmes ou les deux moyens.

Pour le démontrer, joignons AD et BC, et nous formerons deux triangles ADO et OBC, qui seront équiangles, puisque l'angle O leur est commun, et que les angles inscrits A et B s'appuient sur le même arc CD. Leurs côtés homologues sont donc proportionnels : ainsi

le rapport de OA (opposé à l'angle D) à OB (son homologue, comme opposé à l'angle C, l'égal de D) est égal au rapport de OD (opposé à l'angle A) à OC (son homologue, comme opposé à l'angle B, l'égal de A ([1])),

ce que nous voulions démontrer.

256: Corollaire. Si l'on observe que la démonstration précédente est indépendante de la grandeur de la corde BD que la sécante OB laisse dans le cercle, on en conclura que la proportion ci-dessus subsistera toujours, si l'on fait tourner OB autour de O, de manière qu'elle tende à sortir du cercle : donc elle aura encore lieu à la limite, c'est-à-dire quand la corde BD sera devenue nulle. Mais alors la sécante OB et sa partie extérieure OD seront devenues égales toutes deux à la tangente OT : donc on aura alors

$$\frac{OA}{OT} = \frac{OT}{OC};$$

ce qui nous apprend que *lorsqu'une tangente et une sécante par-*

---

[1])Toutes les fois que l'on établira une proportion entre les côtés de deux triangles, on ne devra *jamais* négliger de constater, ainsi que nous venons de le faire, que les deux termes de chaque rapport sont des côtés homologues.

*tent d'un même point, la tangente est moyenne proportionnelle
entre la sécante entière et sa partie extérieure* ([1]).

THÉORÈME VIII.

257. *Les parties de deux cordes* AC, BD (fig. 112), *qui se coupent, sont réciproquement proportionnelles*, c'est-à-dire que l'on
a la proportion

$$\frac{OA}{OB} = \frac{OD}{OC},$$

dans laquelle les deux parties d'une corde forment les extrêmes
ou les moyens.

En effet, si nous joignons AD et BC, nous formerons les
deux triangles équiangles AOD et BOC : car les angles en O
sont opposés par le sommet, et les angles inscrits A et B s'appuient sur le même arc DC ; donc leurs côtés homologues sont
proportionnels ; ainsi

$$\frac{OA}{OB} = \frac{OD}{OC},$$

ce qui démontre notre proposition.

258. SCOLIE. Si, dans les proportions fournies par les théorèmes des n^{os} **255**, **256** et **257**, on égale le produit des moyens
à celui des extrêmes, on trouvera $OA . OC = OB . OD = \overline{OT}^2$;
d'où l'on voit que ces trois théorèmes sont compris dans le
suivant :

THÉORÈME IX.

*Si, d'un point quelconque, on mène arbitrairement une sécante à
une circonférence, le produit des distances de ce point aux deux
points d'intersection est constant.*

([1]) Ce théorème pourrait se démontrer *a priori* de la manière suivante
Si nous joignons les points A et C avec le point de contact T, nous formerons
les deux triangles équiangles AOT et COT : car ils ont l'angle commun O, et les
angles OAT et CTO ont chacun pour mesure la moitié de l'arc CT. Donc leurs
côtés homologues sont proportionnels ; ainsi

$$\frac{OA}{OT} = \frac{OT}{OC}.$$

259. *On appelle projection d'une droite* **AB** *sur une autre*
XY (fig. 113), *la portion* **A'B'** *de cette seconde comprise entre les per-*
pendiculaires abaissées sur elle des deux extrémités de la pre-
mière. D'où l'on voit que dans un triangle rectangle chaque côté
de l'angle droit est la projection de l'hypoténuse sur sa direction.

Théorème X.

260. *Si du sommet* **A** *de l'angle droit d'un triangle rectangle*
ABC (fig. 114) *on abaisse une perpendiculaire* **AI** *sur l'hypo-*
ténuse,

1° *Cette perpendiculaire partagera le triangle en deux autres*
qui lui seront équiangles, et qui le seront par conséquent entre
eux;

2° *Elle sera moyenne proportionnelle entre les deux segments*
BI *et* **IC** *de l'hypoténuse;*

3° *Chaque côté de l'angle droit sera moyen proportionnel entre*
l'hypoténuse et sa projection sur cette hypoténuse;

4° *Le carré de la longueur* (**27**) *de l'hypoténuse sera égal*
à la somme des carrés des longueurs des deux autres côtés.
(Cette proposition est connue en géométrie sous le nom de
théorème de Pythagore, du nom du philosophe qui l'a décou-
verte.)

5° *Les carrés des longueurs des trois côtés seront proportionnels*
aux longueurs des projections de ces côtés sur l'hypoténuse.

En effet, 1° les triangles **ABI** et **ABC** sont équiangles : car ils
sont rectangles l'un en I, l'autre en A, et l'angle B leur est
commun : donc le troisième angle BAI du premier est égal au
troisième angle C du second.

On démontrerait de la même manière que les triangles AIC
et ABC sont équiangles, et que par conséquent les deux triangles AIB et AIC jouissent de la même propriété [on le ferait
voir directement en observant que leurs angles aigus ont leurs
côtés perpendiculaires (**75**)].

2° Les triangles AIB et AIC étant équiangles, leurs côtés homologues BI et AI, AI et IC, sont proportionnels : ainsi on a la proportion

$$\frac{BI}{AI} = \frac{AI}{IC};$$

ce qui prouve que la perpendiculaire AI est moyenne proportionnelle entre les deux segments BI et IC de l'hypoténuse.

3° Puisque les triangles AIB et ABC sont équiangles, leurs côtés homologues BI et AB, AB et BC, sont proportionnels : on a donc la proportion

[1] $$\frac{BI}{AB} = \frac{AB}{BC}.$$

Les triangles AIC et ABC donnent de même, en comparant leurs côtés homologues,

[2] $$\frac{IC}{AC} = \frac{AC}{BC}.$$

Donc chaque côté AB ou AC de l'angle droit est moyen proportionnel entre l'hypoténuse BC et sa projection BI ou IC sur cette hypoténuse.

4° Si l'on suppose que l'on ait *mesuré* (**24**) les trois côtés de notre triangle, ainsi que les segments BI et IC de l'hypoténuse, et que les proportions [1] et [2] aient été établies entre les longueurs trouvées, on pourra, dans chacune, égaler le produit des moyens à celui des extrêmes, ce qui donnera

$$\overline{AB}^2 = BI.BC,$$

et $$\overline{AC}^2 = IC.BC.$$

Si l'on additionne ces deux égalités membre à membre, et que dans l'addition des seconds membres on mette BC en facteur commun des quantités qu'elle multiplie, on trouvera

$$\overline{AB}^2 + \overline{AC}^2 = (BI + IC).BC;$$

mais BI + IC = BC; donc on aura enfin

$$\overline{AB}^2 + \overline{AC}^2 = \overline{BC}^2.$$

Ainsi le carré de la longueur de l'hypoténuse est égal à la somme des carrés des longueurs des deux autres côtés.

5° Puisque nous venons de voir à l'instant que

$$\overline{AB}^2 = BI.BC, \qquad \overline{AC}^2 = IC.BC,$$

et comme d'ailleurs

$$\overline{BC}^2 = BC.BC,$$

nous aurons évidemment la suite de rapports égaux

$$\frac{\overline{AB}^2}{BI.BC} = \frac{\overline{AC}^2}{IC.BC} = \frac{\overline{BC}^2}{BC.BC};$$

car chacun d'eux est égal à l'unité.

En multipliant chaque rapport par le *nombre* BC, il viendra

$$\frac{\overline{AB}^2}{BI} = \frac{\overline{AC}^2}{IC} = \frac{\overline{BC}^2}{BC}.$$

ce qui démontre que les carrés des longueurs des trois côtés sont proportionnels aux longueurs de leurs projections respec-. tives BI, IC et BC sur l'hypoténuse.

261. Corollaire I. Il suit du principe 4° que, *pour calculer l'hypoténuse d'un triangle rectangle, lorsque l'on connaît les longueurs des deux autres côtés, il faut additionner les carrés de ces longueurs et extraire la racine carrée de la somme.* Si, par exemple, les deux côtés de l'angle droit valaient respectivement 3 mètres et 4 mètres, on élèverait les deux nombres *abstraits* 3 et 4 au carré, ce qui donnerait 9 et 16, et l'on extrairait la racine carrée de la somme $9 + 16 = 25$. Cette racine est 5 : donc l'hypoténuse a 5 mètres.

262. Il suit encore du même principe que, si du carré de l'hypoténuse [1] on retranche le carré d'un des côtés de l'angle droit, le reste sera le carré de l'autre côté : donc, *pour calculer un des côtés de l'angle droit d'un triangle rectangle, on retranchera du carré de l'hypoténuse le carré du côté connu, et l'on extraira la racine carrée du reste.* On trouvera ainsi que dans un

(1) Désormais, quand nous voudrons parler du carré de la *longueur* d'une droite, du produit ou du quotient des *longueurs* de deux droites, nous dirons, pour abréger, le carré de cette droite, le produit ou le quotient de ces droites.

triangle rectangle dont l'hypoténuse a 5^m et l'un des côtés 4^m, l'autre côté vaut

$$\sqrt{25 - 16} = \sqrt{9} = 3^m.$$

263. COROLLAIRE II. Si d'un point quelconque A d'une circonférence (fig. 114) on mène les deux cordes AB, AC aux extrémités du diamètre BC, on formera un triangle rectangle ABC (**119**), auquel on pourra appliquer les principes 2° et 3° : on en conclura donc que,

1° *La perpendiculaire abaissée d'un point quelconque de la circonférence sur un diamètre est moyenne proportionnelle entre les deux segments de ce diamètre* [1]. Cette proposition découle immédiatement de celle du n° **257**, en y supposant que les deux cordes soient perpendiculaires entre elles et que l'une d'elles soit un diamètre.

2° *Toute corde menée par l'extrémité d'un diamètre est moyenne proportionnelle entre ce diamètre et sa projection sur lui.*

264. COROLLAIRE III. *Si des extrémités d'un même diamètre AB on tire différentes cordes AC, AD, BF....* (fig. 115), *les carrés de ces cordes seront proportionnels à leurs projections sur le diamètre.* Il suit, en effet, du corollaire précédent que *le carré d'une corde est égal au produit de la projection de cette corde par le diamètre :* ainsi

$$\overline{AC}^2 = AC'.AB, \quad \overline{AD}^2 = AD'.AB, \quad \overline{BF}^2 = BF'.AB;$$

d'ailleurs $\overline{AB}^2 = AB.AB$: donc

$$\frac{\overline{AC}^2}{AC'.AB} = \frac{\overline{AD}^2}{AD'.AB} = \frac{\overline{BF}^2}{BF'.AB} = \frac{\overline{AB}^2}{AB.AB};$$

d'où, en multipliant chaque rapport par le nombre AB,

$$\frac{\overline{AC}^2}{AC'} = \frac{\overline{AD}^2}{AD'} = \frac{\overline{BF}^2}{BF'} = \frac{\overline{AB}^2}{AB};$$

ce qu'il fallait démontrer.

---

[1] Ce théorème fournit une solution de ce problème d'algèbre : *Partager un*

Théorème XI.

265. *Dans tout triangle* (fig. 116), *le carré d'un côté quelconque* AB *est égal à la somme des carrés des deux autres* AC *et* BC, *augmentée ou diminuée du double produit de l'un de ces deux côtés* BC *par la projection* CI *de l'autre* AC *sur lui, selon que l'angle* C *opposé au premier côté* AB *est obtus ou aigu.*

En effet, pour projeter le côté AC sur CB, nous abaisserons du point A une perpendiculaire AI sur CB, et cette perpendiculaire tombera à droite ou à gauche du point C, selon que l'angle C sera obtus ou aigu, sans quoi le triangle AIC aurait un angle obtus et un angle droit, ce qui est absurde. Cela posé, dans le triangle rectangle ABI, nous avons (**260**, 4°) :

$$\overline{AB}^2 = \overline{AI}^2 + \overline{BI}^2.$$

Mais BI = BC ± CI, suivant que l'angle C est obtus ou aigu; or, on sait que le carré de la somme ou de la différence de deux quantités est égal à la somme des carrés de ces quantités, augmentée ou diminuée de leur double produit : donc

$$\overline{BI}^2 = \overline{BC}^2 + \overline{CI}^2 \pm 2BC.\,CI.$$

Substituant cette valeur de $\overline{BI}^2$ dans celle de $\overline{AB}^2$, il viendra

$$\overline{AB}^2 = \overline{AI}^2 + \overline{BC}^2 + \overline{CI}^2 \pm 2BC.\,CI.$$

Mais AI et CI sont les deux côtés de l'angle droit du triangle rectangle ACI : donc la somme de leurs carrés fait $\overline{AC}^2$; rem-

---

nombre donné en deux parties dont le produit soit MAXIMUM? On peut concevoir en effet que l'on ait décrit une circonférence dont la *longueur* du diamètre soit exprimée par ce nombre (**27**). Alors, si d'un point quelconque de cette circonférence on abaisse une perpendiculaire sur le diamètre, il suit du théorème en question que le produit des deux segments de ce diamètre sera égal au carré de cette perpendiculaire: mais le maximum de celle-ci est le rayon. Donc le produit des deux segments sera maximum quand la perpendiculaire ira tomber au centre; car c'est alors seulement qu'elle sera égale au rayon. Donc, *pour partager un nombre en deux parties dont le produit soit* MAXIMUM, *il faut le partager en deux parties égales.*

plaçant donc, dans l'égalité précédente, $\overline{AI}^2 + \overline{CI}^2$ par $\overline{AC}^2$, on aura enfin

$$\overline{AB}^2 = \overline{AC}^2 + \overline{BC}^2 \pm 2BC.\,CI,$$

ce qui démontre le théorème énoncé : car le signe supérieur se rapporte, comme nous l'avons observé, au cas où l'angle C est obtus, et le signe inférieur à celui où il est aigu.

Remarquons que, dans la figure 117, BI est égal à CI — BC, et non pas à BC — CI; mais son carré n'en est pas moins

$$\overline{CI}^2 + \overline{BC}^2 - 2CI.\,BC.$$

266. Corollaire. Le théorème précédent montre que *le carré d'un côté quelconque d'un triangle est plus grand ou plus petit que la somme des carrés des deux autres, selon que l'angle qui lui est opposé est obtus ou aigu.* Il suit de là, et en appliquant le principe du n° 94, que,

1° *Si le carré du plus grand côté d'un triangle surpasse la somme des carrés des deux autres, l'angle opposé sera obtus;*

2° *Si le carré du plus grand côté d'un triangle est moindre que la somme des carrés des deux autres, l'angle opposé sera aigu, et ainsi le triangle sera acutangle* (**177**).

Exemple. Les trois côtés d'un triangle valent respectivement 5^m, 7^m et 8^m : de quelle espèce est ce triangle? Le carré de 5 est 25; celui de 7 est 49, leur somme 74 est plus grande que 64, qui est le carré du troisième côté : donc le triangle est acutangle.

3° *Si le carré du plus grand côté est égal à la somme des carrés des deux autres, l'angle opposé sera droit, et le triangle sera rectangle.* Ainsi le triangle dont les trois côtés contiendraient respectivement 3, 4 et 5 fois l'unité linéaire, serait rectangle.

267. Cette propriété des nombres 3, 4, 5 fournit, pour élever une perpendiculaire à l'extrémité d'une droite, un moyen que l'on emploie fréquemment dans la géométrie pratique. Pour cela, on porte une longueur arbitraire cinq fois sur cette droite; puis, du 3me point de division et de l'extrémité de la droite pris successivement pour centres, et avec les distances de cette extrémité aux 5ᵐᵉ et 4ᵐᵉ points de division pour rayons respectifs, on décrit deux arcs qui se coupent en un certain point ; la ligne qui joint ce point d'intersection à l'extrémité de la droite résout le problème, puisque les trois côtés du triangle ainsi formé valent respectivement 3, 4 et 5 fois une même longueur.

Pour appliquer commodément cette méthode au tracé des perpendiculaires sur le terrain, on réunit deux à deux par des nœuds trois cordons tels, que les parties comprises entre chaque nœud et le suivant contiennent respectivement 3, 4 et 5 fois une même longueur arbitraire, un mètre par exemple. Alors, pour élever une perpendiculaire à l'extrémité d'une droite tracée sur le terrain, on tendra le côté 3 sur cette droite, en plaçant à son extrémité le nœud intermédiaire entre les côtés 3 et 4, et en tirant fortement l'autre nœud, il ira se placer sur la perpendiculaire demandée.

Théorème XII.

268. *Dans tout triangle* ABC (fig. 118), *la somme des carrés de deux côtés* AB *et* AC *est égale au double du carré de la moitié du troisième, plus le double du carré de la droite qui joint le milieu* D *de ce côté au sommet opposé* A.

Abaissons, en effet, du sommet A la perpendiculaire AI sur le côté opposé BC, ce qui déterminera les projections BI et IC des deux autres côtés AB et AC sur cette base. Alors, d'après le théorème du n° 265, les triangles BDA et CDA nous donneront respectivement

$$\overline{AB}^2 = \overline{AD}^2 + \overline{BD}^2 - 2BD.DI,$$

$$\overline{AC}^2 = \overline{AD}^2 + \overline{CD}^2 + 2CD.DI.$$

Mais CD = BD : ainsi, en ajoutant ces deux égalités membre à membre, nous aurons

$$\overline{AB}^2 + \overline{AC}^2 = 2\overline{AD}^2 + 2\overline{BD}^2,$$

ce qui démontre notre théorème.

269. Corollaire. Si l'on fait mouvoir le point A de manière

que la somme des carrés de ses distances aux points fixes B et
C soit constante, sa distance au milieu D de BC restera constante. Donc *le lieu géométrique de tous les points qui sont tels,
que la somme des carrés de leurs distances à deux points donnés
B et C est égale à* m², *est une circonférence dont le centre est le mi-
lieu* D *de* BC *et dont le rayon est égal à* $\sqrt{\dfrac{m^2}{2} - \overline{BD}^2}$. Pour construire ce lieu, on prendra sur BC (fig. 119) une longueur
BM = m; on élèvera au point M une perpendiculaire MN = m,
puis on coupera la perpendiculaire élevée en C par un arc NP
décrit du point B comme centre avec BN pour rayon, et en
tirant enfin par le point D une perpendiculaire à BC jusqu'à la
rencontre de BP, on aura le rayon AD de la circonférence cher-
chée. On voit, en effet, que $\overline{BP}^2$ ou $\overline{BN}^2 = 2m^2$ (**260**, 4°), par
suite $\overline{CP}^2 = 2m^2 - \overline{BC}^2$, d'où $4\overline{AD}^2 = 2m^2 - 4\overline{BD}^2$, puisque
CP et BC sont les doubles respectifs de AD et de BD (**250**);
donc enfin

$$AD = \sqrt{\frac{m^2}{2} - \overline{BD}^2}.$$

Théorème XIII.

270. *Dans tout triangle* ABC (fig. 118), *la différence des carrés
de deux côtés* AB *et* AC *est égale au double du troisième* BC *multiplié par la projection sur ce troisième côté de la droite qui joint
son milieu* D *au sommet opposé* A.

En effet, si on retranche membre à membre les deux équations

$$\overline{AB}^2 = \overline{AD}^2 + \overline{BD}^2 - 2BD \cdot DI,$$

$$\overline{AC}^2 = \overline{AD}^2 + \overline{CD}^2 + 2CD \cdot DI,$$

il viendra

$$\overline{AC}^2 - \overline{AB}^2 = 4BD \cdot DI,$$

car BD = CD; mais $4BD \cdot DI = 2BC \cdot DI$: donc enfin

$$\overline{AC}^2 - \overline{AB}^2 = 2BC \cdot DI :$$

ce que nous voulions démontrer.

* **271.** Corollaire. Si le point A se meut de telle manière que la différence des carrés de ses distances aux points fixes B et C soit constante, sa projection sur BC restera la même. Donc *le lieu géométrique de tous les points qui sont tels, que la différence des carrés de leurs distances à deux points donnés B et C est égale à* n^2, *est le système des deux perpendiculaires menées sur* BC *à une distance de son milieu égale à* $\dfrac{n^2}{2BC} = \dfrac{n^2}{4BD}$, car les points dont il s'agit ne doivent pas être plus près de l'un des points B et C que de l'autre. En conséquence, on élèvera au point D (fig. 120) une perpendiculaire DE égale à $\dfrac{n}{2}$; on mènera EF perpendiculaire à BE, et il ne restera plus qu'à prendre une longueur DF' égale à DF et à mener par les points F et F' des parallèles à DE.

On voit, en effet, que $\overline{DE}^2$ ou $\dfrac{n^2}{4} = BD \cdot DF$ **(260, 2°)**, d'où enfin

$$DF = \frac{n^2}{4BD}.$$

Théorème XIV.

272. *La somme des carrés des quatre côtés d'un quadrilatère quelconque* ABDC *(fig. 121) est égale à la somme des carrés de ses diagonales augmentée du carré du double de la droite* IK *qui joint leurs milieux.*

Joignons, en effet, le milieu I de l'une de ces diagonales avec les deux sommets opposés B et C. Les deux triangles ABD et ACD donneront respectivement **(268)**

$$\overline{AB}^2 + \overline{BD}^2 = 2\overline{BI}^2 + 2\overline{AI}^2,$$

$$\overline{CD}^2 + \overline{AC}^2 = 2\overline{CI}^2 + 2\overline{AI}^2 :$$

donc, en additionnant ces deux égalités membre à membre, il viendra

[1] $\qquad \overline{AB}^2 + \overline{BD}^2 + \overline{CD}^2 + \overline{AC}^2 = 2\overline{BI}^2 + 2\overline{CI}^2 + 4\overline{AI}^2.$

Or, dans le triangle BIC, la droite IK va du sommet I au milieu du côté opposé BC; nous aurons donc

$$\overline{BI}^2 + \overline{CI}^2 = 2\overline{IK}^2 + 2\overline{BK}^2,$$

et par conséquent

$$2\overline{BI}^2 + 2\overline{CI}^2 = 4\overline{IK}^2 + 4\overline{BK}^2 ;$$

donc, en substituant dans l'égalité [1], il viendra

$$\overline{AB}^2 + \overline{BD}^2 + \overline{CD}^2 + \overline{AC}^2 = 4\overline{IK}^2 + 4\overline{BK}^2 + 4\overline{AI}^2.$$

Mais $4\overline{IK}^2$ est le carré de $2I\dot{K}$; $4\overline{BK}^2$ est celui de $2BK$, c'est-à-dire de BC, et, par la même raison, $4\overline{AI}^2 = \overline{AD}^2$: nous aurons donc enfin

$$\overline{AB}^2 + \overline{BD}^2 + \overline{CD}^2 + \overline{AC}^2 = (2IK)^2 + \overline{BC}^2 + \overline{AD}^2 :$$

ce qu'il fallait démontrer.

273. Corollaire. Si le quadrilatère ABDC était un parallélogramme, ses diagonales se couperaient en deux parties égales, de sorte que la droite qui joindrait leurs milieux serait nulle. On voit donc que *dans tout parallélogramme la somme des carrés des côtés est égale à celle des carrés des diagonales.*

Théorème XV.

274. *Dans tout quadrilatère inscrit* ABCD (fig. 122), *le produit des diagonales* AC, BD *est égal à la somme des produits des côtés opposés* AB *et* CD, AD *et* BC [1].

Je fais au point B l'angle ABI = CBD, et je forme ainsi les deux triangles équiangles ABI et CBD : car l'angle BAC étant égal à BDC comme inscrit dans le même segment BADC, ils ont ainsi deux angles égaux chacun à chacun ; donc leurs côtés homologues sont proportionnels : donc

$$\frac{AB}{BD} = \frac{AI}{CD} ;$$

d'où l'on tire

$$AB . CD = AI . BD.$$

Les triangles IBC et ABD sont aussi équiangles : car les an-

---

[1] On attribue ce théorème à l'astronome *Ptolémée.*

gles IBC et ABD, étant composés de deux angles égaux chacun à chacun et d'un angle commun IBD, sont égaux; de plus, les angles BCI et BDA sont égaux comme inscrits dans le même segment BCDA : donc on a la proportion

$$\frac{BC}{BD} = \frac{CI}{AD};$$

d'où l'on tire

$$BC \cdot AD = CI \cdot BD.$$

Ajoutons cette égalité à la précédente, et il viendra, en mettant BD en facteur commun ,

$$AB \cdot CD + BC \cdot AD = (AI + CI) BD = AC \cdot BD :$$

ce qu'il fallait démontrer.

CHAPITRE II.

DES POLYGONES SEMBLABLES.

275. *On appelle* TRIANGLES SEMBLABLES *deux triangles qui ont les côtés proportionnels.*

Il existe toujours de pareils triangles; car si a, b, c sont les trois côtés d'un triangle et que a soit le plus grand, on aura $a < b + c$, et partant $na < nb + nc$, quelle que soit la quantité n : donc on pourra toujours construire un triangle dont les côtés soient na, nb et nc (c'est-à-dire proportionnels à a, b et c), puisque la plus grande de ces trois lignes est plus petite que la somme des deux autres (**252**).

C'est, au surplus, ce qui résulte du théorème suivant :

THÉORÈME I.

276. *Si l'on coupe un triangle* ABC *(fig. 109)* par une parallèle DF à sa base, le triangle partiel ADF ainsi formé sera semblable au triangle ABC.*

En effet, puisque DF est parallèle à BC, elle coupera les côtés AB et AC en parties proportionnelles, et par conséquent on aura

$$\frac{AB}{AD} = \frac{AC}{AF}.$$

Or, si l'on mène par le point F une parallèle FG à AB, cette parallèle coupera AC et BC en parties proportionnelles; donc on aura

$$\frac{AC}{AF} = \frac{BC}{BG} = \frac{BC}{DF},$$

car BG = DF (**197**); donc

$$\frac{AB}{AD} = \frac{AC}{AF} = \frac{BC}{DF}.$$

Les deux triangles ABC, ADF ont donc leurs côtés proportionnels, c'est-à-dire qu'ils sont semblables.

Théorème II.

277. *Deux triangles semblables* ABC *et* A'B'C' (fig. 109) *sont équiangles entre eux.*

Supposons les côtés AB, AC et BC proportionnels aux côtés respectifs A'B', A'C' et B'C'; je dis que les angles A et A', B et B', C et C' sont égaux. Prenons, en effet, AD = A'B', AF = A'C', et joignons DF. Cette droite coupera donc les côtés AB et AC en parties proportionnelles, et sera, par conséquent, parallèle à BC; ainsi le triangle ADF sera équiangle avec ABC, de sorte que, si l'on prouve qu'il est égal à A'B'C', notre théorème sera démontré. Pour y parvenir, je mène FG parallèlement à AB; cette droite coupera les côtés AC et BC en parties proportionnelles, et comme BG = DF (**197**), on aura la proportion

$$\frac{AC}{AF} = \frac{BC}{DF};$$

mais on a, par hypothèse,

$$\frac{AC}{A'C'} = \frac{BC}{B'C'}.$$

donc, puisque AF = A′C′, il faut que DF = B′C′. Il s'ensuit que le triangle A′B′C′ est égal à ADF (**189**), et, par conséquent, équiangle avec le triangle ABC.

Théorème III.

278. *Deux triangles sont semblables lorsqu'ils sont équiangles entre eux.*

En effet, nous avons prouvé (**250**) que deux pareils triangles avaient leurs côtés homologues proportionnels.

Théorème IV.

279. *Deux triangles sont semblables lorsque leurs côtés sont respectivement parallèles.*

En effet, nous avons vu que deux angles dont les côtés sont parallèles, sont égaux ou supplémentaires (**74**); de sorte que si les triangles ne sont pas équiangles, il ne pourra se présenter que l'un des trois cas suivants :

1º *Les trois angles de l'un des triangles seront supplémentaires de ceux de l'autre;* mais alors la somme de leurs six angles vaudra six droits, ce qui ne se peut (**170**).

2º *Deux angles de l'un seront supplémentaires de deux angles de l'autre, le troisième angle étant égal de part et d'autre;* mais alors la somme des six angles surpassera encore quatre droits, ce qui est absurde.

3º *Un angle de l'un des triangles sera le supplément d'un angle du second, les deux autres angles du premier étant respectivement égaux aux deux autres du second;* mais alors la somme des angles de l'un ne sera pas égale à celle des angles de l'autre, à moins que les deux angles supplémentaires ne soient droits, auquel cas les deux triangles seront équiangles.

Donc les deux triangles sont équiangles, et partant semblables (**278**).

Théorème V.

280. *Deux triangles sont semblables lorsque leurs côtés sont respectivement perpendiculaires.*

La démonstration est la même que la précédente.

281. SCOLIE. Remarquez avec soin que dans ces deux der niers cas de similitude de deux triangles, les côtés homologues sont ceux qui sont respectivement parallèles ou perpendiculaires : car deux pareils côtés se trouvent précisément opposés à deux angles dont les côtés sont eux-mêmes parallèles ou perpendiculaires, c'est-à-dire à deux angles égaux.

THÉORÈME VI.

282. *Deux triangles* ABC *et* A'B'C' (fig. 109) *sont semblables lorsqu'ils ont un angle égal* A = A' *compris entre côtés proportionnels* AB *et* A'B', AC *et* A'C'.

Prenons, en effet, AD = A'B', AF = A'C', et joignons DF. Le triangle ADF sera égal à A'B'C' (**181**) et semblable à ABC (**278**), puisque la droite DF coupant les côtés AB et AC en parties proportionnelles sera parallèle à BC : donc A'B'C' est semblable à ABC.

283. *On appelle* POLYGONES SEMBLABLES *deux polygones qui sont composés d'un même nombre de triangles semblables chacun à chacun et semblablement disposés* ([1]).

THÉORÈME VII.

284. *Deux polygones semblables ont leurs angles égaux chacun à chacun, et leurs côtés homologues proportionnels* (les côtés homologues sont ceux qui sont adjacents à des angles égaux) ([2]).

([1]) C'est-à-dire que les deux angles dont le sommet commun est à l'une des extrémités de la droite qui assemble deux triangles du premier polygone, sont homologues de ceux dont le sommet commun est à l'une des extrémités de la droite qui assemble les deux triangles semblables du second. Ainsi, pour construire sur la droite A'B', homologue de AB, une suite de triangles semblables à ceux du polygone ABCDEFG (fig. 123) et semblablement placés, on fera sur cette droite un triangle A'B'D' semblable à ABD ; puis sur B'D' un triangle B'D'C semblable à BDC, avec cette condition que l'angle C'B'D' soit égal à CBD, et que B'D'C' soit égal à BDC, et ainsi de suite (**278**).

([2]) On définit aussi quelquefois les polygones semblables par la propriété qui fait l'objet de ce théorème, et l'on appelle en conséquence POLYGONES SEMBLABLES *deux polygones qui ont leurs angles égaux chacun à chacun et leurs côtés homologues proportionnels.* Cette définition comporte plus de conditions qu'il

Soient les deux polygones semblables

ABCDEFG et A'B'C'D'E'F'G' (fig. 123),

de sorte que les triangles ABD et A'B'D', BDC et B'D'C', ADE et A'D'E'.... sont semblables et semblablement disposés. Les quatre angles dont le sommet est en A, sont donc égaux aux quatre angles qui ont leur sommet au point A' (277); donc l'angle A est égal à l'angle A'; par une raison semblable l'angle B est égal à l'angle B', et ainsi de suite. Donc déjà les deux polygones sont équiangles entre eux.

En second lieu, la similitude des triangles ABD et A'B'D', BDC et B'D'C', ADE et A'D'E',... donne (275)

$$\frac{AB}{A'B'} = \frac{BD}{B'D'} = \frac{AD}{A'D'},$$

$$\frac{BD}{B'D'} = \frac{BC}{B'C'} = \frac{CD}{C'D'},$$

$$\frac{AD}{A'D'} = \frac{ED}{E'D'} = \frac{AE}{A'E'}, \text{ etc.;}$$

n'est nécessaire pour la similitude des deux polygones, ainsi qu'on le verra par les théorèmes VIII et IX (numéros 287 et 288).

Si cependant l'on veut partir de cette définition, on en déduira facilement que *deux polygones semblables sont composés d'un même nombre de triangles sembla· bles chacun à chacun et semblablement placés.* Considérons, en effet, les deux polygones semblables ABCDEFG et A'B'C'D'E'F'G' (fig. 123), qui ont leurs angles égaux chacun à chacun et leurs côtés homologues proportionnels; et menons les diagonales AF, AE...., A'F', A'E'...., issues respectivement des points A et A'. Les deux premiers triangles AGF, A'G'F', sont semblables, comme ayant un angle égal G = G' compris entre côtés proportionnels (282); donc l'angle AFG = A'F'G', et

$$\frac{AF}{A'F'} = \frac{GF}{G'F'} \text{ ou } \frac{FE}{F'E'}.$$

Mais puisque GFE = G'F'E', il en résulte que AFE = A'F'E'; donc les triangles AFE et A'F'E' ont un angle égal compris entre côtés proportionnels; donc ils sont semblables. On continuera de la même manière de proche en proche jusqu'aux derniers triangles.

On démontrera ensuite que, réciproquement, *deux polygones sont sembla-. bles, lorsqu'ils sont composés d'un même nombre de triangles semblables chacun à chacun et semblablement placés* (démonstration du n° 284).

donc, chacune de ces suites étant liée avec une autre par un rapport commun, on aura

$$\frac{AB}{A'B'} = \frac{BC}{B'C'} = \frac{CD}{C'D'} = \frac{ED}{E'D'}, \text{ etc.}$$

285. COROLLAIRE. *Deux polygones sont égaux lorsqu'ils sont composés d'un même nombre de triangles égaux chacun à chacun et semblablement placés* (**222, 223** et **225**).

286. SCOLIE. Nous avons vu que deux triangles ne pouvaient être équiangles sans avoir leurs côtés homologues proportionnels et réciproquement; mais cette propriété appartient exclusivement aux figures qui ont trois côtés. Ainsi, par exemple, le rectangle et le carré sont équiangles, mais leurs côtés ne sont point proportionnels; au contraire, un losange et un carré ont leurs côtés proportionnels, et ne sont pas équiangles.

Mais on peut démontrer généralement de la manière suivante que *deux polygones peuvent être équiangles sans avoir leurs côtés homologues proportionnels ou réciproquement.*

Menons, en effet, dans le polygone quelconque ABCDE (fig. 124), la parallèle D'E' au côté DE : il est clair que le polygone ABCD'E' est équiangle à ABCDE, mais que leurs côtés homologues ne sont pas proportionnels.

Actuellement décrivons deux arcs des points A et C comme centres, avec les rayons respectifs AB et CB, et joignons B'A et B'C : les deux polygones ABCDE et AB'CDE auront leurs côtés égaux chacun à chacun, et par conséquent proportionnels, et cependant leurs angles homologues ne sont pas tous égaux.

THÉORÈME VIII.

287. *Deux polygones sont semblables lorsqu'ils ont tous leurs côtés moins un proportionnels et que les angles compris par ces côtés sont égaux chacun à chacun.*

Supposons que les côtés du premier polygone ABCDEFG (fig. 123), à l'exception de AG, soient proportionnels aux côtés de même nom dans le second, et que les angles

B et B', C et C', D et D', E et E', F et F'

soient égaux. Je partage les deux polygones en triangles par des droites qui joindront les sommets homologues. On voit d'abord que les deux triangles BCD et B'C'D' ont un angle égal C = C', compris entre côtés proportionnels BC et B'C', CD et C'D' : donc ils sont semblables; donc l'angle CBD = C'B'D' et

$$\frac{BC}{B'C'} = \frac{BD}{B'D'} \,;$$

mais on a, par hypothèse, l'angle ABC = A'B'C' et

$$\frac{BC}{B'C'} = \frac{BA}{B'A'} \,;$$

donc l'angle ABD = A'B'D' et

$$\frac{BD}{B'D'} = \frac{BA}{B'A'} \,:$$

donc les deux triangles ABD et A'B'D' sont semblables (282). Par suite l'angle BDA = B'D'A', et, comme l'angle CDB = C'D'B' à cause de la similitude des triangles BCD et B'C'D', et que l'angle D = D' par hypothèse, on voit que l'angle ADE = A'D'E'. Mais il résulte de la similitude de nos triangles que

$$\frac{CD}{C'D'} = \frac{DB}{D'B'} = \frac{DA}{D'A'} \,;$$

et comme par hypothèse

$$\frac{CD}{C'D'} = \frac{DE}{D'E'} \,,$$

on aura

$$\frac{DA}{D'A'} = \frac{DE}{D'E'} \,.$$

Donc encore le triangle ADE est semblable à A'D'E' (282), et ainsi de suite. Donc les deux polygones sont semblables.

Théorème IX.

288. *Deux polygones sont semblables lorsqu'ils ont tous leurs*

*angles moins un égaux chacun à chacun et que les côtés adjacents à
ces angles sont proportionnels.*

Il n'y a de différence entre la démonstration de ce théorème
et la précédente, qu'en ce que les deux derniers triangles seront semblables comme ayant deux angles égaux chacun à chacun, au lieu d'avoir un angle égal compris entre côtés proportionnels.

289. COROLLAIRE. 1° *Tous les carrés sont semblables;* 2° *deux
losanges qui ont un angle égal,* 3° *deux rectangles dont deux côtés
adjacents sont proportionnels,* 4° *deux parallélogrammes qui ont
un angle égal compris entre côtés proportionnels, sont semblables.*

290. SCOLIE. Si *n* représente le nombre des côtés d'un polygone, il faudra, pour exprimer qu'il est semblable à un autre,
$(n - 2) + (n - 2) = (2n - 4)$ ou $(n - 1) + (n - 3) = (2n - 4)$
conditions, suivant qu'on s'appuiera sur le théorème du n° **287**
ou sur celui du n° **288**.

291. *On appelle* POINTS HOMOLOGUES *deux points tels, qu'en les
joignant aux extrémités de deux côtés homologues on forme deux
triangles semblables et semblablement placés. Les droites dont les
extrémités sont des points homologues, sont dites* DROITES HOMO-
LOGUES.

THÉORÈME X.

292. *Dans deux polygones semblables, les droites homologues
sont proportionnelles aux côtés homologues de ces polygones.*

Supposons que les triangles PFE et P'F'E', QBC et Q'B'C'
(fig. 123) soient semblables et semblablement placés; les points
P et P', Q et Q' seront homologues, et je dis que les droites
homologues PQ et P'Q' sont proportionnelles aux côtés
homologues BC et B'C'. En effet, dans les deux polygones
PFEDCQP et P'F'E'D'C'Q'P', tous les côtés moins un sont proportionnels, et les angles compris par ces côtés sont égaux
chacun à chacun; donc ces polygones sont semblables (**287**),
et par conséquent (**284**)

$$\frac{PQ}{P'Q'} = \frac{DC}{D'C'} = \frac{BC}{B'C'}.$$

THÉORÈME XI.

293. *Deux polygones ABCDE et A'B'C'D'E* (fig. 125) *sont semblables lorsqu'en joignant les extrémités F et G, F' et G' de deux droites FG et F'G' avec tous les sommets de ces polygones, les triangles ainsi formés sont semblables chacun à chacun et semblablement placés.*

En effet, on peut regarder leurs côtés AB et A'B', BC et B'C',.... comme des droites homologues par rapport aux deux triangles semblables AFG et A'G'F'; donc déjà tous ces côtés sont proportionnels. On voit ensuite que les triangles ABF et A'B'F' étant semblables comme ayant un angle F = F' compris entre côtés proportionnels FA et F'A', FB et F'B' (**282**), l'angle FBA = F'B'A'. Par une raison semblable l'angle GBC = G'B'C', et comme l'angle FBG = F'B'G', il s'ensuit que l'angle total B = B'; on prouverait de même que tous les autres angles C et C', D et D',... des deux polygones sont égaux, et qu'en conséquence les deux polygones sont semblables (**287**).

THÉORÈME XII.

294. *Les périmètres de deux polygones semblables sont proportionnels aux côtés homologues de ces polygones.*

En effet, ces deux polygones ont leurs côtés homologues proportionnels : donc on peut former avec ces côtés une suite de rapports égaux, dont les numérateurs seront les côtés du premier, et les dénominateurs les côtés homologues du second; et l'on en déduira, d'après un principe connu d'arithmétique (*Arith.*, 105), que :

Le rapport de la somme de tous les côtés du premier polygone ou de son périmètre, à la somme de tous les côtés du second polygone ou à son périmètre, *est égal* au rapport d'un côté du premier au côté homologue du second.

CHAPITRE III.

PROBLÈMES SUR LES LIGNES PROPORTIONNELLES
ET SUR LES POLYGONES SEMBLABLES.

PROBLÈME I.

295. *Partager une droite donnée* AB (fig. 126) *en parties proportionnelles à des droites données* p, q, r.

Menons par le point A une droite indéfinie AX, et prenons sur cette droite des parties AP, PQ, QR respectivement égales aux lignes données *p*, *q*, *r*. Il est clair maintenant que si nous joignons RB, et que par les points P et Q nous menions des parallèles à RB, ces droites diviseront AB proportionnellement aux lignes AP, PQ, QR (**243**), et par conséquent aux lignes données *p*, *q*, *r*. Mais, au lieu de mener ces parallèles par l'un des procédés donnés au n° **151**, nous emploierons le suivant, qui est susceptible d'un plus grand degré d'exactitude. Joignez RB, et coupez cette droite en R′ par un arc décrit du point A comme centre avec le rayon AR. Reportez ensuite les longueurs AP et AQ en AP′ et AQ′ sur AR′, et joignez PP′ et QQ′. Ces droites seront parallèles à RR′ (**246**) : car les points P et P′, Q et Q′ divisent respectivement AR et AR′ en parties proportionnelles.

296. Corollaire. Il suit de là que si les lignes *p*, *q*, *r* eussent été égales, la droite AB eût été partagée en parties égales. Ainsi, pour partager une droite donnée AB (fig. **127**) en cinq parties égales, par exemple, on mènera, par l'une de ses extrémités A, une droite indéfinie quelconque AX sur laquelle on portera une ouverture arbitraire de compas autant de fois que l'on voudra avoir de parties dans AB. On joindra le dernier point de division avec le point B, et il ne s'agira plus que de mener par les autres points de division des parallèles à la ligne de jonction, ce qui s'exécutera par la méthode que nous venons d'indiquer. Nous observerons seulement qu'il conviendra de faire l'angle BAX peu différent de la moitié d'un droit, et de prendre l'ouverture de compas à peu près double des parties demandées de AB, parce qu'avec ces précautions les parallèles ne couperont pas AB trop obliquement, et les points qui doivent déterminer leur direction ne seront pas trop rapprochés.

On peut encore employer la méthode suivante pour partager une droite donnée en parties égales. Portez sur une droite indéfinie BY (fig. 107) autant de fois une même ouverture de compas que vous voulez de parties dans la droite donnée a, et sur BF construisez un triangle équilatéral BAF (**251**); vous prendrez les longueurs AB′ et AF′ égales à a, et vous joindrez B′F′. Cette droite sera parallèle à BF (**246**) : car elle divise AB et AF en parties proportionnelles; de plus, elle sera égale à a, puisque les triangles ABF et AB′F′, étant équiangles, ont leurs côtés homologues proportionnels (**250**). Mais le premier est équilatéral : donc le second l'est aussi; donc B′F′ = a; donc si l'on joint AC, AD et AE, la droite a sera divisée en parties égales aux points C′, D′ et E′ (**252**).

Remarquons que les droites issues de A seront d'autant mieux déterminées que ce point sera plus éloigné de BY, c'est-à-dire que l'ouverture de compas que l'on a portée sur BY sera plus grande.

Remarquons encore que cette seconde méthode a l'inconvénient d'effectuer la division sur une droite égale à a, et non sur cette ligne même. On pourrait, il est vrai, modifier la construction de manière à diviser immédiatement la droite a, mais aussi on serait exposé à des erreurs plus grandes; cependant, si l'on devait partager plusieurs droites données en un même nombre de parties égales ou proportionnelles à d'autres droites données, c'est à la méthode du triangle équilatéral que l'on devrait avoir recours.

PROBLÈME II.

297. *Trouver une quatrième proportionnelle à trois droites don-*

nées a, b, c, c'est-à-dire trouver une droite x, qui forme le quatrième terme d'une proportion dont les trois premiers seraient les lignes a, b, c, de sorte que l'on ait

$$\frac{a}{b} = \frac{c}{x}.$$

a étant plus grand que c, on pourra regarder les deux termes a et b du premier rapport comme deux côtés d'un triangle, et les deux termes c et x du second comme deux de leurs parties correspondantes, déterminées par une parallèle au troisième côté de ce triangle. En conséquence, on tracera deux droites indéfinies OY et OZ (fig. 128) sous un angle quelconque, mais que, pour plus d'exactitude dans les constructions, on ne fera pas plus grand qu'un droit. On prendra sur ses côtés des parties OA $= a$, et OB $= b$, puis sur le côté OA une seconde partie OC $= c$. Menant CX parallèle à AB, on obtiendra la quatrième proportionnelle demandée OX.

On pourra encore regarder les numérateurs a et c comme les deux parties d'un même côté, et alors les dénominateurs b et x seront les parties correspondantes de l'autre côté : ce qui conduira à la construction exécutée dans la figure 129, où BX est la ligne demandée.

298. Les théorèmes des n°ˢ **255** et **257** fournissent chacun une nouvelle solution du problème précédent. Veut-on s'appuyer sur la propriété des sécantes, on dira, en considérant la proportion

$$\frac{a}{b} = \frac{c}{x} :$$

c étant plus grand que b, cette droite est une sécante, et b sa partie extérieure, tandis que a et la ligne inconnue x sont l'autre sécante et sa partie extérieure. En conséquence, je prends, sur une droite OC $= c$ (fig. 130) une partie OB égale à b; je mène par le point O une droite quelconque OA $= a$; et la ligne OX, déterminée en faisant passer une circonférence par les trois points A, B, C, résoudra le problème.

Si l'on veut s'appuyer sur le théorème du n° **257**, on remarquera que les deux moyens b et c de la proportion

$$\frac{a}{b} = \frac{c}{x}$$

seront les deux parties d'une corde, et les deux extrêmes a et x les deux parties de l'autre. On tirera donc deux droites qui se croisent en O; on prendra sur l'une OB $= b$ et OC $= c$ de part et d'autre du point O, et OA $= a$ sur l'autre; puis on fera passer une circonférence par les trois points A, B, C, et OX sera la quatrième proportionnelle.

299. COROLLAIRE. Si les deux lignes b et c étaient égales, la ligne inconnue x serait déterminée par la proportion

$$\frac{a}{b} = \frac{b}{x},$$

et alors on l'appellerait *une troisième proportionnelle* aux droites a et b. On obtiendra évidemment cette troisième proportionnelle par la construction donnée au n° **297**.

300. Les propositions démontrées aux n°ˢ **263**, 1° et 2°, et **256**, fournissent d'autres moyens de trouver une troisième proportionnelle à deux lignes données a et b, moyens qui sont utiles dans un grand nombre de cas.

Nous cherchons une droite x, telle que l'on ait

$$\frac{a}{b} = \frac{b}{x} :$$

ainsi b doit être une moyenne proportionnelle entre a et x. Il suit de là, 1° qu'on peut regarder (**256**) b comme une tangente, et l'une des deux droites a et x comme une sécante dont la partie extérieure serait l'autre droite. En conséquence, on tirera sous un angle quelconque deux droites OA $= a$, OB $= b$ (fig. 131), et l'on décrira une circonférence qui touche OB en B, et qui passe par le point A (**155**) : OX sera la troisième proportionnelle demandée;

2° Que b peut être la perpendiculaire abaissée du sommet de l'angle droit d'un triangle rectangle sur l'hypoténuse, et a et x seront les deux segments de cette hypoténuse. Ainsi l'on prendra sur une droite indéfinie une partie OA $= a$ (fig. 132); on élèvera au point O une perpendiculaire OB $= b$; on joindra AB, et l'on mènera BX perpendiculaire sur AB; OX résoudra le problème.

3° Enfin on peut regarder b comme une corde dont x serait la projection sur le diamètre a, si $a > b$, et dont a serait, au contraire, la projection sur le diamètre x, si $a < b$.

Dans le premier cas, on décrira sur OA $= a$ (fig. 133), comme diamètre, une demi-circonférence; on mènera une corde OB $= b$, et l'on abaissera de B la perpendiculaire BX sur le diamètre.

Dans le second cas, on élèvera à l'extrémité O (fig. 132) d'une droite OA $= a$ une perpendiculaire que l'on coupera par un arc décrit de A comme centre avec b pour rayon; on joindra AB, et l'on tirera BX perpendiculairement à cette droite. Dans les deux cas, OX résoudra le problème.

Problème III.

301. *Par un point O donné sur le plan d'un angle BAC (fig. 134), mener une sécante telle que les deux parties de cette droite comprises entre ce point et les côtés AB et AC de l'angle soient proportionnelles à deux lignes données p et q.*

Supposons le problème résolu, et soit OCB la sécante demandée. On aura donc

$$\frac{OB}{OC} = \frac{p}{q}.$$

Or, si l'on mène, par le point O, OD parallèlement à AC jusqu'à la rencontre du côté BA prolongé s'il est nécessaire, on aura pareillement

$$\frac{DB}{DA} = \frac{OB}{OC}.$$

Donc, à cause du rapport commun,

$$\frac{BD}{DA} = \frac{p}{q}.$$

Ainsi la ligne inconnue DB est une quatrième proportionnelle aux trois droites connues q, p et DA. On cherchera donc cette quatrième proportionnelle, en exécutant la construction indiquée sur la figure ; et, en faisant passer une sécante par son extrémité B et par le point O, le problème sera résolu.

PROBLÈME IV.

302. *Par un point* A *donné sur le plan de deux droites* BB′ *et* CC′ *qu'on ne peut prolonger, mener une droite qui aille concourir avec elles* (fig. 135).

Tirez deux parallèles quelconques BC et B′C′ ; joignez BA et CA, puis menez-leur des parallèles B′A′ et C′A′ par les points B′ et C′. La droite AA′ résoudra le problème (**250** et **253**).

PROBLÈME V.

303. *Mener une tangente commune à deux circonférences données.*

Ce problème, dont nous nous sommes déjà occupé au n° **162**, peut aussi être résolu de la manière suivante :

Il suit immédiatement du n° **253** que *les sécantes qui, comme* AA′ *ou* AA″ (fig. 137), *passent par les extrémités de deux rayons parallèles et dirigés dans le même sens ou en sens contraires, vont concourir en un même point* C *ou* C′ *de la droite* OO′ *qui joint leurs centres.* Une tangente commune aux deux circonférences O et O va donc passer aussi par l'un où l'autre de ces points. Ainsi, pour mener une tangente commune aux deux circonférences données, on tirera un rayon quelconque OA et un diamètre A′OA″ parallèle à ce rayon : on joindra le point A avec chacun des points A′ et A″ par des droites qui couperont OO′ en C et en C′, et il ne s'agira plus que de mener de chacun de ces points des tangentes à l'une des deux circonférences données.

Remarquons que cette méthode deviendrait impraticable si les rayons des deux circonférences données étaient presque égaux, car alors le point C se trouverait très-éloigné de O′. On aurait alors recours à la première (**162**).

Problème VI.

304. *Trouver une moyenne proportionnelle entre deux droites données*, a *et* b.

Nous pouvons, pour résoudre ce problème, nous appuyer sur les propositions démontrées aux n°^{s} **265**, 1° et 2°, et **256**. Si l'on veut employer la première (**265**, 1°), on observera que la droite demandée sera la perpendiculaire abaissée d'un des points de la circonférence sur le diamètre, et que a et b seront les deux segments de ce diamètre. En conséquence, on portera les deux droites données a et b à la suite l'une de l'autre de A en O et de O en B (fig. 138); on décrira une demi-circonférence sur AB, comme diamètre, et l'on élèvera au point O la perpendiculaire OX sur AB. Cette droite OX résoudra le problème.

Veut-on s'appuyer sur la propriété de la corde (**265**, 2°), on dira : La droite demandée sera la corde ; la plus grande, a, des deux droites données, sera le diamètre ; et l'autre, b, sera la projection de cette corde sur ce diamètre. En conséquence, on prendra sur une droite indéfinie deux parties OA $= a$ et OB$' = b$ (fig. 138); sur OA, comme diamètre, on décrira une demi-circonférence, on élèvera au point B' une perpendiculaire B'X' sur OA, et la corde OX' sera la moyenne proportionnelle demandée.

Enfin, si l'on veut faire usage de la propriété de la tangente (**256**), on dira : La droite demandée doit être la tangente, a la sécante, et b sa partie extérieure (on suppose $a > b$). On prendra donc, sur une droite OA $= a$ (fig. 138), une partie OB $= b$; on fera passer une circonférence par les deux points A et B ; et en menant la tangente OX à cette circonférence (**157**, 2° et **160**), le problème sera résolu.

Problème VII.

305. *Partager une droite donnée* AB (fig. 139) *en moyenne et extrême raison*, c'est-à-dire en deux segments tels que l'un d'eux soit moyen proportionnel entre la droite donnée et l'autre segment. Le segment qui doit être moyen proportionnel est évidemment le plus grand.

Supposons que la droite AB soit divisée au point X en moyenne et extrême raison, et que AX soit le plus grand des deux segments; on aura donc :

$$\frac{AB}{AX} = \frac{AX}{BX}.$$

Comme cette proportion contient deux inconnues AX et BX, il faut tâcher d'en faire évanouir une. Il suffit, pour cela, de lui appliquer le principe du n° **105** de l'*Arithmétique*, et il viendra :

$$\frac{AB + AX}{AX + BX} \text{ ou } \frac{AB + AX}{AB} = \frac{AB}{AX}.$$

Or, si l'on regarde cette proportion comme résultant du théorème du n° **256**, AB sera la tangente, AB + AX la sécante, et AX sa partie extérieure; de sorte que AB sera égale à la partie intérieure de cette sécante, ce qui aura lieu si le diamètre est égal à AB, et que la sécante passe par le centre. En conséquence, à l'extrémité B de AB, on élèvera une perpendiculaire BO égale à la moitié de cette droite; du point O comme centre, avec le rayon OB, on décrira une circonférence qui sera ainsi tangente à AB, et l'on mènera une sécante par les points A et O; rabattant enfin AC sur AB, le problème sera résolu.

Si l'on veut démontrer cette construction *a posteriori*, on dira : La tangente AB est moyenne proportionnelle entre la sécante AD et sa partie extérieure AC; ainsi

[1]
$$\frac{AD}{AB} = \frac{AB}{AC},$$

d'où l'on tire :

$$\frac{AD - AB}{AB - AC} = \frac{AB}{AC}.$$

Or, puisque AB = CD, et que AC = AX, on voit que

$$AD - AB = AC = AX,$$

et que

$$AB - AC = BX;$$

on aura donc, en remplaçant :

$$\frac{AX}{BX} = \frac{AB}{AX}, \quad ou \quad \frac{AB}{AX} = \frac{AX}{BX},$$

proportion qui prouve que AB est divisée au point X en moyenne et extrême raison.

306. SCOLIE. Si dans la proportion [1] on remplace AB par son égale CD, il viendra :

$$\frac{AD}{CD} = \frac{CD}{AC}.$$

Ainsi, la sécante AD est aussi divisée au point C en moyenne et extrême raison.

Cette remarque fournit le moyen de *retrouver la droite qui a été partagée en moyenne et extrême raison, lorsque l'on connaît le plus grand de ses deux segments.* Il suffit, pour cela, d'effectuer la construction nécessaire pour partager ce segment lui-même en moyenne et extrême raison; et la sécante résout le problème.

Remarquons encore que si l'on voulait partager AX en moyenne et extrême raison, il n'y aurait qu'à porter BX sur AX.

PROBLÈME VIII.

307. *Décrire une circonférence qui passe par deux points donnés A et B et soit de plus tangente à une droite donnée CD* (fig. 140).

Supposons le problème résolu, et soit T le point où la circonférence demandée touche la droite CD. Il est clair que si l'on connaissait ce point, la circonférence serait déterminée (80). Or, si nous prolongeons AB jusqu'à sa rencontre avec CD en F, la tangente FT sera moyenne proportionnelle entre la sécante FA et sa partie extérieure FB : donc, en cherchant cette moyenne proportionnelle, et la portant sur CD, on déterminera le point de contact T. Comme il n'y a pas de raison pour la porter d'un côté de F plutôt que de l'autre, on prendra aussi FT' égale à la moyenne proportionnelle, et en faisant passer une première circonférence par T, A et B, et une seconde par T', A et B, on obtiendra les deux solutions du problème.

. Ceci suppose la réciproque du théorème du n° 256 ; mais il est facile de la démontrer : ainsi nous ne nous y arrêterons pas.

Si la droite CD était parallèle à AB, la construction précédente serait impossible ; mais on observerait qu'en vertu du théorème du n° **90, 2°**, la perpendiculaire élevée sur le milieu de AB irait passer au point de contact, et le déterminerait ainsi.

PROBLÈME IX.

308. *Décrire une circonférence qui, passant par deux points donnés* A *et* B, *soit en outre tangente à une circonférence donnée* O (fig. 141).

Je décris une circonférence qui passe par les deux points donnés A et B, et qui coupe la circonférence O en deux points C et D. Alors, si du point de section F des deux cordes AB et CD prolongées je mène une tangente à la circonférence O, le point T où elle la touchera sera précisément le point de contact de cette circonférence avec celle que l'on demande : car le carré de cette tangente, étant égal au produit FC.FD, le sera aussi au produit FA.FB ; et ainsi la circonférence qui passera par les trois points A, B, T, touchera la droite FT, et par conséquent la circonférence O, au point T.

Le problème aura donc deux solutions, puisque du point F on pourra toujours mener deux tangentes à la circonférence O, à moins que l'un des points donnés ne soit intérieur à cette circonférence, et que l'autre ne lui soit extérieur : alors le problème serait impossible. Nous observerons toutefois que si la droite AB était tangente à la circonférence donnée, l'un des points de contact se trouverait sur cette droite, de sorte que la circonférence tangente en ce point se réduirait à la droite AB elle-même (103).

Si la perpendiculaire abaissée du centre O sur AB passait par le milieu de cette droite, les deux cordes AB et CD couperaient alors cette droite à angles droits (98), et seraient ainsi parallèles : donc les tangentes FT et FT' leur seraient parallèles et les points de contact T et T' se trouveraient précisément aux intersections de la circonférence O avec la perpendiculaire dont il s'agit.

Il est facile de voir que le problème du n° 307 est un·cas particulier de celui-ci (103), en observant que

$$FT = \sqrt{FA \cdot FB}.$$

PROBLÈME X.

309. *Construire sur une droite donnée* A′B′, *homologue à* AB, *un triangle semblable au triangle donné* ABC (fig. 109).

Les théorèmes des n°ⁱ **278** et **282** et la définition du n° **275** peuvent également servir à résoudre ce problème; mais le premier est celui qui en fournit la solution la plus simple : car il suffit de ̄faire aux points A′ et B′ des angles respectivement égaux aux angles A et B (**147** et **148**).

PROBLÈME XI.

310. *Construire sur une droite donnée* A′B′, *homologue à* AB, *un polygone semblable à un polygone donné* ABCDE (fig. 142).

On peut s'appuyer pour résoudre ce problème sur l'un des théorèmes démontrés aux n°ˢ **287** et **288**, mais il est plus simple d'en déduire la solution de la définition même des polygones semblables.

En conséquence, on commencera par partager le polygone donné en triangles par des diagonales issues d'un même sommet, si la chose est possible ; sinon, on le décomposera en polygones qui jouissent de cette propriété, ce qui ramènera ce second cas au premier. Soit donc ABCDE le polygone proposé décomposé en triangles par les diagonales BD et BE. On construira sur A′B′ un triangle semblable à ABE, en ·faisant les angles E′A′B′ et A′B′E′ respectivement égaux aux angles EAB et ABE. Alors, pour que les triangles soient semblablement placés dans les deux polygones, il faudra que les angles dont les sommets seront en B′ et en E′ soient respectivement homologues de EBD et de BED. On construira donc sur B′E′ un triangle semblable à BED, qui satisfasse à cette condition, et l'on continuera de la même manière.

Si $A'B' = AB$, le nouveau polygone sera égal au polygone donné. Voilà donc un nouveau moyen de construire un polygone égal à un autre (**236**).

Lorsque l'on veut *réduire* un plan ou un dessin, c'est-à-dire en faire une copie dont les dimensions linéaires soient à cèlles de l'original dans un rapport donné $\frac{m}{n}$, on peut employer avec avantage la *méthode des carreaux*. On commencera donc par couvrir le plan où la figure à copier de petits carrés (**238**); puis on construira, sur la feuille de papier qui doit recevoir la copie, un rectangle dont les côtés soient à ceux du premier comme m est à n; on le divisera en carrés comme le premier, et il ne s'agira plus que de figurer dans chacun de ces carrés les points qui se trouvent dans les carrés correspondants de l'original, ce qui peut se faire à vue d'œil, si les carrés sont assez petits, et si l'on n'a pas besoin d'une très-grande précision. Si l'on voulait rapporter exactement chaque point, on ferait usage du *compas de réduction*. Cet instrument (fig. 143) est formé de deux branches égales AA', BB' graduées, terminées en pointe à chacune de leurs extrémités, et que l'on peut faire croiser à tel point O que l'on veut, au moyen de rainures pratiquées dans l'épaisseur de chaque branche, de manière que l'on ait toujours $OA = OB$ et par suite $OA' = OB'$. On ajustera donc les deux branches de telle sorte que $\frac{OA}{OA'} = \frac{m}{n}$, et il est clair qu'alors, pour chaque ouverture des branches du compas, le rapport de l'écartement des points A et B à celui des points A' et B' sera aussi égal à $\frac{m}{n}$; on opérera ensuite comme au n° **238**, en mesurant sur l'original les distances de chaque point à l'horizontale et à la verticale voisines avec les pointes A' et B', et en reportant ces distances sur la copie avec les pointes A et B.

Problème XII.

311. *Construire un polygone semblable à un polygone donné, et dont le périmètre soit égal à une droite donnée* p.

Cherchez une quatrième proportionnelle au périmètre du polygone donné ABCDE (fig. 144), à p et à AB, et vous aurez le côté qui doit être homologue à AB dans le polygone cherché (**294**), ce qui vous ramènera au problème précédent.

PROBLÈME XIII

312. *Construire un triangle semblable à un triangle donné* ABC (fig. 145), *et dont les sommets homologues à* A, B *et* C *soient situés respectivement sur les trois circonférences concentriques données* O.

Cherchez un point D tel que ses distances aux trois sommets A, B, C du triangle soient proportionnelles aux rayons respectifs R, R′, R″ des trois circonférences, ce qui sera facile d'après la proposition du nᵒ **249**. Décrivez du point D comme centre, et avec les rayons R, R′, R″ trois circonférences qui couperont les directions DA, DB, DC respectivement en A′, B′, C′, joignez enfin ces points deux à deux, et vous formerez un triangle A′B′C′ semblable à ABC (**279**), et qui sera inscrit au système de trois circonférences égales aux circonférences données. Vous n'aurez donc plus qu'à transporter la seconde figure sur la première en A″B″C″, et le problème sera résolu.

Cette méthode est connue sous le nom de *méthode inverse*, et fournit des solutions fort simples de problèmes que l'on ne résoudrait qu'avec beaucoup de peine de toute autre manière.

PROBLÈME XIV.

313. *Construire une échelle.*

Une échelle est une ligne droite divisée en parties égales, et l'une de ces parties est ensuite divisée aussi en un certain nombre de parties égales.

Les échelles sont nécessaires pour représenter sur le papier, et dans leur juste proportion, des distances plus grandes que les dimensions de la feuille de papier. Le géographe, l'architecte, le constructeur de machines, placent toujours au bas de leurs dessins une échelle de parties égales qui servent de commune mesure à toutes les distances du pays, à toutes les parties du bâtiment ou de la machine qu'ils y ont représentées.

Dans les cartes de géographie, l'échelle représente ordinairement des myriamètres ou des kilomètres; des décamètres subdivisés en mètres dans les plans topographiques; et enfin des mètres subdivisés en décimètres, en centimètres, et même en millimètres, dans le dessin linéaire.

Dans les plans du cadastre, on représente une distance de 2500 mètres par une ligne d'un mètre; de sorte que 100 mètres le sont par une ligne de $\frac{1^m}{25} = 0^m,04$: ainsi il faut diviser en cent parties égales une ligne de 4 centimètres pour pouvoir représenter des mètres. On sent combien le procédé que nous avons indiqué (296) serait fécond en erreurs dans le cas actuel, et d'ailleurs les points de division seraient tellement rapprochés qu'il serait difficile de les distinguer. On a heureusement imaginé un procédé connu sous le nom de *méthode des transversales*, qui est aussi simple qu'exact. Nous allons l'appliquer à la construction d'une échelle de 500 mètres à $\frac{1}{2500}$, dont la plus petite division exprimera ainsi 1 mètre.

Cent mètres étant représentés par une longueur de 4 centimètres, l'échelle de 500 mètres aura 2 décimètres. On divisera donc une droite AB (fig. 146) ayant cette longueur en cinq parties égales. On élèvera à ses deux extrémités deux perpendiculaires indéfinies AC et BD, sur chacune desquelles on portera dix fois une même ouverture de compas. On joindra les points correspondants de ces perpendiculaires deux à deux, et l'on reportera sur CD les divisions de AB, en numérotant ces divisions 0, 100, 200, 300 et 400, et 1, 2, 3, 4..... 9, celles de la droite FE. Cela fait, on tire AE; et il est facile de voir, en comparant des triangles équiangles dont le sommet commun est en A, que la partie de chaque parallèle comprise entre la transversale AE et la droite AC vaut autant de dixièmes de EC qu'il est marqué par celui des numéros de EF qui répond à cette parallèle [1] ; de sorte qu'en reportant sur AF et sur CE toutes

---

[1] Par exemple, les triangles ECA et AKI donnent la proportion
$$\frac{AC}{AK} = \frac{EC}{KI};$$

ces parties de parallèles, ces deux droites seront divisées en dix parties égales, dont chacune sera $\frac{1}{50}$ de AB, et représentera ainsi 10 mètres. On placera aux divisions de FA les n°⁵ 10, 20, 30.... 90, et il n'y aura plus qu'à joindre les points de division de AF avec ceux de CE par des transversales, et l'échelle sera construite : car la partie de chaque parallèle comprise entre la transversale GF et EF vaut autant de dixièmes de GE que l'indique le numéro de EF qui se trouve sur cette parallèle. Ainsi la partie qui correspond au n° 3 vaut $\frac{3}{10}$ de GE ou de 10 mètres, c'est-à-dire 3 mètres. Cela posé, si l'on veut figurer sur le plan une distance de 347 mètres, on placera une des pointes d'un compas sur la 7ᵉ parallèle à partir de la perpendiculaire qui est numérotée 300, et l'on amènera l'autre pointe à l'intersection de cette parallèle avec la transversale numérotée 40.

Veut-on connaître, au contraire, la longueur d'une droite PQ, on portera sur l'échelle, à partir de la ligne 00, une ouverture de compas égale à cette ligne, ce qui fera connaître cette longueur à moins de cent mètres près. Supposons que PQ soit comprise entre 200 et 300 mètres, on fera glisser le compas sur les parallèles successives jusqu'à ce que l'une des pointes étant sur la ligne 200—200, l'autre se trouve sur une des transversales. Si cette transversale est numérotée 30, par exemple, et que l'on soit sur la quatrième parallèle, on en conclura que la ligne PQ vaut 234 mètres.

Si la longueur des lignes que l'on doit figurer sur le plan ne dépasse pas 800 mètres, on pourra employer l'échelle d'un millième, c'est-à-dire représenter *un mètre* par un *millimètre* : car 800 mètres le seront alors par une longueur de 8 décimètres, et le papier grand-aigle a 0ᵐ,975 de largeur. Les règles de *Kutsch* fourniront alors d'excellentes échelles.

314. PROBLÈMES A RÉSOUDRE. 1° *Quel est le lieu de tous les points qui partagent, dans le rapport constant de deux droites* p *et* q, *les droites qui joignent un point* O *avec tous les points d'une circonférence donnée?*

---

mais AK est les six dixièmes de AC : donc KI est aussi les six dixièmes de EC.

2° *Trouver le lieu de tous les points* M (fig. 147) *tels qu'en joignant chacun d'eux avec un point* A *donné sur le plan d'une circonférence* O, *le produit des distances* AM *et* AB *soit égal au carré d'une droite donnée* K.

3° *Un point* O *et une droite* AB *étant donnés* (fig. 148), *trouver le lieu des points* M, *tels qu'en joignant* MO *le produit des distances* OC *et* OM *soit égal au carré d'une droite donnée* K.

4° *Trouver le lieu de tous les points desquels on peut mener des tangentes égales à deux circonférences données.* — *Quel est ce lieu si les circonférences se coupent?* — *Profiter de cette remarque pour le construire quand elles ne se coupent pas.* — *Ce lieu se nomme* l'axe radical *des deux circonférences.* — *Les axes radicaux de trois cercles concourent en un même point qu'on nomme leur* centre radical.

5° *Trouver le lieu des points d'où deux cercles donnés seraient vus sur le même angle.*

6° *Étant données trois droites qui concourent en un même point, mener par un point donné une sécante telle que les deux parties interceptées par ces droites soient proportionnelles à deux droites données* p *et* q. (*Méthode inverse.*)

7° *Mener une sécante qui coupe trois droites données dans un même plan, de manière que les parties interceptées par ces droites soient chacune égales à une longueur donnée.*

8° *Étant données quatre droites situées d'une manière quelconque sur un plan, mener une sécante telle que les parties interceptées par ces droites soient proportionnelles à des droites données* p, q, r.

LIVRE IV.

DES POLYGONES RÉGULIERS ET DU RAPPORT DE LA CIRCONFÉRENCE AU DIAMÈTRE.

CHAPITRE PREMIER.

DES POLYGONES RÉGULIERS.

315. Si l'on suppose qu'après avoir divisé une circonférence en parties égales, on joigne chaque point de division avec le suivant, on formera ainsi un polygone dont tous les côtés seront égaux ainsi que les angles (**92** et **117**). Un pareil polygone est dit *régulier*. Ainsi *on appelle* POLYGONE RÉGULIER *celui qui est à la fois équiangle et équilatéral*. Le triangle équilatéral et le carré sont donc des polygones réguliers. On voit qu'il y a des polygones réguliers d'un nombre quelconque de côtés, et que ces polygones sont nécessairement convexes.

316. Le problème que l'on se propose dans les travaux de pavage ou de marqueterie, consiste à couvrir un certain espace avec des figures rectilignes, et il est susceptible d'une infinité de solutions si l'on veut employer des polygones quelconques : car on n'a qu'une seule condition à remplir, savoir, que la somme de tous les angles qu'on réunira autour d'un même point soit égale à quatre droits. Mais la question se limite beaucoup si l'on ne doit se servir que de polygones réguliers, et tous d'un même nombre de côtés. Il faut, en effet, que le polygone que l'on a choisi soit tel qu'en répétant un de ses angles un certain nombre de fois, on trouve quatre droits, ou, en d'autres termes, que le quotient de quatre droits par l'angle du polygone soit un nombre entier. Or, on obtient la valeur de l'angle d'un polygone régulier en divisant la somme de ses angles (**218**) par le nombre de ses côtés : on trouvera ainsi, en prenant l'angle droit pour unité, que les angles des polygones de

$$3, \qquad 4, \qquad 5, \qquad 6 \text{ côtés,}$$

valent respectivement $\frac{2}{3}$, $\qquad$ 1, $\qquad$ $\frac{6}{5}$, $\qquad$ $\frac{4}{3}$;

et, comme $\qquad 4 : \frac{2}{3} = 6$, $4 : 1 = 4$, $4 : \frac{6}{5} = \frac{10}{3}$, $4 : \frac{4}{3} = 3$,

on voit que l'on pourra employer les polygones réguliers de 3, 4 et 6 côtés, mais qu'il faudra rejeter le pentagone ainsi que tous les polygones qui ont plus de *six* côtés : car, les angles de ces derniers polygones étant plus grands que celui de l'hexagone, puisqu'ils interceptent entre leurs côtés des arcs de plus en plus grands, le quotient de quatre droits par l'un de ces angles sera nécessairement plus petit que 3, et, d'ailleurs, il est évidemment plus grand que *deux* ([1]). On pourra donc se servir de *six* triangles équilatéraux, ou de *quatre* carrés, ou de *trois* hexagones. Tels sont les seuls polygones réguliers que l'on puisse employer *seuls* dans le pavage et dans la marqueterie.

THÉORÈME 1.

517. *Tout polygone régulier est à la fois inscriptible et circonscriptible à la circonférence.*

Soit ABCDEF (fig. 149) un polygone régulier d'un nombre quelconque de côtés. On pourra toujours faire passer une circonférence par trois sommets consécutifs A, B, C (80), et je dis qu'elle passera nécessairement par le sommet suivant D. Joignons, en effet, le centre O avec les points A, B, C, D. Les deux triangles ABO, BCO, seront équilatéraux entre eux, et par conséquent égaux : donc l'angle ABO = OBC (190); ainsi cha-

---

([1]) Soit n le nombre des côtés d'un polygone régulier : l'expression de la valeur d'un de ses angles sera $\frac{2(n-2)}{n} = 2 - \frac{4}{n}$. Or, à mesure que n augmente, la fraction $\frac{4}{n}$ tend vers zéro, et par conséquent la différence $2 - \frac{4}{n}$ tend en même temps vers 2; donc, *deux droites sont la limite vers laquelle tend la valeur de l'angle d'un polygone régulier, lorsque le nombre des côtés de ce polygone augmente indéfiniment.*

cun d'eux est la moitié de ABC. Mais le triangle BCO est isocèle : donc l'angle BCO est égal à OBC (**179**); il est donc la
moitié de ABC, et partant de son égal BCD; donc l'angle OCD
est l'autre moitié de celui-ci, et les triangles BCO, OCD ont un
angle égal compris entre côtés égaux chacun à chacun ; donc
ils sont égaux ; donc OD = OB; donc la circonférence qui passe
par les trois sommets consécutifs A, B, C, passera aussi par le
sommet suivant D. Mais on prouvera, par un raisonnement
semblable, que, puisqu'elle passe par les trois sommets B, C, D,
elle passera par le sommet suivant E, et ainsi de suite : donc,
enfin, tous les sommets du polygone se trouvent sur la circonférence que nous avons décrite par les trois sommets A, B, C ;
donc le polygone est inscrit dans cette circonférence.

En second lieu, tous les côtés AB, BC, CD.... sont des cordes
égales de la circonférence que nous venons de décrire : donc
elles sont également éloignées du centre O (**96**); donc les perpendiculaires OK, OG..., abaissées de ce point sur ces côtés, seront égales ; et par conséquent la circonférence décrite du point
O comme centre, avec le rayon OG, touchera tous les côtés du
polygone (**88**), chacun dans son milieu (**82**). Cette circonférence sera inscrite dans le polygone, ou le polygone sera circonscrit à la circonférence (¹).

318. Scolie I. Cette démonstration s'appliquerait très-bien
à une ligne *brisée régulière*, c'est-à-dire à une ligne brisée formée de droites égales et également inclinées entre elles : ainsi
*toute ligne brisée régulière est à la fois inscriptible et circonscrip-
tible à la circonférence.*

Remarquons qu'une ligne brisée régulière serait une portion du périmètre d'un polygone régulier, si l'arc de la circonférence circonscrite, sous-tendu par un de ses côtés, était une
partie aliquote de cette circonférence.

(¹) Il est évident que l'on ne peut circonscrire qu'une seule circonférence à
un polygone régulier. On ne peut de même lui inscrire qu'une seule circonférence, car le centre de toute circonférence inscrite dans le polygone régulier
ABCDEF doit se trouver sur les bissectrices des angles A et B (**159**), et ces
droites ne se rencontrent qu'en un seul point.

319. Scolie II. On appelle ordinairement centre *d'un poly-gone régulier* le centre commun des circonférences qui lui sont inscrite et circonscrite ; mais cette dénomination est vicieuse, car le point dont il s'agit n'est vraiment un centre que si le po-lygone a un nombre pair de côtés (**203**).

320. Scolie III. L'angle au centre d'un polygone régulier est l'angle AOB formé par les deux rayons menés du centre commun O des circonférences inscrite et circonscrite aux extré-mités d'un même côté AB. Tous les angles au centre d'un polygone régulier sont égaux (**106**); et, comme leur somme est égale à quatre droits (**45**), on aura la valeur de chacun d'eux en divisant quatre droits par le nombre de ces angles ou par le nombre des côtés du polygone.

321. Désormais nous appellerons *rayon* et *apothème* d'un po-lygone régulier, les rayons respectifs des circonférences cir-conscrite et inscrite à ce polygone.

Théorème II.

322. *Deux polygones réguliers d'un même nombre de côtés sont semblables, et leurs périmètres sont proportionnels aux rayons des cercles qui leur sont inscrits et circonscrits.*

1° Soit n le nombre des côtés d'un polygone régulier ; la somme des angles de ce polygone vaudra $2(n-2)$, en prenant l'angle droit pour unité, et par conséquent chaque angle sera égal à $\dfrac{2(n-2)}{n}$; puis donc que nos deux polygones ont le même nombre de côtés, on voit qu'ils sont équiangles. D'ailleurs, comme chacun de ces polygones est équilatéral, leurs côtés ho-mologues sont proportionnels ; donc ils sont semblables (**287**).

2° Soient AB et A′ B′ les côtés de deux polygones réguliers d'un même nombre de côtés (fig. 150), O et O′ les centres des cercles inscrit et circonscrit à chacun d'eux, OI et O′ I′, et OA et O′ A′, les rayons de ces cercles. Les deux triangles isocèles OAB et O′ A′ B′ sont semblables, car les angles au centre AOB et A′ O′ B′ sont égaux ; il en sera donc de même des triangles

rectangles OAI et O'A'I'. On aura donc la suite de rapports
égaux

$$\frac{AI}{A'I'} \quad \text{ou} \quad \frac{AB}{A'B'} = \frac{OI}{O'I'} = \frac{OA}{O'A'};$$

ce qui prouve que *les côtés de deux polygones réguliers semblables sont proportionnels à leurs rayons et à leurs apothèmes.* Mais ces côtés sont aussi proportionnels aux périmètres des deux polygones (**294**) : donc, enfin, les périmètres de deux polygones réguliers semblables sont proportionnels à leurs rayons et à leurs apothèmes.

PROBLÈME I.

525. *Un polygone régulier ABCDEF* (fig. 149) *étant inscrit dans un cercle, on propose,* 1° *de circonscrire à ce cercle un polygone régulier du même nombre de côtés;* 2° *de calculer le côté du nouveau polygone en fonction de celui du premier, et du rayon de la circonférence.*

1° *Première solution.* Du centre O abaissez OI perpendiculairement sur AB, et menez au point I une tangente que vous terminerez aux prolongements des rayons OA et OB. Je dis d'abord que O A' $=$ OB' ; et, en effet, les triangles OIA' et OIB' ont un côté égal adjacent à deux angles égaux chacun à chacun : car, le point I étant le milieu de l'arc AB, les angles A'OI et B'OI interceptent des arcs égaux entre leurs côtés; donc, si du point O comme centre, et avec le rayon OA', on décrit une circonférence, elle passera par le point B'. Tirez les rayons OCC', ODD'...., puis joignez B'C', C'D'..... Je dis que le polygone A'B'C'D'E'F' est régulier et circonscrit à la circonférence OA. En effet, ses angles au centre étant précisément ceux du polygone ABCDEF, on voit que les arcs A'B', B'C', C'D'..... compris entre leurs côtés, sont égaux (**107**) : donc tous les côtés A'B', B'C'..... sont égaux (**92**), et les angles A', B', C'.... sont aussi égaux (**118**); donc le polygone est régulier. En second lieu, il est circonscrit; car tous ses côtés sont des cordes égales de la circonférence OA', et par conséquent également éloignées de son centre. Mais l'une d'elles A'B' est tangente à la circonfé-rence OA : donc toutes les autres le sont aussi.

Seconde solution. A chaque sommet du polygone menons une tangente, et le problème sera résolu. En effet, tous les angles A'AB, A'BA, B'BC..... (fig. 151), sont égaux (**120**) : donc tous les triangles A'AB, B'BC..... sont isocèles. Mais les côtés AB, BC..... sont égaux : donc tous ces triangles sont égaux (**185**); donc

$$A'A = A'B = B'B = B'C = C'C = \text{etc.};$$

par conséquent

$$A'B' = B'C' = C'D' = \text{etc.}$$

D'ailleurs les angles A', B', C',.... sont égaux (**185**): donc le polygone A'B'C'D'E'F' est régulier. Mais il est circonscrit; donc il résout la première partie du problème.

2° Représentons par R et par a les longueurs respectives du rayon et du côté AB (fig. 149) du polygone inscrit, et par x celle du côté A'B' du polygone circonscrit. La similitude des trian-gles ABO, A'B'O, donne la proportion (**292**)

$$\frac{A'B'}{AB} = \frac{OI}{OK},$$

ou, en remplaçant les lignes OI, AB et A'B' par leurs longueurs,

$$\frac{x}{a} = \frac{R}{OK}.$$

Mais le triangle AOK étant rectangle, on a (**262**)

$$OK = \sqrt{\overline{OA^2} - \overline{AK^2}} = \sqrt{\overline{OA^2} - \frac{\overline{AB^2}}{4}};$$

car $AK = \frac{AB}{2}$; ou, en remplaçant OA par R, AB par a; et ré-duisant l'entier au même dénominateur que la fraction qui l'ac-compagne,

$$OK = \frac{\sqrt{4R^2 - a^2}}{2} \,(^1);$$

(¹) Ainsi, *pour calculer l'apothème d'un polygone régulier, retranchez le* donc, en substituant dans la proportion précédente, il viendra :

$$\frac{x}{a} = \frac{R}{\frac{\sqrt{4R^2 - a^2}}{2}};$$

d'où l'on tire :

[1] $$x = \frac{2R \cdot a}{\sqrt{4R^2 - a^2}}$$

Supposons $a = 3^{d \cdot m}$, et $R = 4^{d \cdot m}$, et cherchons la valeur de x à *moins d'un cinquième* de décimètre. On aura : $2R = 8^{d \cdot m}$, et partant,

$$x = \frac{8 \cdot 3}{\sqrt{64 - 9}} = \frac{24}{\sqrt{55}};$$

or, on peut regarder cette fraction comme la racine carrée de son carré, c'est-à-dire de $\frac{24^2}{55}$; donc il ne s'agira plus, pour résoudre la question, que d'appliquer à la fraction $\frac{24^2}{55} = \frac{576}{55}$ la règle donnée au n° **210** de l'*Arith.*, et l'on trouvera ainsi que $x = \frac{16}{5}^{d \cdot m} = 3^{d \cdot m}, 2$.

Remarquons que la valeur [1] de x est calculable par logarithmes : car la quantité $4R^2 - a^2$, étant la différence des carrés des quantités $2R$ et a, est égale à la somme $(2R + a)$ de ces quantités multipliée par leur différence $(2R - a)$. On a donc :

$$x = \frac{2R \cdot a}{\sqrt{(2R + a)(2R - a)}};$$

et par conséquent (*Arith.*, n°s **281, 282** et **284**),

$$L. x = L. 2R + L. a - \frac{L(2R + a) + L(2R - a)}{2}.$$

324. Corollaire. Réciproquement, si l'on donnait le polygone circonscrit, et que l'on proposât d'inscrire au même cercle un polygone régulier du même nombre de côtés, on pourrait y parvenir en menant, du centre, des droites à tous les som-

---

carré de son côté du carré du diamètre, et prenez la moitié de la racine carrée du reste.

mets du polygone circonscrit, et en joignant ensuite deux à deux les points où ces droites couperaient la circonférence. On pourrait encore joindre les points de contact deux à deux, et le polygone ainsi formé serait régulier : car, chacun des côtés A'B', B'C'..... étant divisé en deux parties égales au point de contact (317), tous les triangles A'AB, B'BC.... sont égaux (181), et, par conséquent, les côtés AB, BC..... sont égaux ; donc le polygone est régulier (315).

PROBLÈME II.

325. *Un polygone régulier étant inscrit dans un cercle, on propose, 1° d'inscrire dans ce cercle un polygone régulier qui ait deux fois plus de côtés que lui ; 2° de calculer le côté du nouveau polygone en fonction du côté du premier, et du rayon de la circonférence.*

1° Abaissez du centre O (fig. 149) des perpendiculaires sur tous les côtés du polygone donné, et joignez chaque point de division avec les extrémités du côté correspondant, et le problème sera résolu.

2° Soient AB le côté du polygone inscrit, et OI perpendiculaire sur AB : AI sera donc le côté du polygone inscrit de deux fois plus de côtés. Désignons les longueurs de AB et de AI respectivement par a et par y, et toujours par R celle du rayon.

En appliquant le théorème du n° **265** au triangle AOI, il viendra

$$\overline{AI^2} = \overline{OA^2} + \overline{OI^2} - 2\,OI.OK,$$

ou, en remplaçant AI et OA respectivement par y et par R, et OK par sa valeur $\dfrac{\sqrt{4\,R^2 - a^2}}{2}$ que nous avons trouvée tout à l'heure (**323**),

$$y^2 = 2\,R^2 - R\sqrt{4R^2 - a^2};$$

on aura donc enfin

[1] $$y = \sqrt{R\,(2R - \sqrt{4R^2 - a^2})},$$

en mettant R en facteur commun, et extrayant la racine carrée du deuxième membre.

Supposons, par exemple, que $R = 3^{d.m}$ et $a = 2^{d.m}$, et cherchons la valeur de y à *moins d'*UN DIXIÈME près. On aura d'abord, en remplaçant, $y = \sqrt{3(6 - \sqrt{32})}$. Maintenant, pour avoir l'approximation demandée, on devra multiplier la quantité $3(6 - \sqrt{32})$ par 100 (*Arith.*, n° 203), ce qui donnera $300(6 - \sqrt{32}) = 1800 - 300.\sqrt{32} = 1800 - \sqrt{2880000}$: car, puisqu'on peut extraire la racine carrée d'un produit en extrayant la racine de chaque facteur et en multipliant ces racines entre elles, on voit que $300.\sqrt{32} = \sqrt{300^2.32} = \sqrt{2880000}$. La racine carrée de 2880000 est, *en plus*, et à moins d'une unité, 1698. Je retranche ce nombre de 1800, et je trouve que la racine du plus grand carré contenu dans le reste 102 est 10. Telle est la racine carrée de la quantité $1800 - \sqrt{2880000}$ à moins d'une unité : car le carré de 11, surpassant 102 au moins d'une unité, est par conséquent plus grand que $1800 - \sqrt{2880000}$, tandis que celui de 10 est au contraire plus petit que cette différence; donc enfin, la valeur demandée de y sera $\frac{10^{d.m}}{10} = 1^{d.m}$ [1].

326. SCOLIE I. Dans le calcul de la valeur de y rien n'exprime que AB soit le côté d'un polygone régulier : ainsi, la formule que nous venons de trouver résout ce problème plus général : *Étant donnés le rayon d'une circonférence et la corde d'un arc quelconque, trouver la corde qui sous-tend la moitié de cet arc.* Nous observerons seulement qu'il ne s'agit alors que de la corde de la moitié du plus petit des deux arcs sous-tendus par la corde donnée a. S'il s'agissait de l'autre, la valeur de y serait alors

$$y = \sqrt{R(2R + \sqrt{4R^2 - a^2})}:$$

---

[1] Les élèves qui connaissent la formule par laquelle on tâche, en algèbre, d'obtenir *la racine carrée d'une quantité qui est en partie commensurable et en partie incommensurable du deuxième degré*, au moyen de deux racines carrées indépendantes l'une de l'autre, trouveront, en appliquant cette formule au calcul de la valeur de y, que

$$y = \sqrt{\frac{R(2R + a)}{2}} - \sqrt{\frac{R(2R - a)}{2}},$$

équation dont chaque terme est calculable par logarithmes.

car, dans le triangle obtusangle AOI', on a

$$\overline{AI'^2} = \overline{AO^2} + \overline{OI'^2} + 2OI'.OK.$$

327. SCOLIE II. Si l'on veut circonscrire à un cercle un poly-gone régulier qui ait deux fois plus de côtés que le polygone inscrit ABC (fig. 152), on mènera d'abord des tangentes à chaque sommet du polygone inscrit; puis on joindra les sommets A', B', C' du polygone circonscrit ainsi formé, avec le centre par des droites; et aux points P, Q, R, où elles couperont la circonférence, on mènera des tangentes. Le nouveau polygone DEFGIK sera régulier (325, 2e solution), car les points de contact de tous ses côtés divisent la circonférence en parties égales.

328. SCOLIE III. Remarquons enfin que les *contours de deux polygones réguliers, inscrit et circonscrit, sont respectivement moindre et plus grand que ceux des polygones inscrit et circonscrit qui ont deux fois plus de côtés :* car, dans le premier cas, chaque droite AB est moindre que la brisée APB, et, dans le second, chaque brisée AC'B est plus longue que la brisée ADEB.

PROBLÈME III.

329. *Étant donnés les périmètres* p *et* P *de deux polygones réguliers semblables, l'un inscrit et l'autre circonscrit à un même cercle, calculer les périmètres* p' *et* P' *des polygones réguliers inscrit et circonscrit d'un nombre double de côtés.*

1° Soient AB et CD (fig. 159) les côtés de nos deux polygones, dont nous désignerons les périmètres par p et par P; je joins le point A au point de contact E et je mène aux points A et B les tangentes AF et BG : AE et FG seront les côtés des polygones inscrit et circonscrit d'un nombre double de côtés. J'appelle p' et P' les périmètres de ces polygones. D'après le théorème du n° **322**, nous aurons

$$\frac{P}{p} = \frac{CO}{OE},$$

car OE = OA. Mais si l'on tire OF, cette droite sera la bissectrice de l'angle COE, de sorte que (**248**)

$$\frac{CO}{OE} = \frac{CF}{FE};$$

donc, à cause du rapport commun,

$$\frac{P}{p} = \frac{CF}{FE};$$

on tire de cette proportion

$$\frac{P+p}{p+p} = \frac{CF+FE}{FE+FE} \quad \text{ou} \quad \frac{P+p}{2p} = \frac{CE}{FG},$$

car FE = EG. Mais les droites CE et FG sont contenues chacune le même nombre de fois dans les périmètres P et P′, dont elles font partie; donc elles sont entre elles comme P et P′; donc

[1] $$\frac{P+p}{2p} = \frac{P}{P'}, \quad \text{d'où} \quad P' = \frac{2Pp}{P+p}.$$

2° Pour calculer p', je remarque que les deux triangles FEI et AEK sont équiangles, et qu'ainsi

$$\frac{EI}{FE} = \frac{AK}{AE};$$

mais les droites EI et FE sont contenues le même nombre de fois dans les périmètres p' et P′; elles sont donc entre elles comme p' et P′. Le rapport de AK à AE est aussi le même que celui de p à p'; donc

$$\frac{p'}{P'} = \frac{p}{p'}, \quad \text{d'où} \quad p' = \sqrt{P'p},$$

ou, en remplaçant P′ par sa valeur [1]

[2] $$p' = p\sqrt{\frac{2P}{P+p}}.$$

Problème IV.

330. *Inscrire un carré dans une circonférence.*

Tirez deux diamètres AC et BD (fig. 153) qui se coupent à angles droits, et vous aurez ainsi partagé la circonférence en quatre parties égales : par conséquent le quadrilatère formé en joignant chaque point de division avec le suivant sera un carré (**315**).

331. SCOLIE. Si l'on veut calculer le côté du carré inscrit dans une circonférence dont le rayon est donné, on observera que ce côté AB est l'hypoténuse du triangle isocèle rectangle AOB, de sorte qu'on aura (**261**) :

$$AB = \sqrt{2R^2}.$$

Mais la racine carrée d'un produit de plusieurs facteurs est égale au produit des racines carrées de ces facteurs : donc

$$AB = R.\sqrt{2}.$$

Donc *le côté du carré inscrit est égal au rayon multiplié par la racine carrée de* 2.

332. COROLLAIRE I. Il suit de là que *le rapport du côté du carré inscrit au rayon*, *ou de la diagonale d'un carré au côté de ce carré* (AB est la diagonale du carré AOBG construit sur AO), *est égal à la racine carrée de* 2, *de sorte que ce rapport est incommensurable* (*Arith.*, n° 193) (¹).

333. COROLLAIRE II. On voit que si le rayon du cercle était égal à l'unité linéaire, le côté du carré inscrit serait égal à la racine carrée de *deux*. Ainsi la géométrie fournit un procédé rigoureux pour obtenir *exactement* la grandeur de l'irrationnelle $\sqrt{2}$. Il en est de même de la racine carrée de tout nom-

---

(¹) C'est, au reste, ce que l'on trouve en cherchant la commune mesure des droites AB et AO (**25**).

En effet, si du point B comme centre, et avec AO pour rayon, on décrit une circonférence, on aura (**256**) :

$$\frac{AF}{AO} = \frac{AO}{AI}.$$

Ainsi AI < AO ; donc AB contient *une* fois AO, avec le *reste* AI.

Il faut donc chercher combien de fois AI est contenu dans AO, ou, ce qui revient au même, combien de fois AO est contenu dans AF. Or, AF = 2AO + AI ; donc le rapport $\frac{AF}{AO}$, c'est-à-dire $\frac{AO}{AI}$, est égal à $2 + \frac{AI}{AO}$; de sorte que nous voilà de nouveau ramenés à chercher combien de fois AI est contenu dans AO, d'où l'on voit que l'opération ne pourra jamais se terminer, et qu'ainsi il n'y a pas de commune mesure entre le côté du carré inscrit et le rayon.

bre n qui n'est pas un carré parfait; car cette racine est une moyenne proportionnelle entre l'unité linéaire et la droite qui contiendrait n fois cette unité (*Arithmétique*; n° **251**). Observons toutefois qu'il faudrait, pour cela, pouvoir tracer de *véritables* lignes sur une surface *véritablement* plane, de sorte que cette exactitude n'est qu'intellectuelle. Aussi, si, ayant exécuté, par exemple, l'inscription d'un carré dans un cercle décrit avec l'unité linéaire pour rayon, on porte son côté sur une échelle, on obtiendra une valeur de $\sqrt{2}$ bien moins approchée que celle fournie par le calcul.

PROBLÈME V.

554. *Inscrire un hexagone régulier dans une circonférence.*

Supposons le problème résolu, et soit AB (fig. 154) le côté de l'hexagone régulier. Son angle au centre AOB sera le sixième de quatre droits (**520**), c'est-à-dire les $\frac{4}{6}$ ou les $\frac{2}{3}$ d'un seul; donc il restera, pour la somme des deux autres angles A et B du triangle OAB (**170**), $2 - \frac{2}{3} = \frac{4}{3}$ d'angle droit. Mais ces angles sont égaux (**179**), puisque AO = OB; donc chacun d'eux vaudra $\frac{2}{3}$ d'un droit; donc le triangle AOB est équiangle, et par conséquent, équilatéral (**180**). Ainsi, le côté de l'hexagone régulier est égal au rayon; de sorte que, pour inscrire ce polygone dans la circonférence, il suffira de porter le rayon six fois sur cette courbe, et de joindre chaque point de division avec le suivant.

555. COROLLAIRE. En joignant les sommets de l'hexagone réguli r de deux en deux, on formera le triangle équilatéral inscrit. Si l'on veut calculer son côté, on observera que, l'arc ABCD étant $\frac{3}{6}$ ou la moitié de la circonférence, le triangle ACD est rectangle en C, et qu'ainsi, AD étant égal à 2R et CD à R, on aura :

$$AC = \sqrt{\overline{AD^2} - \overline{CD^2}} = \sqrt{4R^2 - R^2} = \sqrt{3R^2},$$

ou enfin :

$$AC = R.\sqrt{3}.$$

Ainsi, *le côté du triangle équilatéral inscrit est égal au rayon multiplié par la racine carrée de* 3 : d'où l'on voit que la racine carrée de *trois* est le côté du triangle équilatéral inscrit dans le cercle dont le rayon est l'unité linéaire.

336. SCOLIE I. On voit, à l'inspection seule de la figure, que les points C et E étant chacun équidistants de O et de D, CE est perpendiculaire sur le milieu de OD, de sorte que OG $= \frac{1}{2}$ OD. Ainsi *l'apothème* r *d'un triangle équilatéral est la moitié du rayon* R *du cercle qui lui est circonscrit, et sa hauteur* h *est les* $\frac{2}{3}$ *de ce même rayon.* Si donc on désigne par a le côté de ce triangle, on aura

$$R = \frac{a}{\sqrt{3}}, \; r = \frac{a}{2\sqrt{3}}, \; h = \frac{3a}{2\sqrt{3}} = \frac{a\sqrt{3}}{2}.$$

Si on mène au point D une tangente terminée aux prolongements des rayons OC et OE, on obtiendra le côté C'E' du triangle équilatéral circonscrit au cercle OA. Or, la similitude des triangles OCE et OC'E' donne la proportion

$$\frac{C'E'}{CE} = \frac{OD}{OG} \; (292) = 2.$$

Donc *le côté du triangle équilatéral circonscrit à un cercle est double de celui du triangle équilatéral inscrit dans ce même cercle.*

337. SCOLIE II. Si l'on élève au point O la perpendiculaire OI sur le diamètre AD, on verra que l'arc IC est le tiers du quadran ICD. Il est donc facile de partager un quadran en trois parties égales; mais c'est là le seul cas où le problème de la *trisection d'un arc* puisse être exécuté, sans employer d'autres instruments que la règle et le compas (Voir plus loin n° 343).

PROBLÈME VI.

338. *Inscrire un décagone régulier dans une circonférence.*
Soit AB (fig. 155) le côté du décagone régulier : l'angle O vaudra le dixième de quatre droits, ou les $\frac{4}{10} = \frac{2}{5}$ d'un seul : donc il restera, pour la somme des deux autres angles A et B du triangle AOB, $2 - \frac{2}{5} = \frac{2}{5}$. Mais ces angles sont égaux, puisque AO $=$ OB; donc chacun d'eux vaudra $\frac{4}{5}$, et sera par conséquent double de l'angle O. Alors, si l'on partage l'angle A en

deux parties égales par la droite AC; on formera deux triangles isocèles ACO et ABC : car d'abord l'angle CAO = O; ainsi AC = CO. Ensuite l'angle ACB, extérieur au triangle ACO, est double de l'angle O (172), et est par conséquent égal à B : donc AC = AB; donc le segment CO du rayon est égal au côté du décagone inscrit. Mais les triangles ABO et ABC sont équiangles, et ont ainsi leurs côtés homologues proportionnels : donc

$$\frac{AO}{AC} = \frac{AB}{BC},$$

ou, ce qui revient au même,

$$\frac{BO}{CO} = \frac{CO}{BC}.$$

On voit par là que le rayon BO est partagé, au point C, en moyenne et extrême raison (305), et que AB est égal au plus grand de ses deux segments : donc, *pour inscrire un décagone régulier dans un cercle, on partagera le rayon en moyenne et extrême raison, et l'on portera le plus grand segment dix fois sur la circonférence.*

Exécutons cette construction. Pour cela, je trace deux diamètres à angles droits AF et GH (fig. 156); du point G comme centre, avec le rayon de la circonférence, je décris deux arcs qui coupent cette circonférence en M et en N, je joins MN, et cette droite est perpendiculaire sur le milieu de GO (61); je tire IA, puis du point I comme centre je décris l'arc OK; et la droite AK, égale au plus grand segment du rayon OA divisé en moyenne et extrême raison (305), est le côté du décagone inscrit. Si donc on veut calculer ce côté, il faudra trouver la valeur de AK. Or AK = AI — IK : mais dans le triangle rectangle AIO nous connaissons les deux côtés de l'angle droit, OA = R et OI = $\frac{R}{2}$; donc

$$AI = \sqrt{R^2 + \frac{R^2}{4}} = \sqrt{\frac{5R^2}{4}} = \frac{R.\sqrt{5}}{2};$$

d'ailleurs $IK = IO = \dfrac{R}{2}$: donc enfin,

$$AK = \dfrac{R.\sqrt{5}}{2} - \dfrac{R}{2} = \dfrac{R.\sqrt{5} - R}{2} :$$

et, comme on peut regarder $R.\sqrt{5} - R$ comme le produit de R par $(\sqrt{5} - 1)$, on aura en définitive :

$$AK = \dfrac{R\left(\sqrt{5} - 1\right)}{2} ;$$

d'où l'on voit que *pour calculer le côté du décagone régulier inscrit dans une circonférence dont le rayon est donné, il faut multiplier le rayon par l'excès de la racine carrée de 5 sur l'unité, et diviser le produit par 2.*

539. CorollAIRE I. Si l'on joint les sommets du décagone de deux en deux, on formera un pentagone régulier.

*Nous allons nous proposer de calculer le côté de ce polygone. Soient AB et BC (fig. 157) deux côtés consécutifs du décagone régulier, de sorte que AC sera le côté du pentagone ; je joins AD et je forme ainsi un triangle ABD semblable à ABF (**260,** 1°) ; la comparaison de leurs côtés homologues fournit la proportion

$$\frac{AF}{AD} = \frac{AB}{BD},$$

ou bien, en remplaçant AF, AB et BD par leurs longueurs que je désignerai respectivement par $\frac{1}{2}x$, a et $2R$,

$$\frac{\frac{1}{2}x}{AD} = \frac{a}{2R},$$

d'où

$$x = \frac{a.AD}{R}.$$

Or, le triangle rectangle ABD nous donne

$$AD = \sqrt{4R^2 - a^2},$$

et par conséquent,

$$x = \frac{a \cdot \sqrt{4R^2 - a^2}}{R} = \frac{\sqrt{a^2 (4R^2 - a^2)}}{R}.$$

Mais a désignant le côté du décagone régulier, on a (**338**)

$$a = \frac{R(\sqrt{5} - 1)}{2},$$

d'où

$$a^2 = \frac{R^2(5 - 2\sqrt{5} + 1)}{4} = \frac{R^2(6 - 2\sqrt{5})}{4};$$

par suite

$$4R^2 - a^2 = 4R^2 - \frac{R^2(6 - 2\sqrt{5})}{4} = \frac{R^2(16 - 6 + 2\sqrt{5})}{4} = \frac{R^2(10 + 2\sqrt{5})}{4}.$$

En substituant ces valeurs de a^2 et $(4R^2 - a^2)$ dans celle de x, il viendra

$$x = \frac{\sqrt{R^4(6 - 2\sqrt{5})(10 + 2\sqrt{5})}}{4R} = \frac{R \cdot \sqrt{10 - 2\sqrt{5}}}{2}.$$

Si au carré du côté du décagone régulier on ajoute le carré du rayon, on trouvera

$$\frac{R^2(6 - 2\sqrt{5})}{4} + R^2 = \frac{R^2(10 - 2\sqrt{5})}{4} = x^2;$$

c'est donc à dire que *le carré du côté du pentagone régulier inscrit dans un cercle est égal à la somme des carrés du rayon de ce cercle et du côté du décagone régulier inscrit.*

340. Corollaire II. Si l'on porte le rayon de A en D sur la circonférence (fig. 155), l'arc AD sera $\frac{1}{6}$ de cette circonférence; et, comme l'arc AB en est $\frac{1}{10}$, leur différence BD sera $\frac{1}{6} - \frac{1}{10} = \frac{5-3}{30} = \frac{2}{30} = \frac{1}{15}$ de la circonférence; donc la corde de cet arc sera le côté du pentédécagone régulier inscrit; ainsi il sera facile d'inscrire ce polygone.

* Pour calculer le côté du pentédécagone régulier en fonction du rayon, je tire le diamètre AF et je joins BF et DF; je formerai ainsi un quadrilatère inscrit ABDF, et en lui appliquant le théorème de *Ptolémée* (**274**), il viendra

[1] $$AD.BF = AF.BD + AB.DF.$$

Or $AD = R$, $AF = 2R$, DF qui est le côté du triangle équilatéral inscrit vaut $R\sqrt{3}$, et enfin le triangle rectangle ABF nous donne

$$BF = \sqrt{4R^2 - \frac{R^2(6 - 2\sqrt{5})}{4}} = \frac{R}{2}\sqrt{10 + 2\sqrt{5}};$$

en substituant ces valeurs dans l'équation [1], réduisant et transposant, il viendra

$$BD = \frac{R\{\sqrt{10 + 2\sqrt{5}} - \sqrt{3}(\sqrt{5} - 1)\}}{4}.$$

341. SCOLIE. Nous savons maintenant inscrire dans la circonférence les polygones réguliers de 4, 6, 3, 10, 5 et 15 côtés; mais nous avons vu que l'on peut toujours inscrire dans une circonférence un polygone régulier qui ait deux fois plus de côtés qu'un polygone régulier déjà inscrit (**325**), et circonscrire à cette circonférence un polygone régulier d'autant de côtés qu'en a un polygone régulier déjà inscrit (**323**); ainsi nous sommes actuellement en état d'inscrire et de circonscrire à une circonférence donnée tout polygone régulier dont le nombre des côtés est un terme de l'une des quatre progressions géométriques suivantes :

$$\div\ 3 : 6 : 12 : 24 : 48 : 96 : \ldots\ 3.2^n,$$

$$\div\ 4 : 8 : 16 : 32 : 64 : 128 : \ldots\ 4.2^n,$$

$$\div\ 5 : 10 : 20 : 40 : 80 : 160 : \ldots\ 5.2^n,$$

$$\div\ 15 : 30 : 60 : 120 : 240 : 480 : \ldots\ 15.2^n,$$

et calculer, au moyen des formules des n° **323** et **325**, le côté de ce polygone. Mais ce sont là les seuls polygones réguliers que la géométrie élémentaire enseigne à inscrire et à circonscrire à la circonférence (¹).

342. Nous ne saurons donc diviser la circonférence qu'en un nombre de parties marqué par l'un des termes des quatre progressions ci-dessus ; car l'inscription d'un polygone régulier dans une circonférence revient à la division de cette circonférence en autant de parties égales qu'il doit avoir de côtés, et réciproquement. Dans tout autre cas, il faut avoir recours au tâtonnement ou à des méthodes empiriques. Ainsi, l'on a trouvé que le côté du polygone régulier de

7 côtés est $\frac{1}{2}$ du côté du triangle équil.; l'erreur est $< \frac{2}{1000}$ du rayon.

9 . . . . $\frac{2}{5}$ . . . . $< \frac{1}{100}$

11 . . . . $\frac{2}{5}$ du côté du carré. . . . . $< \frac{3}{1000}$

13 . . . . $\frac{1}{3}$ . . . . $< \frac{1}{100}$

17 . . . . $\frac{3}{8}$ du rayon. . . . . $< \frac{1}{100}$

19 . . . . $\frac{1}{3}$ . . . . $< \frac{1}{200}$

21 . . . . $\frac{1}{6}$ du côté du triangle équilatéral. . . . $< \frac{1}{100}$

23 . . . . $\frac{1}{5}$ du côté du carré. . . . . $< \frac{1}{100}$

25 . . . . $\frac{1}{4}$ du rayon. . . . . $< \frac{1}{1000}$

27 . . . . $\frac{1}{6}$ du côté du carré. . . . . $< \frac{1}{200}$

29 . . . . $\frac{1}{8}$ du côté du triangle équilatéral. . . . $< \frac{1}{300}$

Il serait peut-être encore plus exact de calculer le côté du polygone à inscrire par la table des cordes. Si, par exemple, ce polygone devait avoir *onze* côtés, on verrait que l'arc sous-tendu par chaque côté vaudrait $\frac{360°}{11} = 32°43'$, dont la corde est 56,33 dans l'hypothèse où le rayon est égal à 100 unités. Si donc le rayon

(¹) Nous observerons toutefois que l'on peut encore, *en n'employant que la règle et le compas*, ainsi que l'a prouvé M. *Gauss* (*Disquisitiones Arithmeticæ*, *Lipsiæ*, 1801), inscrire à la circonférence tout polygone régulier dont le nombre des côtés est compris dans la formule ($2^n + 1$), pourvu que ce nombre soit premier. Mais les opérations deviennent si compliquées, même pour le plus simple de ces polygones, qui est celui de 17 côtés (ceux de 3 et de 5 côtés appartiennent à nos quatre progressions), qu'il vaut bien mieux avoir recours au tâtonnement.

du cercle donné à 4^m, on n'aura qu'à porter onze fois sur la circonférence une ouverture de compas égale à 4^m.0,5633=2^m,2532.

*343. De la division de la circonférence en 25 parties égales on déduira facilement le moyen de la partager en 400 : car il n'y aura pour cela qu'à diviser chacune de ces 25 parties en 16, ce qui est facile (149). Mais pour la diviser en 360 parties, il faudrait savoir partager un arc en trois parties égales, ce qui ne se peut par la géométrie élémentaire lorsque le nombre des parties de l'arc n'est pas une puissance parfaite de 2. Toutefois nous indiquerons la solution approchée que M. Sarrus a donnée du problème de la trisection de l'arc dans les *Annales de mathématiques*.

Soit AB (fig. 160) l'arc que l'on veut diviser en trois parties égales. Élevez au centre O la perpendiculaire indéfinie OS sur le rayon OA, et prolongez OA d'une quantité OD=2 OA. Tirez BD, qui coupe OS en C ; la partie OC sera un peu plus grande que la corde qui sous-tend les $\frac{2}{3}$ de l'arc AB. Du point C comme centre, et avec une ouverture de compas égale à OD, décrivez un arc de cercle qui coupera AD en D′ ; joignez BD′, et OC′ sera une valeur de la corde dont il s'agit plus approchée que OC. Recommençant la même construction pour le point C′, on déterminera OC″, valeur très-approchée de la corde qui sous-tend les $\frac{2}{3}$ de l'arc AB. Si l'approximation n'est pas encore assez grande, on réitérera la construction pour le point C″, et ainsi de suite ; mais ordinairement trois opérations suffiront.

Si l'arc donné AB (fig. 160 *bis*) était plus grand qu'un quadrant, on achèverait la demi-circonférence ; on partagerait l'arc BA′ en trois parties égales ; et, portant le rayon de F en G sur la circonférence, l'arc BG sera $\frac{1}{3}$ de AB. En effet, FG est le sixième de la circonférence (334), ou le tiers de l'arc ABA′. Mais BF $=\dfrac{BA'}{3}$: donc

$$FG - BF \text{ ou } BG = \frac{ABA'}{3} - \frac{BA'}{3} = \frac{AB}{3}.$$

Enfin, si l'arc donné était un quadrant, nous avons vu (337) qu'il suffirait de porter le rayon sur cet arc à partir d'une de ses extrémités, et que la partie restante serait le ⅓ de l'arc donné.

Maintenant, si l'on veut partager la circonférence en 360 parties égales, on commencera par la diviser en 15 (340), puis chaque quinzième en 8 parties (149), ce qui en fera 120 dans la circonférence, et il n'y aura plus qu'à partager chacune de ces parties en trois.

CHAPITRE II.

DU RAPPORT DE LA CIRCONFÉRENCE AU DIAMÈTRE.

344. Si l'on inscrit dans une circonférence un polygone régulier quelconque, et ensuite une série de polygones réguliers tels que chacun ait deux fois plus de côtés que le précédent, il est clair que l'on arrivera bientôt à un polygone dont les côtés seront si petits qu'ils se confondront sensiblement avec les arcs qu'ils sous-tendent. Si donc, au lieu de s'arrêter à un pareil polygone, on continue, par la pensée, de doubler le nombre de ses côtés, *on conçoit* que, quand leur nombre sera devenu infini, le polygone se confondra avec le cercle, de sorte que *l'on peut regarder le cercle comme un polygone régulier d'un nombre infini de côtés infiniment petits* (¹). Ces côtés se nomment les *éléments* de la circonférence; et l'on voit, d'après la définition du n° 84, que *la tangente à la circonférence en un point donné n'est autre chose que le prolongement indéfini de l'élément sur lequel ce point est situé.*

345. L'angle extérieur formé par deux éléments consécutifs, que l'on nomme l'*angle de contingence*, est infiniment petit; car nous avons vu (316 (¹)) que l'angle d'un polygone régu-

---

(¹) On arriverait à la même conclusion en partant d'un polygone régulier *circonscrit*, et en supposant que le nombre de ses côtés augmente indéfiniment.

lier différait infiniment peu de deux droits, quand le nombre des côtés de ce polygone était infini.

346. Ce que nous venons de dire de la circonférence, s'appliquerait évidemment à une courbe quelconque, de sorte que *l'on peut regarder toute courbe comme une ligne brisée composée d'un nombre infini de côtés infiniment petits*, côtés que l'on nomme aussi les *éléments* de la courbe, et qu'ainsi *la tangente en un point d'une courbe est le prolongement indéfini de l'élément sur lequel ce point est situé.*

347. Il suit de cette nouvelle manière d'envisager le cercle, qu'il doit jouir de toutes les propriétés des polygones réguliers qui sont indépendantes du nombre de leurs côtés. On conclura donc du théorème que nous avons démontré au n° **322**, le théorème suivant :

THÉORÈME.

348. *Deux circonférences sont proportionnelles à leurs rayons.*

Ainsi, en désignant par circ. R et par circ. R' les circonférences de deux cercles dont les rayons sont respectivement R et R', on aura

$$\frac{\text{circ. R}}{\text{circ. R'}} = \frac{R}{R'} \,(^1).$$

349. COROLLAIRE I. *Deux* ARCS SEMBLABLES, c'est-à-dire deux arcs qui correspondent à des angles au centre égaux, *sont proportionnels à leurs rayons.*

Soient en effet O et O' deux angles au centre égaux, et A et

(¹) Si l'on croyait nécessaire de développer la démonstration de cette importante proposition, on inscrirait dans les deux circonférences données deux polygones réguliers semblables, et en appelant P et P' leurs périmètres, on aurait (**322**) :

$$\frac{P}{P'} = \frac{R}{R'}.$$

Or, si nous substituons à ces deux polygones d'autres polygones réguliers semblables, dont le nombre des côtés soit de plus en plus grand, le rapport variable $\frac{P}{P'}$ ne cessera pas d'être égal à $\frac{R}{R'}$; donc il en sera de même de sa limite $\frac{\text{circ. R}}{\text{circ. R'}}$; donc enfin

$$\frac{\text{circ. R}}{\text{circ. R'}} = \frac{R}{R'}.$$

A' les arcs que leurs côtés interceptent sur les circonférences qui ont respectivement pour rayons R et R'. Il résulte du théorème du n° 109, que le rapport de chacun de ces angles à 4 droits est égal au rapport de l'arc compris entre ses côtés à la circonférence dont il fait partie, c'est-à-dire que l'on aura

$$\frac{O}{4 \text{ droits}} = \frac{A}{\text{circ. } R}, \text{ et } \frac{O'}{4 \text{ droits}} = \frac{A'}{\text{circ. } R'}.$$

Mais, puisque O = O', ces deux proportions sont liées par un rapport commun ; donc

$$\frac{A}{\text{circ. } R} = \frac{A'}{\text{circ. } R'},$$

d'où l'on tire

$$\frac{A}{A'} = \frac{\text{circ. } R}{\text{circ. } R'} = \frac{R}{R'} \quad (348).$$

350. Corollaire II. *Les circonférences de deux cercles sont proportionnelles à leurs diamètres*, c'est-à-dire que

$$\frac{\text{circ. } R}{\text{circ. } R'} = \frac{2 R}{2 R'}, \quad \text{d'où} \quad \frac{\text{circ. } R}{2 R} = \frac{\text{circ. } R'}{2 R'}.$$

Ainsi, *le rapport d'une circonférence quelconque à son diamètre* est le même que celui de toute autre circonférence à son diamètre, et *est* par conséquent *un nombre constant*. Or le rapport de deux quantités est le quotient qu'on obtient en divisant la première par la seconde ; donc

Si l'on multiplie LE RAPPORT DE LA CIRCONFÉRENCE AU DIAMÈTRE *par le diamètre d'une circonférence, on aura la longueur de cette circonférence ;*

Et, *si l'on divise la longueur d'une circonférence par le rapport de la circonférence au diamètre, on aura celle de son diamètre.*

Nous conviendrons désormais de représenter le rapport de la circonférence au diamètre par la lettre grecque π ; et alors, si 'on désigne par R la longueur du rayon d'une circonférence, nous exprimerons les deux règles précédentes par les formules

$$\text{circ. } R = 2 \pi R, \quad \text{et} \quad 2 R = \frac{\text{circ. } R}{\pi}.$$

Occupons - nous maintenant de la détermination de ce nombre π.

PROBLÈME.

351. *Trouver le rapport de la circonférence au diamètre.*

Le rapport de la circonférence au diamètre étant le même pour toutes les circonférences possibles, nous considérerons celle dont le rayon est l'unité linéaire; son diamètre sera égal à 2. Si donc nous pouvons calculer la longueur de cette circonférence, en en prenant la moitié, nous aurons résolu le problème. Ainsi la question est ramenée à *calculer la longueur de la circonférence dont le rayon est l'unité linéaire.*

Si l'on calcule successivement les périmètres des polygones réguliers de 4, 8, 16, 32.... côtés, inscrits dans la circonférence dont le rayon est égal à 1, il est évident que ces périmètres différeront de moins en moins de la circonférence, et qu'en prenant la longueur de l'un de ces périmètres pour celle de la circonférence, l'erreur commise sera d'autant moindre que le polygone auquel on se sera arrêté aura un plus grand nombre de côtés.

Soient donc c_4, c_8, c_{16}, c_{32}..., les côtés des polygones réguliers de 4, 8, 16, 32... côtés, inscrits dans la circonférence dont le rayon est 1. Nous aurons d'abord pour le côté du carré inscrit (**331**)

$$c_4 = \sqrt{2}.$$

En appliquant la formule [1] du n° **527** qui, dans le cas de R $= 1$, devient $y = \sqrt{2 - \sqrt{4 - a^2}}$, et faisant $a = c_4 = \sqrt{2}$, il viendra pour le côté de l'octogone inscrit

$$c_8 = \sqrt{2 - \sqrt{2}}.$$

On obtiendra successivement au moyen de la même formule, dans laquelle on fera $a = c_8$, $= c_{16}$, etc., les valeurs, de c_{16}, c_{32}, etc.

$$c_{16} = \sqrt{2 - \sqrt{2 + \sqrt{2}}},$$

$$c_{32} = \sqrt{2 - \sqrt{2 + \sqrt{2 + \sqrt{2}}}}, \text{ etc.}$$

En multipliant ces valeurs respectivement par 4, 8, 16, 32, etc., nous aurons les valeurs des périmètres des polygones inscrits de 4, 8, 16, 32... côtés. En effectuant les calculs, on trouvera :

$$p_4 = 4c_4 = 5,65685,$$

$$p_8 = 8c_8 = 6,12293,$$

$$p_{16} = 16c_{16} = 6,24289,$$

$$p_{32} = 32c_{32} = 6,27310,$$

$$p_{64} = 64c_{64} = 6,28066,$$

$$p_{128} = 128c_{128} = 6,28255,$$

$$p_{256} = 256c_{256} = 6,28301,$$

etc.

Les valeurs obtenues en divisant par 2 les nombres ci-dessus seront des valeurs de plus en plus approchées de π.

Si l'on veut savoir le degré d'approximation auquel on est parvenu en s'arrêtant au périmètre du polygone inscrit de 256 côtés, par exemple, on calculera le périmètre du polygone du même nombre de côtés circonscrit à la circonférence dont le rayon est l'unité. Il est clair, en effet, que la longueur de la circonférence est comprise entre celles des périmètres de deux polygones semblables inscrit et circonscrit [1], et que d'ailleurs ces

---

[1] C'est ce qui résulte de la proposition suivante: dont le théorème du n° 31 n'est qu'un cas particulier :

Toute ligne qui enveloppe d'une extrémité à l'autre une ligne CONVEXE *quelconque AMB est plus longue que celle-ci.*

En effet, si la ligne AMB (fig. 158) n'est pas plus petite que toutes celles qui l'enveloppent, il existera parmi celles-ci une certaine ligne ACDB plus courte que toutes les autres. Menons entre les deux lignes AMB et ACDB une droite quelconque FG, qui ne rencontre point AMB, ou qui, du moins, ne fasse que la toucher; ce qui est possible, puisque AMB est convexe. Or la droite FG est plus petite que FCDG (?); donc en ajoutant de part et d'autre AF et GB, on aura : AFGB < ACDB; donc il était absurde de supposer que ACDB fût la plus courte de toutes les lignes qui entourent AMB; et, comme on pourrait répéter le même raisonnement sur toutes les lignes qui entourent AMB, on doit en conclure que AMB est effectivement moindre que toutes les lignes qui l'enveloppent.

Ce raisonnement convient également au cas où la ligne convexe AMB serait fermée, et où la ligne enveloppante aurait avec elle un ou plusieurs points communs, ou même aucun point commun.

deux périmètres différeront d'autant moins que le nombre des côtés des polygones sera plus considérable ([1]); la circonférence est donc aussi comprise entre l'un de ces deux périmètres et leur *moyenne différentielle*. Si donc on était arrivé à deux polygones semblables dont les périmètres différeraient, par exemple, de moins de quatre unités d'un certain ordre décimal, la circonférence différerait de leur moyenne de moins de deux unités du même ordre, et par conséquent en prenant la moitié de cette moyenne, on serait certain d'avoir la valeur de π à moins d'une unité de cet ordre. Appelant P_{256} le périmètre du polygone circonscrit de 256 côtés, et désignant son côté par C_{256}, on aura

$$\frac{P_{256}}{p_{256}} = \frac{C_{256}}{c_{256}}; \quad \text{d'où} \quad P_{256} = p_{256} \frac{C_{256}}{c_{256}}.$$

([1]) Je dis que l'on *peut toujours inscrire et circonscrire à une circonférence deux polygones réguliers semblables, tels que la différence de leurs périmètres soit moindre que toute quantité donnée.*

Soit, en effet, R le rayon de la circonférence donnée; P et p les périmètres de deux polygones réguliers semblables circonscrit et inscrit à cette circonférence, et r l'apothème du second, on aura (322)

$$\frac{P}{p} = \frac{R}{r}, \quad \text{d'où l'on tire} \quad \frac{P-p}{P} = \frac{R-r}{R},$$

et par conséquent

$$P - p = \frac{P(R-r)}{R}.$$

Or, si l'on inscrit et circonscrit à la circonférence des polygones réguliers semblables dont les côtés soient de deux en deux fois plus nombreux, les valeurs successives de P, quantité plus grande que la circonférence (354 ([1])), iront constamment en diminuant; donc, si l'on peut prouver que le facteur (R — r) peut être rendu moindre que toute grandeur donnée, il sera prouvé qu'il en est de même de la différence (P — p), puisque d'ailleurs le dénominateur R est invariable. Mais (R — r), ou (OA — OK) (fig. 149), est une quantité moindre que AK, c'est-à-dire que la moitié du côté du polygone inscrit que l'on considère; et ce côté peut être rendu aussi petit que l'on voudra; donc la différence P — p décroît indéfiniment.

Il est d'ailleurs évident que le côté du polygone inscrit peut être rendu aussi petit qu'on voudra. En effet, les arcs sous-tendus par les côtés des polygones inscrits successifs sont les termes d'une progression géométrique par quotient, dont la raison est ½, et qui se prolonge indéfiniment. Or, on sait (*Arith.*, 333) que le dernier terme d'une pareille progression a *zéro* pour limite; donc, à plus forte raison, les cordes de ces arcs tendent-elles aussi vers zéro.

Or, la formule [1] du n° **323** donne une relation entre les côtés a et x des polygones réguliers inscrit et circonscrit du même nombre de côtés : en y faisant $a = c_{256}$, $x = C_{256}$, $R = 1$, on en déduit

$$\frac{C_{256}}{c_{256}} = \frac{2}{\sqrt{4 - c^2_{256}}},$$

et par suite

$$P_{256} = p_{256} \frac{2}{\sqrt{4 - c^2_{256}}} = 6,28348.$$

Cette valeur diffère de celle que nous avons trouvée pour p_{256} de 0,00047 ; donc, en prenant pour valeur de la circonférence la moyenne différentielle $\frac{1}{2}(P_{256} + p_{256}) = 6,283245$, l'erreur sera moindre que $\frac{1}{2}.0,00047 = 0,000235$. En divisant 6,283245 par 2, on aura pour π la valeur 3,1416225, valeur exacte à moins de $\frac{1}{2}0,000235 = 0,0001175$; on est donc sûr des trois premières décimales.

352. On aurait pu, au lieu de prendre le carré inscrit pour point de départ, partir de l'hexagone inscrit dont le côté est égal au rayon (**334**), et calculer successivement les périmètres des polygones inscrits de 6, 12, 24, 48... côtés.

353. Si l'on voulait connaître à chaque instant le degré d'approximation obtenu, il serait plus simple de faire usage des formules [1] et [2] (**329**), qui permettent, lorsque l'on connaît les périmètres de deux polygones semblables inscrit et circonscrit, de calculer les périmètres des deux polygones inscrit et circonscrit d'un nombre double de côtés. La comparaison des valeurs successives trouvées pour les périmètres de chaque polygone inscrit et du polygone circonscrit correspondant permettra de juger à quel moment il conviendra de s'arrêter pour avoir une approximation donnée. Si, par exemple, on voulait obtenir la valeur de π à moins d'*un millième* près, il faudrait pousser le calcul jusqu'à ce qu'on arrivât à deux polygones semblables, tels que la différence de leurs périmètres ne surpassât point *quatre millièmes*, ce qui est possible (**351** [2]) ; et il n'y aurait plus alors qu'à additionner ces deux périmètres, et à prendre le quart de leur somme. Supposons

que l'on parte de l'hexagone inscrit, par exemple, nous aurons
pour la valeur de son côté et pour celle de son périmètre (334)

$$c_6 = 1, \quad p_6 = 6.$$

En faisant, dans la formule [1] du n° 323, R = a = 1 et x = C_6,
il viendra pour le côté de l'hexagone circonscrit

$$C_6 = \frac{2}{\sqrt{3}}, \quad \text{et} \quad P_6 = \frac{12}{\sqrt{3}} = \sqrt{\frac{12^2}{3}} = \sqrt{48} = 6,9282.$$

Pour avoir les périmètres des dodécagones inscrit et circonscrit, on substituera à p et à P, dans les formules [1] et [2] du
n° 329, les valeurs trouvées ci-dessus pour p_6 et P_6, et l'on en
déduira :

$$P_{12} = \frac{2 P_6 p_6}{P_6 + p_6} = 24 (2 - \sqrt{3}) = 6,4307;$$

$$p_{12} = \sqrt{P_{12} p_6} = 12 \sqrt{2 - \sqrt{3}} = 6,2115.$$

On calculera de même P_{24} et p_{24} au moyen de P_{12} et p_{12}, et
ainsi de suite. On trouvera enfin que les périmètres des polygones
de 96 côtés sont :

$$P_{96} = 6,282$$
$$p_{96} = 6,285$$

Somme $= 12,567$, d'où $\pi = 3,141$.

Telle est donc la valeur du rapport de la circonférence au diamètre, exacte à moins d'un millième.

Si l'on voulait être sûr du chiffre des millièmes, il faudrait
pousser le calcul jusqu'à ce qu'on arrivât à deux polygones dont
les périmètres eussent les trois premières décimales communes,
et négliger les décimales ultérieures.

354. Legendre a démontré que *non-seulement le rapport de
la circonférence au diamètre est incommensurable, mais que son
carré même l'est aussi;* de sorte qu'on ne peut l'obtenir qu'a-
vec une approximation plus ou moins grande. Au moyen d'une
méthode plus expéditive que la précédente, on a poussé le cal-

cul de la valeur de π jusqu'à 154 décimales, et il est facile de
voir qu'en employant cette valeur pour calculer la circonférence
d'un cercle dont le rayon serait la distance moyenne de la terre
au soleil, c'est-à-dire aurait plus de 152 millions de kilomètres,
l'erreur serait bien moindre que l'épaisseur d'un cheveu.

La valeur de π exacte à moins d'une demi-unité du dixième
ordre décimal est

$$\pi = 3,14159\,26536,$$

et elle a pour logarithme

$$L.\,\pi = 0,49714\,98727.$$

On a trouvé les deux valeurs approchées suivantes du rapport
de la circonférence au diamètre :

$$\pi = \tfrac{22}{7}, \quad \text{et} \quad \pi = \tfrac{355}{113}.$$

Le premier rapport est dû à Archimède, et est exact à moins
de *deux millièmes* près. Le second a été découvert par Métius,
dont il a conservé le nom. Il n'est pas fautif d'*un demi-millio-
nième*: aussi est-il fréquemment employé. Il est d'ailleurs facile
à retenir, en observant que, si l'on écrit deux fois chacun des
trois premiers nombres impairs 1, 3, 5 de cette manière
113355, les deux moitiés de ce nombre 113 et 355 sont précisément les deux termes de ce rapport.

355. La géométrie élémentaire ne fournit pas de méthode,
pour *rectifier la circonférence*, c'est-à-dire pour trouver une ligne
droite qui soit *rigoureusement* égale en longueur à une circonférence donnée. Aussi, pour résoudre ce problème, qui se présente souvent dans la pratique des arts, il faut avoir recours aux
méthodes d'approximation. Si l'on veut faire usage du rapport
d'Archimède, on tirera par l'une des extrémités d'un diamètre
une droite quelconque sur laquelle on portera 22 fois une même
ouverture de compas; on joindra le 7ᵉ point de division avec
l'autre extrémité du diamètre, et, en menant par le 22ᵉ une parallèle à cette ligne de jonction, on déterminera sur la direction

du diamètre une longueur sensiblement égale à la circonférence proposée.

556. On pourra encore employer la méthode suivante qui est fort simple, et en même temps susceptible d'une grande exactitude.

Inscrivez, dans la circonférence à rectifier, une corde AB égale au rayon (fig. 165) : tirez le diamètre IC perpendiculaire sur cette corde, et menez au point C une tangente terminée en F au prolongement du rayon OA ; portez enfin trois fois le rayon sur cette tangente à partir de F, et joignez GI : cette droite sera à très-peu près égale à la moitié de la circonférence. En effet, la similitude des triangles OCF et OKA donne

$$FC = \frac{AK \times OC}{OK} = \frac{\frac{1}{2}R \times R}{\frac{1}{2}R \cdot \sqrt{3}} = \frac{R \cdot \sqrt{3}}{3},$$

d'où l'on tire

$$CG = FG - FC = 3R - \frac{R\sqrt{3}}{3} = \frac{R(9 - \sqrt{3})}{3}.$$

Le triangle rectangle CIG donnera alors

$$GI = \sqrt{\overline{CG^2} + \overline{IC^2}} = \frac{R\sqrt{120 - 18\sqrt{3}}}{3} = R \cdot 3{,}1415333 :$$

Mais la demi-circonférence est égale à

$$\pi R = R \cdot 3{,}1415926 ;$$

donc l'erreur est égale à R. 0,000059, c'est-à-dire moindre que $\frac{6}{100000}$ du rayon.

LIVRE V.

DES AIRES DES SURFACES PLANES ET DE LEUR COMPARAISON.

CHAPITRE PREMIER.

DES AIRES DES SURFACES PLANES.

357. La MESURE d'une surface est le rapport de cette surface à une autre que l'on prend pour UNITÉ. Cette mesure est ce qu'on appelle l'AIRE de la surface. Dans toute la suite de cet ouvrage, nous prendrons pour unité superficielle le carré dont le côté est l'unité linéaire; de sorte que l'aire d'une surface sera le rapport de cette surface au carré qui a pour côté l'unité de longueur.

THÉORÈME 1.

358. Les aires de deux rectangles de même base sont proportionnelles à leurs hauteurs.

Soient, en effet, ABCD et FGIK deux rectangles que nous désignerons pour plus de simplicité par AC et par FI, et dont les bases AB et FG sont égales.

1° Supposons, d'abord que les hauteurs AD et FK (fig. 161) soient commensurables, et que leur commune mesure soit contenue 8 fois dans AD et 3 fois dans FK : le rapport de ces deux droites sera $\frac{8}{3}$. Si par tous les points de division de AD et de FK on mène des parallèles à AB et à FG, on aura partagé les rectangles AC et FI respectivement en 8 et en 3 parties égales, et comme les parties du premier sont égales à celles du second, puisque ce sont des rectangles superposables (**204**), on voit que le rapport de AC à FI sera aussi $\frac{8}{3}$; donc

$$\frac{AC}{FI} = \frac{AD}{DK}.$$

2° *Supposons actuellement que les hauteurs* AD *et* FK (fig. 162) *soient incommensurables*. Je partage FK en un nombre quelconque de parties égales, et je porte l'une de ces parties sur AD autant de fois qu'elle pourra y être contenue. Soit DO le reste que je trouve ainsi; je tire OP parallèlement à AB, et, comme les droites AO etFK sont commensurables, j'aurai

$$\frac{AP}{FI} = \frac{AO}{FK}.$$

Or, le rectangle AP et sa hauteur AO sont deux quantités variables qui tendent respectivement vers le rectangle AC et sa hauteur AD, à mesure que le nombre des parties dans lesquelles on a divisé la droite FK est plus grand; car le point O pourra ainsi s'approcher du point D d'aussi près que l'on voudra. Donc les rapports variables $\frac{AP}{FI}$ et $\frac{AO}{FK}$ ont pour limites respectives $\frac{AC}{FI}$ et $\frac{AD}{FK}$; mais ces rapports variables sont constamment égaux, donc leurs limites sont égales; donc

$$\frac{AC}{FI} = \frac{AD}{FK},$$

ce qu'il fallait démontrer.

559. Scolie. On peut dire aussi que *deux rectangles de même hauteur sont proportionnels à leurs bases :* car les noms de base et de hauteur s'appliquent indifféremment à chacun des deux côtés contigus d'un rectangle.

THÉORÈME II.

560. *Les aires de deux rectangles quelconques sont proportionnelles aux produits de leurs bases par leurs hauteurs*, c'est-à-dire aux produits des nombres abstraits qui expriment les longueurs respectives de ces lignes.

Soient R et R' les aires des deux rectangles proposés ; b et h, b' et h', les longueurs de leurs bases et de leurs hauteurs respectives. Construisons un troisième rectangle R'' qui ait la même base b que le premier, et la même hauteur h' que le second. Alors, si nous le comparons successivement aux rectangles R et R′, nous aurons, d'après le théorème précédent et d'après son scolie, les proportions

[1]
$$\begin{cases} \dfrac{R}{R''} = \dfrac{h}{h''}, \\ \dfrac{R''}{R'} = \dfrac{b}{b'}, \end{cases}$$

d'où, en multipliant ces deux proportions par ordre et supprimant le facteur R″ commun aux deux termes du premier rapport de la proportion-produit,

$$\frac{R}{R'} = \frac{b \cdot h}{b' \cdot h'},$$

ce qui démontre notre théorème (1).

Théorème III.

361. *L'aire d'un rectangle est égale au produit de sa base par sa hauteur,* c'est-à-dire que le rapport de ce rectangle au carré qui a pour côté l'unité linéaire, est égal au produit des deux *nombres abstraits* qui expriment les rapports respectifs de sa base et de sa hauteur à cette unité linéaire.

Désignons, en effet, par R le rectangle à mesurer; par b et par h, les longueurs respectives de sa base et de sa hauteur; par Q, le carré que l'on prend pour unité de superficie: la base et la hauteur de ce carré seront donc égales chacune à l'unité linéaire; donc, en vertu du théorème précédent, le rapport du rectangle R au carré Q sera égal au rapport du produit $b.h$ au produit 1.1, c'est-à-dire à $b.h$; ainsi

$$\frac{R}{Q} = b.h.$$

---

(1) Remarquons que dans les proportions [1] on pourrait bien regarder les lettres R, R′, R″ comme représentant des rectangles, et b, b', h, h' comme représentant des lignes, puisque les deux termes de chaque rapport sont alors des quantités homogènes; mais que, pour pouvoir multiplier ces proportions par ordre, il devient indispensable de regarder ces lettres comme représentant les

Mais le rapport $\frac{R}{Q}$ est ce que nous appelons l'aire du rectangle R (357) : donc cette aire est égale au produit des deux
nombres abstraits qui expriment les rapports de la base et de
la hauteur du rectangle à l'unité linéaire ; donc *l'aire d'un rectangle est égale au produit de sa base par sa hauteur.*

362. On peut rendre cette proposition évidente de la manière suivante, lorsque les dimensions des rectangles que l'on
considère sont commensurables avec l'unité linéaire. Supposons, en effet, que la base et la hauteur du rectangle ABCD
(fig. 163) soient respectivement égales à $3^m \frac{6}{10}$ et à $2^m \frac{45}{100}$. Je
prends sur AB 3 parties égales à un mètre, et sur AD 2 par-
ties égales aussi à un mètre, de sorte que $EB = \frac{6^m}{10}$ et que
$Dd = \frac{45^m}{100}$; puis, par les points de division de la base et de la
hauteur de notre rectangle, je mène des parallèles à ses côtés.
Le rectangle Ae vaudra 3 mètres carrés, et le rectangle Eb sera
les $\frac{6}{10}$ d'un mètre carré (358) ; ainsi le rectangle Ab contient
$3^{mq} \frac{6}{10}$; par conséquent le rectangle Ac vaut $3^{mq} \frac{6}{10} \times 2$. Mais
le rectangle dC est les $\frac{45}{100}$ du rectangle Ab (358), et vaut ainsi
$3^{mq} \frac{6}{10} \times \frac{45}{100}$: donc le rectangle total vaut

$$3^{mq} \frac{6}{10} \times 2 + 3^{mq} \frac{6}{10} \times \frac{45}{100} = (3\frac{6}{10} \times 2\frac{45}{100}) \text{ mètres carrés,}$$

c'est-à-dire le produit de sa base par sa hauteur.

THÉORÈME IV.

363. *L'aire d'un carré est égale à la seconde puissance de son côté.*
En effet, le carré étant un rectangle dont les deux dimensions sont égales, son aire sera égale à la seconde puissance
de l'une d'elles [1].

---

nombres abstraits qui expriment les rapports de chacune de ces quantités à l'u-
nité de son espèce. Il serait absurde, en effet, de prétendre multiplier un rectangle par un autre rectangle.

[1] Ainsi, lorsque l'on forme la seconde puissance d'un nombre, on exécute
l'opération nécessaire pour évaluer l'aire du carré dont le côté contiendrait précisément ce nombre-là d'unités linéaires. C'est pour cela qu'on a appelé *carré*
d'un nombre la seconde puissance de ce nombre.

C'est par une raison semblable que l'on emploie l'expression *rectangle de deux
nombres* pour désigner leur produit.

564. CorollaIRE I. Si l'on observe que les carrés des nombres 1, 2, 3, 4, 5 .... sont respectivement 1, 4, 9, 16, 25 ..., on verra que le carré construit sur une ligne double, triple, quadruple, quintuple, etc., d'une autre, sera 4, 9, 16, 25 .... fois plus grand que celui fait sur cette autre.

Réciproquement, pour faire un carré qui soit 4, 9, 16, 25 .... fois plus petit qu'un autre, il faudra le construire sur une droite qui soit 2, 3, 4, 5 .... fois moins grande que le côté de cet autre carré.

565. CorollaIRE II. En France, où le mètre est l'unité linéaire, *l'unité de superficie est le* METRE CARRÉ. *Cette unité se subdivise en cent décimètres carrés* (**557** et **563**). *Le décimètre carré vaut cent centimètres carrés, et le centimètre carré vaut cent millimètres carrés.*

Il suit de là que, *pour convertir un nombre quelconque de mètres carrés en* DÉCIMÈTRES CARRÉS, *ou en* CENTIMÈTRES CARRÉS, *ou en* MILLIMÈTRES CARRÉS, *il suffit d'avancer la virgule de* DEUX, *ou de* QUATRE, *ou de* SIX *rangs vers la droite.*

EXEMPLE. Quelle est, en mètres carrés, décimètres carrés, centimètres carrés et millimètres carrés, l'aire d'un rectangle dont la base a 2^m,36, et la hauteur 1^m,234?

Je multiplie entre eux les deux nombres *abstraits* 2,36 et 1,234, ce qui donne pour produit 2,91224 : ainsi l'aire demandée = 2^{mq},91224, c'est-à-dire *deux mètres carrés quatre-vingt-onze mille deux cent vingt-quatre cent-millièmes de mètre carré, ou 2 mètres carrés 91 décimètres carrés 22 centimètres carrés et 40 millimètres carrés.*

Autrefois l'unité linéaire était la *toise* de Paris, dont le rapport au mètre est à peu près 1,94904. Elle se subdivisait en 6 pieds, le pied en 12 pouces, et le pouce en 12 lignes. En conséquence, *l'unité de surface était la* TOISE CARRÉE, *laquelle valait* 36 PIEDS CARRÉS (**563**). *Le pied carré se composait de* 144 POUCES CARRÉS, *et le pouce carré de* 144 LIGNES CARRÉES.

Lorsque les dimensions d'un rectangle sont évaluées en toises et fractions de toise, ce qu'il y a de mieux à faire, c'est de convertir chacune en unités du dernier ordre. Par exemple, si la base d'un rectangle est de $9^t\,5^r\,7^p$, et sa hauteur de $3^t 4^r$, on prendra le pouce pour unité linéaire, et par conséquent le pouce carré pour unité superficielle ; on convertira la base et la hauteur en pouces ; et, en multipliant entre eux les deux nombres ainsi trouvés, 715 et 264, on verra que l'aire de notre rectangle est de 188760 pouces carrés ; et, comme $1^{r\cdot q} = 144^{p\cdot q}$, on convertira cette aire en pieds carrés en divisant 188760 par 144, ce qui donnera $1310^{r\cdot q} + 120^{p\cdot q}$. Mais la toise carrée vaut $36^{r\cdot q}$: donc, en divisant 1310 par 36, on saura combien il y a de toises carrées dans notre rectangle. En effectuant cette division, on trouvera pour sa mesure $36^{t\cdot q} + 14^{r\cdot q} + 120^{p\cdot q}$.

THÉORÈME V.

366. *Deux parallélogrammes* AC *et* AF *de même base* AB *et de même hauteur* FE *sont équivalents* (fig. 164).

Puisque les deux parallélogrammes AC et AF ont la même base inférieure AB et la même hauteur FE, leurs bases supérieures DC et GF doivent se trouver sur une même ligne droite GFDC (68).

Cela posé, les triangles GAD et FBC ont un angle égal compris entre deux côtés égaux chacun à chacun : car GA = FB comme côtés opposés d'un même parallélogramme AF, et, par la même raison, AD = BC ; de plus l'angle GAD est égal à FBC, puisque ces angles ont leurs côtés parallèles et dirigés dans le même sens : donc le triangle GAD est égal au triangle FBC. Mais si l'on retranche le premier triangle GAD du trapèze ABCG, il reste le parallélogramme AC ; et si l'on retranche le second triangle FBC du même trapèze, il reste le parallélogramme AF ; donc ces deux parallélogrammes sont équivalents ; car il est évident que si d'une même figure on retranche des surfaces égales, les figures restantes auront des surfaces égales, et seront par conséquent équivalentes (169).

367. COROLLAIRE. *L'aire d'un parallélogramme est égale au produit de sa base par sa hauteur.*

En effet, tout parallélogramme est équivalent à un rectangle

178 · LEÇONS DE GÉOMÉTRIE.

de même base et de même hauteur (**366**) : donc l'aire du parallélogramme est égale au produit de sa base par sa hauteur (**361**).

THÉORÈME VI.

368. *Tout triangle est la moitié d'un parallélogramme de même base et de même hauteur que lui.*

En effet, si nous menons par les sommets des angles B̈ et Ċ du triangle AB̈Ċ (fig. 77) des parallèles BḊ et CD aux côtés qui leur sont opposés, nous formerons un parallélogramme ABCD de même base et de même hauteur que ce triangle, et sa diagonale BC le décompose en deux triangles égaux (**196**).

369. COROLLAIRE I. *L'aire d'un triangle est égale à la moitié du produit de sa base par sa hauteur* (**366**).

370. COROLLAIRE II. *Les aires de deux triangles quelconques sont entre elles* comme les produits de leurs bases par leurs hauteurs, et par conséquent *comme leurs bases, si ces triangles ont même hauteur, ou comme leurs hauteurs, s'ils ont même base.*

THÉORÈME VII.

371. *L'aire d'un triangle est égal à la racine carrée du produit que l'on obtient en multipliant son demi-périmètre successivement par les restes formés en retranchant de ce demi-périmètre chacun des côtés.*

Soit ABC le triangle proposé (fig. 116). Désignons par a, b, c, les longueurs respectives des côtés BC, AC et AB; et par h celle de sa hauteur AI. Il est clair que si l'on connaissait l'un des segments de la base, BI par exemple, on pourrait, au moyen du théorème de Pythagore (**260**, 4°), calculer cette hauteur, et obtenir ainsi l'aire de notre triangle. Or, on sait que dans tout triangle le carré du côté opposé à un angle aigu est égal à la somme des carrés des deux autres diminuée du double produit de l'un de ces deux côtés par la projection de l'autre sur lui (**265**). Puis donc que BI est la projection du côté AB sur BC, nous aurons :

$$\overline{AC}^2 = \overline{AB}^2 + \overline{BC}^2 - 2\,\overline{BC}\cdot BI,$$

ou

$$b^2 = c^2 + a^2 - 2a.\text{BI}.$$

b^2 étant ainsi l'excès de $c^2 + a^2$ sur le produit $2a.$BI, on aura la valeur de ce produit en retranchant b^2 de $c^2 + a^2$, de sorte que

$$2a.\text{BI} = c^2 + a^2 - b^2.$$

Cette égalité exprime que $c^2 + a^2 - b^2$ est le produit de $2a$ par BI : donc, en le divisant par le facteur $2a$, on aura l'autre facteur BI; ainsi

$$\text{BI} = \frac{c^2 + a^2 - b^2}{2a}.$$

Nous connaissons donc maintenant, dans le triangle rectangle ABI, l'hypoténuse AB et le côté BI : donc, en lui appliquant le théorème de Pythagore, nous aurons :

$$h^2 = c^2 - \frac{(c^2 + a^2 - b^2)^2}{4a^2} = \frac{4a^2 c^2 - (c^2 + a^2 - b^2)^2}{4a^2},$$

en réduisant l'entier c^2 et la fraction qui l'accompagne en une seule fraction. Or, le numérateur de cette dernière fraction est la différence des carrés de $2ac$ et de $(c^2 + a^2 - b^2)$; et, comme on démontre dans l'algèbre que *la différence des carrés de deux quantités est égale à la somme de ces quantités multipliée par leur différence*, et que, *pour soustraire une quantité d'une autre, il suffit de l'écrire à sa suite avec des signes contraires à ceux dont elle est affectée*, on verra que ce numérateur revient à

$$(2ac + c^2 + a^2 - b^2)(2ac - c^2 - a^2 + b^2).$$

Mais $2ac + c^2 + a^2 = (a + c)^2$: ainsi la quantité comprise dans la première parenthèse revient à $(a + c)^2 - b^2$, c'est-à-dire à $(a + c + b)(a + c - b)$, puisqu'elle est la différence des carrés de $(a + c)$ et de b. La seconde parenthèse $2ac - c^2 - a^2 + b^2$, peut être considérée comme ce qui reste, lorsque de b^2 on retranche $a^2 + c^2 - 2ac$, c'est-à-dire le carré de $(a - c)$: elle est donc la différence des carrés de b et de $(a-c)$, et revient par conséquent à

$$(b+a-c)(b-a+c).$$

D'après ces transformations, la valeur trouvée pour h^2 deviendra :

$$h^2 = \frac{(a+b+c)(a+c-b)(a+b-c)(b+c-a)}{4a^2}.$$

Si l'on représente le demi-périmètre du triangle par p, et par conséquent son périmètre par $2p$, on aura :

$$a+b+c = 2p \,;$$

et, en retranchant successivement $2a$, $2b$ et $2c$ de part et d'autre, il viendra :

$$b+c-a = 2(p-a),$$

$$a+c-b = 2(p-b),$$

$$a+b-c = 2(p-c);$$

donc, en substituant dans l'expression de h^2, et divisant ensuite les deux termes de la fraction par 4,

$$h^2 = \frac{4p(p-a)(p-b)(p-c)}{a^2};$$

partant

[1]
$$h = \frac{2\sqrt{p(p-a)(p-b)(p-c)}}{a}.$$

En multipliant enfin cette quantité par $\frac{a}{2}$, on trouvera pour expression de l'aire A d'un triangle en fonction de ses côtés :

$$A = \sqrt{p(p-a)(p-b)(p-c)};$$

ce qui nous apprend que, *pour calculer l'aire d'un triangle en fonction de ses côtés, il faut du demi-périmètre du triangle retrancher successivement chacun de ses côtés, multiplier le produit des trois restes par le demi-périmètre, et extraire la racine carrée du résultat.*

Si l'on veut appliquer les logarithmes au calcul de la valeur de A', on aura :

$$L.\,A = \frac{L.\,p + L.\,(p-a) + L.\,(p-b) + L.\,(p-c)}{2},$$

formule qu'il est également facile de traduire en langage ordinaire.

EXEMPLE. Les trois côtés d'un triangle valent respectivement $1370^m,34$; $1827^m,12$; $2283^m,9$: quelle est son aire?

Je représente ces trois côtés respectivement par a, b, c, et leur somme par $2p$, et j'exécute les calculs ci-dessous : .

$$a = 1370^m,34$$
$$b = 1827\ ,12$$
$$c = 2283\ ,90$$

$$2p = 5481^m,36$$

$p = 2740\ ,68$	$L.\,p = 3{,}4378584$
$p - a = 1370\ ,34$	$L.\,(p-a) = 3{,}1368284$
$p - b = 913\ ,56$	$L.\,(p-b) = 2{,}9607371$
$p - c = 456\ ,78$	$L.\,(p-c) = 2{,}6597071$

$$12{,}1951310$$
$$L.\,A = 6{,}0975655$$
$$A = 1251888$$

Ainsi l'aire du triangle est de $1251888^{m\cdot q}$, à moins d'un mètre carré près.

THÉORÈME VIII.

372. *L'aire d'un triangle est égale à son périmètre multiplié par la moitié de son apothème.*

Si l'on joint, en effet, le centre du cercle inscrit au triangle avec ses trois sommets, on le partagera en trois autres qui auront pour bases respectives les côtés de ce triangle, et pour hauteur commune son apothème : ainsi leurs aires seront égales à ces côtés multipliés chacun par la moitié de cet apothème. Or, dans l'addition de ces aires partielles, on pourra mettre la moitié de l'apothème en facteur commun, et l'on trouvera ainsi, pour expression de l'aire demandée, le produit de la somme des côtés du triangle, ou de son périmètre, par la moitié de son apothème.

THÉORÈME IX.

373. *Le produit des trois côtés d'un triangle est égal au double de son aire multiplié par le diamètre du cercle circonscrit.*

Par un des sommets C du triangle menons le diamètre CD (fig. 166), joignons AD, et abaissons du sommet de l'angle A la perpendiculaire AF sur le côté opposé BC. Les deux triangles DAC, BAF, sont équiangles; car ils sont rectangles, l'un en A, l'autre en F; et les angles D et B sont égaux comme inscrits dans le même segment CBDA : ainsi leurs côtés homologues sont proportionnels, et l'on a

$$\frac{DC}{AB} = \frac{AC}{AF};$$

d'où l'on tire

$$AB.AC = AF.DC.$$

En multipliant ces deux produits chacun par BC, il viendra :

$$BC.AB.AC = BC.AF.DC,$$

égalité qui démontre notre proposition : car BC.AF est le double de l'aire du triangle ABC, et DC est le diamètre du cercle circonscrit.

THÉORÈME X.

374. *L'aire d'un trapèze AC est égale à la demi-somme de ses bases parallèles AB et CD multipliée par sa hauteur DE* (fig. 75).

Tirons, en effet, la diagonale DB : nous partagerons notre trapèze en deux triangles ADB et BCD; et il est clair qu'en faisant la somme de leurs aires, nous aurons celle du trapèze ABCD.

Or, le triangle ABD a évidemment pour mesure la moitié de sa base AB, multipliée par sa hauteur DE,

$$\tfrac{1}{2}\,AB.DE.$$

Le triangle BCD a de même pour mesure

$$\tfrac{1}{2}\,DC.DE :$$

car la perpendiculaire que l'on abaisserait de son sommet B sur la base DC serait égale à DE, comme parallèles comprises entre parallèles. En additionnant ces deux produits, et mettant DE en facteur commun, il viendra :

$$(\tfrac{1}{2}\,AB + \tfrac{1}{2}\,DC).DE \quad \text{ou} \quad \frac{AB+DC}{2}.DE,$$

c'est-à-dire la demi-somme des bases parallèles du trapèze multipliée par sa hauteur.

575. Corollaire. Si par le milieu G du côté AD nous menons GLK parallèle aux bases AB et CD, nous formerons le triangle DGL, semblable à DAB : ainsi les côtés homologues de ces triangles seront proportionnels. Mais DG est la moitié de DA : donc DL et GL sont les moitiés respectives de DB et de AB; donc, *si par le milieu de l'un des côtés d'un triangle on mène une parallèle à l'un des deux autres côtés, elle sera la moitié de ce côté, et passera par le milieu du troisième.* Il suit de là que le point K sera le milieu de CB, et que LK sera la moitié de CD ; donc GK est la demi-somme des deux bases AB et DC; donc, *si par le milieu de l'un des côtés non parallèles d'un trapèze on mène une parallèle aux bases, cette droite passera par le milieu de l'autre côté, et sera la demi-somme des deux bases.*

On peut donc dire que *l'aire d'un trapèze a pour mesure le produit de la droite qui joint les milieux des côtés non parallèles multipliée par sa hauteur.*

576. Il sera facile, en s'appuyant sur la formule [1] du n° 374, de calculer la surface d'un trapèze en fonction de ses côtés. Supposons, par exemple, que les côtés parallèles AB et CD soient respectivement de 10 mètres et de 6 mètres, et les deux autres AD et BC de 3 mètres et de 5 mètres. Je mène DO parallèlement à CB : cette droite vaudra par conséquent 5 mètres, et AO en vaudra $10-6=4$. Alors le périmètre du triangle ADO sera 12 mètres, et l'on aura : $p=6$, $p-\text{AO}=2$, $p-\text{DO}=1$, $p-\text{AD}=3$; donc, en vertu dé la formule [1] du n° **371**, $h=\frac{2}{4}\sqrt{6.2.1.3}=3$, ce qu'on aurait pu prévoir, puisque les côtés DA, AO et OD du triangle ADO étant respectivement de 3, 4 et 5 mètres, l'angle A est alors droit (**266**, 3°). L'aire de notre trapèze aura donc pour mesure

$$\frac{10+6}{2} \cdot 3 = 24^{\text{m.q}}.$$

THÉORÈME XI.

377. *L'aire d'un polygone régulier quelconque est égale à son périmètre multiplié par la moitié de son apothème.*

Si l'on joint, en effet, le centre du cercle inscrit au polygone avec chacun de ses sommets, on le partagera en autant de triangles qu'il a de côtés : de sorte qu'en additionnant les aires de tous ces triangles, on aura celle du polygone proposé. Or ces triangles auront pour bases respectives les différents côtés du polygone, et pour hauteur commune son apothème : ainsi chacun d'eux aura pour mesure le côté du polygone qui lui sert de base multiplié par la moitié de cet apothème. Dans l'addition de ces aires partielles, on pourra mettre la moitié de l'apothème en facteur commun, et alors on trouvera, pour l'expression de l'aire demandée, le produit de la somme des côtés du polygone, c'est-à-dire de son périmètre, par la moitié de son apothème.

578. COROLLAIRE. Cette expression de l'aire d'un polygone régulier étant indépendante du nombre de ses côtés doit, par conséquent, convenir au cercle, puisqu'on peut le considérer comme la limite d'un polygone circonscrit, dont le nombre des côtés est devenu infini (**344** [1]); donc

Théorème XII.

379. *L'aire d'un cercle est égale au produit de la circonférence multipliée par la moitié du rayon*, c'est-à-dire que

$$\text{Cerc. } R = \text{circ. } R \times \tfrac{1}{2} R \,(^1).$$

380. Corollaire I. Il suit de là et de la règle donnée pour calculer la circonférence d'un cercle en fonction de son rayon (**350**), que l'on aura, pour expression de l'aire du cercle,

$$2\pi . R \times \tfrac{1}{2} R = \pi . R^2;$$

ainsi

$$\text{Cerc. } R = \pi . R^2;$$

donc, *pour calculer l'aire d'un cercle*, *il faut multiplier le rapport de la circonférence au diamètre par le carré du rayon.*

Veut-on, par exemple, l'aire d'un cercle de trois mètres de rayon, à moins d'un centimètre carré : on observera que l'expression de cette aire étant 9π, pour que l'erreur soit moindre qu'un centimètre carré, c'est-à-dire que $\frac{1}{10000}$ de mètre carré, il faudra, conformément à la règle donnée au n° **342** de l'*Arithmétique*, prendre la valeur de π à moins de $\frac{1}{900000}$. On aura ainsi $9\pi = 3{,}141592 \times 9 = 28{,}274328$; et comme le cinquième chiffre est moindre que 9, on en conclut que $28^{m.q.}$, 2743 est l'aire de notre cercle, à moins d'un centimètre carré près.

381. Corollaire II. Il suit encore du théorème précédent que,

---

(¹) On peut dire aussi : si l'on circonscrit un polygone régulier quelconque au cercle proposé, et que l'on désigne par A et par P l'aire et le périmètre de ce polygone, on aura

$$A = P . \tfrac{1}{2} R.$$

Or, si l'on circonscrit à notre cercle d'autres polygones réguliers dont le nombre des côtés soit de plus en plus grand, A et P varieront, mais l'équation précédente subsistera toujours : elle aura donc encore lieu quand le nombre des côtés de notre polygone sera devenu infini ; mais alors A et P auront atteint leurs limites respectives *cerc.* R et *circ.* R, de sorte qu'on aura

$$\text{cerc. } R = \text{circ. } R \times \tfrac{1}{2} R ;$$

car les limites de deux quantités variables, qui restent constamment égales, sont égales.

pour trouver la QUADRATURE DU CERCLE, c'est-à-dire pour construire un carré équivalent à un cercle donné, *il ne s'agit que de chercher une moyenne proportionnelle entre la moitié dé la circonférence de ce cercle et son rayon*, et l'on aura ainsi le côté du carré demandé. Mais, comme nous n'avons pas de moyen géométrique pour rectifier la circonférence (355), il s'ensuit que nous n'en avons pas non plus pour trouver la quadrature du cercle. Quoiqu'on n'ait pas encore démontré qu'il est impossible de résoudre ce problème, *en n'employant que la règle et le compas*, néanmoins l'inutilité de toutes les tentatives que, depuis plus de deux mille ans, on a faites pour y parvenir, doit nous faire penser que ce problème n'est pas du ressort de la géométrie élémentaire. Toutefois, si l'on veut trouver *approximativement* le côté d'un carré équivalent au cercle OC (fig. 165), on décrira sur GI (356) comme diamètre une demi-circonférence ; on rabattra le rayon OI en IO' ; on élèvera la perpendiculaire O'M sur IG, et en joignant IM, on aura à fort peu près le côté du carré demandé (**263**, 2°).

Le calcul permet de résoudre ce problème avec une exactitude presque indéfinie ; car nous avons vu que l'on a poussé la détermination de la valeur du rapport de la circonférence au diamètre jusqu'à 154 décimales. Veut-on, par exemple, à moins d'un millième près, le côté du carré équivalent au cercle dont le rayon serait de 3^m : comme sa valeur est alors $\sqrt{9\pi}$, on prendra la valeur de π exacte à moins d'une unité du huitième ordre décimal, et l'on en déduira $9\,\pi = 28{,}274328$, valeur qui n'est pas fautive d'un millionième. En en extrayant la racine carrée, on trouvera, pour le côté du carré demandé, 5^m,317.

THÉORÈME XIII.

382. *L'aire d'un* SECTEUR AMBO (fig. 167), (on appelle ainsi la portion d'un cercle comprise entre un arc et les deux rayons menés à ses extrémités) *est égale à l'arc* AMB, *qui lui sert de base, multiplié par la moitié du rayon* AO.

En raisonnant, en effet, comme nous l'avons fait au n° **109**, on démontrera que le rapport de l'aire d'un secteur à celle du cercle est égal au rapport de son arc à la circonférence : de sorte qu'en représentant par **A** l'aire d'un secteur, par *a* la longueur de l'arc qui lui sert de base, et par **R** celle du rayon du cercle auquel il appartient, on a la proportion

$$\frac{A}{\text{cerc. R}} = \frac{a}{\text{circ. R}}.$$

En multipliant les deux termes du second rapport par $\tfrac{1}{2}$ R, il viendra

$$\frac{A}{\text{cerc. R}} = \frac{a \times \tfrac{1}{2}R}{\text{circ. R} \times \tfrac{1}{2}R}.$$

Or, on a *cerc*. R = *circ*. R $\times \tfrac{1}{2}$ R **(379)**; donc

$$A = a \times \tfrac{1}{2}R,$$

ce qui démontre notre théorème.

383. On voit ainsi que, pour évaluer l'aire d'un secteur, lorsqu'on donne seulement le rayon et le nombre de grades et de parties de grade de l'arc qui lui sert de base, on doit commencer par calculer la longueur de cet arc.

Premier exemple. Supposons que l'on demande l'aire d'un secteur dont l'arc est de 15°75′ et dont le rayon = 12^m,7. On observera que, dans un même cercle, les longueurs des arcs sont proportionnelles aux nombres de grades et de parties de grade qu'ils contiennent; or la longueur de l'arc de 200° est ici 12^m,7 $\times \frac{22}{7}$ **(350)**, en adoptant le rapport d'Archimède; donc on aura la longueur de l'arc de 15°75′ par la proportion

$$\frac{200^{\text{g}}}{15^{\text{g}}75'} = \frac{12^{\text{m}},7 \times \frac{22}{7}}{x^{\text{m}}};$$

d'où l'on tire $x = 3^{\text{m}},14325$, en substituant au rapport des nombres concrets 200° et 15°75′ le rapport équivalent $\frac{200}{15,75}$. Ainsi l'aire de notre secteur est égale à

$$(3,14325 \times \frac{12,7}{2})^{\text{m·q}} = 19^{\text{m·q}},9596.$$

Second exemple. Supposons que l'arc étant de 15°25′ et e

rayon de $4^t 5^r$, on demande l'aire du secteur en toises carrées, pieds carrés, etc. Nous observerons que si l'on connaissait l'aire demandée en pieds carrés, il serait facile de l'évaluer en toises carrées; car une toise carrée vaut 36 pieds carrés (**365**). Prenons donc le pied pour unité linéaire, et convertissons $4^t 5^r$ en pieds, ce qui donnera 29^r; alors on déterminera la longueur de l'arc de $15^o 25'$ par la proportion

$$\frac{180^0}{15^0 25'} = \frac{29^r \cdot \frac{22}{7}}{x^{\,p}}.$$

Pour substituer au rapport des nombres concrets 180^0 et $15^0 25'$ un rapport de nombres abstraits, on convertira ces deux nombres en minutes, ce qui donnera le rapport $\frac{10800}{925} = \frac{432}{37}$; ainsi

$$\frac{432}{37} = \frac{29 \cdot \frac{22}{7}}{x}, \quad \text{d'où } x = \frac{29^r \cdot 11 \cdot 37}{1512}.$$

Telle est donc la longueur d'un arc de $15^o 25'$ dans une circonférence dont le rayon a 29^r. Pour avoir l'aire du secteur, il ne s'agira plus que de faire le produit des nombres abstraits $\frac{29 \cdot 11 \cdot 37}{1512}$ et $\frac{29}{2}$ qui expriment les rapports de l'arc et de la moitié du rayon au pied, ce qui donnera $\frac{342287}{3024}$ pieds carrés, ou, ce qui revient au même, $113^{p.q} 27^{p.q} 54^{l.q} \frac{6}{7} = 3^{t.q} 5^{p.q} 27^{p.q} 54^{l.q} \frac{6}{7}$.

384. On appelle sinus *d'un arc la perpendiculaire abaissée de l'une de ses extrémités sur le rayon qui passe par l'autre*: ainsi AP est le sinus de l'arc AMB (fig. 167): d'où l'on voit que ce sinus est la moitié de la corde AA' qui sous-tend l'arc AMA' double de AMB.

Théorème XIV.

385. *L'aire d'un* segment *de cercle* AMBA (fig. 167) (on appelle ainsi la portion d'un cercle comprise entre un arc et sa corde) *est égale à la moitié de son rayon multipliée par l'excès de cet arc sur son sinus.*

En effet, l'aire du segment AMB est évidemment la différence des aires du secteur AMBO et du triangle ABO. Mais le secteur a pour mesure $\frac{BO}{2}$. AMB; l'aire du triangle est égale à $\frac{BO}{2}$. AP: donc le segment aura pour mesure la différence de ces deux produits, c'est-à-dire, en mettant $\frac{BO}{2}$ en facteur commun, $\frac{BO}{2}$. (AMB — AP), ce que nous voulions démontrer.

586. Lorsque l'on connaîtra un arc et son rayon, on devra pouvoir calculer le segment de cercle correspondant : car le sinus d'un arc donné est nécessairement déterminé. Cependant le calcul du sinus d'un arc donné est un problème que la géométrie élémentaire ne peut résoudre que dans un petit nombre de cas très-particuliers.

EXEMPLE. *Calculer l'aire d'un segment dont l'arc est de 60°, dans le cercle dont le rayon est* R.

Si l'on remarque que l'arc de 60° est le sixième de la circonférence, on conclura du n° 350 que sa longueur est égale à $\frac{\pi R}{3}$. D'un autre côté, le sinus de cet arc est la moitié du côté du triangle équilatéral inscrit (384), puisque ce côté sous-tend un arc de 120°; donc l'aire demandée a pour expression

$$\left(\frac{\pi R}{3} - \frac{R\sqrt{3}}{2}\right) . \frac{R}{2} = \frac{(2\pi - 3\sqrt{3})R^2}{12} .$$

En général, il faudra avoir recours à la *Table des cordes;* et en effet, le sinus AP d'un arc AMB est la moitié de la corde AA' qui sous-tend l'arc AMA' double de AMB. Soit proposé, par exemple, de calculer l'aire d'un segment dont l'arc est de 86° 11' dans le cercle dont le rayon est R. Le sinus de 86° 11' est la moitié de la corde qui sous-tend un arc de 172° 22'. Mais notre table ne va que jusqu'à 90° : comment donc avoir sa corde? Pour cela je prends le supplément de 172° 22' qui est 7° 38', et je trouverai dans la table que la corde de cet arc est 13,31. Mais si AA' (fig. 167) est la corde de 172° 22', A'C est celle de 7° 38', et le triangle rectangle AA'C donne AA' $= \sqrt{4R^2 - \overline{A'C^2}}$; et comme la différence des carrés de deux quantités est égale au produit de leur somme par leur différence, nous aurons :

$$AA' = \sqrt{(2R + A'C)(2R - A'C)};$$

d'où, en prenant les logarithmes,

$$L.AA' = \frac{L.(2R + A'C) + L.(2R - A'C)}{2};$$

formule au moyen de laquelle on pourra calculer la corde d'un arc plus grand qu'un quadran en fonction de celle de l'arc supplémentaire. En l'appliquant au cas actuel, où le rayon de notre table vaut 100 unités, et A'C $= 13,31$, on verra que

$2R + A'C = 213,31$	$L.(2R + A'C) = 2,3290112$
$2R - A'C = 186,69$	$L.(2R - A'C) = 2,2711211$

$$4,6001333$$
$$L.A'A = 2,3000666$$
$$AA' = 199,56$$

Partant *sin* AMB $= 99,78$.

Or les cordes, et par conséquent les sinus des arcs semblables sont proportionnels aux rayons de ces arcs (**282**) : donc le sinus de 86° 11', dans le cercle dont le rayon est R, vaudra R.0,9978. D'un autre côté, on trouvera facilement que la longueur de cet arc est R.3,0096 : donc sa différence avec son sinus est R(3,0096 $-$ 0,9978) $=$ R.2,1118 ; et par conséquent l'aire du segment est égale à R.2,1118.$\frac{R}{2}$ $=$ R².1,0559.

PROBLÈME I.

587. *Mesurer l'aire d'un polygone irrégulier quelconque.*

Il peut se présenter deux cas, selon que l'intérieur du polygone est accessible ou qu'il ne l'est pas.

Premier cas. 1° Si l'on peut parcourir le polygone dans tous les sens, on le partagera en triangles, en ayant soin de faire partir toutes les lignes de division du sommet d'un même angle si la chose est possible, et il ne s'agira plus alors que d'évaluer les aires de ces différents triangles. Pour abréger les opérations, on donnera, si cela se peut, la même base à deux triangles adjacents ; car alors, dans l'addition de leurs aires, on mettra cette base en facteur commun, et l'on trouvera ainsi que l'aire du quadrilatère formé par ces deux triangles est égale à la base commune multipliée par la demi-somme de leurs hauteurs. De cette manière, on remplacera une multiplication par une addition. Ainsi, dans la fig. 168, on prendra la diagonale AC pour base commune des triangles ABC et ADC, et, en abaissant sur cette base les perpendiculaires BB' et DD', on verra que, leurs aires respectives étant $AC. \dfrac{BB'}{2}$ et $AC. \dfrac{DD'}{2}$, celle du quadrilatère ABCD sera $AC. \dfrac{BB'+DD'}{2}$. En prenant de même AE pour base commune des deux triangles ADE et AFE, on trouvera que l'aire du quadrilatère ADEF a pour mesure $AE. \dfrac{DD''+FF'}{2}$; et, comme celle du triangle AGF a pour expression $AF. \dfrac{GG'}{2}$, on en conclura que la mesure de l'aire du polygone entier est

$$\tfrac{1}{2} \{ AC.(BB'+DD') + AE.(DD''+FF') + AF.GG' \}.$$

Observons toutefois qu'il sera encore plus simple, et surtout plus exact, d'évaluer l'aire de chaque triangle en fonction immédiate de ses côtés (371), puisqu'on sera ainsi dispensé d'abaisser la hauteur de chacun.

2° On peut encore parvenir à évaluer l'aire d'un polygone quelconque en le décomposant en triangles et en trapèzes rectangles. Pour cela, on tirera, dans le sens de sa plus grande largeur, d'un angle à un autre du polygone, une droite AI (fig. 169), que l'on nomme *directrice* ; puis des sommets B, C, D, K on abaissera des perpendiculaires BB', CC', DD', KK' sur cette droite ; et, des points F et G, les perpendiculaires FF' et GG' sur DD'. Mesurant ensuite AB', B'C', C'D, D'I, BB', KK', CC', DF', F'G', G'D', FF' et GG', on aura les éléments nécessaires à la dé-

termination des aires de toutes les parties ABB', BC', CD', DFF',
FG', GD' et AKI, dans lesquelles nous avons décomposé notre
polygone. Supposons, par exemple, que l'on ait trouvé

$$AB' = 15^m,8 \; ; \; B'C' = 12^m,6 \; ; \; C'D' = 21^m,4 \; ; \; D'I = 30^m,2$$

$$BB' = 17 \; ,3 \; ; \; KK' = 18 \; ,1 \; ; \; CC' = 10 \; ,5 \; ; \; DF' = 10 \; ,8$$

$$F'G' =: 16 \; ,4 \; ; \; G'D' = 11 \; ,0 \; ; \; FF' = 14 \; ,1 \; ; \; GG' = \; 8 \; ,6 \; ;$$

il en résultera d'abord que AI = 80^m, et que DD' = 38^m,2 (il
sera bon, d'ailleurs, de mesurer directement ces deux dernières
lignes pour se fournir des vérifications). On verra ainsi que

$$
\begin{aligned}
ABB' &= \quad\quad \tfrac{15,8}{2}.17,3 &&= 136^{m\cdot q},67 \\
BC' &= (17,3 + 10,5). \tfrac{12,6}{2} &&= 175 \quad ,14 \\
CD' &= (10,5 + 38,2). \tfrac{21,4}{2} &&= 521 \quad ,09 \\
DFF' &= \quad\quad \tfrac{10,8}{2}.14,1 &&= \;\,76 \quad ,14 \\
FG' &= (14,1 + \;\, 8,6). \tfrac{16,4}{2} &&= 186 \quad ,14 \\
GD' &= (8,6 \;\, + 30,2). \tfrac{11}{2} &&= 213 \quad ,40 \\
AKI &= \quad\quad \tfrac{80}{2}.18,1 &&= 724 \quad ,00
\end{aligned}
$$

$$\overline{\quad\quad\quad\quad\quad\quad\quad\quad 2032 \quad ,58}$$

et que, par conséquent, l'aire du polygone est de 2032^{m·q},58.

Deuxième cas. Si l'intérieur du polygone était inaccessible
(fig. 169), comme le serait un bois fourré et impénétrable ou un
étang, on circonscrirait un rectangle à ce polygone, en ayant
soin, pour plus de simplicité, de diriger un de ses côtés suivant
un de ceux du polygone, et de faire passer les trois autres par
les sommets de trois angles de ce polygone. Au moyen de parallèles menées aux côtés de ce rectangle par les sommets des
angles du polygone, on partagera l'intervalle compris entre son
périmètre et celui du rectangle en triangles et en trapèzes rectangles (si quelque partie ne se prêtait pas à cette décomposition, on la diviserait en triangles par des diagonales), dont il
sera facile d'évaluer les aires. Retranchant enfin la somme de
ces aires de celle du rectangle, on obtiendra évidemment celle
du polygone.

388. Si une ou plusieurs parties du périmètre de la surface plane à mesurer étaient courbes (fig. 170), on distinguerait encore deux cas suivant que l'on pourrait pénétrer dans l'intérieur de la figure ou qu'on ne le pourrait pas, et l'on opérerait dans chaque cas comme nous l'avons fait au n° 387. La difficulté serait ainsi réduite à mesurer les espaces B'BCQDFF', GII' et PON, ou CB''B, CQD, DFF''', GII'', ONN', ORP'P. Occupons-nous donc à évaluer ces différentes aires.

PROBLÈME II.

389. *Mesurer l'aire de la surface comprise entre une courbe* AMB, *une droite* A'B', *et les perpendiculaires abaissées sur cette droite des deux extrémités de la courbe* (fig. 171).

On partagera la droite A'B' en un certain nombre de parties égales, et par tous les points de division C', D', F' on élèvera des perpendiculaires C'C, D'D, F'F à A'B' (on se contentera de faire planter des jalons aux points où elles coupent la ligne AMB). Si ces perpendiculaires sont suffisamment rapprochées, les arcs AC, CD, DF, FB différeront très-peu de leurs cordes, de sorte que l'on pourra, sans erreur sensible, regarder le *segment* A'AMBB' comme partagé en trapèzes rectangles. Il sera donc facile d'évaluer ses différentes parties, et l'on trouvera que

$$A'C = \frac{AA' + CC'}{2} . A'C' , \qquad C'D = \frac{CC' + DD'}{2} . A'C',$$

$$D'F = \frac{DD' + FF'}{2} . A'C', \qquad F'B = \frac{FF' + BB'}{2} . A'C',$$

puisque tous ces trapèzes ont des hauteurs égales à A'C'. En additionnant tous ces produits, on pourra mettre A'C' en facteur commun, et, en observant que la moitié de chacune des perpendiculaires intermédiaires CC', DD', FF' est répétée deux fois, on trouvera en définitive

$$A'AMBB' = \left\{ \frac{AA' + BB'}{2} + CC' + DD' + FF' \right\} . A'C',$$

résultat qui nous apprend que, *pour évaluer l'aire d'un segment curviligne quelconque, il faut partager sa base en un nombre de parties égales d'autant plus grand que l'on voudra plus d'exactitude ; élever aux différents points de division des perpendiculaires à cette base, puis ajouter à la demi-somme des deux perpendiculaires extrêmes toutes les perpendiculaires intermédiaires, et multiplier le résultat par la distance de deux points de division consécutifs.*

Cette règle comprend évidemment, comme cas particulier, celui où les deux extrémités de la courbe, ou l'une d'elles seulement, se trouveraient sur la base du segment ; car alors il suffirait de regarder comme nulles les deux perpendiculaires extrêmes, ou seulement l'une d'elles.

PROBLÈME III.

390. *Évaluer l'aire de la surface comprise entre deux lignes courbes et deux lignes parallèles, ou enveloppée par une ligne courbe.*

1° Si l'on peut pénétrer dans l'intérieur de l'aire à mesurer, on tracera une perpendiculaire *af* aux deux parallèles AA′ et FF′ (fig. 173) ; on la divisera en un certain nombre de parties égales, et, par tous les points de division, on mènera des parallèles à AA′. De cette manière, l'aire AF′ sera partagée en un certain nombre de figures qu'on pourra regarder comme des trapèzes ayant tous pour hauteur commune la distance *ab* de deux points de division consécutifs ; et, en évaluant les aires de ces différents trapèzes, on trouvera que leur somme, c'est-à-dire celle de AF′, a pour mesure *le produit que l'on obtient en multipliant par la distance de deux parallèles consécutives la demi-somme des deux parallèles extrêmes augmentée de toutes les autres.*

Telle est la règle que l'on suit pour mesurer l'aire de la section horizontale faite dans la carène d'un vaisseau, ainsi que celle de la section verticale déterminée dans cette même carène par un plan parallèle au plan de symétrie du navire.

Si la surface à mesurer est terminée de toutes parts par une ligne courbe, on la partagera encore en trapèzes, en traçant dans son intérieur une ou plusieurs directrices : ainsi, dans le cas de la figure 174, on tirera une première directrice AB aux extrémités de laquelle on élèvera deux perpendiculaires AA' et BB'; on mènera ensuite une seconde directrice CD perpendiculaire à BB', et en D une parallèle DD' à BB'. L'aire proposée se trouvera ainsi partagée en quatre parties AMA', A'ABB', BB'DD' et DND', qu'on sait évaluer.

Remarquons que si AB et CD avaient une commune mesure qui ne fût pas trop petite, on pourrait calculer directement l'aire AA'BB'DD', en portant cette commune mesure sur AB et sur CD, et élevant des perpendiculaires à ces lignes par les points de division (390).

2° Si l'on ne peut pas pénétrer dans l'intérieur de la surface à mesurer, on la renfermera dans un rectangle PQRS (fig. 174), dont deux côtés au moins soient tangents à la courbe BMB'N ; puis on partagera les deux côtés PQ et RS en un même nombre de parties égales, et par les points de division l'on mènera des parallèles aux deux tangentes PS et QR. Il n'y aura plus qu'à mesurer les parties de ces parallèles comprises entre leur point de départ et l'arc de courbe correspondant, et l'on en déduira facilement les longueurs des portions qui sont comprises dans la courbe, et par suite l'aire demandée.

391. La méthode que nous venons d'indiquer pour évaluer l'aire d'une portion de surface plane terminée en tout ou en partie par des lignes courbes, fournit un procédé très-simple pour tracer une courbe semblable à une courbe quelconque donnée AMB. Pour cela on tire sur le plan de celle-ci une droite A'B' (fig. 171); puis, après avoir marqué sur la courbe les points qui paraissent les plus éloignés et les plus voisins de cette droite, points que l'on nomme *maxima* ou *minima*, ainsi que ses *points d'inflexion*, c'est-à-dire ceux où sa courbure change de sens, on partage l'intervalle compris entre deux points consécutifs en parties très-petites, et l'on abaisse de tous les points de division des perpendiculaires sur A'B'. Cela fait, on prend sur une droite indéfinie des parties $a'c'$, $c'd'$, $d'f'$, $f'b'$, qui contiennent autant de parties de l'échelle qu'il y a d'unités dans les parties corres-

pondantes de A′B′, et l'on élève ensuite aux différents points
a′, *b′*, *c′*,.... des perpendiculaires *aa′*, *bb′*, *cc′*,.... qui contiennent autant de parties de l'échelle que leurs correspondantes
AA′, BB′, CC′.... contiennent d'unités linéaires. Alors le polygone rectiligne *a′acdfbb′* sera semblable au polygone rectiligne
A′ACDFBB′ : car chacun des quadrilatères du premier sera semblable au quadrilatère correspondant du second (**287**); et, de
plus, ils seront semblablement placés. Si donc on joint les
points *a, c, d, f, b* par un trait continu, la courbe *acdfb* sera
d'autant plus exactement semblable à ACDFB, que les sommets
A, C, D, F, B seront plus rapprochés.

S'il s'agissait d'une courbe telle que celle de la figure 174, on
dessinerait d'abord les parties ABD′ et A′B′D, et ensuite les parties restantes AMA′ et DND′, en prenant d'abord AB et CD, puis
AA′ et DD′ pour directrices.

Cette méthode peut être employée dans une foule de circonstances. Par exemple, veut-on approfondir un port, on conçoit
qu'on a alors besoin de connaître la figure de son fond. Pour
cela on partage la surface du port par deux séries de lignes horizontales parallèles et équidistantes; et, au moyen d'une sonde,
on mesure les distances de tous les points de section de ces
différentes lignes au fond du port. On pourra donc ainsi rapporter sur le papier la courbe résultant de l'intersection de ce
fond avec le plan vertical conduit par chaque horizontale, et ac-
quérir une idée d'autant plus exacte de sa figure que ces sections
seront plus rapprochées.

PROBLÈME IV.

592. *Deux propriétés sont séparées par la ligne ondulée* ABCD,
et limitées par les deux droites XX′ *et* YY′ (fig. 172) : *on propose
de remplacer cette ligne par une ligne droite sans altérer en rien
les superficies des deux propriétés.*

J'élève au point A sur XX′ la perpendiculaire AG et je
mesure les segments ABE, FDG et ECF : la propriété
XABCDY sera ainsi augmentée des deux premiers segments, et
diminuée du troisième; si donc l'aire de celui-ci est égale à la

somme de celles des deux autres, la droite AG résoudra le problème. Mais si l'on a ABE + FDG > ECF, on prendra sur AX une distance AI égale au quotient que l'on obtient en divisant par $\frac{AG}{2}$ l'excès de ABE + FDG sur ECF ; et, comme l'aire du triangle AIG, formé en joignant IG, sera précisément égale à cet excès, puisque AI . $\frac{AG}{2}$ = ABE + FDG — ECF, la droite IG sera évidemment la nouvelle limite : car elle retranchera de XAGY une quantité précisément égale à l'aire dont elle était trop grande.

Cette solution est remarquable, comme l'observe M. Puissant dans son *Traité de Géodésie*, par son extrême simplicité, et parce qu'elle est indépendante de la connaissance des deux aires contiguës.

CHAPITRE II.

COMPARAISON DES AIRES.

THÉORÈME I.

595. *Le carré* BO *construit sur l'hypoténuse* BC *d'un triangle rectangle* ABC (fig. 175) *est équivalent à la somme des carrés* AD *et* AF *construits sur les deux autres côtés de ce triangle.*

Abaissons du sommet A de l'angle droit la perpendiculaire AI sur l'hypoténuse, et prolongeons-la jusqu'au côté opposé du carré BO : nous partagerons ainsi ce carré en deux rectangles BL et CL, que je dis être équivalents aux carrés correspondants AF et AD. Pour le démontrer, je joins AK et FC, et je forme ainsi les deux triangles FBC et ABK, qui sont les moitiés respectives de AF et de BL; car le triangle FBC, par exemple, a la même base FB et la même hauteur AB que le carré AF. Or, ces deux triangles sont égaux : en effet, l'angle FBC, composé de l'angle

ABC et du droit FBA, est égal à l'angle ABK, composé du même angle ABC et du droit CBK. De plus, les deux côtés FB et BC, qui comprennent l'angle FBC, sont égaux chacun à chacun aux côtés AB et BK qui comprennent l'angle ABK : donc les triangles FBC et ABK sont égaux, c'est-à-dire que la moitié du carré AF est égale à celle du rectangle BL ; donc ce carré et ce rectangle sont équivalents. On prouverait de la même manière que le carré AD et le rectangle CL sont aussi équivalents : donc le carré BO, somme des deux rectangles BL et CL, est aussi la somme des deux carrés AF et AD.

594. CoROLLAIRE I. Les deux rectangles BL, CL, et le carré BO, ayant même hauteur IL, sont proportionnels à leurs bases (359) : ainsi l'on aura la suite de rapports égaux :

$$\frac{BL \text{ ou } AF}{BI} = \frac{CL \text{ ou } AD}{IC} = \frac{BO}{BC},$$

c'est-à-dire que *les carrés construits sur les trois côtés d'un triangle rectangle sont proportionnels aux projections de ces côtés sur l'hypoténuse.*

595. CoROLLAIRE II. *Les carrés faits sur les cordes qui partent des extrémités d'un même diamètre sont proportionnels aux projections de ces cordes sur ce diamètre :* car le rapport de l'aire du carré fait sur chaque corde AB à sa projection BI sur le diamètre BC est égal (594) au rapport de l'aire du carré construit sur ce diamètre à ce même diamètre ; et ainsi ce rapport est constant.

596. SCOLIE. On aurait pu déduire le théorème qui précède et ses deux corollaires de celui du n° 260, 4° et 5°, et du corollaire III (264) : car l'aire du carré construit sur une droite ayant pour mesure le carré du nombre abstrait qui exprime la longueur de cette droite (363), on voit que dire, par exemple, que le carré de la longueur de l'hypoténuse d'un triangle rectangle est égal à la somme des carrés des longueurs des deux autres côtés de ce triangle, revient à cette proposition : Le carré construit sur l'hypoténuse d'un triangle rectangle est équivalent à la somme des carrés construits sur les deux autres côtés, etc.

En général, on pourra substituer aux expressions *carré de la longueur d'une ligne* et *produit des longueurs de deux lignes* les expressions respectives *carré construit sur cette ligne* et *rectangle construit sur ces deux lignes* : ainsi, par exemple, ce théorème d'algèbre, que *le carré de la somme ou de la différence de deux nombres est égal à la somme des carrés de ces nombres augmentée ou diminuée de leur double produit*, revient à ce théorème de géométrie : *Le carré construit sur la somme ou la différence de deux droites est équivalent à la somme des carrés construits sur ces deux droites augmentée ou diminuée du double du rectangle qui aurait l'une d'elles pour base et l'autre pour hauteur* ([1]).

([1]) 1° Sur la droite AC (fig. 176), somme des deux lignes données AB et BC, construisez le carré ACDF ; prenez AG = AB, et par les points B et G menez les droites BL et GI parallèles à AF et à AC. De cette manière, le carré AD sera la somme des quatre figures AK, DK, FK et CK. La première est le carré construit sur AB ; la seconde est un carré dont le côté est égal à BC ; car la figure DK a ses quatre angles droits, le côté KI = BC ; LK, qui est égal à FG, différence de AF et de AG, est ainsi égal à BC ; différence des lignes AG et AB égales à celles-ci ; enfin les dimensions des rectangles FK et CK sont évidemment AB et BC.

2° Sur AB (fig. 177), la plus grande des deux lignes données AB et BC, construisons le carré AD ; prenons AG égal à la différence AC de ces deux lignes, et menons par les points C et G les parallèles CM et GK à AF et à AB. Enfin construisons sur FG le carré GL. La figure totale ABDLIG est la somme des carrés construits sur AB et sur BC ; car FG, différence des lignes AF et AG ou AB et AC, est ainsi égale à BC. Or, si l'on retranche de cette figure les deux rectangles BM et IM qui ont pour dimensions AB et BC, puisque

$$IK = IG + GK = BC + AC = AB,$$

il restera le carré AK construit sur la différence des deux lignes AB et BC.

On a donc

$$(AB \pm BC)^2 = \overline{AB}^2 + \overline{BC}^2 \pm 2AB.BC,$$

le signe supérieur se rapportant à la figure 176 et l'inférieur à la figure 177.

On peut encore démontrer de la manière suivante ce théorème : *Le rectangle AG* (fig. 178), *qui a pour base la somme et pour hauteur la différence des deux lignes AB et BC, est équivalent à la différence des carrés construits sur ces deux lignes*, ce qui revient à dire que *la différence des carrés de deux nombres est égale à la somme de ces nombres multipliée par leur différence*. En effet, construisez sur la plus grande des deux droites le carré AI ; puis, ayant pris BD = BC, menez DML parallèle à AK. Il est clair que MI est le carré

THÉORÈME II.

397. *Les aires de deux triangles* ABC, ADF (fig. 179) *qui ont un angle commun* A, *sont proportionnelles aux produits des côtés qui dans chaque triangle comprennent l'angle commun*, c'est-à-dire qu'on aura

$$\frac{ABC}{ADF} = \frac{AB \cdot AC}{AD \cdot AF}.$$

Joignons, en effet, DC : les deux triangles ABC et ADC qui ont leurs bases AB et AD en ligne droite et leurs sommets au point C, ont par conséquent même hauteur, et sont ainsi entre eux comme leurs bases AB et AD (370) : donc

[1] $$\frac{ABC}{ADC} = \frac{AB}{AD}.$$

De même, les triangles ADC et ADF donneront la proportion

[2] $$\frac{ADC}{ADF} = \frac{AC}{AF}.$$

Multipliant ces deux proportions par ordre et supprimant le facteur ADC commun aux deux termes du premier rapport de la proportion-produit, il viendra

$$\frac{ABC}{ADF} = \frac{AB \cdot AC}{AD \cdot AF},$$

ce qu'il fallait démontrer.

398. Scolie. Pour que les triangles ABC et ADF soient équivalents, il faut que les deux termes du second rapport soient égaux, c'est-à-dire que l'on ait

$$AB \cdot AC = AD \cdot AF,$$

---

construit sur BC; car, comme AF est par hypothèse la différence des deux droites AB et BC, et que AK est égal à AB, il faut nécessairement que KF = BC; or la différence des deux carrés AI et MI, construits respectivement sur AB et BC, est la figure ABNMLK équivalente au rectangle AG; car ces deux figures ont la partie commune ABNF, et les deux parties restantes MK et NC sont deux rectangles qui ont leurs bases et leurs hauteurs égales. Donc

$$(AB + BC) \cdot (AB - BC) = \overline{AB}^2 - \overline{BC}^2.$$

d'où

$$- \quad \frac{AB}{AD} = \frac{AF}{AC},$$

ou, ce qui revient au même, que la ligne BF soit parallèle à DC (**246**).

Théorème III.

399. *Les aires de deux triangles semblables sont proportion-nelles aux carrés de leurs côtés homologues* (fig. 109).

Abaissons des sommets homologues A et A' les perpendiculaires AI et A'I' sur les côtés opposés à ces angles. Les triangles rectangles ABI et A'B'I' sont semblables : car les angles B et B' sont supposés égaux (**278**); leurs côtés homologues sont donc proportionnels, et l'on a

$$\frac{AI}{A'I'} = \frac{AB}{A'B'}.$$

Mais la similitude des triangles proposés donne aussi

$$\frac{BC}{B'C'} = \frac{AB}{A'B'}.$$

Multipliant ces deux proportions par ordre et divisant par 2 les deux termes du premier rapport de la proportion-produit, il viendra

$$\frac{\frac{1}{2}BC \cdot AI}{\frac{1}{2}B'C' \cdot A'I'} = \frac{\overline{AB}^2}{\overline{A'B'}^2}.$$

ce qui démontre notre théorème (**369**).

Observons que nous avons bien exprimé que les deux triangles ABC et A'B'C' sont semblables; car nous avons écrit qu'ils avaient un angle égal compris entre côtés proportionnels (**282**).

Théorème IV.

400. *Les aires des polygones semblables sont proportionnelles aux carrés des côtés homologues de ces polygones* (fig. 123).

Nous pourrons partager les deux polygones dont il s'agit en un même nombre de triangles semblables chacun à chacun et semblablement disposés (**283**), puis former autant de proportions, en exprimant que chacun des triangles du premier polygone est à celui qui lui correspond dans le second, comme le carré d'un de ses côtés est au carré du côté homologue de l'autre triangle (**399**) : ainsi

$$\frac{DBC}{D'B'C'} = \frac{\overline{BC}^2}{\overline{B'C'}^2},$$

$$\frac{ABD}{A'B'D'} = \frac{\overline{AD}^2}{\overline{A'D'}^2},$$

$$\frac{EAD}{E'A'D'} = \frac{\overline{EA}^2}{\overline{E'A'}^2},$$

$$\frac{EAF}{E'A'F'} = \frac{\overline{AF}^2}{\overline{A'F'}^2},$$

$$\frac{GAF}{G'A'F'} = \frac{\overline{AF}^2}{\overline{A'F'}^2}.$$

Mais, les polygones étant semblables, leurs côtés et leurs diagonales homologues (**292**), et partant les carrés de ces côtés et de ces diagonales sont proportionnels ; donc les seconds rapports de toutes nos proportions sont égaux ; car ils sont formés de carrés de côtés ou de diagonales homologues des deux polygones ; les premiers rapports sont donc aussi égaux ; donc on aura la suite de rapports égaux

$$\frac{DBC}{D'B'C'} = \frac{ABD}{A'B'D'} = \frac{EAD}{E'A'D'} = \frac{EAF}{E'A'F'} = \frac{GAF}{G'A'F'},$$

dont les numérateurs sont les triangles du premier polygone, et dont les dénominateurs sont les triangles correspondants du second ; donc le rapport de la somme de tous ces numérateurs, c'est-à-dire de l'aire du premier polygone ABCDEFG, à la somme de tous ces dénominateurs, c'est-à-dire à l'aire du second A'B'C'D'E'F'G', est égal au rapport de l'un quelconque DBC des triangles du premier au triangle semblable D'B'C' du second, ou au rapport du carré de l'un quelconque des côtés BC du premier au carré du côté homologue B'C' du second.

Théorème V.

401. *Les aires des polygones réguliers semblables sont proportionnelles aux carrés des rayons des cercles qui leur sont inscrits ou circonscrits.*

En effet, les aires de ces polygones sont entre elles comme les carrés de leurs côtés homologues (**400**); mais ces côtés sont proportionnels aux rayons des cercles inscrits ou circonscrits (**322, 2°**), et par conséquent les carrés de ces côtés sont proportionnels aux carrés de ces rayons; donc aussi les aires des polygones réguliers semblables, etc.

Théorème VI.

402. *Les aires des cercles sont proportionnelles aux carrés de leurs rayons.*

Désignons, en effet, par R et par R' les longueurs des rayons de deux cercles. Leurs aires, étant représentées par $\pi.R^2$ et par $\pi.R'^2$ (**380**), seront entre elles dans le rapport de ces deux nombres, et par conséquent dans celui de R^2 à R'^2.

403. Corollaire I. *Si l'on décrit trois demi-circonférences sur les trois côtés d'un triangle rectangle ABC, l'aire de ce triangle sera égale à la somme de celles des deux* lunules *AMBN et APGQ* (fig. 180).

En effet, de la suite de rapports égaux

$$\frac{\text{cerc. AB}}{\overline{AB}^2} = \frac{\text{cerc. AC}}{\overline{AC}^2} = \frac{\text{cerc. CB}}{\overline{CB}^2},$$

on tire

$$\frac{\text{cerc. AB} + \text{cerc. AC}}{\overline{AB}^2 + \overline{AC}^2} = \frac{\text{cerc. CB}}{\overline{CB}^2} :$$

or, les dénominateurs étant égaux, les numérateurs le seront aussi, c'est-à-dire que le cercle décrit sur CB est la somme des deux autres cercles décrits sur AB et sur AC; donc le demi-cercle BMAPC est équivalent à la somme des deux autres BNA et

AQC. Mais, en retranchant d'une part les deux segments AMB et APC, il restera le triangle ABC ; et en retranchant de l'autre part les mêmes segments, il reste les deux lunules : donc, etc.

404. Corollaire II. *Les aires de deux* SECTEURS SEMBLABLES, *c'est-à-dire qui correspondent à des angles au centre égaux*, *sont proportionnelles aux carrés de leurs rayons.*

Soient, en effet, S et S' les aires de ces deux secteurs ; a et a' les arcs qui leur servent de base ; et R et R' les rayons des cercles dont ils font partie. On aura, d'après le n° **382**,

$$\frac{S}{S'} = \frac{a \cdot R}{a' \cdot R'}.$$

Mais, puisque les secteurs sont semblables, leurs arcs le sont aussi (**349**); donc on aura

$$\frac{a}{a'} = \frac{R}{R'}.$$

Multipliant ces deux proportions par ordre, et simplifiant, il viendra

$$\frac{S}{S'} = \frac{R^2}{R'^2}.$$

405. Corollaire III. *Les aires de deux* SEGMENTS SEMBLABLES, *c'est-à-dire qui correspondent à des angles au centre égaux*, BAC *et* B'A'C' (fig. 150), *sont proportionnelles aux carrés des rayons des cercles dont ils font partie.*

En effet, les deux secteurs OACB et O'A'C'B' sont semblables : donc on a (**404**)

$$\frac{OACB}{O'A'C'B'} = \frac{\overline{OA}^2}{\overline{O'A'}^2}.$$

Mais les triangles AOB et A'O'B' sont aussi semblables (**282**) : donc (**399**)

$$\frac{AOB}{A'O'B'} = \frac{\overline{OA}^2}{\overline{O'A'}^2};$$

donc, à cause du rapport commun $\dfrac{\overline{OA}^2}{\overline{O'A'}^2}$,

$$\frac{OACB}{O'A'C'B'} = \frac{AOB}{A'O'B'};$$

d'où l'on tire

$$\frac{OACB - AOB}{O'A'C'B' - A'O'B'} = \frac{OACB}{O'A'C'B'} \quad \text{ou} \quad \frac{\overline{OA}^2}{\overline{O'A'}^2},$$

c'est-à-dire

$$\frac{ACB}{A'C'B'} = \frac{\overline{OA}^2}{\overline{O'A'}^2}.$$

CHAPITRE III.

PROBLÈMES SUR LES AIRES.

PROBLÈME I.

406. *Transformer un polygone donné* ABCDF *en un triangle* (fig. 181).

Il est clair que si nous savions transformer un polygone donné en un autre qui eût un côté de moins, nous pourrions regarder le problème proposé comme résolu. Or, si nous joignons CF, le polygone ABCF aura un côté de moins que ABCDF; mais aussi il sera plus petit que lui du triangle CDF. Il s'agit donc d'ajouter au polygone ABCF une surface égale à celle de ce triangle, sans cependant augmenter le nombre de ses côtés; or, on y parviendra en construisant sur CF un triangle équivalent à CDF, dont le sommet soit sur AF. Il suffira, pour cela, de mener par le point D une parallèle DG à CF, et de joindre CG : car il est évident que le triangle CGF aura ainsi même base et même hauteur que DCF, et lui sera par conséquent équivalent (369). Le polygone proposé ABCDF sera donc transformé en un polygone ABCG ayant un côté de moins que lui. Pour transformer actuellement ce quadrilatère en un triangle, on joindra semblablement BG ; par le point C on mènera la parallèle CI à BG, on tirera la droite BI, et le triangle ABI résoudra le problème.

Remarquons que notre triangle a un côté AB et un angle A communs avec le polygone donné.

Remarquons encore que notre construction convient aussi bien à un polygone concave qu'à un polygone convexe. L'hexagone ABCDEF (fig. 182) a été transformé successivement en un pentagone ABCDG, en un quadrilatère ICDG, et enfin en un triangle ICK.

PROBLÈME II.

407. *Transformer un triangle donné en un carré.*

Cherchez une moyenne proportionnelle entre la base BC et la moitié de la hauteur AD du triangle (fig. 183), et vous aurez le côté demandé ; car le carré de cette moyenne proportionnelle sera égal au produit de la base du triangle par la moitié de sa hauteur, c'est-à-dire à son aire. Ainsi, on prendra le milieu F de la hauteur AD ; on prolongera FD d'une quantité DG = BC ; et, en décrivant une demi-circonférence sur FG, on déterminera la moyenne proportionnelle DI entre DF et DG.

408. Corollaire. On pourra ainsi transformer un polygone quelconque en un carré, puisque nous venons de donner le moyen de changer tout polygone en un triangle.

PROBLÈME III.

409. *Transformer un triangle ABC en un autre qui ait pour sommet un point donné O, et dont la base soit dirigée suivant BC à partir de B ou de C.*

Il peut se présenter deux cas, selon que le point O se trouve ou ne se trouve pas sur l'un des côtés AB et AC.

Premier cas. — Supposons le point O sur le côté AB (fig. 184). Si nous joignons OC, nous formerons un triangle BOC, dont le sommet sera en O, et qui aura BC pour base. Mais il est trop petit de AOC. Pour l'augmenter de cette quantité, sans cependant changer le nombre de ses côtés, nous mènerons par le point A une parallèle AF à OC, et nous joindrons OF (369). Il est facile de voir que le triangle BOF résoudra le problème.

Deuxième cas. — Supposons que le point O (fig. 185) ne soit ni sur l'un ni sur l'autre des deux côtés AB et AC. Nous ramènerons ce second cas au premier en transformant le triangle ABC en un autre qui ait même base et même hauteur que lui, et dont un des côtés soit dirigé suivant BO ; il suffira pour cela de mener par le point A une parallèle à BC, et de joindre le point A', où elle coupe BO, avec le point C. Le triangle BOF résout le problème.

PROBLÈME IV.

410. *Par le point O donné sur le périmètre d'un polygone ABCDEF (fig. 186), mener une droite qui en retranche une partie équivalente à un polygone donné LMNQ.*

On transformera d'abord le polygone LMNQ en un triangle équivalent LQR (**406**), puis celui-ci en un autre LST, dont la hauteur soit égale à la perpendiculaire abaissée du point donné O sur le côté adjacent AB. Cela fait, on prendra sur ce côté AB une quantité AG $=$ LT, et l'on joindra OG. Si le point G ne se trouve pas au delà de B, le problème est résolu, puisque le triangle OAG est équivalent à LST, et partant au polygone donné LMNQ. S'il n'en est pas ainsi, on joindra OB ; et, comme il ne s'agira plus que de retrancher du polygone OBCDEF une portion équivalente au triangle OBG, on construira sur OB un triangle équivalent à OBG, et dont le sommet soit sur la droite indéfinie BC. Pour cela, on mènera GH parallèle à OB, et l'on joindra OH. Si le point H ne se trouve pas au delà de C, le problème est résolu : car le quadrilatère OABH est équivalent au triangle OAG. Si le point H est situé au delà de C, les mêmes considérations conduiront à joindre OC, à mener HI parallèle à OC, et à tirer OI. Si le point I ne tombe pas au delà de D, le problème est résolu : car le triangle OCI étant équivalent à OCH, le pentagone OABCI est équivalent au quadrilatère OABH, et partant au triangle OAG. Si, comme dans la figure, le point I est situé au delà de D, on tirera OD, on mènera par le point I la parallèle IK à OD, et l'on joindra OK. Le point K se trouvant entre D et E, la droite OK résout le problème.

Remarquons que le problème *pourrait* être impossible si le polygone proposé était concave.

PROBLÈME V.

411. *Construire un carré qui soit équivalent à la somme de plusieurs carrés donnés.*

Pour additionner les deux premiers carrés, construisez un triangle rectangle OAB (fig. 187) dont les deux côtés de l'angle droit soient égaux aux côtés *a* et *b* de ces carrés, et il est clair que le carré construit sur son hypoténuse AB sera la somme de ces deux-là. Pour additionner à cette somme le troisième carré, on élèvera sur AB au point B une perpendiculaire BC$=c$, on joindra AC, et le carré fait sur AC sera la somme des trois premiers carrés, et ainsi de suite.

PROBLÈME VI.

412. *Construire un carré équivalent à la différence de deux carrés donnés.*

Construisez un triangle rectangle dont l'hypoténuse AO et un des côtés OB de l'angle droit soient égaux aux côtés *a* et *b* de ces deux carrés, et le carré construit sur le troisième côté AB de ce triangle résoudra le problème (fig. 188).

PROBLÈME VII.

413. *Etant donnés deux polygones semblables, construire un troisième polygone qui leur soit semblable, et dont l'aire soit la somme ou la différence des aires de ces deux polygones.*

On cherchera le côté d'un carré qui soit égal à la somme ou à la différence des carrés faits sur deux côtés homologues des polygones donnés, et l'on aura le côté qui, dans le polygone demandé, doit être homologue à ces deux côtés-là, de sorte que le problème sera alors ramené à celui du n° **310**.

PROBLÈME VIII.

414. *Construire un carré qui soit à un carré donné* a^2 *comme une ligne donnée* m *est à une autre ligne donnée* n, *c'est-à-dire qui soit tel, qu'en représentant son côté par* x, *on ait la proportion*

$$\frac{x^2}{a^2} = \frac{m}{n}.$$

Les carrés construits sur les côtés de l'angle droit d'un triangle rectangle étant proportionnels à leurs projections sur l'hypoténuse (394), je prends sur une droite indéfinie deux parties OM et ON (fig. 189) respectivement égales à m et à n, je décris sur MN comme diamètre une demi-circonférence, j'élève au point O la perpendiculaire OP sur MN, et je joins PM et PN, ce qui forme le triangle rectangle PMN. Si donc PN était égale au côté a du carré donné, PM serait le côté du carré demandé. S'il n'en est pas ainsi, je prends sur PN, prolongée s'il est nécessaire, la partie PA $= a$ (remarquez que dans la proportion demandée $\frac{x^2}{a^2} = \frac{m}{n}$, le carré a^2 doit correspondre à la ligne n), je mène AX parallèlement à MN, et je dis que la droite PX résout le problème. En effet, on a évidemment

$$\frac{PX}{PA \text{ ou } a} = \frac{PM}{PN},$$

et par conséquent

$$\frac{\overline{PX}^2}{a^2} = \frac{\overline{PM}^2}{\overline{PN}^2}.$$

Mais le triangle rectangle PMN donne

$$\frac{\overline{PM}^2}{\overline{PN}^2} = \frac{MO}{NO} = \frac{m}{n};$$

donc, à cause du rapport commun $\frac{\overline{PM}^2}{\overline{PN}^2}$,

$$\frac{\overline{PX}^2}{a^2} = \frac{m}{n}.$$

415. Si l'on demandait un carré qui fût une certaine fraction, par exemple les $\frac{3}{5}$ du carré a^2, il est évident que ce problème étant un cas particulier du précédent, pourrait se résoudre de la même manière, en ayant soin seulement de prendre OM et ON égales respectivement à 3 fois et à 5 fois une grandeur arbitraire; mais on arrivera plus directement au but de la manière suivante.

On décrira une demi-circonférence sur OA (fig. 190), côté du carré donné; puis ayant partagé ce côté en 5 parties égales, on élèvera une perpendiculaire BX au troisième point de division B; on joindra OX, et cette droite sera le côté du carré demandé. En effet, le carré d'une corde est au carré du diamètre comme la projection de cette corde est au diamètre (**264** et **395**) : donc

$$\frac{\overline{OX}^2}{\overline{OA}^2} = \frac{OB}{OA}.$$

Mais OB est les $\frac{3}{5}$ de OA : donc aussi le carré construit sur OX est les $\frac{3}{5}$ de celui fait sur OA.

416. Si le carré demandé devait être, par exemple, les $\frac{5}{3}$ du carré a^2, on diviserait le côté OA de ce carré en 3 parties égales (fig. 191); mais on le prolongerait d'une quantité AB égale à deux de ces parties, de sorte que OB étant ainsi les $\frac{5}{3}$ de OA $= a$, le carré fait sur OB sera les $\frac{25}{9}$ du carré a^2. Si donc on cherche, comme précédemment, le côté OX d'un carré qui soit les $\frac{3}{5}$ de celui construit sur OB, on aura résolu le problème : car les $\frac{3}{5}$ des $\frac{25}{9}$ du carré a^2 sont les $\frac{25.3}{9.5}$ ou les $\frac{5}{3}$ de ce carré.

Problème IX.

417. *Trouver une droite* x *qui soit à une droite donnée* a, *comme un carré donné* m^2 *est à un autre carré donné* n^2, *c'est-à-dire telle, que l'on ait la proportion*

$$\frac{x}{a} = \frac{m^2}{n^2}.$$

En s'appuyant toujours sur ce principe, que les carrés des

côtés de l'angle droit d'un triangle rectangle sont proportionnels aux projections de ces côtés sur l'hypoténuse, on tracera
deux droites à angles droits sur lesquelles on prendra des distances OM et ON (fig. 192) respectivement égales aux côtés des
carrés donnés m^2 et n^2; puis, joignant MN et abaissant du sommet O la perpendiculaire OP sur MN, on aura la proportion

$$\frac{\overline{OM}^2}{\overline{ON}^2} \quad \text{ou} \quad \frac{m^2}{n^2} = \frac{MP}{NP}.$$

Si donc NP était égale à a, MP résoudrait le problème. S'il n'en
est pas ainsi, on prendra sur PN une distance PA $= a$ (remarquez que, dans la proportion demandée, a doit correspondre à
n^2); puis on mènera AA' parallèle à OP jusqu'à la rencontre de
ON, et ensuite A'X parallèle à MN. Il est facile de voir que QX
sera la ligne demandée.

418. SCOLIE. Si l'on demandait seulement le rapport des
deux carrés m^2 et n^2, il n'y aurait qu'à chercher une troisième
proportionnelle x aux deux cotés m et n de ces carrés, et le
rapport de m à x serait celui même de m^2 à n^2, comme il est facile de le voir.

PROBLÈME X.

419. *Construire un polygone semblable au polygone ABCDF, et
dont l'aire soit à celle de ce polygone dans le rapport de deux
droites données* m *et* n (fig. 193).

Puisque le polygone demandé doit être semblable à ABCDF,
leurs aires seront proportionnelles aux carrés de leurs côtés
homologues; mais comme, d'une autre part, ces aires doivent
aussi être proportionnelles aux droites m et n, on voit que les
carrés de ces côtés homologues seront entre eux comme m est
à n : ainsi, pour avoir le côté qui, dans le polygone demandé,
sera homologue à AB, il faudra chercher le côté d'un carré qui
soit au carré fait sur AB comme m est à n. On pourrait résoudre ce problème par la construction donnée au n° **414**; mais il
sera plus simple d'imiter celle donnée au n° **415** ou **416**. En
conséquence, on cherchera une quatrième proportionnelle AG

aux trois lignes n, m et AB ; puis, ayant décrit une demi-circonférence sur la plus grande des deux lignes AG et AB, on élèvera
à l'extrémité de la plus petite une perpendiculaire, et l'on tirera
la corde AI : cette corde sera le côté du carré demandé. On la
rabattra donc en AB' sur AB, et il ne s'agira plus que de construire sur AB' un polygone semblable à ABCDF. Pour cela, on
partagera le polygone ABCDF en triangles par des diagonales
issues du sommet A, si la chose est possible ; puis on mènera
successivement B'C', parallèle à BC ; C'D', parallèle à CD ; D'F',
parallèle à DF ; et le polygone AB'C'D'F' résoudra le problème :
car d'abord il est semblable à ABCDF (**283**), ensuite le rapport

de leurs aires est égal au rapport $\dfrac{\overline{AB'}^2}{\overline{AB}^2}$, et par conséquent au

rapport $\dfrac{AG}{AB}$, ou au rapport $\dfrac{AM}{AN} = \dfrac{m}{n}$.

PROBLÈME XI.

420. *Un polygone ABCDF étant donné, construire quatre polygones qui lui soient semblables, dont les aires soient proportionnelles à quatre lignes données* m, n, p, q, *et telles, que leur somme
soit égale à celle du polygone* ABCDF (fig. 194).

Partagez l'un quelconque AB des côtés du polygone en parties AM, MN, NP, PB proportionnelles aux quatre droites données m, n, p, q ; reportez les parties intermédiaires MN et NP de
A en N' et en P' ; puis, ayant décrit une demi-circonférence sur
AB, élevez aux points M, N', P' et P des perpendiculaires MB',
N'B'', P'B''' et PB^{iv} sur AB, et joignez AB', AB'', AB''', BB^{iv}. Ces
cordes seront les côtés qui, dans les polygones demandés, seront homologues à AB : car les carrés de ces cordes sont proportionnels à leurs projections AM, AN', AP' et BP, et par conséquent aux lignes m, n, p, q ; et, la somme de ces projections
étant AB, la somme de ces carrés sera $\overline{AB}^2$: donc aussi les aires
des quatre polygones seront proportionnelles aux lignes m, n,
p, q, et leur somme sera celle même du polygone ABCDF.

Problème XII.

421. *Transformer le polygone* ABCD *en un autre qui soit semblable au polygone* FGIKL (fig. 195).

Désignons, pour abréger, par P et par Q les aires respectives de nos deux polygones, et par x le côté homologue à FG dans le polygone inconnu. Puisque ce polygone doit être semblable à FGIKL, on aura

$$\frac{Q}{P} = \frac{\overline{FG}^2}{x^2}.$$

Cela posé, on transformera les polygones Q et P chacun en un carré, et, en désignant par q et par p les côtés de ces carrés, la proportion précédente deviendra

$$\frac{q^2}{p^2} = \frac{\overline{FG}^2}{x^2},$$

de laquelle on tire

$$\frac{q}{p} = \frac{FG}{x}.$$

Ainsi, en cherchant une quatrième proportionnelle aux trois lignes connues q, p et FG, on aura le côté qui, dans le polygone demandé, doit être homologue à FG. Il sera facile ensuite de construire ce polygone.

422. Corollaire. Le problème que nous venons de résoudre donne le moyen de *transformer un polygone irrégulier quelconque en un des polygones réguliers que l'on sait inscrire dans la circonférence :* car il suffira évidemment de construire d'abord un polygone régulier qui ait le nombre de côtés demandé ; puis de transformer le polygone irrégulier en un autre qui soit semblable au nouveau polygone.

Problème XIII.

423. *Partager le trapèze* ABCD *en deux parties proportionnelles à deux droites données* p *et* q *par une parallèle à ses bases* (fig. 196).

Supposons que EF soit la parallèle demandée, et que l'on ait ainsi

$$\frac{AF}{EC} = \frac{p}{q};$$

on tire de cette proportion

$$\frac{AF + EC}{AF} \text{ ou } \frac{AC}{AF} = \frac{p+q}{p}.$$

Cela posé, je prolonge les deux côtés AD et BC jusqu'à leur rencontre en O, et alors la similitude des deux triangles OAB et OEF donne la proportion

$$\frac{OAB}{OEF} = \frac{\overline{AB}^2}{\overline{EF}^2},$$

d'où

$$\frac{OAB}{OAB - OEF} \text{ ou } \frac{OAB}{AF} = \frac{\overline{AB}^2}{\overline{AB}^2 - \overline{EF}^2}.$$

On aura de la même manière

$$\frac{OAB}{OAB - ODC} \text{ ou } \frac{OAB}{AC} = \frac{\overline{AB}^2}{\overline{AB}^2 - \overline{DC}^2}.$$

Les deux rapports de cette proportion et de la précédente ayant respectivement les mêmes numérateurs, il en résulte

$$\frac{AC}{AF} = \frac{\overline{AB}^2 - \overline{DC}^2}{\overline{AB}^2 - \overline{EF}^2},$$

et par conséquent

$$\frac{p+q}{p} = \frac{\overline{AB}^2 - \overline{DC}^2}{\overline{AB}^2 - \overline{EF}^2},$$

proportion dans laquelle il n'y a que EF d'inconnue.

Or, si l'on décrit une demi-circonférence sur AB comme diamètre, et que du point A, comme centre, avec DC et EF pour rayons, on trace des arcs qui coupent cette circonférence en G et en I, on aura $\overline{BG}^2 = \overline{AB}^2 - \overline{DC}^2$ et $\overline{BI}^2 = \overline{AB}^2 - \overline{EF}^2$; mais si l'on projette les points G et I en K et en L sur le diamètre AB, la propriété du n° **595** nous donnera

$$\frac{\overline{BG}^2}{\overline{BI}^2} = \frac{BK}{BL};$$

donc

$$\frac{p+q}{p} = \frac{BK}{BL}.$$

Ainsi BL est une quatrième proportionnelle aux lignes $p+q$, p et BK; on construira donc cette ligne, puis on élèvera au point L une perpendiculaire LI sur AB, et il ne s'agira plus que de tirer une parallèle EF à AB qui soit égale à AI, ce qui est facile.

424. Scolie. Si l'on voulait partager le trapèze en cinq parties équivalentes, par exemple, par des parallèles à ses bases, on observerait que AE, AE', AE'',.... étant respectivement $\frac{1}{5}$, $\frac{2}{5}$, $\frac{3}{5}$, ... de AD (fig. 197), il suffirait, pour résoudre le problème, de partager BK en cinq parties égales, d'élever des perpendiculaires à cette droite par les points de division, et de tirer des parallèles à AB qui soient égales aux cordes respectives AI, AI', AI''....

PROBLÈME XIV.

425. *Construire un rectangle équivalent à un carré donné* m², *et tel, que la somme ou la différence de ses deux côtés adjacents soit égale à une ligne donnée* a.

1° La droite m doit être moyenne proportionnelle entre les deux dimensions du rectangle demandé, et comme la somme de ces deux dimensions est a, on pourra regarder m comme la perpendiculaire abaissée d'un point d'une circonférence sur un diamètre et les deux côtés contigus du rectangle comme les segments de ce diamètre, qui sera ainsi égal à a. En conséquence, on décrira une demi-circonférence sur une droite OA = a (fig. 198); on élèvera au point O une perpendiculaire OM = m sur le diamètre OA, et on mènera par son extrémité M une parallèle MXX' à OA; puis, abaissant du point X où cette parallèle coupe la circonférence, une perpendiculaire BX sur le diamètre OA, on déterminera deux segments OB et BA, qui seront les deux dimensions du rectangle demandé, car on a $\overline{BX}^2 =$ OB . BA.

2° La droite *m* doit être moyenne proportionnelle entre les deux dimensions du rectangle demandé, et comme la différence de ces deux dimensions doit être *a*, on pourra regarder *m* et le plus grand des côtés de ce rectangle comme une tangente et une sécante issues d'un même point, et le plus petit côté comme la partie extérieure de cette sécante, de sorte que la corde qu'elle laisse dans la circonférence est égale à *a*. En conséquence, à l'extrémité M d'une droite OM = *m* (fig. 199) on élèvera une perpendiculaire MA = $\frac{a}{2}$; du point A comme centre, et avec AM pour rayon on décrira une circonférence, et, en tirant par le centre A et le point O une sécante OAX, cette droite sera le plus grand côté du rectangle demandé, et la partie extérieure OX' en sera le plus petit. En effet, on voit d'abord que la différence des deux droites OX et OX' est XX' = *a* ; ensuite que $\overline{OM}^2 =$ OX . OX' (**256**).

<h2 style="text-align:center">PROBLÈME XV.</h2>

426. *Étant données trois droites* B'B", BC *et* C'C" *telles, que la seconde coupe les deux autres, mener une droite* MN *parallèle à* BC, *de manière que l'aire du trapèze* BN *soit égale à celle d'un carré donné* m² (fig. 200).

Je cherche une troisième proportionnelle aux deux lignes $\frac{BC}{2}$ et *m*, et je mène à BC une parallèle DK qui en soit distante d'une quantité égale à cette troisième proportionnelle. Il est clair que le triangle BDC est équivalent au carré *m*².

Cela posé, puisque le trapèze BN est supposé équivalent au triangle BDC, les deux triangles MDC et MNC sont nécessairement équivalents : donc DN est parallèle à MC; et comme MN l'est déjà à BC, nous aurons cette suite de rapports égaux :

$$\frac{BC}{MN} = \frac{AC}{AN} = \frac{AM}{AD} = \frac{MN}{DK}.$$

Ainsi l'on aura MN en prenant une moyenne proportionnelle entre BC et DK, et il ne s'agira plus que d'inscrire entre B'B'' et C'C'' une droite qui soit égale à cette moyenne proportionnelle et parallèle à BC.

427. Problèmes a résoudre. 1° *Inscrire dans un carré donné un carré dont le côté soit égal à une droite donnée* m.

2° *Étant donnés un cercle et une droite indéfinie, mener par l'extrémité d'un diamètre perpendiculaire à cette droite une sécante telle, que la partie comprise entre le cercle et la droite soit égale à une droite donnée* m.

3° *Trouver dans l'intérieur d'un triangle un point tel, qu'en le joignant aux trois sommets les aires des trois triangles ainsi formés soient proportionnelles à trois droites données.*

4° *Trouver le lieu de tous les points d'un plan qui sont également éclairés par deux lumières, dont la position est connue et dont les intensités sont proportionnelles à deux droites données* p *et* q, *sachant d'ailleurs que les intensités d'une même lumière, à des distances différentes, sont réciproquement proportionnelles aux carrés de ces distances.*

5° *Par deux points donnés sur une circonférence, mener deux cordes parallèles de manière que le trapèze dont elles seront les bases soit équivalent à un carré donné.*

6° *Étant donnés deux circonférences concentriques et un diamètre commun, tirer dans la plus grande une corde qui fasse avec ce diamètre un angle donné et qui soit divisée par la plus petite circonférence en parties proportionnelles à des droites données.*

LIVRE VI.

DES SURFACES PLANES INDÉFINIES.

CHAPITRE PREMIER.

DES PLANS ET DES LIGNES DROITES.

428. Nous avons vu qu'un plan est déterminé par la condition de passer par trois points qui ne sont pas en ligne droite, ou par deux droites qui se coupent; il l'est encore quand il doit passer par deux droites parallèles : ainsi

THÉORÈME I.

Deux droites parallèles déterminent un plan.

En effet, on pourra toujours mener un plan par deux parallèles données, puisque, d'après la définition du n° 65, ces deux droites sont dans un même plan. En second lieu, on ne pourra en mener qu'un, sans quoi, en prenant deux points sur l'une d'elles et un sur l'autre, on aurait deux plans distincts passant par ces trois points qui ne sont pas en ligne droite.

429. Corollaire I. *Par un point A donné dans l'espace, on ne peut mener qu'une seule parallèle à une droite donnée* BC (fig. 201). En effet, si par le point A et la droite BC on mène un plan MN, on pourra tracer dans ce plan et par ce point une parallèle AD à cette droite : or, si l'on pouvait en mener une seconde AF, le plan déterminé par les deux parallèles AF et BC coïnciderait avec le plan MN (18) : donc on aurait par le point A, et dans ce plan, deux parallèles AF et AD à la même droite BC, ce qui est impossible (65).

430. Corollaire II. *Si une droite* AB *glisse sur une autre* CB *en restant constamment parallèle à elle-même, elle engendrera un plan,* sans quoi on pourrait mener par chacun des points de CB deux parallèles à AB : l'une tracée dans le plan ABC, et l'autre qui serait la droite mobile arrivée en ce point.

Théorème II.

431. *Si une droite* AO *est perpendiculaire à deux autres droites* BC *et* DF *menées par son* PIED *dans le plan* MN (fig. 202), c'est-à-dire par le point où elle perce ce plan, *elle sera perpendiculaire à toute autre droite* GI *menée par son pied dans ce plan* ([1]).

Par deux points quelconques B et D, pris sur les côtés de l'angle BOD, dans lequel est tracée la droite OG, tirons la ligne BD, qui coupe IG en G; puis prolongeons AO d'une quantité OA′ = OA, et joignons les points A et A′ successivement avec chacun des trois points B, G, D. La droite OB étant ainsi perpendiculaire sur le milieu de AA′, les distances BA et BA′ sont égales (56). Par la même raison AD = DA′; donc les triangles ABD et A′BD sont égaux (189); donc l'angle ABD est égal à son homologue A′BD; par conséquent les triangles ABG et A′BG sont égaux (181); donc le côté AG est égal à son homologue A′G; donc, si par le milieu O de AA′ on élève *dans le plan* AGA′ une perpendiculaire à cette droite, elle passera par le point G (60); donc elle aura deux points communs avec OG; donc elle coïncidera avec elle; donc OG est perpendiculaire sur AA′.

432. *On appelle* PERPENDICULAIRE A UN PLAN *une droite qui est perpendiculaire à toutes les droites que l'on peut mener, par son pied, dans ce plan.* Réciproquement, *le plan est dit* PERPENDICULAIRE A LA DROITE.

433. Il suit du théorème précédent que, *pour s'assurer qu'une droite et un plan sont perpendiculaires entre eux, il suffit de vérifier si la droite est perpendiculaire à deux droites menées par son pied dans ce plan.*

434. *Un plan perpendiculaire à la verticale d'un lieu est dit ho-*

([1]) La légitimité de cette hypothèse devient évidente en observant que l'on peut toujours tracer dans un premier plan, conduit suivant AO, une perpendiculaire au point O de cette droite, et répéter la même construction dans un second plan mené par AO. Il ne s'agira plus alors que de faire passer un plan par ces deux perpendiculaires.

rizontal; ainsi, un plan sera horizontal quand il sera conduit suivant deux perpendiculaires à la *verticale,* ou, en d'autres termes, suivant deux *horizontales.* On parvient dans la pratique à donner à un plan cette direction au moyen du *niveau* des maçons. Cet instrument est composé de trois règles BD, BF et AC (fig. 203), qui forment par leur assemblage un triangle rectangle isocèle ABC, du sommet B duquel on fait tomber un fil à plomb BP. Les deux branches BD et BF sont égales, de sorte que la droite DF, qui joindrait leurs extrémités, est parallèle à AC (**246**). Par conséquent, si l'on pose le niveau sur un plan horizontal, auquel cas la direction du fil à plomb sera perpendiculaire à DF, ce fil devra venir battre exactement sur une *ligne de foi* tracée suivant la direction de la perpendiculaire abaissée du point B sur AC, et passant ainsi par le milieu de la règle AC; et réciproquement, si le fil à plomb prend cette direction, il sera perpendiculaire à DF (**66**), de sorte que cette droite sera horizontale. Si donc, en plaçant le niveau dans deux positions que l'on prend à peu près rectangulaires pour plus d'exactitude, on trouve que cette condition est satisfaite, on en conclura que le plan dont il s'agit est horizontal.

THÉORÈME III.

435. *Si trois droites* BO, GO *et* DO *sont perpendiculaires sur une même droite* AA' *et au même point* O (fig. 202), *ces trois droites seront dans un même plan perpendiculaire à cette droite* AA'.

Je dis que si nous menons un plan par les deux premières droites BO et GO, la troisième DO sera dans ce plan. Menons, en effet, un plan par les deux droites AA' et DO; la droite AA' sera perpendiculaire à sa *trace* (¹) sur le plan BOG (**431**); donc cette trace coïncidera avec DO qui est déjà perpendiculaire sur AA' au point O dans le plan AOD (**51**) : donc DO est dans le plan BOG perpendiculaire à AA'; donc, etc.

_____

(¹) L'intersection d'un plan par un autre plan, ou par une droite, se nomme la *trace* de ce second plan ou de cette droite sur le premier.

456. Corollaire. *Le lieu géométrique de toutes les perpendiculaires élevées sur une droite par un même point, est un plan perpendiculaire à cette droite.*

Théorème IV.

457. *Par un point donné on peut toujours mener une perpendiculaire à un plan, mais on ne peut en mener qu'une.*

Il peut se présenter deux cas, suivant que le point donné est situé sur le plan ou hors du plan.

1er cas. Soit O un point donné sur le plan MN (fig. 204) : je tire une droite quelconque BC dans ce plan; du point O j'abaisse la perpendiculaire OD sur cette droite, et par son pied D je mène une perpendiculaire quelconque DA à BC; je dis enfin que si on élève par le point O et dans le plan ODA une perpendiculaire OA à OD, cette droite OA sera perpendiculaire au plan MN. Pour le démontrer, je prolonge OA d'une quantité OA' = OA, je joins un point quelconque C de BC avec A, O et A', et je tire A'D. Puisque DO est perpendiculaire sur le milieu de AA', A'D = AD; et comme BC est perpendiculaire aux deux droites DA et DO, elle l'est à leur plan, et par conséquent à A'D; les triangles rectangles ADC et A'DC ont donc un angle égal compris entre deux côtés égaux chacun à chacun, et ainsi AC = A'C; donc OC est perpendiculaire sur AA' (61); donc cette droite étant perpendiculaire aux deux droites OD et OC qui passent par son pied dans le plan MN, est perpendiculaire à ce plan.

2e cas. Soit A un point donné hors du plan MN. J'abaisse la perpendiculaire AD sur une droite quelconque BC, tirée dans ce plan; puis, par son pied D, je mène dans le plan MN la perpendiculaire DO sur BC, et je dis que la perpendiculaire AO abaissée de A sur OD sera perpendiculaire au plan MN.

Répétez la démonstration précédente.

Il est évident que, par un même point, on ne peut tirer qu'une seule perpendiculaire au plan MN; car s'il était possible d'en mener deux, la trace de leur plan sur MN serait une perpendiculaire commune à ces deux droites (451), ce qui est absurde (51).

458. *On appelle* OBLIQUE *à un plan toute droite qui rencontre ce plan sans lui être perpendiculaire.*

THÉORÈME V.

459. *Si une perpendiculaire* OA (fig. 205), *et différentes obliques* AB, AC, AD *à un plan* MN, *partent d'un même point* A, 1° *la perpendiculaire* AO *est plus courte que toute oblique ;* 2° *les obliques* AB *et* AC, *qui s'écartent également du pied de la perpendiculaire, sont égales ;* 3° *de deux obliques* AC *et* AD, *celle* AD *qui s'en écarte le plus est la plus longue.*

1° La perpendiculaire OA est plus petite que l'oblique AB, en vertu du théorème du n° **51**.

2° Les obliques AB et AC sont égales ; car elles sont les hypoténuses des deux triangles rectangles égaux AOB et AOC (**181**).

3° L'oblique AD est plus grande que AC ; car si l'on prend OC' $=$ OC et que l'on joigne AC', cette oblique sera égale à AC ; mais puisque, par hypothèse, OD $>$ OC, l'oblique AD $>$ AC', c'est-à-dire que AC.

440. COROLLAIRE I. Réciproquement, *si deux obliques à un plan partent d'un même point et qu'elles soient égales, elles s'écarteront également du pied de la perpendiculaire abaissée de ce point sur ce plan ; et, si elles sont inégales, c'est la plus longue qui s'en écartera le plus.*

441. COROLLAIRE II. *La distance d'un point à un plan a pour mesure la perpendiculaire abaissée de ce point sur ce plan.*

THÉORÈME VI.

442. *Si du pied d'une perpendiculaire* AO *à un plan* MN (fig. 204), *on abaisse une perpendiculaire* OD *sur une droite* BC *tracée dans ce plan, et qu'on joigne le pied de cette seconde perpendiculaire avec un point quelconque* A *de la première, la droite de jonction* AD *sera perpendiculaire à la droite* BC *du plan.*

Prenons, en effet, sur BC les deux distances égales DB et DC, et joignons OB et OC, AB et AC. On aura évidemment OB $=$ OC (**56**), et par conséquent AB $=$ AC (**459**) : donc, si l'on élève par le point D et dans le plan BAC une perpendiculaire sur BC, elle ira passer par le point A, et coïncidera ainsi avec AD, donc AD est précisément cette perpendiculaire.

443. Scolie. Les deux droites BC et AO ne se rencontrent évidemment pas, et cependant elles ne sont point parallèles : car, pour qu'elles le fussent, il faudrait encore qu'elles se trouvassent dans un même plan (63), lequel coïnciderait avec le plan MN, de sorte que la droite AO serait tout entière dans MN, ce qui n'est pas. Ainsi, *de ce que deux droites ne se rencontrent pas dans l'espace, il faut bien se garder de conclure qu'elles sont parallèles.*

THÉORÈME VII.

444. *Deux perpendiculaires AB et CD à un même plan MN sont parallèles* (fig. 206).

En effet, les deux droites AB et CD sont perpendiculaires à la droite BD qui joint leurs pieds : il suffit donc de prouver qu'elles sont dans un même plan. Pour y parvenir, j'élève au point D sur BD, et dans le plan MN, la perpendiculaire FG, et je joins AD : cette ligne sera perpendiculaire à FG (442) ; mais déjà CD est perpendiculaire à FG (432) : donc les droites BD, AD et CD sont dans un même plan (435) ; et, comme AB est aussi dans ce plan (16), le théorème se trouve démontré.

THÉORÈME VIII.

445. Réciproquement, *si deux droites AB, CD, sont parallèles, et que l'une d'elles AB soit perpendiculaire à un plan MN, l'autre CD le sera aussi.*

En effet, s'il n'en est pas ainsi, on pourra mener par l'un des points de CD une perpendiculaire au plan MN, laquelle sera parallèle à AB. On aura donc par un même point deux parallèles à une même droite AB, ce qui ne se peut (429).

446. Corollaire I. *Deux droites parallèles à une troisième dans l'espace sont parallèles :* car, si l'on mène un plan perpendiculaire à cette troisième, il le sera aux deux autres (445), qui ainsi seront parallèles (444).

447. Corollaire II. *Si deux droites AB, CD* (fig. 207), *sont* *parallèles, et que par ces droites on mène deux plans* AE *et* CE *qui se coupent, leur commune intersection* FE *sera parallèle à ces droites.*

En effet, si par un point quelconque de FE on mène une parallèle à AB, elle le sera aussi à CD : donc elle devra se trouver à la fois dans les deux plans AE et CE (**429**); donc elle coïncidera avec leur intersection FE.

448. Scolie. Remarquons que chacune des deux droites AB, et CD est *parallèle* à tout plan conduit par l'autre, c'est-à-dire qu'elle ne peut rencontrer ce plan : car, ces droites étant tout entières dans le plan ABCD, AB, par exemple, ne pourra rencontrer un plan mené suivant CD qu'autant qu'elle rencontrera l'intersection de ce plan avec ABCD, c'est-à-dire CD, ce qui ne se peut. Ainsi *toute droite parallèle à une droite tracée dans un plan est parallèle à ce plan.*

449. *On appelle* projection *d'un* point *sur un plan le pied de la perpendiculaire abaissée de ce point sur ce plan.* Cette projection est unique (**437**).

450. *On appelle projection d'une* ligne *sur un plan le lieu des pieds de toutes les perpendiculaires abaissées des différents points de cette ligne sur ce plan, que l'on nomme* le plan de projection.

451. Il suit de cette définition, que *la projection d'une ligne droite sur un plan est une ligne droite* : car le lieu des perpendiculaires abaissées de ses différents points sur ce plan est un plan (**444** et **430**). Or, deux points suffisent pour déterminer une droite : donc il suffira, pour déterminer la projection d'une droite, de joindre les projections de deux quelconques de ses points, ou, mieux encore, de joindre sa trace sur le plan donné avec la projection de l'un quelconque de ses points.

452. *On appelle* plan projetant *d'une droite le lieu des perpendiculaires abaissées de ses différents points sur le plan de projection.*

THÉORÈME IX.

453. *Deux plans* MN, PQ (fig. 208), *perpendiculaires à une même droite* AB, *sont parallèles,* c'est-à-dire qu'ils ne peuvent pas se rencontrer.

En effet, s'ils pouvaient se rencontrer, en joignant un point quelconque O de leur intersection avec les traces de la droite AB sur ces plans, les droites OA et OB seraient tout entières dans les plans respectifs MN et PQ, et par conséquent perpendiculaires à AB, ce qui ne se peut.

THÉORÈME X.

454. *Les intersections de deux plans parallèles par un troisième sont parallèles.*

Car ces intersections ne peuvent se rencontrer, puisqu'elles sont tout entières dans deux plans parallèles; d'ailleurs elles sont dans un même plan : donc elles sont parallèles (63).

THÉORÈME XI.

455. *Si deux plans* MN, PQ (fig. 208) *sont parallèles, toute perpendiculaire* AB *élevée sur l'un d'eux* MN, *l'est aussi sur l'autre* PQ.

D'abord la droite AB rencontrera le plan PQ : car si, par un point quelconque G de PQ, et par la droite AB, on mène un plan, ses traces CD et FG sur MN et sur PQ seront parallèles : donc AB, qui rencontre la première, rencontrera aussi la seconde (65), et partant le plan PQ ; de plus AB sera perpendiculaire à FG, puisqu'elle l'est, par hypothèse, à CD : donc, étant perpendiculaire à *toute* droite menée par son pied dans le plan PQ, elle le sera à ce plan (432).

456. SCOLIE. Puisque toute droite qui rencontre le plan MN rencontre aussi le plan parallèle PQ, on voit que toutes les parallèles que l'on peut mener au plan PQ par un point quelconque de MN, sont situées dans ce dernier plan. Ainsi *le lieu de toutes les parallèles que l'on peut mener par un point donné à un même plan, est un second plan parallèle à celui-ci.*

457. COROLLAIRE. *Par un point donné on ne peut mener qu'un seul plan parallèle à un autre.*

THÉORÈME XII.

458. *Les parties* AB, GD (fig. 208) *de deux parallèles comprises entre deux plans parallèles* MN, PQ, *sont égales.*

Car, si l'on mène un plan par ces deux parallèles, ses traces AD et BG sur nos deux plans seront parallèles (**454**) : donc AB = GD (**197**).

459. Corollaire I. *Deux plans parallèles sont partout équidistants :* car les perpendiculaires abaissées de deux points quelconques de l'un sur l'autre sont parallèles (**444**), et par conséquent égales.

460. Corollaire II. *Les parallèles comprises entre une droite et un plan parallèle sont égales.*

Théorème XIII.

461. *Si deux angles* B *et* B' *(fig. 209) ont leurs côtés parallèles,* 1° *leurs plans seront parallèles;* 2° *ils seront égaux si les côtés parallèles sont dirigés dans le même sens ou en sens contraires;* 3° *ils seront supplémentaires si, deux côtés parallèles étant dirigés dans le même sens, les deux autres le sont en sens opposés.*

1° Si nous menons par le point B un plan parallèle à A'B'C', sa trace sur le plan ABA'B' sera parallèle à B'A' (**454**), et coïncidera par conséquent avec BA (**65**); par la même raison, sa trace sur le plan CBC'B' coïncidera avec BC; donc ce plan, contenant les deux droites BA et BC, sé confondra avec le plan ABC (**19**); donc ABC est parallèle à A'B'C'.

2° Supposons que les angles B et B' aient leurs côtés dirigés dans le même sens. Prenons BA = B'A', BC = B'C' ; joignons AC, A'C', BB', AA', et CC'. Ces deux dernières sont égales et parallèles à BB' (**201**), et par conséquent égales et parallèles entre elles : donc le quadrilatère AC' est un parallélogramme, et ainsi AC = A'C'; par conséquent les triangles ABC et A'B'C' sont équilatéraux entre eux ; donc leurs angles homologues B et B' sont égaux.

Les deux autres cas se démontrent comme aux n°^{os} **72** et **73**.

462. Corollaire. *Si deux droites sont parallèles, leurs projections sur un même plan sont parallèles* (**454**).

La réciproque n'est pas vraie ; seulement on peut conclure

que *si les projections de deux droites sur un même plan sont parallèles, leurs plans projetants sont parallèles :* car ces plans sont déterminés par ces projections et par les perpendiculaires élevées par un point de chacune d'elles sur le plan de projection.

D'où l'on voit que *deux droites sont parallèles quand leurs projections sur deux plans qui se coupent sont parallèles :* car les deux plans projetants de l'une sont parallèles aux deux plans projetants de l'autre ; et il est évident que si deux plans parallèles sont coupés par deux autres plans parallèles, les quatre droites qui résultent de leurs intersections sont parallèles ; or, de ces quatre intersections, deux sont les droites proposées.

463. Scolie. Le théorème du n° **255** est vrai pour deux angles situés dans l'espace.

THÉORÈME XIV.

464. *Trois plans parallèles* MN, PQ, RS (fig. 210) *coupent deux droites quelconques* AC, A′C′ *en parties proportionnelles,* c'est-à-dire que l'on aura la proportion

$$\frac{AB}{BC} = \frac{A'B'}{B'C'}.$$

Pour le démontrer, je mène par le point A une parallèle AE à A′C′, et il est clair que les parties AD et DE de cette droite seront respectivement égales à A′B′ et B′C′ (**458**). Or, si l'on conduit un plan par AC et AE, ses traces BD et CE, sur les plans PQ et RS, seront parallèles, et on aura par conséquent

$$\frac{AB}{BC} = \frac{AD}{DE},$$

ou, ce qui revient au même,

$$\frac{AB}{BC} = \frac{A'B'}{B'C'}.$$

465. Scolie. La réciproque de cette proposition n'est pas vraie : car deux points ne suffisent pas pour déterminer un

plan; toutefois, on ne peut faire passer par les points homologues A et A', B et B', C et C' qu'un seul système de trois plans
parallèles. Menons en effet par le point A une parallèle à A'C',
et prenons sur cette droite des parties AD = A'B' et DE = B'C',
les trois droites AA', DB' et EC' seront parallèles (201) et les
deux droites BD et CE le seront aussi, puisqu'elles divisent AC
et AE en parties proportionnelles. Donc le plan BDB' sera parallèle au plan CEC' (461) et à celui qui passera par AA' et la parallèle AF à BD. Mais on voit qu'il n'y a que ce système de trois
plans parallèles qui puisse passer par les points A et A', B et B',
C et C' : car le plan moyen devant couper AE dans le même
rapport que AC et que A'C', passe nécessairement par le point
D, et coïncide ainsi avec BDB'.

466. COROLLAIRE I. *Deux plans parallèles coupent un système
de droites issues du même point en parties proportionnelles.*

467. COROLLAIRE II. *Si l'on partage en parties proportionnelles
plusieurs droites issues du même point et terminées au même plan,
les points de division se trouveront dans un même plan parallèle à
celui-ci.*

PROBLÈME I.

468. *Par un point donné mener une perpendiculaire à un plan
donné* MN.

Il y a deux cas à considérer, selon que le point donné sera
situé hors du plan MN ou sur ce plan.

1er CAS. Soit A le point donné hors du plan MN (fig. 205) : répétez la construction indiquée au deuxième cas du n° **437**, ou
mieux, marquez sur le plan MN trois points B, C, D équidistants de A, et joignez ce point A avec le centre du cercle déterminé par les trois B, C, D (**440**).

Si le plan MN est horizontal, on laissera tomber du point A
un fil à plomb sur ce plan, ce qui déterminera le pied de la perpendiculaire demandée.

2e CAS. Soit O le point donné sur le plan MN (fig. 204) : répétez
la construction indiquée au premier cas du n° **437**, ou bien
menez par le point O une parallèle à une perpendiculaire abaissée sur le plan MN.

PROBLÈME II.

469. *D'un point donné* A *abaisser une perpendiculaire sur une droite* BC *située dans le plan* MN (fig. 204).

Abaissez du point A une perpendiculaire AO sur le plan MN, puis du point O une perpendiculaire sur BC et joignez le pied D de celle-ci avec le point A (**442**).

PROBLÈME III.

470. *Trouver la plus courte distance de deux droites* AB, CD (fig. 211), *qui ne sont pas situées dans un même plan.*

Cette plus courte distance de deux droites AB et CD est évidemment une ligne droite (**8**); de plus elle est perpendiculaire aux deux droites AB et CD : car si elle était oblique sur AB, par exemple, elle serait plus longue que la perpendiculaire abaissée sur AB du point où elle coupe CD, ce qui ne se peut. Il s'agit donc de mener une perpendiculaire commune aux deux droites AB et CD.

Pour cela, je mène, par un point quelconque de CD, une parallèle CF à AB; et d'un point quelconque B de celle-ci, j'abaisse la perpendiculaire BG sur le plan de l'angle FCD; par le point G je tire GI parallèlement à CF, et par conséquent à AB; et, par le point I, IK parallèlement à BG. Cette droite IK est perpendiculaire aux deux droites AB et CD : car elle est perpendiculaire au plan FCD, puisqu'elle est parallèle à BG (**445**); donc elle est perpendiculaire à CD et à IG, et partant à AB.

Je dis maintenant que le problème n'admet qu'une solution. En effet, toute perpendiculaire commune à AB et à CD sera perpendiculaire au plan FCD, puisqu'elle sera perpendiculaire à CD et à la parallèle menée par son pied à AB dans ce plan : donc elle sera dans le plan ABGI, qui est le lieu de toutes les perpendiculaires abaissées des différents points de AB sur le plan FCD (**452**) : donc elle devra rencontrer CD au point I, et par conséquent coïncider avec KI (**51**); donc KI est la seule perpendiculaire que l'on puisse mener à la fois sur AB et sur CD.

471. SCOLIE. Les deux droites AB et CD, qui ne se rencontrent pas, ont cependant, l'une à l'égard de l'autre, une certaine *inclinaison* que l'on mesure par l'angle que font entre elles deux parallèles menées à chacune de ces droites par un même point de l'espace, ou, plus simplement, par l'angle que forme l'une d'elles avec une parallèle menée à l'autre par l'un de ses points. Ainsi l'angle FCD est la mesure de l'inclinaison des deux droites AB et CD.

472. Quant à l'*inclinaison* d'une droite AB sur un plan MN (fig. 212), on doit évidemment prendre pour sa mesure le plus petit des angles qu'elle forme avec les différentes droites que l'on peut mener dans ce plan par le point B, où elle le perce. Or, cet angle *minimum* est celui même que la droite dont il s'agit fait avec sa projection sur ce plan. En effet, pour avoir la projection de AB sur MN, j'abaisse de l'un quelconque de ses points une perpendiculaire AO sur ce plan, et je joins BO (**451**). Cela posé, soit BC une droite quelconque menée par le point B dans le plan MN. Je prends BC = BO et je joins AC. Les deux triangles ABO et ABC ont le côté commun AB, le côté BO = BC, et le troisième côté AO du premier est plus petit que le troisième côté AC du second : donc l'angle ABO est plus petit que ABC (**187**); donc

L'INCLINAISON *d'une droite sur un plan a pour mesure l'angle qu'elle fait avec sa projection sur ce plan.*

473. PROBLÈMES A RÉSOUDRE. 1° *Quel est le lieu de tous les points équidistants de deux points donnés ?*

2° *Quel est le lieu de tous les points équidistants d'une circonférence donnée?*

3° *Démontrer que tout plan parallèle à deux côtés opposés d'un quadrilatère* GAUCHE([1]) *coupe les deux autres côtés en parties proportionnelles, et que réciproquement toute droite qui coupe en parties proportionnelles deux côtés opposés d'un quadrilatère gauche est dans un plan parallèle aux deux autres côtés ?*

([1]) On appelle ainsi un quadrilatère dont les quatre côtés ne sont pas dans un même plan

4° *Prouver que deux droites parallèles sont également inclinées sur un même plan.*

CHAPITRE II.

DES ANGLES DIÈDRES ET POLYÈDRES.

474. *On appelle* ANGLE DIÈDRE *la portion indéfinie de l'espace comprise entre deux plans qui se coupent, et sont terminés à leur ligne d'intersection.* Cette droite se nomme: l'*arête* de l'angle dièdre, et les deux plans qui le comprennent en sont les *faces*. Ainsi, la droite BC est l'arête de l'angle dièdre ABCD, et les plans AC et BD en sont les faces (fig. 213). On désigne, comme on voit, un angle dièdre par *quatre* lettres, dont les deux extrêmes indiquent des points quelconques de ses faces, et dont les deux moyennes appartiennent à l'arête. Quelquefois même on dénomme un angle dièdre seulement par les deux lettres placées sur son arête; mais il faut, pour cela, que cette arête ne soit pas commune à d'autres angles dièdres. Ainsi, dans la figure 213 on dira très-bien l'angle dièdre BC pour désigner l'angle formé par les deux plans AC et BD.

On peut concevoir que, les deux plans coïncidant d'abord, l'un d'eux se mette à tourner autour de la droite BC; il engendrera ainsi un angle dièdre, dont la grandeur dépendra de l'écartement des deux plans.

475. Si par un point quelconque G de l'arête de l'angle dièdre BC on mène dans chacune de ses faces les perpendiculaires GF et GI à cette arête, elles formeront un angle FGI, que l'on nomme *l'angle rectiligne correspondant à l'angle dièdre* BC, et cet angle est le même, quelle que soit la position de son sommet G sur l'arête. On voit en effet que, si l'on fait la même construction pour tout autre point L de cette arête, l'angle KLO sera égal à FGI, puisqu'ils auront leurs côtés parallèles et dirigés dans le même sens.

THÉORÈME I.

476. *Deux angles dièdres* BC *et* B'C' (fig. 213) *sont égaux lorsque leurs angles rectilignes correspondants* FGI *et* F'G'I' *sont eux-mêmes égaux.*

En effet, on pourra superposer les deux angles égaux FGI et F'G'I' de manière qu'ils coïncident parfaitement, et alors les arêtes BC et B'C', qui sont respectivement perpendiculaires aux plans de ces angles (433), coïncideront (437); les deux droites F'G' et B'C' étant ainsi placées sur FG et sur BC, le plan A'C' se confondra avec le plan AC; il en sera de même du plan B'D' à l'égard de BD, et par conséquent les deux angles dièdres BC et B'C' coïncideront : donc ils sont égaux.

THÉORÈME II.

477. Réciproquement, *si deux angles dièdres* BC *et* B'C' (fig. 213) *sont égaux, leurs angles rectilignes correspondants* FGI *et* F'G'I' *seront aussi égaux.*

On pourra placer, en effet, ces deux angles dièdres de manière qu'ils se recouvrent parfaitement, et que le point G' soit sur G. Mais alors les perpendiculaires F'G' et FG aux arêtes B'C' et BC, coïncideront. Il en sera de même des droites G'I' et GI, de sorte que l'angle F'G'I' se confondra avec FGI : donc ces angles sont égaux.

478. *Un plan* AB *est* PERPENDICULAIRE *sur un autre* MN *lorsqu'il forme avec lui deux angles dièdres adjacents égaux* ACBM *et* ABCN (fig. 214). *On dit alors que ces angles dièdres sont* DROITS.

THÉORÈME III.

479. *L'angle rectiligne correspondant à un angle dièdre droit est aussi droit.*

On voit en effet que, si par le point G (fig. 214) on mène dans les plans MN et AB les perpendiculaires IK et FG à l'arête BC, les angles rectilignes FGI et FGK, correspondants aux angles dièdres égaux ACBM et ABCN, seront égaux, et par conséquent seront droits.

THÉORÈME IV.

480. Réciproquement, *si l'angle rectiligne* **FGI** (fig. 214), *correspondant à l'angle dièdre* ACBM, *est droit, cet angle dièdre sera aussi droit.*

Car l'angle FGK, adjacent à FGI, sera droit; donc les deux angles dièdres ACBM et ABCN, qui leur correspondent, seront égaux, et seront par conséquent droits.

481. Corollaire. *Tout plan* AB *conduit suivant une perpendiculaire* FG *à un autre plan* MN, *est perpendiculaire à celui-ci.*

THÉORÈME V.

482. *Si deux plans* AB *et* MN (fig. 214) *sont perpendiculaires entre eux, et que l'on mène dans le premier une perpendiculaire* FG *à leur intersection* BC, *cette droite sera perpendiculaire au second.*

Élevons, en effet, dans le plan MN la perpendiculaire GK sur l'intersection BC; l'angle FGK sera le rectiligne correspondant à l'angle dièdre ABCN, et sera par conséquent droit; donc la ligne FG, perpendiculaire aux deux droites BC et GK menées par son pied dans le plan MN, sera perpendiculaire à ce plan.

THÉORÈME VI.

483. Réciproquement, *si deux plans* AB *et* MN (fig. 214) *sont perpendiculaires entre eux, et que par un point quelconque* G *de leur intersection on élève une perpendiculaire* GF *sur le second, cette droite sera située dans le premier.*

En effet, si par le point G je mène dans le premier plan AB une perpendiculaire à l'intersection BC, elle sera perpendiculaire au second plan MN (482); donc elle coïncidera avec GF (437); donc la droite GF est située dans le premier plan AB.

THÉORÈME VII.

484. *Si deux plans* AB *et* CD (fig. 214) *qui se coupent sont perpendiculaires à un troisième* MN, *leur commune intersection* FG *est perpendiculaire à ce troisième plan.*

Car, si par le point G commun aux trois plans, on élève une

perpendiculaire au plan MN, elle devra se trouver à la fois dans les deux plans AB et CD (483); donc elle sera leur intersection même FG.

THÉORÈME VIII.

485. *Si une droite* AB *est perpendiculaire à un plan* PQ (fig. 215), *la projection* BA' *de cette droite sur un plan quelconque* MN *sera perpendiculaire à la trace* QR *du plan dont il s'agit sur le plan de projection.*

Car, puisque la droite AB est perpendiculaire au plan donné PQ, son plan projetant ABA' est perpendiculaire à celui-ci (481); mais il l'est aussi au plan de projection MN (452). Ainsi, le plan donné PQ et le plan de projection MN étant perpendiculaires au plan projetant de la droite, leur commune section, c'est-à-dire la trace QR du plan donné, sera perpendiculaire à ce plan projetant ABA' (484), et partant à la projection BA' de la droite, qui est une ligne tracée dans ce plan.

486. SCOLIE. La réciproque n'est pas vraie; on peut dire seulement que *si la projection* BA' *d'une droite sur un plan* MN *est perpendiculaire à la trace* QR *d'un plan donné* PQ *sur celui-ci, le plan projetant de la droite est perpendiculaire au plan donné.* En effet, cette trace QR est perpendiculaire au plan projetant de la droite (482); donc le plan donné est perpendiculaire à ce plan projetant (481).

Il suit de là que, *lorsque les projections d'une droite sur deux plans qui se coupent sont perpendiculaires aux traces d'un plan sur ces deux-là, la droite est perpendiculaire à ce plan;* car, les deux plans projetants de la droite étant perpendiculaires à ce plan, leur commune section, c'est-à-dire cette droite, l'est aussi.

THÉORÈME IX.

487. *Deux angles dièdres* ABCD *et* EFGH *sont proportionnels à leurs angles rectilignes correspondants* IKL *et* MNO (fig. 216).

Il peut se présenter deux cas, suivant que les angles IKL et MNO seront commensurables ou qu'ils ne le seront pas.

1° *Supposons que les angles* IKL *et* MNO *soient commensurables,*

et que leur commune mesure soit contenue 5 fois dans le premier et 3 fois dans le second ; le rapport des deux angles IKL et
MNO sera donc $\frac{5}{3}$. Si par les droites de division et les arêtes BC
et FG on fait passer des plans, on aura partagé les angles dièdres ABCD et EFGH respectivement en 5 et en 3 parties égales ;
et, comme les parties du premier sont égales à celles du second
(76) (car il en est ainsi des subdivisions des angles IKL et
MNO), on voit que le rapport de ABCD à EFGH est aussi $\frac{5}{3}$; donc

$$\frac{ABCD}{EFGH} = \frac{IKL}{MNO}.$$

2° *Supposons que les angles* IKL *et* MNO *soient incommensurables*
(fig. 217). Je partage l'angle MNO en un nombre quelconque de
parties égales, et je porte l'une de ces parties sur IKL autant de
fois qu'elle pourra y être contenue : soit QKL le reste que je trouverai ainsi ; je fais passer un plan par la droite QK et par l'arête
BC, et comme les angles IKQ et MNO sont commensurables, etc.

THÉORÈME X.

488. *Un angle dièdre a pour mesure l'angle rectiligne correspondant.*

Mesurer un angle dièdre , c'est chercher le rapport de cet
angle à un autre angle dièdre pris pour unité. Si donc A est
l'angle dièdre à mesurer et D l'unité d'angle dièdre , la mesure
de A sera le rapport de A à D. Mais nous venons de voir que
deux angles dièdres sont proportionnels à leurs angles rectilignes correspondants : si donc B et C représentent ces angles
rectilignes, le rapport $\frac{A}{D}$ sera le même que celui $\frac{B}{C}$; et par conséquent ce dernier sera la mesure de A. Or, *si l'on convient* de
prendre l'angle C pour unité d'angle rectiligne, le rapport $\frac{B}{C}$
sera la mesure de l'angle B : donc la mesure de l'angle B sera
aussi celle de l'angle dièdre A ; donc *un angle dièdre a pour mesure son angle rectiligne correspondant* [1], en attachant à cette

_____

[1] On pourrait demander si un angle dièdre peut avoir pour mesure un an-

manière de s'énoncer le sens que nous avons expliqué au n° **111**. On voit que si l'on prend respectivement l'angle dièdre droit et l'angle rectiligne droit pour unités, la mesure d'un angle dièdre pourra être exprimée en degrés, minutes et secondes.

489. Scolie. Si l'on compare les énoncés des théorèmes **106**, **107**, **109** et **110**, à ceux des propositions **476**, **477** et **488**, on verra que l'angle rectiligne correspondant à un angle dièdre est, à l'égard de cet angle dièdre, ce qu'est à l'égard d'un angle rectiligne l'arc compris entre ses côtés, et décrit de son sommet comme centre.

Remarquons encore que, les angles dièdres étant dans l'espace ce que sont les angles rectilignes sur le plan où ils sont tracés, on peut en conclure que, *quand deux plans se coupent, les angles dièdres adjacents valent ensemble deux angles dièdres droits, et que ceux qui sont opposés par l'arête sont égaux;* que,

---

gle rectiligne autre que celui qui est formé par deux perpendiculaires menées dans chaque face sur l'arête et au même point. Si cela était, il faudrait d'abord que les deux côtés de cet angle fussent également inclinés sur l'arête; car l'angle dièdre et l'angle rectiligne qui lui sert de mesure devant varier dans le même rapport, il faut nécessairement que le second devienne nul en même temps que le premier. Cela posé, considérons les trois angles dièdres ABCQ, QBCD et ABCD (fig. 217), et supposons qu'ayant tracé dans leurs faces les droites KI, KQ et KL, on ait les deux proportions,

$$\frac{ABCQ}{ABCD} = \frac{IKQ}{IKL}, \qquad \frac{QBCD}{ABCD} = \frac{QKL}{IKL};$$

on en tirera

$$\frac{ABCQ+QBCD}{ABCD} = \frac{IKQ+QKL}{IKL}.$$

Mais ABCQ + QBCD = ABCD; donc

$$IKL = IKQ + QKL,$$

ce qui exige que les trois droites KI, QK et KL soient dans un même plan, sans quoi on pourrait les regarder comme étant les arêtes d'un angle trièdre, et l'on aurait en conséquence (496) IKL < IKQ + QKL. Cela posé, si l'on prend les trois distances égales KI, KQ et KL, et que l'on joigne BI, BQ et BL, ces trois dernières lignes seront trois obliques égales menées du point B sur le plan KIQL, car les triangles BKI, BKQ et BKL ont un angle égal compris entre côtés égaux. Donc la perpendiculaire abaissée du point B sur ce plan tombera en K, et coïncidera ainsi avec BK. Donc, pour que l'angle IKL puisse servir de mesure à l'angle dièdre ABCD, il faut que ses côtés soient perpendiculaires à l'arête de cet angle dièdre.

quand deux plans parallèles sont coupés par un troisième, les an-
gles dièdres alternes-internes, ou alternes-externes, ou correspon-
dants, sont égaux, etc. Il suffirait, pour le démontrer, de mener
un plan perpendiculaire à l'arête de l'un des angles dièdres que
l'on compare.

On devra observer toutefois que *les réciproques de ces der-*
nières propositions ne sont vraies qu'autant que les angles dièdres
dont il s'agit ont leurs arêtes parallèles ; car deux plans qui ne
sont pas parallèles peuvent très-bien former des angles égaux
avec un troisième.

490. *On appelle* ANGLE POLYÈDRE *la portion indéfinie de l'espace*
comprise entre plusieurs plans qui passent par le même point, et
qui se terminent à leurs communes intersections (fig. 218). Ce
point est le *sommet* de l'angle polyèdre, ces intersections en sont
les *arêtes*, et les angles plans que chacune forme avec la suivante en sont les *faces*. Ainsi S est le sommet de l'angle polyèdre
SABCDE ; les droites SA, SB, SC, SD, SE sont ses arêtes, et les
angles ASB, BSC, CSD, DSE, ESA sont ses faces. On désigne,
comme on voit, un angle polyèdre par la lettre du sommet sui-
vie de celles qui sont placées respectivement sur un point de
chaque arête. Souvent aussi on le dénomme par la lettre seule
de son sommet ; mais il faut pour cela que ce sommet ne soit
pas commun à d'autres angles polyèdres. Ainsi, dans la figure 218, nous dirons très-bien l'angle S pour désigner l'angle
polyèdre SABCDE.

491. Si une ligne droite, tracée d'une manière quelconque,
ne peut rencontrer la surface d'un angle polyèdre en plus de
deux points, on dit que cet angle polyèdre est *convexe* ou à
angles dièdres saillants ; dans le cas contraire, il est dit *concave*
ou à *angles dièdres rentrants*. L'angle S de la figure 218 est convexe, et celui T de la figure 219 est concave. Les angles dièdres
saillants de ce dernier sont TA, TB, TD, TE, TF, TG, et il n'y a
qu'un angle dièdre rentrant TC. Cet angle rentrant vaut quatre
angles dièdres droits, moins l'angle dièdre BTCD, qui nous présente son ouverture.

492. Quand nous parlerons d'un angle polyèdre, il s'agira toujours d'un angle convexe, à moins que nous n'exprimions le contraire.

493. On distingue les angles polyèdres d'après le nombre de leurs faces ou de leurs angles dièdres, et on leur a donné des noms qui désignent précisément le nombre de ces faces ou de ces angles dièdres. Ainsi on appelle

angle trièdre ou simplement *trièdre* l'angle
          polyèdre qui a............. 3 faces,
angle tétraèdre, un angle polyèdre qui a..... 4
angle pentaèdre........................ 5
angle hexaèdre........................ 6
etc.

Remarquons que *le trièdre est le plus simple des angles po-lyèdres*, et que l'on peut partager un angle polyèdre quelconque en trièdres, comme on partage un polygone en triangles.

Théorème XI.

494. *Si d'un point S', pris dans l'INTÉRIEUR d'un trièdre S* (fig. 220), *on abaisse sur ses faces* ASB, ASC *et* BSC *les perpendiculaires respectives* S'C', S'B' *et* S'A', *et que par ces perpendiculaires prises deux à deux on fasse passer des plans, on formera un second trièdre* S', *et les deux trièdres* S *et* S' *jouiront de ces deux propriétés,* 1° *que les arêtes de chacun seront perpendiculaires aux faces de l'autre;* 2° *que les faces de chacun seront les suppléments des angles dièdres de l'autre.*

1° On voit que l'arête SA, par exemple, est perpendiculaire à la face B'S'C', dont les arêtes sont supposées perpendiculaires aux faces ASB et ASC adjacentes à SA; car le plan B'S'C' est perpendiculaire à la fois aux deux plans ASB et ASC (**481**), et par conséquent à leur commune section SA (**484**).

2° Je dis que *l'angle dièdre* C'S'B'A', *dont l'arête* S'B' *est perpendiculaire au plan de la face* ASC, *a cette face pour supplément.* En effet, cette arête étant perpendiculaire aux traces AB' et B'C des faces C'S'B' et A'S'B' sur le plan ASC, l'angle AB'C est le rectiligne correspondant à l'angle dièdre S'B'; mais la somme des angles du quadrilatère convexe SAB'C (on a pu choisir le point S' de manière que les perpendiculaires issues de ce point tombent sur les faces de S et non sur leurs prolongements) vaut quatre droits; et comme les angles A et C sont droits, puisque les arêtes SA et SC sont perpendiculaires aux faces B'S'C' et B'S'A', on voit que les angles ASC et AB'C sont supplémentaires.

495. Scolie. Les deux trièdres S et S' sont dits *supplémentaires* l'un de l'autre, parce que chaque face de l'un est le supplément de celui des angles dièdres de l'autre dont l'arête est perpendiculaire au plan de cette face.

Remarquons que ces trièdres seraient encore supplémentaires, quelle que fût la position du sommet S', si les arêtes de ce dernier étaient encore dirigées dans le même sens par rapport aux faces du trièdre S; car on pourrait regarder cet angle S' comme étant le trièdre supplémentaire de S, que l'on aurait transporté dans l'espace (499).

THÉORÈME XII.

496. *Dans tout trièdre une face quelconque est plus petite que la somme des deux autres et plus grande que leur différence* (fig. 221).

1° Soit ASC la plus grande des trois faces : je dis que ASC $<$ ASB + BSC.

Traçons, en effet, dans le plan de la face ASC la droite SD qui fasse avec SC un angle DSC = BSC, et tirons la droite AC d'un point quelconque de SA à un autre point quelconque de SC. Cette droite coupera SD en un certain point D. Prenons ensuite SB = SD, et joignons BA et BC. Le triangle BSC est égal à DSC : donc DC = BC. Or la droite AC est plus petite que la ligne brisée ABC : donc, en retranchant d'une part DC, et de l'autre son égale BC, il restera AD $<$ AB. Mais le côté SA est commun aux deux triangles ASD et ASB, et SD = SB : donc l'angle ASD, opposé au côté AD, est plus petit que l'angle ASB opposé au côté correspondant AB. Si donc on ajoute au premier l'angle DSC, et au second l'angle égal BSC, on aura ASD + DSC ou ASC $<$ ASB + BSC, ce qu'il fallait démontrer.

2° La seconde partie du théorème est une conséquence nécessaire de la première.

THÉORÈME XIII.

497. *Dans tout angle polyèdre* CONVEXE S *la somme des faces est plus petite que quatre droits* (fig. 218).

Coupons l'angle polyèdre proposé S par un plan qui rencontre toutes ces arêtes (¹), et soit ABCDE le polygone formé par les traces de ce plan sur les faces de S. Prenons dans l'intérieur de ce polygone un point quelconque O, et joignons-le à tous les sommets A, B, C, D, E : nous formerons autour de ce point autant de triangles qu'il y en a autour de S, de sorte que la somme des angles des uns sera égale à celle des angles des autres ; par conséquent, si l'on démontre que la somme des angles à la base des premiers triangles est moindre que la somme des angles à la base des seconds, on devra en conclure que, par compensation, la somme des angles autour du sommet S sera moindre que celle des angles autour du sommet O ; et, comme celle-ci vaut quatre droits, le théorème se trouvera ainsi démontré.

Or, au point A nous avons un trièdre formé par les plans SAE, EAB et BAS ; donc, en vertu du théorème précédent, l'angle EAB, c'est-à-dire EAO + OAB, est moindre que SAE + SAB. On verra de même que ABO + OBC < SBA + SBC, et ainsi de suite : donc la somme des angles à la base de tous les triangles dont le sommet est en O est plus petite que la somme des angles à la base des triangles dont le sommet est en S. Ainsi dans tout angle polyèdre convexe la somme des faces est moindre que quatre angles droits.

(¹) La chose sera toujours possible. Prolongeons, en effet, les plans de deux faces non adjacentes jusqu'à leur rencontre, nous formerons un angle dièdre dans lequel l'angle polyèdre sera compris ; car, puisqu'il est convexe, le plan d'aucune de ses faces ne peut rencontrer sa surface. Si donc on mène par l'arête de cet angle dièdre un plan qui lui soit extérieur, les arêtes de l'angle S seront toutes situées d'un même côté de ce plan, de sorte qu'en faisant passer par un point de l'une de ces arêtes un plan parallèle à celui-ci, il coupera toutes les autres arêtes.

Cette démonstration exige bien que l'angle S soit convexe : car, si l'angle dièdre SB, par exemple, était rentrant, au lieu d'avoir $ABO + OBC < SBA + SBC$, on aurait $4 — (ABO + OBC) < SBA + SBC$; ainsi le théorème ne serait plus vrai.

THÉORÈME XIV.

498. *La somme des angles dièdres d'un trièdre quelconque est plus grande que* DEUX *droits, et plus petite que* SIX *droits.*

Construisons, en effet, le trièdre S' supplémentaire du trièdre proposé S. La somme des angles dièdres de celui-ci, augmentée de celle des faces de l'autre, formera *six* droits : donc la somme de ces angles dièdres est moindre que *six* droits. D'un autre côté, la somme des faces de S' est moindre que quatre droits : donc la somme des angles dièdres de S est plus grande que *deux* droits, puisque ces deux sommes réunies forment six droits.

THÉORÈME XV.

499. *Si deux trièdres* S *et* S' *(fig. 223) ont leurs faces égales chacune à chacune,* savoir : $ASC = A'S'C'$, $ASB = A'S'B'$, *et* $BSC = B'S'C'$, *leurs angles dièdres homologues*, c'est-à-dire ceux qui sont opposés à des faces égales, *sont égaux.*

Prenons sur les arêtes des deux trièdres les six distances égales SA, SB, SC, S'A', S'B', S'C' et joignons AB, AC, BC, A'B', A'C', B'C'. Nous formerons ainsi six triangles *isocèles* égaux chacun à chacun **(181)** : donc $AB = A'B'$, $BC = B'C'$ et $AC = A'C'$, d'où il suit que les triangles ABC et A'B'C' sont égaux et que par conséquent leurs angles homologues le sont aussi. Cela posé, pour démontrer que l'angle dièdre SA, par exemple, est égal à S'A', je mène par un point quelconque E de son arête un plan GEF qui lui soit perpendiculaire et les traces de ce plan sur ceux des faces ASB et ASC formeront l'angle rectiligne correspondant au dièdre SA. Je prends ensuite $A'E' = AE$ et je mène de même par le point E' un plan G'E'F' perpendiculaire à S'A'. Il s'agit de prouver que l'angle $GEF = G'E'F'$. Or, j'observe d'abord que les côtés de ces angles étant respectivement perpendiculaires à SA et à S'A' rencontreront nécessairement AB et AC en F

et en G, A'B' et A'C' en F' et en G' (64); je tire donc FG et F'G'
et je forme ainsi deux triangles EFG et E'F'G' que je dis être
égaux (189). En effet, les triangles EAG et E'A'G' sont égaux
(185), donc EG = E'G' et AG = A'G'. Par une raison semblable,
EF = E'F' et AF = A'F'; donc les triangles AFG et A'F'G' ont un
angle égal compris entre côtés égaux chacun à chacun, donc
FG = F'G', et par conséquent l'angle FEG = F'E'G'.

THÉORÈME XVI.

500. *Deux trièdres sont égaux lorsqu'ils ont leurs faces égales
chacune à chacune et* SEMBLABLEMENT DISPOSÉES (¹)(fig. 223).

Portons, en effet, le trièdre S' sur le trièdre S, en plaçant la
face A'S'B' sur son égale ASB de manière que leurs arêtes homologues coïncident. Alors le plan de la face A'S'C' tombera
sur celui de ASC, puisque les deux angles dièdres SA et S'A' sont
égaux (499); et que, les faces homologues étant senblablement
disposées, les arêtes SC et S'C' doivent se trouver d'un même
côté du plan commun ASB ; mais l'angle A'S'C' = ASC; donc
l'arête S'C' se dirigera suivant SC, et les deux faces B'S'C' et BSC
coïncideront nécessairement.

501. SCOLIE I. Si les faces homologues n'étaient pas semblablement disposées, il arriverait que, quand on aurait superposé
les faces A'S'B' et ASB, en plaçant S'A' sur SA et S'B' sur SB, il
arriverait, dis-je, que les arêtes S'C' et SC se trouveraient de
part et d'autre du plan ASB, de sorte que la coïncidence des deux
trièdres n'aurait plus lieu. En vain voudrait-on renverser le trièdre S' sens dessus dessous, et placer S'A' sur SB et S'B' sur SA,
afin de ramener les deux arêtes S'C' et SC d'un même côté du
plan ASB : car alors le dièdre S'A' répondrait au dièdre SB; et,
comme ces dièdres sont inégaux aussi bien que les faces A'S'C'
et BSC, il serait toujours impossible de faire coïncider les trièdres S et S', bien que toutes leurs parties homologues soient éga-

---

(¹) C'est-à-dire que si l'on place deux faces égales l'une sur l'autre, en faisant
coïncider leurs arêtes homologues, les deux arêtes restantes seront situées d'un
même côté de la face commune.

les. On dit alors que les deux trièdres sont *symétriques*. Ainsi, nous appellerons TRIÈDRES SYMÉTRIQUES *deux trièdres qui auront toutes leurs parties constituantes égales chacune à chacune, mais disposées dans un ordre* INVERSE.

On forme immédiatement le trièdre symétrique d'un trièdre donné en prolongeant les arêtes de celui-ci, et prenant pour ses faces les angles plans opposés par le sommet à celles de ce trièdre. On voit, en effet, que si l'on fait faire une demi-révolution à l'angle B'SA' dans son plan et autour de son sommet S (fig. 224), ses côtés SA' et SB' viendront s'appliquer respectivement sur SA et SB, mais que les arêtes SC' et SC resteront de part et d'autre du plan commun.

Soit SC'' la position qu'occupe alors l'arête SC'. Je dis que les deux arêtes SC et SC'' sont situées dans un plan perpendiculaire à ASB, et sont également inclinées sur ASB. Prenons, en effet, SC'' = SC, et joignons CC'' : il suffira de démontrer que le plan ASB est perpendiculaire sur le milieu de CC'' (**481** et **472**). Pour cela, je joins les points C et C'' avec deux points quelconques A et B des arêtes SA et SB, ce qui forme les triangles égaux CSA et C''SA, CSB et C''SB (**181**) : donc CA = C''A, et CB = C''B ; donc, si l'on joint le milieu O de CC'' avec les points S, A, B, les trois droites SO, AO et BO seront perpendiculaires à CC'' (**61**), et par conséquent détermineront un plan perpendiculaire sur le milieu de CC'' (**435**). Mais ce plan n'est autre que ASB : donc, etc.

On voit par là que les deux trièdres SABC et S''ABC sont *symétriquement* placés de part et d'autre du plan ASB, et voilà pourquoi Legendre les a appelés *angles trièdres* SYMÉTRIQUES ([1]).

On conçoit que deux angles polyèdres quelconques concaves ou convexes S et S' (fig. 218) peuvent avoir toutes leurs faces consécutives égales chacune à chacune, savoir : ASB = A'S'B', BSC=B'S'C', CSD=C'S'D', etc., mais disposées dans un ordre

([1]) Deux points sont dits symétriques par rapport à une droite ou à un plan, lorsque cette droite ou ce plan est perpendiculaire sur le milieu de la droite qui les unit. Si deux corps sont tels que tous les points de l'un soient les symétriques de ceux de l'autre, on dit que ces corps sont symétriques. Un corps et son image sont symétriques.

inverse, et leurs angles dièdres homologues (ceux qui sont compris entre des faces égales), SA et S'A', SB et S'B', SC et S'C', etc., égaux. Alors, si l'on place la face A'S'B', par exemple, sur son égale ASB, en faisant coïncider leurs arêtes homologues, toutes les autres arêtes homologues des deux angles S et S' seront situées de part et d'autre du plan commun ASB, de sorte que ces deux angles polyèdres ne pourront pas coïncider, bien que toutes leurs parties constituantes soient égales. Nous dirons donc encore qu'ils sont symétriques.

502. Scolie II. Dans les figures planes il n'y a point, à proprement parler, d'égalité par symétrie : car, comme le dit Legendre, toutes celles qu'on voudrait appeler ainsi seraient des égalités absolues ou de superposition. Si l'on abaisse, en effet, de tous les sommets d'un polygone ABCDE (fig. 225), des perpendiculaires sur une droite quelconque XY, tracée dans son plan, qu'on prolonge chacune d'elles d'une quantité égale à elle-même, et que l'on joigne deux à deux leurs extrémités, on formera un polygone A'B'C'D'E', qui aura ses angles et ses côtés égaux chacun aux angles et aux côtés du polygone ABCDE, et disposés dans un ordre inverse. Cependant il suffira, pour superposer ces deux polygones, de plier la figure le long de XY. Ainsi, ces polygones sont réellement symétriques par rapport à la droite XY, que l'on appelle en conséquence leur *axe de symétrie ;* mais ils ne sont pas symétriques dans le sens que nous avons attaché à cette expression en parlant des trièdres SABC et SABC'' (fig. 224). C'est qu'en effet on peut prendre indifféremment le dessus pour le dessous d'une figure plane, et *vice versa,* et qu'il n'en est pas ainsi pour les figures qui réunissent les trois dimensions de l'étendue.

Théorème XVII.

503. *Deux trièdres S et S' sont égaux lorsque leurs angles dièdres sont égaux chacun à chacun, et que leurs faces homologues sont semblablement disposées.*

Si l'on construit, en effet, les deux trièdres supplémentaires T et T' des trièdres S et S', ils auront leurs faces homologues égales chacune à chacune (494), et par conséquent leurs angles dièdres homologues égaux chacun à chacun (499) : donc les trièdres S et S' auront ainsi leurs faces homologues égales et, par hypothèse, semblablement disposées ; donc ils sont égaux.

Théorème XVIII.

504. *Deux trièdres sont égaux lorsqu'ils ont un angle dièdre. égal compris entre deux faces égales chacune à chacune et semblablement disposées.*

Répétez ici la démonstration du n° **500.**

Théorème XIX.

505. *Deux trièdres sont égaux lorsqu'ils ont une face égale adjacente à deux angles dièdres égaux chacun à chacun, et que leurs faces homologues sont semblablement disposées.*

La démonstration est analogue à celle du n° **500.**

506. Scolie. Si les éléments dont l'égalité constitue celle des deux trièdres étaient disposés dans un ordre inverse, ces deux trièdres seraient symétriques. On conçoit, en effet, que si l'on construit le symétrique du premier de ces trièdres, il sera égal au second, en vertu de l'un de nos trois derniers théorèmes.

Théorème XX.

507. *Pour qu'avec trois angles plans donnés on puisse construire un angle trièdre, il faut et il suffit que leur somme soit moindre que quatre angles droits, et que le plus grand soit plus petit que la somme des deux autres.*

Ces conditions sont nécessaires, en vertu des théorèmes 496 et 497 ; ainsi il s'agit de démontrer qu'elles sont suffisantes.

Traçons sur un plan trois angles C'SA, ASB et C"SB égaux aux trois angles donnés (fig. 226), et supposons que ASB soit le plus grand. Je décris du point S comme centre et avec un rayon arbitraire l'arc C'A'B'C" : l'arc A'B' sera plus grand que chacun des arcs C'A' et C"B' et plus petit que leur somme ; si donc on abaisse des points C' et C" des perpendiculaires C'AM et C"BN sur SA et sur SB, le point M sera situé entre A' et B', et le point N entre A' et M, de sorte que les cordes C'M et C'' N se couperont dans l'intérieur de la circonférence. Donc C'A > AO. Par conséquent, si au point O on élève une perpendiculaire OC au plan ASB, et que dans le plan déterminé par cette droite et par AO on décrive un arc de cercle du centre A avec le rayon AC', cet arc coupera cette perpendiculaire en un point C, et je dis qu'en faisant passer des plans par ce point et par les droites SA et SB, on formera un angle trièdre SABC dont les faces seront précisément égales aux trois angles donnés. En effet, les triangles SAC et SAC' ont un angle égal compris entre deux côtés égaux chacun à chacun, car CA est perpendiculaire sur SA (442); donc l'angle ASC est égal à ASC' et SC = SC' = SC''. Il suit de là que les triangles rectangles SBC et SBC'' ont l'hypoténuse égale et un côté égal, et que par conséquent l'angle CSB = C''SB', ce qui achève de démontrer notre proposition.

Théorème XXI.

508. *Deux trièdres symétriques S et S' sont équivalents.*

Prenons, en effet, sur les arêtes du trièdre S (fig. 222) les trois distances égales SA, SB, SC ; menons un plan par les trois points A, B, C ; et abaissons sur ce plan la perpendiculaire SO. Elle ira tomber au centre du cercle qui passerait par ces trois points (468, 2°). Conduisons des plans par cette droite et chacune des trois arêtes SA, SB et SC ; prenons ensuite S'A' = SA, et exécutons sur le trièdre S' la même construction que sur S. Cela posé, les triangles SAC et S'A'C' sont égaux (181); donc AC = A'C'. Par la même raison AB = A'B', et BC = B'C' : donc les triangles ABC et A'B'C' sont superposables, et par conséquent les rayons AO et A'O' des circonférences ABC et A'B'C' sont égaux (80) ; ainsi les triangles isocèles AOC et A'O'C' sont équilatéraux entre eux : on pourra donc les superposer en plaçant les points A' et C' respectivement sur C et sur A : donc la perpendiculaire S'O' au plan A'B'C' prendra la direction SO (437) ; et, comme elles sont égales, puisque les triangles rectangles SAO et S'A'O' ont l'hypoténuse égale et un côté égal, le point S' tombera sur S ; ainsi le trièdre S'O'A'C' coïncidera parfaitement avec SOAC. On démontrerait de même que les trièdes SOAB et S'O'A'B', SOBC et S'O'B'C' sont égaux. Puis donc que le trièdre S' est composé avec les trièdres S'O'A'C', S'O'A'B' et S'O'B'C' comme S l'est avec les trièdres correspondants SOAC, SOAB et SOBC, on doit conclure que les deux trièdres sont équivalents.

THÉORÈME XXII.

509. *Un angle trièdre a pour mesure l'excès de la somme de ses trois angles dièdres sur deux droits.*

Nous prendrons pour unité le *trièdre trirectangle*, dont les trois angles dièdres sont droits. Or, le trièdre trirectangle étant la moitié de l'angle dièdre droit, on voit que si on le prend pour unité, les mesures des dièdres SA, SB et SC seront respectivement 2A, 2B et 2C (fig. 224). Cela posé, prolongeons les trois arêtes du trièdre S en SA', SB' et SC'. On voit immédiatement que la somme des deux trièdres SCBA et SCBA' compose le dièdre CAA'B ; ainsi

$$S + SCBA' = 2A;$$

de même

$$S + SCAB' = 2B.$$

La somme des deux trièdres SCA'B' et SC'A'B' forme le dièdre A'CC'B' ; mais le trièdre SC'A'B' est équivalent à son symétrique S (501 et 508) : donc

$$S + SCA'B' = 2C.$$

Si maintenant on additionne ces trois équations, on verra que la somme de leurs premiers membres se compose de deux fois le trièdre S, et des quatre trièdres S, SCBA', SCAB' et SCA'B', qui, remplissant tout l'espace situé au-dessus du plan ABA'B' et autour de leur sommet commun S, valent quatre trièdres trirectangles c'est-à-dire *quatre unités* : donc on aura

$$2S + 4 = 2A + 2B + 2C ;$$

d'où, en divisant tout par 2, et retranchant ensuite deux unités des deux membres :

$$S = A + B + C - 2.$$

Ainsi *un trièdre a pour mesure l'excès de la somme de ses trois angles dièdres sur deux droits*, c'est-à-dire le rapport de l'excès de la somme de ces dièdres sur deux droits à l'angle droit: car on peut regarder le nombre *abstrait* 2 comme exprimant le rapport de deux droits à l'angle droit.

THÉORÈME XXIII.

510. *Tout angle polyèdre a pour mesure la somme de ses angles dièdres diminuée d'autant de fois deux droits qu'il a de faces, moins deux.*

1° Supposons d'abord que l'angle polyèdre proposé soit convexe. Si, par une arête quelconque de l'un de ses dièdres, et par celles de tous les dièdres non adjacents à celui-ci, on mène des plans, on partagera cet angle polyèdre en autant de trièdres qu'il a de faces, moins deux (**218,1°**); donc sa mesure sera égale à la somme de tous les dièdres de ces trièdres, moins autant de fois deux droits qu'il a de faces, moins deux; mais la somme des angles de tous les trièdres est évidemment égale à la somme des dièdres de l'angle polyèdre proposé; donc enfin *un angle polyèdre convexe a pour mesure la somme de ses angles dièdres diminuée d'autant de fois deux droits qu'il a de faces, moins deux.*

* 2° Si l'angle polyèdre est concave, on l'enfermera facilement dans un angle polyèdre convexe, en menant des plans par les arêtes des faces qui forment les angles rentrants (**218, 2°**); et en retranchant ensuite du nouvel angle polyèdre successivement chacun des trièdres dont on aura augmenté le premier, on reviendra à ce premier. Ainsi, dans la figure 219, on aura conduit un plan par les deux arêtes TB et TD : donc, pour avoir la mesure de l'angle T, il faudra diminuer celle de l'angle TABDEFG de celle du trièdre TBCD, c'est-à-dire de

$$DTBC + BTDC + BTCD - 2 = DTBC + BTDC - C + 2:$$

car l'angle BTCD est égal à quatre droits moins l'angle rentrant C. Mais ABTD — DTBC = B, et BTDE — BTDC = D ; donc enfin *la mesure de l'angle polyèdre primitif sera égale à la somme de ses angles,* diminuée d'autant de fois deux droits qu'il y a de faces, moins deux dans l'angle TABDEFG, moins deux droits, c'est-à-dire *diminuée d'autant de fois deux droits qu'il a de faces, moins deux.*

Comme ce raisonnement pourrait évidemment s'appliquer à chacun des angles rentrants de l'angle polyèdre proposé, notre théorème se trouve ainsi démontré dans tous les cas.

511. Un trièdre est composé de six éléments, savoir trois faces et trois dièdres. Étant donnés *trois* de ces *six* éléments, on peut se proposer de déterminer les trois autres. Nous donnerons plus loin la solution de ce problème. (*Géom. descr.*).

512. THÉORÈMES A DÉMONTRER. 1° *Le lieu de tous les points équidistants de deux plans donnés est le système des deux plans qui divisent en deux parties égales les angles dièdres formés par ces plans.*

2° *Le lieu de tous les points équidistants des trois faces d'un angle trièdre est la droite suivant laquelle se coupent les plans qui divisent ses trois angles dièdres chacun en deux parties égales.*

3° *Dans un trièdre* ISOÈDRE, *c'est-à-dire qui a deux faces égales, les angles dièdres opposés aux faces égales sont égaux ; et réciproquement, si deux angles dièdres d'un trièdre sont égaux, les faces qui leur sont opposées seront égales.*

4° *Dans tout trièdre, le plus grand angle dièdre est opposé à la plus grande face ; et réciproquement, la plus grande face est opposée au plus grand angle dièdre.*

LIVRE VII.

DES SURFACES COURBES.

CHAPITRE PREMIER.

DES DIFFÉRENTES ESPÈCES DE SURFACES COURBES, ET DE LEURS PROPRIÉTÉS GÉNÉRALES.

513. Si l'on fait mouvoir une *ligne* dans l'espace, il pourra arriver, ou qu'elle conserve sa forme en changeant de position, ou qu'elle varie en même temps de forme et de position. Dans les deux cas, on conçoit que cette ligne engendrera ainsi une surface; car il est clair que *le lieu* de toutes ses positions successives partagera l'espace en deux parties auxquelles il servira de *limite*. La nature de la surface ainsi engendrée dépend donc des lois qui règlent à chaque instant la forme de la ligne mobile que l'on nomme la *génératrice* de la surface et sa position dans l'espace.

On voit donc que *toute surface peut être regardée comme engendrée par le mouvement d'une ligne de forme constante ou variable dans l'espace*, et que cette surface sera complétement déterminée lorsqu'on sera en état de construire, pour un point quelconque, la génératrice suivant la forme et la position qu'elle doit avoir en passant par ce point. On détermine ordinairement les positions successives de la génératrice en l'assujettissant à se mouvoir sur une ou plusieurs lignes fixes que l'on appelle *directrices*.

Ainsi nous avons vu que l'on engendrerait un plan en faisant glisser une ligne droite parallèlement à elle-même le long d'une autre droite (**430**). La première est la génératrice, et la deuxième est la directrice. Ici la forme de la génératrice est constante.

Si l'on fait tourner une ligne *quelconque* CMD (fig. 227) autour d'une droite fixe AB, on engendrera une surface que l'on appelle *de révolution*, et la forme de sa génératrice sera encore constante. Mais si l'on observe que dans le mouvement de cette courbe les perpendiculaires abaissées de ses différents points sur *l'axe de révolution* AB décrivent des circonférences qui ont pour centres les points où elles coupent cet axe, on comprendra que l'on pourra encore regarder la surface comme engendrée par une circonférence qui se mouvrait de telle sorte que, son centre étant toujours sur la droite AB et son plan étant toujours perpendiculaire à cette droite, son rayon soit à chaque instant égal à la distance des points où son plan coupe les deux lignes AB et CMD données dans l'espace. Alors la courbe génératrice change en même temps de forme et de position.

514. Si l'on étend à une courbe quelconque la définition que nous avons donnée de la tangente à une circonférence (84), *on appellera* TANGENTE *à une courbe, en un point donné, la limite vers laquelle tend la direction d'une sécante que l'on fait tourner autour de ce point, jusqu'à ce qu'un second point d'intersection vienne coïncider avec le premier.*

Il suit de là qu'on peut considérer la tangente comme une droite qui passe par deux points *infiniment voisins* sur la courbe ou qui a un *élément* de commun avec elle.

Théorème I.

515. *Toutes les tangentes aux différentes courbes que l'on peut tracer sur une surface par l'un de ses points sont dans un même plan, que l'on appelle en conséquence le* PLAN TANGENT *à la surface en ce point.*

En effet, soit M un point quelconque d'une surface (fig. 228), AB la forme et la position de la génératrice quand elle passe par ce point, CD une directrice de AB, et GF une autre courbe *quelconque* tracée par le point M sur la surface. Il est clair que si l'on prouve que la tangente à cette dernière courbe au point M est dans le plan déterminé par les tangentes menées aux deux autres courbes AB et CD en ce même point, notre théorème sera démontré.

Pour y parvenir, considérons la génératrice dans une autre position A'B', et soient M' et N' les points où elle coupe CD et FG. Par les trois points M, M' et N' pris deux à deux, menons les sécantes MM', MN' et M'N', qui seront évidemment dans un même plan. Si l'on suppose maintenant que la génératrice A'B' glisse sur CD, en se rapprochant de AB, elle entraînera dans son mouvement nos trois sécantes, et leur plan tournera en même temps autour de M. Enfin, quand la génératrice sera revenue à la position AB, les points M' et N' coïncideront avec le point M, et les trois sécantes mobiles seront devenues tangentes aux trois courbes respectives CD, GF et AB. Mais ces trois sécantes étaient, pour chaque position de la génératrice, toujours dans un même plan : nous devons donc conclure que, quand elles sont devenues tangentes, elles doivent se trouver encore dans un même plan, lequel est la limite des positions successives de celui des trois sécantes.

516. Comme deux droites qui se coupent suffisent pour déterminer un plan, on voit que, *pour mener un plan tangent à une surface en un point donné, il suffira de construire les tangentes à deux lignes tracées sur la surface par ce point, et de faire passer un plan par ces deux droites:*

517. Il suit du théorème précédent que le plan tangent à une surface peut être considéré comme ayant de commun avec elle un *élément superficiel* formé par l'ensemble de tous les *éléments linéaires* qui sont communs aux courbes passant par le point de contact et à leurs tangentes. On pourra donc regarder une surface courbe comme composée d'une infinité de facettes planes infiniment petites que l'on nomme ses *éléments.*

Il est vrai que l'on substitue ainsi à la surface proposée une *surface polyédrale* dont les faces sont infiniment petites; mais toute propriété qui, dans une pareille surface, sera vraie quelles que soient la grandeur absolue de ces faces et leurs inclinaisons mutuelles, subsistera lorsque le nombre de ses faces deviendra plus grand et qu'elles diminueront de plus en plus, de sorte que la propriété dont il s'agit aura lieu parèillement lorsque l'on passera à la limite, c'est-à-dire quand on considérera la surface courbe proposée.

518. Les surfaces que l'on emploie le plus fréquemment dans les arts sont celles qui ont pour génératrices la ligne droite et la circonférence.

Parmi ces dernières on distingue spécialement celle qui est produite en faisant tourner une ligne quelconque autour d'un axe fixe, et que nous avons nommée *surface de révolution*. Les plans perpendiculaires à l'axe coupent tous la surface suivant des circonférences dont les centres sont sur cet axe, et qui sont généralement inégales. On les nomme des *parallèles*. Les plans qui passent par l'axe coupent la surface suivant des courbes que l'on appelle *méridiennes* et qui sont toutes égales entre elles. Soient, en effet, CMD et CM'D (fig. 227) deux méridiennes quelconques et MQ et M'Q, NR et N'R, PS et P'S,... les traces de leurs plans sur ceux de différents parallèles. Les angles MQM', NRN', PSP'... seront égaux, puisqu'ils correspondent à un même angle dièdre MCDM', et comme MQ = M'Q, NR = N'R, PS = P'S,... on voit que si l'on fait tourner le plan CN'D de la quantité angulaire MQM', tous les points M', N', P'... viendront se rabattre respectivement sur M, N, P,... de sorte que la courbe CM'D recouvrira exactement la courbe CMD.

*519. Le plan tangent à une surface de révolution est perpendiculaire au plan du méridien sur lequel le point de contact est situé. En effet, la tangente menée par ce point au parallèle sur lequel il se trouve est perpendiculaire à l'intersection de ce parallèle et du méridien (85) ; et, comme ces deux plans sont perpendiculaires entre eux, elle est perpendiculaire au méridien (482) : donc le plan tangent lui est perpendiculaire (481).

*520. Il y a deux espèces de surfaces engendrées par une ligne droite : *les surfaces gauches* et *les surfaces développables*. On comprend les unes et les autres sous la dénomination commune de *surfaces réglées*, parce que l'on peut appliquer l'arête d'une règle sur ces surfaces.

*521. Le caractère distinctif des surfaces gauches consiste en ce que deux génératrices consécutives ne sont jamais dans un même plan, de sorte que l'*élément* (516) de la surface compris entre ces deux droites n'est pas plan. C'est un élément courbe qui est *illimité* dans le sens des droites qui le comprennent.

On satisfait très-simplement à cette condition, c'est-à-dire qu'on engendre une surface gauche en faisant glisser une ligne droite sur trois droites qui, prises deux à deux, ne sont pas parallèles à un même plan, ou bien en faisant mouvoir une ligne droite parallèlement à un plan fixe, de manière qu'elle s'appuie constamment sur deux droites situées dans des plans différents et dont aucune n'est parallèle au plan fixe.

Il est d'abord facile de voir que l'une ou l'autre de ces conditions suffit pour régler le mouvement de la génératrice : car si, dans le premier cas, on prend un point quelconque M sur la directrice A (fig. 229), et que par ce point et chacune des deux autres directrices B et C on fasse passer des plans, leur intersection MN rencontrera les deux droites B et C : car, si elle était parallèle à toutes deux, tout plan parallèle au plan AMN serait parallèle à nos trois directrices, ce qui est contraire à l'hypothèse. Réciproquement, toute droite qui, menée par le point M, rencontrera les droites B et C, sera dans nos deux plans, et, par conséquent, coïncidera avec MN.

Pour construire, dans le deuxième cas, la génératrice qui rencontrerait la directrice A en un point quelconque M, menez par ce point un plan parallèle au plan directeur, et joignez le point M avec celui où ce plan auxiliaire rencontrera la deuxième directrice. Ainsi, dans une échelle dont les deux montants ne seraient pas dans un même plan, les échelons, supposés également espacés, seraient les génératrices d'une surface gauche dont ces montants seraient les directrices (465).

Remarquons que, dans ces deux modes de génération, deux génératrices quelconques ne peuvent pas se trouver dans un même plan, sans quoi les directrices seraient aussi situées dans ce plan, ce qui ne se peut.

*522. Les surfaces gauches qui ont pour directrices des

lignes droites, jouissent d'une propriété très-remarquable dont on trouvera la démonstration synthétique dans la *Géométrie descriptive* de M. Leroy, celle de pouvoir être engendrées par une droite de deux manières différentes. Ainsi, que parmi toutes les droites qui s'appuient sur les trois directrices A, B, C, on en choisisse trois à volonté A', B', C', et que l'on fasse mouvoir une ligne droite sur ces trois dernières : elle engendrera encore la même surface. D'où il suit, comme l'observe Monge, que cette surface pourrait s'exécuter comme un tissu. Les fils de la chaîne seraient toutes les génératrices de l'un des modes de génération, et ceux de la trame seraient les génératrices de l'autre.

*523. Si une droite se meut de manière que, dans deux positions consécutives, elle se trouve dans un même plan, elle engendrera une SURFACE DÉVELOPPABLE, *c'est-à-dire une surface dont tous les éléments pourront être réunis dans un seul et même plan* SANS DÉCHIRURE NI DUPLICATURE. En effet, si l'on fait tourner chaque élément avec la portion de surface qui lui est adjacente autour de la droite qui le sépare de l'élément précédent, on pourra amener le deuxième élément sur le plan du premier, le troisième sur ce même plan, et ainsi de suite, de sorte que la surface tout entière viendra s'étendre sur le plan sans rupture ni duplicature.

*524. Si l'on considère une *courbe à double courbure*, c'est-à-dire telle que trois éléments consécutifs de cette courbe ne soient pas dans un même plan, comme une brisée d'un nombre infini de côtés infiniment petits, et qu'on prolonge indéfiniment chacun de ses éléments, on formera évidemment une surface développable : car deux de ces droites consécutives sont dans un même plan. Ainsi, l'on engendrera une surface développable en faisant glisser une ligne droite sur une courbe à double courbure de manière qu'elle lui soit constamment *tangente* (514). La surface est ainsi composée de deux *nappes* indéfinies séparées par la courbe directrice, que Monge a nommée *l'arête de rebroussement* de la surface.

*525. Il suit du n° 515 que le plan tangent à une surface

réglée en un point donné, doit contenir la génératrice qui passe par ce point : car cette droite est elle-même sa propre tangente. Par conséquent, pour construire le plan tangent à une surface gauche en un point donné, il suffira de mener un plan par les deux génératrices qui passent par ce point (**522**); et, comme deux génératrices d'un même système ne sont pas dans un même plan (**521**), on voit que les plans tangents menés à une surface gauche en deux points-différents d'une même génératrice, sont différents; de sorte que le plan tangent à une pareille surface *coupe* cette surface partout ailleurs qu'au point de contact.

*526. Au contraire, le plan tangent à une surface développable en un point donné est tangent à cette surface dans tous les points de la génératrice qui passe par ce point. En effet, si l'on trace par le point de contact une courbe quelconque sur la surface, il est clair que la tangente à cette courbe en ce point aura un élément dans le plan de la génératrice dont il s'agit et de la suivante : donc elle y sera tout entière; donc ce plan sera bien un plan tangent à tous les points de cette génératrice.

527. On appelle *normale* la perpendiculaire au plan tangent menée par le point de contact.

CHAPITRE II.

DES SURFACES CONIQUES.

528. *On appelle* SURFACE CONIQUE *une surface engendrée par une droite indéfinie* AA' (fig. 230) *qui glisse sur une courbe donnée* AMB, *en tournant autour d'un point fixe* S. Cette courbe et cette droite sont respectivement la *directrice* et la *génératrice* de la surface. Le point fixe S en est le centre (**203**) : car on conçoit que si l'on prend de part et d'autre de ce point S deux distances égales SK, SK' sur la même génératrice, et que par les points K et K' on mène deux plans parallèles quelconques, le point S

divisera en deux parties égales les portions de toutes les autres génératrices comprises entre ces deux plans.

On voit que la surface conique est composée de deux *nappes* qui sont engendrées respectivement par les parties indéfinies SA et SA′ de la génératrice AA′.

529. Lorsque la directrice a un centre, la droite indéfinie menée par ce centre et celui de la surface conique se nomme l'*axe* de cette surface.

530. *L'espace terminé d'une part par l'une des nappes d'une surface conique, et de l'autre par un plan quelconque, a reçu le nom de* CÔNE. La portion de ce plan interceptée par la surface conique est la *base* du cône, le centre S en est dit le *sommet*, et la perpendiculaire abaissée de ce sommet sur le plan de la base est la *hauteur* du cône ; enfin l'axe de la surface conique est aussi l'*axe* du cône.

531. Le cône est *droit* ou *oblique*, suivant que son axe est perpendiculaire ou oblique au plan de sa base, et l'on dit qu'il est *circulaire* quand sa base est un cercle.

532. *Un cône circulaire droit peut être regardé comme provenant de la révolution d'un triangle rectangle autour de l'un des côtés de l'angle droit :* car, dans le mouvement du triangle rectangle ASO autour de SO (fig. 231), le côté AO décrit un cercle qui a pour centre le point O ; la droite SA glisse donc sur la circonférence de ce cercle, en tournant autour du point S, de sorte qu'elle engendre une nappe d'une surface conique.

Si donc *on fait tourner un angle qui n'est pas droit autour d'un de ses côtés, le côté mobile engendrera une nappe d'une surface conique circulaire droite.*

533. La portion d'un cône comprise entre deux plans parallèles se nomme *un tronc de cône à bases parallèles.* La hauteur de ce tronc est la distance des deux plans, et la portion de génératrice qu'ils interceptent en est dite l'*arête* ou la *génératrice*.

Il est évident qu'un tronc de cône droit à bases parallèles est engendré par un trapèze rectangle, tournant autour du côté qui est perpendiculaire à ses deux bases parallèles.

THÉORÈME I.

554. *Tout plan mené dans une surface conique par une de ses génératrices et un point quelconque de la directrice, la coupe suivant deux ou un plus grand nombre de génératrices.*

Il est clair, en effet, que les génératrices qui passent par les points où le plan dont il s'agit coupe la directrice, ont chacune deux points dans ce plan, et y sont par conséquent tout entières : elles sont donc les intersections de ce plan avec la surface conique.

THÉORÈME II.

555. *Le plan conduit par une génératrice SA et la tangente AT (fig. 230) menée par sa trace à la base d'un cône, renferme les tangentes à toutes les courbes que l'on pourra tracer sur le cône par les différents points de cette génératrice, de sorte que ce sera le plan tangent au cône en l'un quelconque des points de SA.*

On démontrera ce théorème en faisant voir que le plan SAT contient la tangente KV à une courbe quelconque KL tracée sur la surface conique. Pour cela, je mène un plan par la génératrice SA, et un point M voisin de A : il coupera la surface conique suivant la droite SM et la courbe KL en un certain point N de celle-ci. Maintenant, si l'on fait tourner ce plan autour de SA, de manière que le point M se rapproche de A, les sécantes AM et KN tourneront en même temps autour de A et de K ; et quand la droite variable SM, qui contient les points M et N, coïncidera avec SA, les sécantes AM et KN seront devenues les tangentes respectives AT et KV ; mais le plan mobile aura pris alors la position SAT ; et, comme les deux sécantes sont toujours restées dans ce plan, on voit ainsi que la tangente KV est aussi dans le plan SAT. De plus, ce plan est tangent à la surface conique (516) : donc, etc.

*556. Scolie. Remarquons que si le point par lequel on veut mener un plan tangent à une surface conique était le centre même de cette surface, le problème serait impossible : car les diverses génératrices y sont elles-mêmes leurs propres tangentes, et cependant elles sont deux à deux dans des plans différents.

Remarquons aussi que la démonstration du n° **515** n'est pas applicable au centre de la surface conique : car la directrice parallèle à la base du cône se resserre de plus en plus en approchant de ce centre, et finit par se réduire à un point : alors elle n'admet plus, à proprement parler, de tangente.

Il en est de même pour les surfaces de révolution dont le méridien coupe l'axe sous un angle nul ou différent d'un droit : en ces points de section il n'y a pas de plan tangent.

Théorème III.

557. *Une surface conique est toujours développable.*

Pour le démontrer, je suppose que l'on inscrive un polygone dans la courbe qui résulte de l'intersection de la surface conique par un plan, puis que l'on fasse passer des plans par les côtés opposés de ce polygone et par le centre de la surface. Nous formerons ainsi un angle polyèdre, et l'on verra facilement que l'on pourra faire tourner SAB (fig. 232) autour de l'arête SB jusqu'à ce qu'elle vienne se placer dans le plan de la face SBC, et à la suite de celle-ci, puis faire tourner le système de ces deux faces autour de l'arête SC jusqu'à ce qu'il soit venu se rabattre sur le plan de la face suivante SCD, et ainsi de suite ; donc toute la surface de cet angle polyèdre pourra être étendue sur un même plan, et les côtés du polygone ABCD... ainsi que les portions SA, SB, SC... des arêtes comprises entre le centre S de la surface et le plan sécant auront conservé leurs longueurs, de sorte que le développement sera un secteur polygonal.

Or, ces conséquences sont vraies quelle que soit la grandeur des angles et des côtés du polygone que nous avons substitué à la base du cône ; donc elles le seront encore quand tous les côtés de ce polygone seront infiniment petits, c'est-à-dire quand l'angle polyèdre S aura atteint sa limite, qui est la surface conique proposée.

558. Comme toutes les génératrices d'un cône droit sont égales, on voit que si l'on conçoit sa surface fendue le long d'une de ces génératrices et qu'on l'étende sur un plan, le développement de cette surface sera un secteur S'A'MB' (fig. 231) dont le rayon S'A' sera égal à cette génératrice, et dont la base A'MB' aura même longueur que la circonférence de la base du cône, de sorte que, pour déterminer le nombre de degrés de cette base A'B', on posera la proportion ([1])

$$\frac{AO}{SA} = \frac{x}{360}.$$

Si, par exemple, AO et SA valaient respectivement 6 centimètres et 10 centimètres, on trouverait que $x = 216°$. Ainsi, en faisant un angle de 216 degrés, et décrivant entre ses côtés un arc dont le rayon eût 10 centimètres, on aurait le développement du cône donné.

559. Si le cône à développer est oblique et à base quelconque, on partagera le périmètre de cette base en un nombre assez grand de parties pour que l'on puisse regarder chacune d'elles comme une ligne droite, et l'on concevra que l'on ait joint tous ces points de division avec le sommet; puis on construira successivement à la suite les uns des autres tous les triangles dans lesquels on aura ainsi partagé la surface du cône, ce qui sera facile, puisque l'on peut mesurer les trois côtés de chacun; et, en faisant passer un trait continu par les extrémités des bases de tous ces triangles, le développement sera effectué.

Ordinairement le cône est donné uniquement par sa base, sa hauteur et la projection de son sommet; mais alors les côtés issus du sommet de ce cône sont des hypoténuses de triangles rectangles qui ont pour hauteur commune celle même du cône, et pour bases les distances des différents points de division à la projection du sommet, de sorte que ces côtés sont faciles à construire.

([1]) On a évidemment

$$\frac{A'MB'}{\text{circ } S'A'} = \frac{x}{360},$$

en appelant x le nombre de degrés de l'arc A'MB'; mais A'MB' = circ AO : donc

$$\frac{\text{circ } AO}{\text{circ } S'A'} \quad \text{ou} \quad \frac{AO}{S'A' \text{ ou } SA} = \frac{x}{360}.$$

540. Le développement de la surface d'un tronc de cône s'effectuera par la même méthode.

CHAPITRE III.

DES SURFACES CYLINDRIQUES.

541. *On appelle* surface cylindrique *une surface engendrée par une droite indéfinie* AA', *qui glisse sur une courbe donnée* CMB (fig. 233), *en restant constamment parallèle à elle-même.* Cette courbe et cette droite sont respectivement la *directrice* et la *génératrice* de la surface.

542. Lorsque la directrice a un centre (**203**), la parallèle menée par ce point aux génératrices se nomme l'*axe* de la surface cylindrique.

543. *L'espace compris entre deux plans parallèles et une surface cylindrique a reçu le nom de* cylindre. Les aires des sections faites sur ces plans par la surface cylindrique sont les *bases* du cylindre, et la distance des deux bases est sa *hauteur;* enfin l'axe de la surface est aussi l'*axe* du cylindre.

544. Le cylindre est *droit* ou *oblique*, suivant que la génératrice de sa surface courbe convexe est perpendiculaire ou oblique aux plans de ses bases, et l'on dit qu'il est *circulaire* quand ses bases sont des cercles.

545. Il suit des définitions des n°° **528** et **541** qu'une surface cylindrique peut être considérée comme une surface conique dont le centre est situé à l'infini; car alors toutes les génératrices de celle-ci deviennent parallèles. Par conséquent la surface cylindrique jouira de toutes les propriétés de la surface conique qui seront indépendantes de l'éloignement du centre de cette surface.

546. D'après cela *un cylindre pourra être regardé comme un tronc de cône à bases parallèles, dont le sommet est infiniment* *éloigné.* Donc *le cylindre circulaire droit est engendré par la révo-* *lution d'un rectangle autour d'un de ses côtés.*

547. *Tout plan conduit par une génératrice et un point quel-* *conque de la directrice coupe la surface cylindrique suivant deux* *ou un plus grand nombre de génératrices* (**534**).

548. *Tout plan conduit par une génératrice et par la tangente* *au point où elle perce la base du cylindre, renferme les tangentes à* *toutes les courbes que l'on pourra tracer sur le cylindre par les* *différents points de cette génératrice, de sorte que ce plan tou-* *chera le cylindre en tous les points de cette génératrice* (**535**).

549. *Toute surface cylindrique est développable* (**522** ou **537**), et son développement, si elle est droite, sera un rectangle dont la hauteur sera celle même du cylindre, et dont les bases seront égales en longueur aux périmètres de ses bases (**538**). Rien ne sera donc plus facile que de construire le développement de la surface convexe d'un cylindre droit.

Si le cylindre est oblique, il n'y aura qu'à l'entourer d'un fil fortement tendu. Ce fil prendra évidemment la forme de la ligne la plus courte que l'on puisse tracer sur la surface cylindrique, et de plus tous ses éléments seront perpendiculaires aux géné-ratrices correspondantes, de sorte qu'en mesurant les parties de ces génératrices comprises entre le fil et l'une des bases, on pourra tracer le développement de cette base. Mais si le cylindre n'était pas exécuté, ou si la surface courbe n'était pas convexe, il faudrait avoir recours aux procédés qu'enseigne la Géométrie descriptive.

CHAPITRE IV.

DE LA SURFACE SPHÉRIQUE.

550. LA SURFACE SPHÉRIQUE *est celle dont tous les points sont également distants d'un point que l'on nomme* CENTRE, *et l'espace enveloppé par cette surface s'appelle* SPHÈRE.

Les droites qui vont du centre à la surface sphérique se nomment *rayons;* et toute droite qui, passant par le centre, va se terminer à la surface, est un *diamètre.*

Tous les rayons sont égaux; il en est de même des diamètres.

551. Il suit évidemment de cette définition que *la surface sphérique est engendrée par la révolution d'une demi-circonférence autour de son diamètre.*

552. *On appelle* CALOTTE *la portion de la surface sphérique détachée par un plan.* La calotte est engendrée par un arc AC (fig. 234) qui tourne autour d'un diamètre CD mené par une de ses extrémités. La circonférence décrite par l'autre extrémité A de l'arc est la *base* de la calotte, et la projection CI de l'arc générateur sur l'axe en est la *hauteur.*

553. *L'espace compris entre la calotte et le plan de sa base se nomme* SEGMENT *sphérique.*

554. *Une* ZONE *est une portion de la surface sphérique comprise entre deux plans parallèles.* Elle est engendrée par un arc AF tournant autour d'un diamètre CD qui ne rencontre pas cet arc. Les circonférences décrites par les extrémités de cet arc sont les bases de la zone, et sa projection sur l'axe en est la *hauteur.*

555. *L'espace compris entre une zone et les plans qui la terminent est ce qu'on nomme une* TRANCHE *sphérique.*

556. *Un* FUSEAU *est la portion* CGDNC *de la surface sphérique* *comprise entre les faces d'un angle dièdre dont l'arête passe par le centre de la sphère; et la partie de la sphère comprise entre le fuseau et les faces de cet angle dièdre est un* ONGLET.

557. *Un* SECTEUR *sphérique est le corps engendré par un secteur circulaire* AOC *qui tourne autour de l'un des rayons qui le limitent,* de sorte qu'il se compose d'un cône et d'un segment adossés par leur base commune.

Théorème 1.

558. *Quatre points* A, B, C, D (fig. 235), *qui ne sont pas situés dans un même plan, déterminent une sphère.*

Soient F et G les centres respectifs des deux circonférences que l'on ferait passer par les points A, B, C et C, D, A. Élevons en ces points les perpendiculaires FI et GK aux plans de ces circonférences, et je dis qu'elles se couperont. Si nous abaissons, en effet, des perpendiculaires des points F et G sur AC, elles iront concourir au milieu M de cette droite (82), et détermineront un plan perpendiculaire à AC (433), et partant aux plans ABC et ACD (481) : donc les perpendiculaires FI et GK à ces plans respectifs seront dans le plan FMG (483); donc elles se couperont, sans quoi FM, qui est perpendiculaire sur FI, le serait aussi sur sa parallèle GK. Mais MG l'est déjà sur cette droite; donc on aurait du point M deux perpendiculaires MF et MG sur la même droite GK, ce qui est absurde, à moins que MF et MG ne coïncident. Mais alors les plans ABC et ADC auraient deux droites communes FMG et AC, et ainsi n'en feraient qu'un seul, ce qui est contre l'hypothèse; donc les droites FI et GK se coupent en un certain point O. Ce point, comme appartenant à la première, est équidistant des trois points A,B,C; il est aussi également distant des points A, C, D, puisqu'il se trouve sur la seconde; donc il est à la fois équidistant des quatre points A, B, C, D. Donc la surface sphérique décrite du point O comme centre avec le rayon QA passera nécessairement par ces quatre points. Donc par quatre points qui ne sont pas situés dans un même plan, on peut toujours décrire une surface sphérique.

Je dis maintenant que l'on ne pourra en faire passer qu'une seule. Imaginons, en effet, une seconde surface sphérique par les quatre points A, B, C, D. Son centre sera nécessairement sur la perpendiculaire FI, sans quoi, le pied de la perpendiculaire abaissée de ce centre sur le plan ABC étant différent du point F, ce centre ne serait pas équidistant des trois points A, B, C. Par la même raison, il se trouvera aussi sur la perpendiculaire GK, et coïncidera, par conséquent, avec le point O. Les deux surfaces sphériques auront donc le même centre et le même rayon, et par conséquent n'en feront qu'une.

559. Scolie. Si les quatre points A, B, C, D sont dans un même plan, les deux perpendiculaires FI et GK seront parallèles ; et, comme le centre de la surface sphérique qui passe par ces quatre points doit être sur chacune d'elles, ainsi que nous venons de le prouver, on voit qu'il sera impossible de décrire une pareille surface par les quatre points A, B, C, D, à moins que FI et GK ne coïncident, ce qui exige que les quatre points se trouvent sur une même circonférence; et, en effet, tous les points de la perpendiculaire élevée par son centre sur son plan en sont équidistants.

THÉORÈME II.

560. *Toute section* AMB (fig. 234), *faite dans une surface sphérique par un plan, est une circonférence de cercle ; et si du centre* O *de la surface on abaisse une perpendiculaire* OI *sur ce plan, elle passera par le centre de la circonférence, et percera*, par conséquent, *la surface en deux points* C *et* D, *dont chacun sera également éloigné de tous les points de cette circonférence, et que l'on appelle ses* PÔLES.

En effet, si l'on mène des rayons à tous les points de la courbe d'intersection AMB, ces rayons seront des obliques égales sur le plan de cette courbe, et par conséquent tous ces points seront équidistants du pied de la perpendiculaire OI : donc AMB est une circonférence dont I est le centre; donc les points C et D sont chacun également éloignés de tous les points de cette circonférence.

561. Corollaire. Si l'on observe que dans le triangle rectangle OIM on a

$$\overline{OM}^2 = \overline{OI}^2 + \overline{IM}^2,$$

on verra que, la somme des carrés des deux droites OI et IM étant constante, si l'une de ces lignes augmente ou diminue, l'autre diminue ou augmente en même temps; d'où il suit :

1° Qu'un cercle de la sphère est d'autant plus grand ou plus petit que son plan passe plus près ou plus loin du centre de ce corps;

2° Que, quand il passe par ce point, il a le même centre et le même rayon que la *sphère*. C'est là son *maximum* : car la distance OI est alors *minimum*.

De là la distinction des cercles de la sphère en *grands* et en *petits cercles*. On *appelle* GRAND CERCLE *celui dont le plan passe par le centre de la sphère, et* PETIT CERCLE *celui dont le plan n'y passe point ;*

3° Que *deux petits cercles égaux sont équidistants du centre de la sphère, et réciproquement; et que de deux cercles inégaux le plus grand est le plus près du centre, et réciproquement.*

562. Il suit de la définition des grands cercles de la sphère,

1° *Que tous les grands cercles sont égaux ;*

2° *Que deux grands cercles se coupent en deux parties égales :* car leur ligne d'intersection est un diamètre commun à tous deux, puisqu'elle passe par le centre de la sphère ;

3° *Que par deux points donnés sur une surface sphérique, on peut toujours faire passer un arc de grand cercle, mais que l'on ne peut en faire passer qu'un seul,* puisque les deux points donnés et le centre de la sphère déterminent un plan. Cependant, si les deux points donnés étaient les extrémités d'un diamètre, on pourrait les joindre par une infinité d'arcs de grands cercles, puisque par une même droite on peut conduire une infinité de plans.

4° *Tout grand cercle divise la sphère et sa surface en deux parties égales qu'on nomme* HÉMISPHÈRES : car, si après avoir renversé l'une des deux parties, on la place sur l'autre, en faisant coïncider leurs bases, les surfaces qui les terminent devront se recouvrir exactement, sans quoi tous leurs points ne seraient plus à la même distance du centre.

563. SCOLIE I. *La perpendiculaire abaissée du centre d'une sphère sur un plan sécant quelconque satisfait aux cinq conditions suivantes :* 1° *passer par le centre de la sphère;* 2° *être perpendiculaire au plan sécant;* 3° *passer par le centre du cercle d'intersection;* 4° *et* 5° *passer par chaque pôle de ce cercle.* Comme deux quelconques de ces conditions suffisent pour déterminer une ligne droite, il en résulte que *toute droite qui satisfera à ces deux conditions satisfera en même temps aux trois autres* (85).

564. SCOLIE II. *Si l'on joint un pôle d'un cercle avec les différents points de sa circonférence par des arcs de grand cercle, tous ces arcs seront égaux* comme sous-tendus-par des cordes égales, *et de plus ils seront perpendiculaires à la circonférence* (481) : car on dit qu'un arc est perpendiculaire sur un autre quand leurs plans se coupent à angles droits (on verra plus tard (566) la raison de cette dénomination).

L'arc de grand cercle CN (fig. 234) *qui va d'un pôle d'un grand cercle* FNG *à sa circonférence, est un* QUADRANT (désormais nous emploierons ce mot pour désigner le quart d'une circonférence de grand cercle); car l'arc CN est compris entre les côtés d'un angle droit CON, et décrit de son sommet O comme centre.

THÉORÈME III.

565. *Si l'on fait tourner un* COMPAS SPHÉRIQUE (on appelle ainsi un compas à pointes recourbées) *autour d'une de ses pointes fixée en* C, *sur la sphère, l'autre pointe, en glissant sur sa surface, y décrira une circonférence dont la pointe fixe occupe un des pôles* (fig. 234).

Menons, en effet, le rayon OC et joignons le centre O avec tous les points A, M, B.... de la courbe décrite. Les droites CA, CM, CB.... sont toutes égales par construction ; donc les triangles CAO, CMO, CBO.... sont équilatéraux entre eux ; donc les perpendiculaires abaissées de leurs sommets A, M, B... sur la base commune CO iront la couper au même point I; et détermineront ainsi un plan perpendiculaire au rayon CO. La courbe AMB est donc bien une circonférence dont C est un des pôles.

Remarquons que, si l'ouverture du compas sphérique est égale à la corde qui sous-tend un quadrant, les angles AOC, MOC, BOC.... seront droits, et qu'ainsi tous les rayons AO, MO, BO.... étant perpendiculaires à OC, tous les points de la courbe AMB seront dans un plan passant par O, de sorte que cette courbe est une circonférence de grand cercle.

566. Une courbe pouvant être considérée comme une ligne brisée dont les côtés sont infiniment petits, puisqu'on peut regarder la tangente à cette courbe comme ayant un élément de commun avec elle (**514**), on voit que la mesure naturelle de l'inclinaison de deux courbes qui se coupent est l'angle formé par les deux éléments qui correspondent à leur point d'intersection, c'est-à-dire par les tangentes menées à chaque courbe en ce point. Nous dirons donc que l'*angle formé par deux courbes qui se coupent est celui même que forment les tangentes à leur point de section.*

Ainsi, *l'angle formé par les deux arcs de grand cercle* CGD *et* CND (fig. 234) *est précisément l'angle* SCT *formé par les tangentes* CT *et* CS. Or, cet angle est la mesure de l'angle dièdre GCDN que font leurs plans; donc on peut prendre l'un pour l'autre. C'est dans ce sens que l'on dit que *l'angle de deux arcs de grand cercle est l'angle dièdre que font leurs plans.*

Si du point C comme pôle et avec une ouverture de compas égale à la corde d'un quadrant, on décrit l'arc GN entre les côtés de l'angle sphérique C, et que l'on tire les rayons ON et OG, on formera un angle NOG, qui aura pour mesure l'arc GN. Mais cet angle est égal à SCT (**461**); donc *l'angle formé par deux arcs de grand cercle a pour mesure l'arc de grand cercle compris entre eux, et décrit de son sommet comme pôle.*

THÉORÈME IV.

567. *Le plan tangent à la sphère est perpendiculaire au rayon mené au point de contact.*

En effet, on peut le regarder comme déterminé par les tangentes CS et CT (fig. 234) à deux circonférences de grand cercle tracées par le point C ; or, ces deux tangentes sont perpendiculaires au rayon CO (85) : donc le plan tangent est lui-même perpendiculaire à CO.

On démontrerait, comme au n° 86, que le plan tangent à une sphère n'a qu'un point commun avec sa surface.

THÉORÈME V.

568. Réciproquement, *tout plan perpendiculaire à l'extrémite d'un rayon OC est tangent à la sphère.*

Car, si par le rayon OC on mène deux plans quelconques, leurs traces sur le plan donné seront tangentes aux grands cercles suivant lesquels ils coupent la sphère : donc le plan tangent coïncide avec le plan dont il s'agit.

On démontrerait, comme au n° 89, que tout plan qui n'a qu'un point commun avec une sphère lui est tangent.

THÉORÈME VI.

569. *L'intersection de deux sphères est un cercle, et la droite qui joint les centres est perpendiculaire au plan de ce cercle, et passe par son centre.*

En effet, si l'on joint chaque point de la courbe d'intersection avec les centres des deux sphères, on formera une infinité de triangles équilatéraux entre eux : donc les perpendiculaires abaissées de leurs différents sommets sur leur base commune, c'est-à-dire sur la droite qui joint les centres, seront égales, et iront la couper au même point ; elles formeront donc un cercle dont le centre est sur cette droite, et dont le plan lui est perpendiculaire.

THÉORÈME VII.

570. *Pour que deux sphères se touchent, il faut et il suffit que la distance des centres soit égale à la somme ou à la différence de leurs rayons.*

Voyez les démonstrations des n°s 99, 100, 101 et 102.

THÉORÈME VIII.

571. *Pour que deux sphères se coupent, il faut et il suffit que la distance des centres soit plus petite que la somme de leurs rayons, et plus grande que leur différence.*

Voyez la démonstration du n° 104.

572. *On appelle* TRIANGLE SPHÉRIQUE *la portion de la surface de la sphère comprise entre trois arcs de grand cercle moindres chacun qu'une demi-circonférence* ([1]) ; telle est la figure ABC (fig. 236). Les plans de ces grands cercles forment un angle trièdre dont le sommet est au centre de la sphère, et dont les faces et les angles dièdres ont pour mesures respectives les côtés et les angles correspondants de ce triangle. Ainsi, *la théorie des triangles sphériques se ramène immédiatement à celle des angles trièdres.* De cette remarque découlent, comme conséquences directes, les propositions suivantes :

THÉORÈME IX.

573. *Dans tout triangle sphérique un côté quelconque est plus petit que la somme des deux autres et plus grand que leur différence.*

Car, une face quelconque d'un angle trièdre étant plus petite que la somme des deux autres (496), on voit que sa mesure est plus petite que la somme des mesures de ces deux autres.

THÉORÈME X.

574. *Dans tout triangle sphérique la somme des trois côtés est plus petite que la circonférence d'un grand cercle.*

([1]) Il existe cependant des triangles sphériques dont les côtés sont plus grands qu'une demi-circonférence de grand cercle; car si l'on achève la circonférence dont AB fait partie, et que de l'hémisphère CABD on retranche le triangle ABC (fig. 236), dont les trois côtés sont supposés satisfaire à la définition, la portion restante ADBC, comprise entre les trois arcs de grand cercle ADB, AC et BC, sera ainsi un triangle sphérique; mais le côté ADB est plus grand qu'une demi-circonférence. Toutefois on voit que, si l'on connaissait les angles et les côtés du triangle ABC, on aurait immédiatement les angles et les côtés du triangle ADBC. C'est pour cela que l'on a exclu de la définition des triangles sphériques ceux qui sont tels que celui-ci.

Car, la somme des trois faces d'un trièdre étant moindre que quatre droits (**497**), la somme de leurs mesures est moindre que la mesure de quatre droits, c'est-à-dire que la circonférence d'un grand cercle.

THÉORÈME XI.

575. *La somme des angles de tout triangle sphérique est plus grande que deux droits, et plus petite que six droits* (**498**).

576. SCOLIE. La somme des angles d'un triangle sphérique n'est pas constante comme celle des angles d'un triangle rectiligne; ainsi deux angles donnés ne déterminent pas le troisième, et un triangle sphérique peut avoir deux ou trois angles droits ou obtus.

THÉORÈME XII.

577. *Deux triangles sphériques appartenant à la même sphère ou à des sphères égales, sont égaux dans quatre cas, savoir :*

1° *Lorsque leurs côtés sont égaux chacun à chacun;*

2° *Lorsque leurs angles sont égaux chacun à chacun;*

3° *Lorsqu'ils ont un angle égal compris entre deux côtés égaux chacun à chacun;*

4° *Lorsqu'ils ont un côté égal adjacent à deux angles égaux chacun à chacun;*

Et qu'en outre leurs parties homologues sont semblablement disposées.

On conçoit, en effet, que les angles trièdres correspondants à ces deux triangles étant superposables, ces triangles le seront aussi.

578. SCOLIE. Si les éléments dont l'égalité constitue celle des deux triangles sont disposés dans un ordre inverse, ces deux triangles auront encore toutes leurs parties homologues égales; mais, comme ils ne sont plus superposables, on dit qu'ils sont *symétriques*.

THÉORÈME XIII.

579. *Si des sommets d'un triangle sphérique ABC comme pôles* (fig. 237), *on décrit trois arcs de grand cercle, on formera un nouveau triangle sphérique A'B'C', dont les côtés seront les supplé-*

ments des angles du premier et dont les angles seront les supplé-
ments des côtés de ce premier triangle ([1]).

O étant le centre de la sphère, on voit que, puisque, par construction les distances de B' à A et à C sont égales à un quadrant,
les angles B'OA et B'OC sont droits, et qu'ainsi OB' est perpendiculaire au plan du cercle AC ; par la même raison, OA' et OC'
le sont aux plans respectifs des cercles BC et AB ; donc l'angle
trièdre OB'A'C' est le supplémentaire de OBAC.

580. Scolie I. Il est bon toutefois d'observer que cet angle
trièdre a ses arêtes dirigées en sens contraires de celles du trièdre
S' de la figure 220 par rapport à S, et qu'ainsi il est le symétrique
du supplémentaire de OABC.

581. Scolie II. Remarquons encore que les sommets A', B', C'
sont les pôles des côtés BC, AC et AB. En conséquence, les
triangles ABC et A'B'C' sont appelés *triangles polaires*.

Théorème XIV.

582. *La ligne la plus courte que l'on puisse tracer sur la surface d'une sphère d'un point* A *à un autre* B (fig. 238), *est l'arc
de grand cercle qui les unit.*

Première démonstration. Supposons que la ligne la plus courte
que l'on puisse tirer sur la sphère du point A au point B soit
une certaine ligne ACDEB différente de l'arc de grand cercle
AMB. Prenons sur cette ligne un point quelconque D, et ayant
joint le point B au centre O de la sphère, faisons tourner le plan
DBO autour de OB : il est clair que, comme tout est symétrique
sur la surface de la sphère par rapport au point B, la ligne DM,
décrite par le point D, aura tous ses points équidistants de B. Si
donc ANMPB est le plus court chemin pour aller sur la sphère
du point A au point B, en passant par le point M, on aura
DEB=MPB, et par conséquent

[1] $ACD < ANM :$

([1]) Le triangle A'B'C' se distingue des triangles que forment les arcs qu'on a
décrits en ce que les sommets A et A' sont du même côté de BC, B et B' du
même côté de AC, et C et C' du même côté de AB.

car, par hypothèse, ACDEB est une ligne plus courte que ANMPB.
Or, si l'on joint le point D avec les points A et B par des arcs de
grand cercle, le côté AB du triangle sphérique ABD sera plus
petit que la somme des deux autres AD et DB : donc, en retranchant d'une part MB, et de l'autre son égale DB, il restera
AD>AM (¹). Par conséquent, si l'on fait tourner le plan MAO
autour du rayon AO, le point M décrira une courbe à laquelle
le point D sera extérieur : donc ce point D est plus éloigné du
point A que le point M, ce qui est contraire à l'inégalité [1].
On ne pouvait donc pas supposer qu'il y eût du point A au point
B une ligne plus courte que l'arc de grand cercle AMB : donc
cet arc est le plus court chemin pour aller du point A au
point B.

Seconde démonstration. Soit AMB (fig. 239) la ligne la plus
courte que l'on puisse tracer sur la sphère du point A au point B.
Je dis d'abord que, si l'on prend deux autres points quelconques N et P sur cette courbe, la ligne NMP sera aussi la plus
courte que l'on puisse tirer du point N au point P : car, s'il n'en
était pas ainsi, et que NQP fût le plus court chemin de N à P, il
est clair que ANQPB serait plus petite que AMB, ce qui est contre
l'hypothèse. Or, cela est vrai quelle que soit la longueur de l'arc
NMP : ainsi il s'agit de déterminer quelle doit être la forme de
la courbe AMB, pour que la somme de deux quelconques de ses
éléments consécutifs soit la plus petite possible. Soient donc NM
et MP deux de ses éléments. Menons aux points N et P deux
plans tangents à la sphère : les éléments NM et MP seront tout
entiers dans ces plans (517), qui se couperont suivant une certaine droite RMS. Alors, s'ils ne sont pas perpendiculaires à
cette droite, on pourra abaisser des points N et P des perpendiculaires sur RS. Supposons que le pied Q de la première soit

---

(¹) Ceci suppose que le point M est entre A et B ; or, s'il n'en était pas ainsi,
on n'aurait qu'à faire tourner le plan ABO autour du rayon BO, et la courbe
décrite par le point A serait enveloppée par celle que le point D a tracée ; d'où
il résulterait que le point A serait plus près de B que ne l'est le point D, ce qui
est contre l'hypothèse.

plus près de M que celui de la seconde, et joignons QP ; nous aurons

$$NQ + QP < NM + MP.$$

Mais, si MN et MP étaient perpendiculaires à RS, on aurait au contraire

$$NQ + QP > NM + MP,$$

Q étant toujours un point infiniment près de M. Donc *la propriété du* minimum *appartient aux deux éléments* qui sont perpendiculaires à l'intersection de deux plans tangents consécutifs, ou, autrement, aux deux éléments *dont le plan est perpendiculaire au plan tangent mené à leur point commun :* car cette intersection est dans ce plan. Or, le rayon qui va au point M, étant perpendiculaire au plan tangent, est dans le plan des deux éléments NM et MP, lequel passe en conséquence par le centre de la sphère : ainsi le plan de deux éléments consécutifs de la ligne AMB a de commun avec celui déterminé par l'un de ces éléments et le suivant, une droite et un point; donc tous les points de cette courbe sont dans un même plan qui passe par le centre de la sphère ; donc AMB est un arc de grand cercle.

*583. Nous venons de voir (582, seconde démonstration) que la propriété du minimum appartient aux deux éléments dont le plan est perpendiculaire au plan tangent mené à leur point commun : le plan de ces éléments est donc normal à la surface. De là ce théorème remarquable :

La ligne la plus courte que l'on puisse tracer sur une surface entre deux points donnés est celle qui jouit de cette propriété, que le plan de deux éléments consécutifs quelconques est NORMAL *à cette surface.*

PROBLÈME I.

584. *Une sphère étant donnée, trouver son rayon.*

Marquons sur la surface sphérique trois points A, B, C (fig. 240), à égale distance d'un point quelconque P de cette surface. Le plan déterminé par ces trois points coupera la sphère suivant un cercle dont P sera le pôle. Soit D son centre, AD sera son rayon. Nous obtiendrons ce rayon en construisant un triangle A'B'C' dont les trois côtés soient égaux aux trois distances respectives AB, AC et BC, et circonscrivant une circonférence à ce triangle : car il est clair que ce cercle et celui déterminé par les trois points A, B, C, sont superposables. Nous connaîtrons donc actuellement l'hypoténuse AP et la base AD du triangle rectangle APD : ainsi il sera facile de construire le triangle A'P'D' égal à APD, ce qui déterminera l'angle P. Mais, si dans le plan APO nous concevons une perpendiculaire sur le milieu de AP, elle ira passer par le centre O de la sphère, et l'on aura un triangle rectangle PFO, dont nous connaissons l'angle P et le côté PF, moitié de AP. Ainsi, en élevant une perpendiculaire F'O' sur le milieu de P'A', nous formerons le triangle rectangle P'F'O' égal à PFO : donc P'O' = PO ; donc P'O' est le rayon de la sphère.

Si l'on élève au point O' une perpendiculaire O'Q' = O'P' sur O'P', la distance P'Q' sera l'ouverture qu'il faudra donner au compas sphérique pour décrire des grands cercles sur la sphère.

PROBLÈME II.

585. *Décrire une circonférence de grand cercle qui passe par deux points donnés* N *et* G *sur la surface d'une sphère.*

Il ne s'agit évidemment que de chercher un pôle de la circonférence demandée. Or, ce pôle est distant d'un quadrant de chacun des deux points donnés : donc, si des points N et G comme pôles (fig. 234), et avec une ouverture de compas sphérique égale à la corde d'un quadrant, nous décrivons deux circonférences, leurs points d'intersection C et D seront les pôles de la circonférence demandée, que l'on décrira en faisant tourner le compas autour d'une de ses pointes fixée en C ou en D.

PROBLÈME III.

586. *Mener par un point donné un arc de grand cercle perpendiculaire à un arc de grand cercle donné* NG (fig. 234).

On coupera cet arc prolongé, s'il est nécessaire (584), par un autre décrit du point donné comme pôle, avec une ouverture de compas égale à la corde d'un quadrant, et le point de section sera le pôle de l'arc demandé, qu'il sera alors facile de décrire.

Si l'arc donné appartient à un petit cercle AMB, on déterminera d'abord sur cet arc deux points M et B également distants du point donné C, puis un second point P équidistant de ces deux-là, et il ne s'agira plus que de faire passer un arc de grand cercle par les points C et P. On conçoit, en effet, que si l'on joint les trois points C, P et O avec le milieu de la corde MB par des lignes droites, ces droites seront perpendiculaires à cette corde, et détermineront ainsi un plan qui lui sera perpendiculaire, et dont l'intersection avec la sphère sera un arc de grand cercle perpendiculaire à l'arc AMB.

587. Une des applications les plus intéressantes des propriétés de la sphère est celle que les géographes en ont faite. Nous allons en donner une idée succincte.

On sait que la terre tourne sur elle-même en vingt-quatre heures, ce qui produit les alternatives des jours et des nuits, et que ce mouvement s'exécute autour d'une certaine ligne *idéale* passant par son centre, et que l'on nomme son *axe*. Les points où cet axe perce la surface terrestre se nomment les *pôles* de la terre : l'un s'appelle le pôle *nord* ou *boréal*, et l'autre le pôle *sud* ou *austral*. Un plan mené par le centre de la terre perpendiculairement à son axe la coupe suivant un grand cercle auquel on donne le nom d'*équateur*, non point parce qu'il divise la sphère en deux parties égales (car c'est une propriété dont jouissent tous les grands cercles), mais parce que le jour est égal à la nuit par toute la terre lorsque le soleil se trouve dans son plan. Enfin on appelle *méridien* tout grand cercle qui passe par les deux pôles. Chaque point de la terre a donc son méridien. Parmi cette infinité de méridiens il en est un que l'on nomme *le premier méridien* : c'est pour chaque peuple celui qui passe par son observatoire principal ; ainsi, en France, le premier méridien est celui qui traverse l'observatoire de Paris.

On appelle LATITUDE *d'un lieu l'arc de méridien compris entre ce lieu et l'équateur,* et l'on dit que la latitude est boréale ou australe suivant que le lieu dont il s'agit est situé dans l'hémisphère boréal ou dans l'hémisphère austral. Or, si l'on imagine par un point du globe un cercle *parallèle* à l'équateur, tous les points de sa circonférence auront la même latitude, et de plus seront les seuls qui jouiront de cette propriété. Donc *la latitude d'un lieu détermine le* PARALLÈLE *sur lequel il est situé.*

On nomme LONGITUDE *d'un lieu l'arc de l'équateur compris entre son méridien et le premier méridien.* En regardant ce premier méridien comme dirigé du sud au nord, on dit que la longitude est orientale ou occidentale, suivant que le lieu dont il s'agit est situé à l'*est* ou à l'*ouest* de ce cercle. Or, tous les points du demi-méridien sur lequel se trouve un lieu ont la même longitude, et de plus sont les seuls qui jouissent de cette propriété: donc *la connaissance de la longitude d'un lieu détermine la moitié du méridien sur laquelle il est placé.*

Ainsi l'on voit qu'un point du globe terrestre est déterminé quand on connaît à la fois sa latitude et sa longitude. Pour faciliter cette détermination, on divise l'équateur en 360°, savoir : 180° à l'est, et 180° à l'ouest, à partir de l'une de ses intersections avec le premier méridien ; et la moitié de celui-ci en 180°, savoir : 90° vers le nord, et autant vers le sud, à partir de cette même intersection, qui est ainsi numérotée *zéro.* D'après cela, si l'on veut figurer sur un globe le point de la terre dont la latitude est 45° boréale, et la longitude 15° orientale, on fixera une pointe du compas sphérique au pôle boréal, et l'on amènera l'autre au point numéroté 45 sur le premier méridien. Faisant alors tourner le compas, on décrira sur la sphère le parallèle du lieu demandé. On placera ensuite une pointe du compas au point de l'équateur numéroté 15 du côté de l'est ; et, ayant amené l'autre pointe à 90° de là, c'est-à-dire à 105°, on n'aura qu'à faire mouvoir le compas autour de cette seconde pointe, de l'équateur au pôle, pour décrire le quart du méridien du lieu cherché. Son intersection avec le parallèle résoudra le problème. Tel est le procédé par lequel on construit des globes qui repré-

sentent fidèlement la position des points remarquables de la
surface terrestre, comme la situation des villes, le cours des ri-
vières et des fleuves, la direction des chaînes de montagnes, le
contour des mers, etc.

Un point étant déterminé quand on connaît sa latitude et sa
longitude, on voit qu'il doit être possible de déterminer la distance de deux lieux M et P (fig. 234) donnés par leurs longitudes
et leurs latitudes. En effet, si l'on conçoit qu'on ait tracé leurs
méridiens, il est clair que la différence de leurs longitudes s'ils
sont d'un même côté du premier méridien, ou leur somme
s'ils sont de côtés différents de ce plan, sera l'angle de ces méridiens (566). Mais, si l'on conçoit aussi le plan du grand cercle
qui joint les deux lieux, on formera au centre de la terre un
trièdre OCPM, dans lequel on connaîtra deux faces COP et COM,
et le dièdre compris PCOM : car ces faces ont pour mesures les
compléments des latitudes des points P et M, et ce dièdre est
mesuré par l'arc NK, qui est la différence ou la somme de leurs
longitudes. En construisant donc la troisième face de ce trièdre,
il ne s'agira plus que de trouver la longueur de l'arc qui en sera
la mesure (585).

588. PROBLÈMES A RÉSOUDRE. 1° *Par trois points donnés sur la
surface d'une sphère décrire une circonférence de cercle. — Trouver
le pôle d'un cercle donné.*

2° *Décrire une circonférence de grand cercle qui passe par un
point donné sur la surface d'une sphère et qui soit tangente à une
circonférence donnée de petit cercle.*

3° *Par un point donné sur la surface d'une sphère tracer un arc
de grand cercle qui fasse un angle donné avec un arc donné de
grand cercle.*

4° *Décrire un arc de grand cercle tangent à deux cercles donnés
sur la surface d'une sphère.*

LIVRE VIII.

DES POLYÈDRES.

CHAPITRE PREMIER.

589. *On appelle* POLYÈDRE *un corps terminé de toutes parts par des plans.* Ces plans se coupent deux à deux suivant des lignes droites : de sorte que le polyèdre se trouve ainsi limité par une série de polygones que l'on nomme ses *faces*, et dont l'ensemble forme sa *surface.* Les côtés de ces faces sont les *arêtes* du polyèdre, et ses *sommets* sont ceux mêmes de ses angles polyèdres. Enfin on appelle *diagonale* la droite qui joint deux sommets qui ne sont pas situés dans la même face.

590. Un polyèdre est *convexe* ou à *angles saillants* lorsqu'une ligne droite ne peut rencontrer sa surface en plus de deux points ; dans le cas contraire, il est *concave* ou à *angles rentrants.*

591. On classe les polyèdres d'après le nombre de leurs faces. Ainsi on appelle

> *tétraèdre* un polyèdre qui a 4 faces,
> *pentaèdre*............... 5
> *hexaèdre*............... 6
> etc.

On ne pousse guère cette nomenclature au delà du polyèdre de huit faces, que pour le *dodécaèdre* et l'*icosaèdre,* polyèdres de *douze* et de *vingt* faces.

Remarquons que *le tétraèdre est le plus simple des polyèdres ;* car il faut au moins trois plans pour former un angle polyèdre, et ces trois plans laissent un vide que l'on ne peut fermer qu'à l'aide d'un quatrième plan. Il est clair que les faces du tétraèdre sont des triangles.

THÉORÈME I.

592. *Deux tétraèdres SABC et S'A'B'C' (fig. 241) sont égaux lorsqu'ils ont leurs arêtes égales chacune à chacune, et que les faces formées par les arêtes homologues sont semblablement placées.*

Il suit immédiatement de cet énoncé que le trièdre S, par exemple, est égal au trièdre S'(189 et 500), de sorte qu'en superposant ces deux trièdres, les deux tétraèdres auront leurs sommets confondus, et par conséquent coïncideront parfaitement.

THÉORÈME II.

593. *Deux tétraèdres SABC et S'A'B'C' (fig. 241) sont égaux lorsqu'ils ont un angle dièdre égal AB = A'B' compris entre deux triangles SAB et S'A'B', ABC et A'B'C', égaux chacun à chacun et semblablement placés.*

C'est la démonstration même du n° **181.**

THÉORÈME III.

594. *Deux tétraèdres SABC et S'A'B'C' (fig. 241) sont égaux lorsqu'ils ont une face égale ABC = A'B'C', adjacente à trois angles dièdres égaux chacun à chacun, et dont les faces homologues sont semblablement placées.*

C'est la démonstration même du n° **183.**

595. Les tétraèdres sont dans l'espace ce que les triangles sont sur un plan. Ainsi, de même que l'on détermine la position d'un point sur un plan en le liant par un triangle à deux autres points donnés sur ce plan, de même aussi on fixe la position d'un point dans l'espace en le liant par un tétraèdre avec trois autres points donnés : d'où il suit qu'un polyèdre quelconque sera déterminé en donnant les sommets de trois de ses angles polyèdres, et leurs distances à tous les autres (592) : de sorte qu'en désignant par S le nombre total de ses sommets, sa détermination exige que l'on connaisse les 3(S—3) lignes qui vont aboutir aux sommets du triangle que l'on a choisi pour base, et en outre les trois côtés de ce triangle, ce qui fait en tout $3(S-3)+3 = 3(S-2)$ données. Observons toutefois que Legendre a reconnu que le nombre de ces données peut être beaucoup moindre que $3(S-2)$.

596. *On appelle* PYRAMIDE *un polyèdre dont une des faces est un polygone quelconque, et dont toutes les autres sont des triangles qui ont leur sommet au même point.* Ainsi SABCDE (fig. 242) est une pyramide dont le polygone ABCDE est la *base* et S le *sommet*. La perpendiculaire SO, abaissée du sommet sur la base, est la *hauteur* de la pyramide.

Une pyramide est dite *triangulaire, quadrangulaire, pentagonale*, etc., selon que sa base est un *triangle*, un *quadrilatère*, un *pentagone*, etc. Une pyramide triangulaire n'est autre chose qu'un tétraèdre.

597. Si l'on observe que la surface latérale d'une pyramide peut être engendrée en faisant glisser sur le contour de sa base une ligne droite assujettie à passer par son sommet, on en conclura qu'un cône n'est qu'une pyramide dont la base a un nombre infini de côtés infiniment petits (**517**).

598. *Une pyramide est* RÉGULIÈRE *lorsque sa base est un polygone régulier, et qu'en même temps son sommet se projette au centre des cercles inscrit et circonscrit à ce polygone.*

599. Si l'on construit deux cônes qui aient ces cercles pour bases, et pour sommet commun celui de la pyramide, il est clair que le premier touchera chaque face latérale de cette pyramide (**535**) suivant la ligne qui va du sommet au milieu de la base de cette face, et que les arêtes de la pyramide seront des génératrices du second cône. En conséquence, on dit que ces cônes sont *inscrit* et *circonscrit* à la pyramide, et la génératrice du premier se nomme l'*apothème* de cette pyramide.

Théorème IV.

600. *Si l'on coupe une pyramide par un plan parallèle à sa base, les arêtes et toutes les lignes issues du sommet seront coupées par ce plan en parties proportionnelles* (**466**) ; *la section sera un* *polygone semblable à la base, et les aires de ces polygones seront proportionnelles aux carrés de leurs distances au sommet.*

Soit la pyramide SABCDE (fig. 242) et A'B'C'D'E' la section faite dans cette pyramide par un plan parallèle à sa base.

1° Je dis d'abord que le polygone A'B'C'D'E est semblable à ABCDE. En effet, ces polygones sont équiangles, puisque leurs angles ont leurs côtés parallèles et dirigés dans le même sens (461). Ensuite ils ont leurs côtés homologues proportionnels, car la similitude des triangles SAB et SA'B', SBC et SB'C', SCD et SC'D', etc., donne

$$\frac{AB}{A'B'} = \frac{SB}{SB'},$$

$$\frac{SB}{SB'} = \frac{BC}{B'C'} = \frac{SC}{SC'},$$

$$\frac{SC}{SC'} = \frac{CD}{C'D'} = \frac{SD}{SD'},$$

etc. . . . . . .

d'où l'on tire

$$\frac{AB}{A'B'} = \frac{BC}{B'C'} = \frac{CD}{C'D'} = \cdots$$

2° La similitude des polygones ABCDE et A'B'C'D'E' nous donne (400)

$$\frac{ABCDE}{A'B'C'D'E'} = \frac{\overline{AB}^2}{\overline{A'B'}^2} = \frac{\overline{SB}^2}{\overline{SB'}^2} = \frac{\overline{O}^2}{\overline{SO'}^2}.$$

601. Corollaire. *Si les bases de deux pyramides de même hauteur SO et TH (fig. 242) sont situées sur un même plan, les aires des sections A'B'C'D'E' et F'G'I'K', faites dans ces pyramides par un plan parallèle à celui-ci, seront proportionnelles à celles des bases ABCDE et FGIK.*

On a en effet les deux proportions

$$\frac{ABCDE}{A'B'C'D'E'} = \frac{\overline{SO}^2}{\overline{SO'}^2},$$

$$\frac{FGIK}{F'G'I'K'} = \frac{\overline{TH}^2}{\overline{TH'}^2},$$

mais, par hypothèse, SO = TH, et SO' = TH' : donc

$$\frac{ABCDE}{A'B'C'D'E'} = \frac{FGIK}{F'G'I'K'}.$$

602. On nomme PARALLÉLIPIPÈDE un corps terminé par six plans parallèles deux à deux (fig. 243).

Il suit de cette définition qu'un parallélipipède est déterminé lorsque l'on connaît trois arêtes et l'angle trièdre qu'elles forment; car il suffit alors, pour le construire, de mener par l'extrémité de chaque arête un plan parallèle à celui des deux autres.

THÉORÈME V.

603. Les faces d'un parallélipipède sont des parallélogrammes ; celles qui sont opposées sont égales ; les angles trièdres opposés sont symétriques ; et les diagonales menées par les sommets de ces angles se coupent mutuellement en deux parties égales dans un même point, qui est le CENTRE du parallélipipède (fig. 243).

1° Chaque face telle que ABCD est un parallélogramme, parce que ses côtés opposés sont parallèles comme intersections de deux plans parallèles par un troisième.

2° Les deux faces opposées ABCD et FGIK ont leurs côtés AB et FG, BC et GI, égaux et parallèles (**196**) : donc elles ont un angle égal (**461**) compris entre côtés égaux chacun à chacun, et sont par conséquent égales (**204**). |

3° Si l'on prolonge les arêtes du trièdre C, on formera un trièdre CB'D'I' symétrique de CBID (**501**), mais qui sera égal au trièdre F ; car leurs faces sont égales chacune à chacune (**461**), et semblablement placées : donc le trièdre CBID est le symétrique de F.

4° Considérons les deux diagonales BK et GD qui joignent les sommets opposés B et K, et G et D. Il est clair qu'en joignant BD et GK, on formera un parallélogramme BDGK (**201**), dont ces lignes seront les diagonales : donc elles se coupent mutuellement en parties égales. Il en sera évidemment de même pour l'une quelconque des deux diagonales BK et GD, et chacune des deux autres AI et CF : donc les quatre diagonales qui joignent les sommets opposés se coupent au même point et en deux parties égales.

5° Je dis enfin que leur point de section O est le centre du parallélipipède. Menons, en effet, par ce point une droite quelconque MN, et soient M et N les points où elle perce les deux faces opposées BF et CK. Si nous faisons passer un plan par cette droite et par la diagonale BK, ses traces BM et KN sur ces deux faces seront parallèles (454) : donc les triangles OBM et OKN auront un côté égal BO = OK adjacent à deux angles égaux chacun à chacun, savoir, BOM = KON (50) et OBM = OKN (70, 1°); donc ils seront égaux; donc OM = ON; donc toute ligne qui, passant par le point O, va se terminer à la surface du parallélipipède, est divisée en ce point en deux parties égales; donc ce point est le centre de cette surface (203).

604. Deux faces opposées quelconques d'un parallélipipède se nomment ses *bases*, et la perpendiculaire abaissée d'un point de l'une sur l'autre est sa *hauteur*.

605. Un *parallélipipède* est *droit* lorsque ses arêtes latérales sont perpendiculaires aux plans des bases; mais si, en outre, ces bases sont des rectangles, on lui donne le nom de *parallélipipède rectangle*, car toutes ses faces sont alors des rectangles.

606. Si les trois arêtes contiguës d'un parallélipipède rectangle sont égales, ses six faces deviennent des carrés, et on l'appelle alors un *cube*. Il est clair que le cube est à la fois inscriptible et circonscriptible à la sphère.

607. *Le* PRISME *est un polyèdre dont deux faces sont des polygones* ABCDE *et* FGHIK (fig. 244), *qui ont leurs côtés égaux et parallèles chacun à chacun, et dont les autres faces* AG, BH... *sont déterminées par les plans conduits suivant les côtés homologues* AB *et* FG, BC *et* GH..... *de ces polygones.* Ces autres faces sont évidemment des parallélogrammes (204); on les nomme les faces *latérales* du prisme, tandis que les deux polygones ABCDE et FGHIK sont appelés ses *bases*. La *hauteur* de ce polyèdre est la distance de ses deux bases.

608. Un *prisme* est *droit* lorsque ses arêtes latérales AF, BG.... sont perpendiculaires aux plans des bases.

Un *prisme* est *triangulaire, quadrangulaire, pentagonal*, etc., selon que ses bases sont des *triangles*, des *quadrilatères*, des *pentagones*, etc.

609. Si la base d'un prisme est un parallélogramme, ses faces latérales seront parallèles deux à deux (**461**), de sorte que ce polyèdre sera un parallélipipède (**602**).

610. Si l'on observe que la surface latérale d'un prisme peut être engendrée en faisant glisser une de ses arêtes latérales parallèlement à elle-même sur le contour de sa base, on en conclura qu'un cylindre est un prisme dont la base a une infinité de côtés infiniment petits (**541**).

611. *Un prisme est* RÉGULIER *lorsqu'il est droit, et que sa base est un polygone régulier.*

Si l'on construit deux cylindres droits qui aient même hauteur qu'un prisme régulier, et pour bases les cercles inscrit et circonscrit à la sienne, ces cylindres seront dits *inscrit* et *circonscrit* au prisme (**548**).

Théorème VI.

612. *Deux prismes* AH *et* A'H'(fig. 244) *sont égaux lorsqu'ils ont un angle trièdre compris entre trois faces égales chacune à chacune et semblablement placées,* savoir :

$$\text{ABCDE} = \text{A'B'C'D'E'}, \quad \text{AK} = \text{A'K'}, \quad \text{AG} = \text{A'G'}.$$

Il suit immédiatement de cette hypothèse que les trièdres A et A' sont égaux (**500**), et que par conséquent, si l'on superpose les deux bases ABCDE et A'B'C'D'E' en faisant coïncider leurs côtés homologues, les arêtes AF et A'F' coïncideront aussi ; et, comme elles sont égales, le point F' tombera sur le point F : donc les parallélogrammes AK et A'K', AG et A'G' se recouvriront exactement ; donc il en sera de même des bases supérieures, et, par suite, des faces latérales BH et B'H', CI et C'I', etc. ; donc les deux prismes sont égaux.

613. Corollaire I. *Deux prismes droits sont égaux lorsqu'ils ont des bases égales et des hauteurs égales :* car toutes leurs faces latérales sont des rectangles égaux chacun à chacun. Si donc les trièdres A et A', par exemple, ont leurs faces semblablement placées, la condition énoncée au n° 612 sera remplie, et les prismes seront égaux; s'il n'en est pas ainsi, les trièdres A et F' seront égaux, et par conséquent les prismes le seront aussi.

614. COROLLAIRE II. Deux parallélipipèdes sont égaux dans les mêmes circonstances où deux prismes le sont (609).

615. COROLLAIRE III. Un prisme est déterminé quand on connaît sa base et l'une de ses arêtes latérales en grandeur et en direction.

THÉORÈME VII.

616. _Un polyèdre quelconque peut toujours être partagé en pyramides, et même en tétraèdres._

Nous distinguerons deux cas, suivant que le polyèdre sera convexe ou concave.

1° Si le polyèdre est convexe, on conduira des plans par un sommet quelconque A, et par chacune des arêtes des faces non adjacentes à ce sommet, et il sera ainsi décomposé en autant de pyramides qu'il y a de ces faces.

Si maintenant on partage la base de chaque pyramide en triangles, et que l'on mène des plans par chaque ligne de division et par le sommet commun, on décomposera chacune de ces pyramides, et partant le polyèdre proposé, en tétraèdres.

* 2° Si notre polyèdre est concave, on le partagera immédiatement en pyramides, et par suite en tétraèdres, si, d'un point pris dans son intérieur, on peut mener à tous ses sommets des droites qui, pour y arriver, ne traversent aucune de ses faces. S'il n'en est pas ainsi, menez par le sommet de l'un de ses angles rentrants un plan qui passe entre les arêtes de cet angle, et le polyèdre se trouvera ainsi partagé en deux polyèdres qui, pris ensemble, auront un angle rentrant de moins que le premier. Si donc vous opérez de la même manière sur chacun de ceux-ci, et ainsi de suite, vous finirez par décomposer le polyèdre proposé en un certain nombre de polyèdres convexes, ce qui vous ramènera au premier cas.

Théorème VIII.

*617. *Le nombre F des faces d'un polyèdre, augmenté de celui S de ses sommets, surpasse de deux unités le nombre A de ses arêtes*, de sorte que l'on a $F + S - A = 2$ (¹).

En effet, si l'on enlève une des faces de ce polyèdre, il deviendra un polyèdre *ouvert*, dont le nombre des faces sera $(F - 1)$, et qui aura le même nombre d'arêtes et de sommets que le proposé. Supprimons une quelconque des faces de ce second polyèdre, qui soit adjacente à la première. Il est clair que l'on aura effectué cette suppression en ôtant un polygone ouvert, lequel aura nécessairement un sommet de moins qu'il n'a de côtés : donc, si l'on désigne par s le nombre des sommets qu'on a enlevés, par F', S' et A' le nombre des faces, des sommets et des arêtes du nouveau polyèdre, on aura

$$F' = F - 2, \quad S' = S - s, \quad A' = A - s - 1 :$$

donc

$$F' + S' - A' = (F - 1) + S - A.$$

Ainsi, en enlevant une face d'un polyèdre *ouvert* quelconque, l'excès de la somme du nombre des faces et de celui des sommets sur le nombre des arêtes, demeurera constant. Il en sera donc de même si l'on supprime une seconde face, une troisième, etc., jusqu'à ce que l'on ait réduit le polyèdre à un simple polygone ; mais alors la différence dont il s'agit sera évidemment égale à l'unité, puisqu'un polygone a autant d'arêtes que de sommets ; donc

$$F - 1 + S - A = 1 : \quad \text{d'où} \quad F + S - A = 2,$$

ce qu'il fallait démontrer.

*618. Scolie. Ce théorème n'est qu'un cas particulier d'un autre théorème dû à M. Cauchy, et que l'on démontrerait de la même manière (*Annales de mathématiques* et *Journal de l'École polytechnique*).

_____

(¹) Ce théorème est dû à Euler.

*619. Corollaire. *La somme des angles de toutes les faces d'un polyèdre est égale à autant de fois quatre droits qu'il y a d'unités dans l'excès du nombre des arêtes sur celui des faces, ou à autant de fois quatre droits qu'il y a de sommets, moins deux.*

On sait, en effet, que la somme des angles d'un polygone est égale à autant de fois deux droits qu'il a de côtés, moins *quatre* droits : donc la somme V des angles de toutes les faces d'un polyèdre est égale à autant de fois deux droits que ces faces ont de côtés, moins autant de fois quatre droits qu'il y a de faces. Mais, comme chaque arête appartient à deux faces, on voit qu'en comptant le nombre des côtés de toutes les faces du polyèdre, on trouve un nombre double de celui de ses arêtes : donc l'expression de V est

$$V = 2 . 2A - 4F = 4(A - F) = 4(S - 2),$$

d'après le théorème d'Euler, ce qu'il fallait démontrer.

*620. M. Gergonne a prouvé, dans les *Annales de mathématiques*, qu'à l'exception de quelques théorèmes, tels que celui d'Euler, dans lesquels le nombre des faces et celui des sommets figurent de la même manière, il n'est aucun théorème de ce genre auquel il ne doive en répondre un autre, qui s'en déduit indispensablement, en y permutant simplement entre eux les mots *faces* et *sommets*. Nous allons indiquer brièvement la marche qui conduit à ces théorèmes.

Soient c, d, e, f, g, h.... le nombre des faces qui ont 3, 4, 5, 6, 7, 8.... côtés, et c', d', e', f', g', h'.... le nombre des angles polyèdres qui ont 3, 4, 5, 6, 7, 8.... faces.

Comme chaque arête appartient à deux faces et aboutit à deux sommets, on aura

$$2A = 3c + 4d + 5e + 6f + ..., \quad 2A = 3c' + 4d' + 5e' + 6f' + ...$$

Or, si l'on retranche de 2A, $2c + 4d + 4e + 6f + 6g + 8h....$, le reste $c + e + g + ...$ sera pair. Il en est évidemment de même pour la quantité $c' + e' + g' + ...$: donc

Les FACES *d'un nombre impair de côtés sont toujours en nombre pair.*	Les SOMMETS *d'un nombre impair d'arêtes sont toujours en nombre pair.*

D'un autre côté

$$F = c + d + e + f + \ldots, \quad S = c' + d' + e' + f' + \ldots;$$

donc, en substituant ces valeurs de F, S, A dans l'équation $F + S = A + 2$, après en avoir doublé tous les termes, il viendra

[1] $\begin{cases} 2(c + d + e + f + \ldots) = 4 + c' + 2d' + 3e' + 4f' + \ldots, \\ 2(c' + d' + e' + f' + \ldots) = 4 + c + 2d + 3e + 4f + \ldots, \end{cases}$

équations qui se changent l'une dans l'autre par la simple permutation des lettres c et c', d et d', etc. : donc elles expriment des théorèmes qui se changent l'un dans l'autre par la seule permutation des mots *face* et *sommet*.

Si l'on ajoute la seconde au double de la première, ce qui revient à éliminer c' entre elles, on trouvera

[2] $3c + 2d + e = 12 + (g + 2h + 3i + \ldots) + 2(d' + 2e' + 3f' + \ldots,$

équation absurde si c, d, e, sont nuls : donc

Il n'y a aucun polyèdre dont toutes les FACES *aient plus de cinq côtés, ou dont tous les* SOMMETS *aient plus de cinq arêtes.*

Si d et e sont nuls, c vaut au moins 4 ; si c et e sont nuls, d vaut au moins 6 ; si c et d sont nuls, e vaut au moins 12 : donc

Un polyèdre qui n'a aucune FACE *quadrangulaire ou pentagonale, a au moins quatre* FACES *triangulaires.*

Un polyèdre qui n'a aucune FACE *triangulaire ou pentagonale, a au moins six* FACES *quadrangulaires.*

Un polyèdre qui n'a aucune FACE *triangulaire ou quadrangulaire, a au moins douze* FACES *pentagonales.*

Un polyèdre qui n'a aucun SOMMET *tétraèdre ou pentaèdre, a au moins quatre* SOMMETS *trièdres.*

Un polyèdre qui n'a aucun SOMMET *trièdre ou pentaèdre, a au moins six* SOMMETS *tétraèdres.*

Un polyèdre qui n'a aucun SOMMET *trièdre ou tétraèdre, a au moins douze* SOMMETS *pentaèdres.*

Si d', c', f'.... étant nuls, on suppose que d, e, g, h...., ou c, e, g, h..., ou c, d, g, h.... soient nuls en même temps, on aura $c = 4$, ou $d = 6$, ou $e = 12$: donc

Si tous les SOMMETS d'un polyèdre sont trièdres, et qu'il n'ait que des FACES triangulaires et hexagonales, ou quadrangulaires et hexagonales, ou pentagonales et hexagonales, il a nécessairement quatre FACES triangulaires, ou six quadrangulaires, ou douze pentagonales.

Si toutes les FACES d'un polyèdre sont triangulaires, et qu'il n'ait que des SOMMETS trièdres et hexaèdres, ou tétraèdres et hexaèdres, ou pentaèdres et hexaèdres, il a nécessairement quatre SOMMETS trièdres, ou six SOMMETS tétraèdres, ou douze pentaèdres.

Si d, e, f, g.... étant nuls, on suppose que tous les sommets soient trièdres, ou tétraèdres, ou pentaèdres, on a $c = 4$, ou $3c = 1 + 2d'$, ou $3c = 12 + 4c'$; mais l'équation [2] donne, en permutant c et c'', d et d', etc. :

$$[3] \quad 3c' + 2d' + e' = 12 + (g' + 2h' + 3i' + ...) + 2(d + 2e + 3f + ...);$$

d'où l'on tire, dans nos deux dernières hypothèses, $d' = 6$ et $c' = 12$, partant $c = 8$ ou $c = 20$.

Si c, e, f.... étant nuls, on suppose que tous les sommets soient trièdres, on a $d = 6$. On ne saurait supposer que les sommets, ayant tous le même nombre d'arêtes, en eussent chacun plus de trois : car les équations [2] et [3] seraient alors contradictoires.

Si c, d, f, g... étant nuls, on suppose que tous les sommets soient trièdres, on aura $e = 12$. On ne saurait supposer que les sommets, ayant tous le même nombre d'arêtes, en eussent chacun plus de trois : car alors les équations [2] et [3] seraient contradictoires. Ainsi

Il ne peut y avoir que cinq sortes de polyèdres dont toutes les faces aient le même nombre de côtés, et tous les angles le même nombre d'arêtes : ce sont le tétraèdre, l'octaèdre, l'icosaèdre, l'hexaèdre et le dodécaèdre.

Si l'on ajoute les équations [1], d et d' disparaîtront, et l'on aura

[4] $c + c' = 8 + (e + 2f + 3g + ...) + (e' + 2f' + 3g' + ...)$.

Si l'on élimine e entre les équations [1], il viendra

[5] $4c + 2d + c' = 20 + 2(f + 2g + ...) + 2d' + 5e' + ...$

On déduira de ces deux dernières équations des théorèmes analogues à ceux que nous avons établis plus haut, et entre autres celui-ci :

Un polyèdre ne saurait être privé à la fois de faces triangulaires et d'angles trièdres, et il faut même que le nombre des uns et des autres ne soit pas moindre que huit.

THÉORÈME IX.

621. *Deux polyèdres sont égaux lorsqu'ils ont toutes leurs faces égales chacune à chacune, semblablement placées et également inclinées.*

En effet, si l'on place une des faces de l'un des polyèdres sur celle qui lui est égale dans l'autre, on verra facilement que les faces qui lui sont contiguës viendront coïncider avec leurs homologues, et ainsi de suite de proche en proche, de sorte que le premier polyèdre recouvrira exactement le second.

Observons toutefois que l'énoncé de ce théorème renferme évidemment plus de conditions qu'il n'en faut pour que deux polyèdres soient égaux. M. Cauchy a démontré en effet que *deux polyèdres convexes sont égaux quand ils ont toutes leurs faces égales chacune à chacune, et semblablement placées.* (Journal de l'École polytechnique.)

CHAPITRE II.

DES POLYÈDRES SEMBLABLES.

622. *On appelle* TÉTRAÈDRES SEMBLABLES *deux tétraèdres qui ont leurs arêtes proportionnelles et semblablement disposées* (¹).

Il existe de pareils tétraèdres ; *coupons*, en effet, *le tétraèdre SABC* (fig. 245) *par un plan parallèle à sa base* ABC ; nous déterminerons ainsi un second tétraèdre SDEF, dont les arêtes SD, SE, SF seront proportionnelles aux arêtes SA, SB, SC du premier (**466**); on aura donc

$$\frac{SA}{SD} = \frac{SB}{SE} = \frac{SC}{SF}.$$

D'un autre côté, les triangles DEF, ABC sont semblables (**600**), et par conséquent

$$\frac{AB}{DE} = \frac{AC}{DF} = \frac{BC}{EF};$$

mais la similitude des triangles SAB, SDE, donne aussi

$$\frac{SA}{SD} = \frac{AB}{DE}.$$

Donc on a

$$\frac{SA}{SD} = \frac{SB}{SE} = \frac{SC}{SF} = \frac{AB}{DE} = \frac{AC}{DF} = \frac{BC}{EF}.$$

Donc toutes les arêtes du tétraèdre SDEF sont proportionnelles à celles du tétraèdre SABC. On voit de plus que leurs arêtes sont semblablement disposées.

623. Il suit de cette définition que *deux tétraèdres semblables*

(¹) Il faut entendre par là que les trois arêtes qui déterminent un angle trièdre sont proportionnelles à celles qui déterminent un autre angle trièdre, et que si l'on dispose les plans de deux faces des tétraèdres, de manière que deux arêtes de l'une coïncident avec les deux arêtes homologues de l'autre, les sommets opposés à ces faces seront situés d'un même côté du plan commun.

ont leurs faces semblables chacune à chacune (**277**), *leurs angles trièdres et dièdres égaux chacun à chacun* (**500**).

THÉORÈME I.

624. *Deux tétraèdres* SABC *et* S'A'B'C' (fig. 245) *sont semblables, lorsqu'ils ont un angle dièdre égal compris entre deux faces* SAB *et* S'A'B', SAC *et* S'A'C' *semblables chacune à chacune et semblablement disposées.*

Je prends, à partir du point S, SD = S'A', SE = S'B', SF = S'C' et par les trois points D, E, F, je mène un plan. Ce plan coupera les arêtes de l'angle trièdre S en parties proportionnelles, puisque ces arêtes sont proportionnelles à celles de l'angle trièdre S', à cause de la similitude des triangles SAB et S'A'B', SAC et S'A'C' : donc il est parallèle à ABC (**467**) ; donc le tétraèdre SDEF est semblable à SABC (**622**). Mais les tétraèdres SDEF et S'A'B'C' sont superposables, car les angles trièdres S et S' sont égaux (**504**); donc ce dernier est aussi semblable à SABC.

THÉORÈME II.

625. *Deux tétraèdres* SABC *et* S'A'B'C' (fig. 245) *sont semblables lorsqu'ils ont une face semblable adjacente à trois angles dièdres égaux chacun à chacun et dont les faces homologues sont semblablement disposées.*

Soit la face SAC semblable à S'A'C'. Prenons encore SD = S'A', SE = S'B', SF = S'C', et menons un plan par les trois points D, E, F. Le trièdre S est égal au trièdre S' (**505**); donc les deux tétraèdres SDEF et S'A'B'C' sont superposables, et l'angle dièdre SDFE est par conséquent égal à S'A'C'B', et par suite à l'angle dièdre SACB. Puis donc que la similitude des triangles SAC et SDF exige que l'arête DF soit parallèle à AC, on voit que le plan DEF est parallèle à ABC (**489**) ; donc le tétraèdre SDEF, c'est-à-dire S'A'B'C', est semblable à SABC.

THÉORÈME III.

626. *Deux tétraèdres sont semblables lorsqu'ils ont tous leurs angles dièdres égaux chacun à chacun et semblablement disposés.*

En effet, nos deux tétraèdres ont leurs angles trièdres égaux chacun à chacun (503), de sorte que leurs faces homologues sont équiangles entre elles et que par conséquent leurs arêtes homologues sont proportionnelles.

627. SCOLIE. L'énoncé de ce théorème renferme une condition de trop; car, pour établir la similitude des faces des deux tétraèdres, il suffit de supposer que *cinq* angles dièdres soient égaux chacun à chacun.

628. *On appelle polyèdres semblables deux polyèdres qui sont composés d'un même nombre de tétraèdres semblables chacun à chacun et semblablement disposés* (¹).

THÉORÈME IV.

629. *Si l'on coupe une pyramide par un plan parallèle à sa base, on détermine ainsi une seconde pyramide semblable à la première.*

Partageons la base de la pyramide donnée en triangles par des diagonales issues d'un point quelconque pris dans l'intérieur de cette base, et menons des plans par le sommet de la pyramide et chacune de ces diagonales; nous décomposerons ainsi chacune des deux pyramides en un même nombre de tétraèdres semblablement placés. De plus, chacun des tétraèdres de la

---

(¹) C'est-à-dire 1° que les deux angles dièdres dont l'arête commune est une des arêtes mêmes de la face qui assemble les deux tétraèdres du premier polyèdre auxquelles ils appartiennent, sont homologues de ceux dont l'arête commune est une des arêtes de la face qui réunit les deux tétraèdres semblables du second polyèdre; 2° que si l'on place l'une des faces de jonction sur sa correspondante, en faisant coïncider deux côtés homologues, les tétraèdres semblables seront alors situés d'un même côté du plan commun. Soit, par exemple, le polyèdre SABCDE (fig. 246), composé des tétraèdres SABC, SACD et SADE, et supposons que la face ABC du premier soit posée sur le plan même de la figure, et que tous les autres sommets S, D, E, soient au-dessus de ce plan. Si l'on veut construire un polyèdre composé de tétraèdres semblables à ceux-ci, et qui soient semblablement placés, on formera d'abord un tétraèdre S'A'B'C' semblable au premier; puis, comme les deux dièdres BACS et SACD ont AC pour arête commune, on construira sur A'S'C' un tétraèdre semblable à SACD, en ayant soin que le dièdre homologue à S'A'C'D' ait A'C' pour arête, et que la face A'C'D' soit du côté opposé au plan ABC. Enfin on mènera par A'D' un plan qui fasse avec S'A'D' un angle dièdre égal à SADE, mais qui soit du côté opposé au triangle A'C'D', et en construisant sur A'D' et dans ce plan un triangle A'D'E' semblable à ADE et semblablement placé, le troisième tétraèdre sera déterminé.

pyramide donnée est semblable au tétraèdre correspondant de la petite pyramide (622); donc les deux pyramides satisfont à la définition du n° 628 ; donc elles sont semblables.

THÉORÈME V.

630. *Deux polyèdres semblables* P *et* P' *ont leurs faces homologues semblables, leurs angles dièdres et leurs angles polyèdres égaux chacun à chacun.*

Puisque les deux polyèdres sont semblables, on peut les décomposer en un même nombre de tétraèdres semblables chacun à chacun et semblablement disposés (628) ; supposons cette décomposition effectuée; alors les surfaces de nos deux polyèdres seront partagées en un même nombre de triangles semblables chacun à chacun et semblablement placés; et je dis que si deux ou plusieurs de ces triangles sont dans un même plan, et forment une même face de P, leurs homologues seront aussi dans un même plan, et formeront une face de P' semblable à celle de P (285). Soient, en effet, ABC et ACD (fig. 246), deux triangles adjacents du polyèdre P, et S le sommet commun des tétraèdres auxquels ils appartiennent; A'B'C' et A'C'D' les triangles homologues de P', et S' le sommet homologue à S. Les angles dièdres SACB et SACD seront respectivement égaux à S'A'C'B' et à S'A'C'D' (625); or, si les deux triangles ABC et ACD sont dans un même plan, les deux angles dièdres SACB et SACD seront supplémentaires : donc il en sera de même de S'A'C'B' et de S'A'C'D', et par conséquent les triangles A'B'C' et A'C'D' seront aussi dans un même plan. Donc les polyèdres P et P' ont leurs faces semblables chacune à chacune.

Si, au contraire, les deux triangles ABC et ACD ne sont pas dans un même plan, leurs homologues A'B'C' et A'C'D' n'y seront pas non plus, et l'angle dièdre BACD sera égal à B'A'C'D' ; donc les angles dièdres homologues des deux polyèdres sont égaux, car ce sont ou des angles dièdres homologues de tétraèdres semblables, ou des sommes d'angles dièdres homologues de pareils tétraèdres.

Quant aux angles polyèdres homologues, ils sont égaux

comme ayant toutes leurs faces égales chacune à chacune, semblablement disposées et également inclinées.

Théorème VI.

631. Réciproquement *deux polyèdres sont semblables lorsqu'ils ont toutes leurs faces semblables chacune à chacune, semblablement disposées et également inclinées.*

Nous distinguerons deux cas, suivant que les polyèdres proposés seront convexes ou concaves.

1° Les polyèdres étant convexes, nous pourrons partager l'un d'eux en tétraèdres, par des plans passant par l'un de ses sommets (**616,** 1°), et conduire ensuite des plans par les sommets homologues du second; de cette manière ils se trouveront décomposés en un même nombre de tétraèdres semblablement disposés. Il s'agit de prouver que ces tétraèdres seront semblables chacun à chacun (**628**).

Soient SABCDE et S'A'B'C'D'E (fig. 247) deux fragments des polyèdres proposés : nous supposons que les triangles SBC et S'B'C', SCD et S'C'D' soient formés en joignant des sommets homologues de deux faces semblables, semblablement disposées et formant des angles dièdres égaux BCSD et B'C'S'D'. Nous faisons la même hypothèse sur les triangles SAB et S'A'B', SED et S'E'D', sur les angles dièdres ABSC et A'B'S'C', CDSE et C'D'S'E'; enfin le fragment SABCDE se compose des tétraèdres SABC, SAEC et SDCE.

Parmi les tétraèdres qui composent les deux polyèdres, il y en a qui ont deux faces communes avec eux et comprenant entre elles des angles dièdres égaux, puisqu'ils appartiennent aux polyèdres. Tels sont les tétraèdres SDEC et S'D'E'C' qui ont le dièdre SD = S'D' compris entre les faces semblables SDE et S'D'E' (**283**), SDC et S'D'C'; donc ces tétraèdres sont semblables (**624**), et par conséquent les faces SCE et S'C'E' sont semblables, et les angles dièdres DCSE et D'C'S'E' sont égaux. Mais les tétraèdres SABC et S'A'B'C' sont aussi semblables, comme ayant l'angle dièdre BS = B'S' compris entre les faces semblables SBC et S'B'C', SAB et S'A'B'; donc la face SAC est semblable à S'A'C', et l'angle dièdre BCSA est égal à B'C'S'A'. Mais l'angle dièdre BCSD du premier polyèdre est égal à son homologue B'C'S'D'; si donc on en retranche respectivement les angles DCSE et D'C'S'E', BCSA et B'C'S'A', les angles dièdres restants ACSE et A'C'S'E' seront égaux; par conséquent les tétraèdres SACE et S'A'C'E' seront semblables (624), et ainsi des autres.

Cette démonstration est entièrement analogue à celle du n° 287 relative aux polygones.

* 2° Considérons deux polyèdres concaves. On pourra, en menant convenablement des plans par les arêtes des angles rentrants, les décomposer en polyèdres convexes, de sorte que notre théorème sera démontré, d'après ce qui précède, si nous prouvons que ces polyèdres convexes ont toutes leurs faces semblables chacune à chacune, semblablement disposées et également inclinées.

Soient donc AK et A'K' (fig. 248) deux polyèdres qui ont toutes leurs faces semblables, semblablement disposées et leurs angles dièdres égaux chacun à chacun (la figure représente deux prismes). Soient ABMNO et A'B'M'N'O' les sections faites dans ces corps, par deux plans menés par les arêtes homologues AB et A'B' et également inclinées sur les faces AG et A'G'. Les deux angles trièdres BMGA et B'M'G'A' ont la face ABG = A'B'G' adjacente aux angles dièdres égaux MABG et M'A'B'G', ABGC et A'B'G'C'; donc ces angles trièdres sont égaux (505), et ainsi les angles ABM et A'B'M', GBM et G'B'M' sont égaux, ainsi que les angles dièdres GBMN et G'B'M'N'. Mais de ce que l'angle GBM = G'B'M', il résulte que les droites BM et B'M' partagent les polygones semblables MG et M'G' en deux polygones semblables chacun à chacun (288); donc l'angle BMI = B'M'I', et nous nous retrouvons au point M dans les mêmes circonstances qu'au point B. Nous en conclurons donc que l'angle BMN = B'M'N' et que le polygone NI est semblable à N'I', et que l'angle dièdre IMNO = I'M'N'O' et ainsi de suite. Or, il résulte de la similitude des faces AG et A'G', MG et M'G', NI et N'I', etc., que l'on a

$$\frac{AB}{A'B'} = \frac{BG}{B'G'} = \frac{BM}{B'M'} = \frac{MI}{M'I'} = \frac{MN}{M'N'} = \text{etc.};$$

donc les deux polygones ABMNO et A'B'M'N'O' sont semblables (287); donc les deux polyèdres ABMNOFGIKL et A'B'M'N'O'F'G' I'K'L' ont toutes leurs faces semblables, semblablement dispo-sées et également inclinées ([1]).

632. *On appelle* POINTS HOMOLOGUES *deux points qui sont liés à deux faces homologues par deux tétraèdres semblables et semblablement disposés. Les droites dont les extrémités sont des points homologues, sont dites droites homologues.*

THÉORÈME VII.

633. *Dans deux polyèdres semblables, les droites homologues sont proportionnelles aux arêtes homologues de ces polyèdres.*

Supposons que ABC et A'B'C', DEF et D'E'F' (fig. 249) étant des triangles homologues de deux faces semblables des deux po-lyèdres, les tétraèdres SABC et S'A'B'C', TDEF et T'D'E'F' soient semblables et semblablement placés, de sorte que les points S et S', T et T' sont des points homologues ; je dis que les droites homologues ST et S'T' sont proportionnelles aux arêtes homo-

---

([1]) On définit aussi les POLYÈDRES SEMBLABLES *ceux qui sont compris sous un même nombre de faces semblables chacune à chacune et semblablement dispo-sées, et dont les angles polyèdres homologues sont égaux.*

Cette définition renferme *trop de conditions.* En la prenant néanmoins pour point de départ, on en déduira immédiatement : 1° que *deux tétraèdres sembla-bles ont leurs arêtes homologues proportionnelles, et semblablement disposées,* puisque leurs faces sont des triangles semblables, ayant par conséquent leurs côtés proportionnels, et 2° que *si l'on coupe une pyramide par un plan pa-rallèle à sa base, on détermine une seconde pyramide semblable à la première,* puisque cette seconde pyramide aura ses faces semblables à celles de la pre-mière (466 et 600) et semblablement disposées, et que de plus ses angles trièdres seront égaux aux angles trièdres de la première, comme formés d'angles dièdres égaux (503). On démontrera alors, comme nous l'avons fait, les théo-rèmes des numéros 624, 625 et 626.

On établira ensuite dans l'ordre ci-dessous les propositions suivantes :

1° *Deux polyèdres semblables peuvent toujours être décomposés en un même nombre de tétraèdres semblables chacun à chacun, et semblablement disposés.* Démonstration du numéro 631.

2° *Réciproquement, deux polyèdres sont semblables lorsqu'ils peuvent être décomposés en un même nombre de tétraèdres semblables chacun à chacun et semblablement disposés.*

. On démontrera, comme au numéro 630, qu'en effet les deux polyèdres ont leurs faces homologues semblables, et leurs angles dièdres et polyèdres égaux chacun à chacun.

gues BC et B'C'. En effet, il résulte de la similitude des tétraèdres TDEF et T'D'E'F' que les faces TDF et T'D'F' sont semblables, et que les angles dièdres TDFC et T'D'F'C' sont égaux ; mais
le triangle DCF est semblable à D'C'F' ; donc le tétraèdre TDCF
est semblable à T'D'C'F' (**624**). On verra de même que les tétraèdres TFCB et T'F'C'B' le seront aussi, et de là on conclura
facilement la similitude des tétraèdres TBCS et T'B'C'S' (**624**), et
par suite que

$$\frac{ST}{S'T'} = \frac{BC}{B'C'}.$$

CHAPITRE III.

DES POLYÈDRES SYMÉTRIQUES.

634. *On appelle* POLYÈDRES SYMÉTRIQUES *deux polyèdres qui
peuvent être placés de telle manière que les droites qui joindront
les sommets du premier avec ceux du second iront se croiser en un
même point, où elles seront coupées en deux parties égales. Ce
point se nomme le* CENTRE DE SYMÉTRIE *des deux polyèdres, et les
sommets correspondants sont dits symétriques ou homologues.*

Il existe de pareils polyèdres. Soit, en effet, ABCDE (fig. 250)
une face quelconque d'un polyèdre ; joignons les sommets de ce
polygone avec un point quelconque O, et prolongeons chacune
des droites de jonction d'une quantité égale à elle-même : je dis
que tous les points A', B', C', D', E' ainsi déterminés sont dans un
même plan. En effet, s'il n'en est pas ainsi, menons par le
point A' un plan parallèle à ABCDE, et soit B" le point où il
coupera BOB' : l'égalité des triangles AOB et A'OB" (**183**) exigera
que l'on ait OB" = OB = OB', ce qui est absurde ; donc il passera par tous les points A', B', C', D', E', et les deux polygones
ayant leurs côtés égaux et parallèles chacun à chacun seront

égaux. Donc, en faisant pour toutes les faces du polyèdre pro-posé ce que nous avons fait pour la face ABCDE, on formera un polyèdre symétrique de celui-ci.

THÉORÈME I.

655. *Deux polyèdres symétriques ont toutes leurs faces égales chacune à chacune, leurs angles dièdres homologues égaux, leurs angles polyèdres symétriques, et ils pourront être décomposés en un même nombre de tétraèdres symétriques chacun à chacun, mais inversement disposés.*

En effet, la démonstration du numéro précédent prouve d'a-bord que les faces symétriques seront égales chacune à chacune. On voit ensuite que si CD et C'D' sont deux arêtes symétriques, ces arêtes seront parallèles, de sorte que les deux angles triè-dres C et C' ayant leurs faces symétriques égales (**461**), auront leurs angles dièdres égaux chacun à chacun.

Quant aux angles polyèdres, ils auront leurs faces symétriques égales, également inclinées et inversement placées ; donc ils se-ront symétriques (**501**).

On voit enfin que si on décompose le premier polyèdre d'une manière quelconque en tétraèdres, on pourra, en menant des plans par les sommets symétriques du second, le décomposer aussi en tétraèdres, lesquels seront les symétriques des pre-miers, puisqu'ils satisfont à la définition (**654**).

THÉORÈME II.

656. *Deux polyèdres symétriques peuvent être placés symétri-quement par rapport à un plan donné quelconque,* c'est-à-dire de telle sorte que leurs sommets homologues soient situés à égale distance du plan dont il s'agit, sur une même perpendiculaire à ce plan.

Transportons, en effet, le système des deux polyèdres de ma-nière que leur centre de symétrie se trouve en un point quel-conque O du plan donné MN (fig. 251), et menons par ce point une perpendiculaire OZ à ce plan. Maintenant faisons faire une demi-révolution au polyèdre inférieur autour de OZ. Il est clair que la projection a' du sommet A' sur MN viendra coïncider avec la projection a du sommet symétrique A de l'autre polyèdre ; car $Oa' = Oa$ à cause de l'égalité des triangles O$A a$ et OA'a'. Il en sera de même des projections de tous les autres sommets des deux polyèdres. Ainsi les deux corps seront actuellement disposés de telle sorte que tous. leurs sommets seront situés deux à deux sur une perpendiculaire au plan MN, et à égale distance de ce plan. Donc ces deux polyèdres sont symétriques par rapport à ce plan.

Le plan MN est donc un *plan de symétrie* des deux polyèdres.

Théorème III.

637. Réciproquement, *si deux polyèdres sont symétriques par rapport à un plan* MN (fig. 251), *ils pourront être placés symétriquement par rapport à un point quelconque* O *de ce plan.*

Faisons faire une demi-révolution au polyèdre inférieur autour de ÒZ. De cette manière la projection a du sommet A" sur le plan MN viendra se placer en a' sur le prolongement de aO, et le point A" se trouvera ainsi transporté en A'. Si alors on joint OA' et OA, on formera deux triangles égaux O$A a$, et OA'a' (**181**) ; car les angles a et a' sont droits, $Oa = Oa'$, et a'A' $= a$A" est ainsi égal à Aa. Donc l'angle AOa = A'Oa', et AOA' est par conséquent une ligne droite divisée au point O en deux parties égales ; donc les deux polyèdres seront alors situés de telle manière que les droites qui joindront leurs sommets homologues iront se croiser au point O et y seront divisées en deux parties égales ; donc ce point est un centre de symétrie des deux polyèdres.

CHAPITRE IV.

DES POLYÈDRES RÉGULIERS.

638. *On appelle* POLYÈDRE RÉGULIER *celui dont toutes les faces sont des polygones réguliers égaux, et dont tous les angles polyèdres* *sont égaux entre eux.* Tel est le *cube* (606) : car toutes ses faces sont des carrés égaux; et tous ses angles trièdres sont trirectangles, et par conséquent égaux.

<h2 align="center">THÉORÈME I.</h2>

639. *Tout polyèdre régulier est à la fois inscriptible et circonscriptible à une sphère.*

Soient BAC, CAD (fig. 252) deux faces adjacentes, F et G les centres des cercles inscrits et circonscrits à ces faces. Si l'on élève en ces points des perpendiculaires à leurs plans, elles iront concourir au centre O de la sphère qui passerait par les quatre sommets C, B, A, D (558). Je dis maintenant que les perpendiculaires élevées au centre de chacune des autres faces du polyèdre iront concourir au point O; et, pour le démontrer, il suffira de prouver qu'il en sera ainsi pour une troisième face EDK adjacente à l'une des deux premières. Soit donc O' le point où la perpendiculaire élevée au plan de cette face par le centre I des cercles qui lui sont inscrit et circonscrit coupe OG. Si l'on joint les points F et G au milieu M de AC et les points G et I au milieu N de DE, on formera deux quadrilatères OFMG et O'GNI qui auront les angles F, G et I droits, les angles FMG et GNI égaux, car ce sont les angles rectilignes correspondants aux angles dièdres BACD et ADEK, et les côtés FM, MG, NG et NI égaux entre eux : donc ces quadrilatères sont égaux (223) et par conséquent le point O' coïncide avec O; donc OF = OG = OI. Donc toutes les faces sont équidistantes du point O, et par conséquent le polyèdre sera circonscrit à la sphère dont le rayon est OF. Mais ce même point O est aussi équidistant des sommets de chaque face (558) : donc la sphère décrite avec le rayon OA sera circonscrite au polyèdre.

640. COROLLAIRE I. *Tout polyèdre régulier peut être partagé en autant de pyramides régulières égales qu'il a de faces.* Il suffit, pour effectuer cette décomposition, de mener des plans par le centre O et par chacune de ses arêtes.

641. COROLLAIRE II. *Réciproquement, un polyèdre est régulier lorsqu'on peut le décomposer en pyramides régulières égales en me-*

nant des plans par chacune de ses arêtes, et par un point pris dans son intérieur. D'abord toutes ses faces sont des polygones réguliers égaux ; ensuite tous ses angles dièdres sont égaux : car l'angle BACD, par exemple, est double de l'angle dièdre à la base de l'une quelconque de ces pyramides.

Théorème II.

642. *Il ne peut y avoir que cinq sortes de polyèdres réguliers.*

Nous avons vu (497) que la somme des faces d'un angle polyèdre convexe était toujours moindre que quatre droits. Par conséquent, si toutes ces faces sont égales, leur nombre sera nécessairement moindre que le quotient que l'on obtient en divisant quatre droits par la valeur d'une face. D'où il suit, en observant d'ailleurs que les angles d'un triangle équilatéral, d'un carré, d'un pentagone et d'un hexagone régulier, valent respectivement (l'unité angulaire est l'angle droit)

$$\tfrac{2}{3}, \quad 1, \quad \tfrac{6}{5} \quad \text{et} \quad \tfrac{4}{3},$$

1° Que, si les faces du polyèdre sont des triangles équilatéraux, le nombre des triangles réunis autour d'un même sommet sera plus petit que $\tfrac{4}{\frac{2}{3}} = 6$: donc chaque angle polyèdre ne pourra être formé qu'avec *trois, quatre* ou *cinq* angles de triangles équilatéraux ;

2° Que, si les faces sont des carrés, on ne pourra en assembler que *trois,* pour former chaque angle polyèdre ;

3° Que, si les faces sont des pentagones, le nombre de ces polygones réunis autour d'un même sommet sera moindre que $\tfrac{4}{\frac{6}{5}} = \tfrac{10}{3} < 4$: donc on ne pourra former chaque angle polyèdre qu'avec *trois* angles de pentagone ;

4° Que les faces d'un polyèdre régulier ne peuvent avoir plus de *cinq* côtés ; car si l'on voulait employer même des hexagones, on trouverait que le nombre des faces de chacun de ses angles devrait être moindre que $\tfrac{4}{\frac{4}{3}} = 3$, ce qui est absurde.

Donc *il ne peut y avoir que* cinq *sortes de polyèdres réguliers :*

TROIS *formés en réunissant autour d'un même sommet* TROIS, QUATRE ou CINQ TRIANGLES ÉQUILATÉRAUX ; *et* DEUX *dont les angles polyèdres résulteraient de l'assemblage de* TROIS CARRÉS *ou de* TROIS PENTAGONES.

* *Combien chacun d'eux a-t-il de faces ?*

Soient f le nombre des côtés de chacune et s le nombre des arêtes de chaque angle polyèdre. Le nombre total des arêtes de toutes les faces sera donc Ff, en conservant la notation du n° **617** ; mais comme chacune appartient à deux faces, il s'ensuit que le nombre des arêtes du polyèdre n'est que la moitié de Ff, et qu'ainsi $Ff = 2A$; on verra de même que $Ss = 2A$, et qu'ainsi nous avons, pour déterminer A, F et S, les trois équations

$$Ff = 2A, \quad Ss = 2A, \quad F + S - A = 2,$$

desquelles on tire facilement

$$F = \frac{4s}{2(f+s) - fs}.$$

Or, dans les cinq polyèdres réguliers dont nous avons reconnu la possibilité, on a successivement :

$$f = 3, \quad 3, \quad 3, \quad 4, \quad 5,$$
$$s = 3, \quad 4, \quad 5, \quad 3, \quad 3,$$

et alors la formule précédente donne respectivement :

$$F = 4, \quad 8, \quad 20, \quad 6, \quad 12.$$

Les cinq polyèdres réguliers dont nous avons maintenant à démontrer l'existence, sont donc le *tétraèdre*, l'*octaèdre*, l'*icosaèdre*, l'*hexaèdre* et le *dodécaèdre*. Nous y parviendrons en résolvant le problème suivant :

PROBLÈME I.

* **643.** *Construire un polyèdre régulier d'espèce déterminée, connaissant son arête.*

S'il y a des polyèdres réguliers, il peuvent être décomposés en autant de pyramides régulières égales qu'ils ont de faces, et réciproquement (**640** et **641**); et, comme le côté de la base de chacune est donné par l'énoncé du problème, ces pyramides intégrantes seraient déterminées si l'on connaissait les angles dièdres que forment leurs faces latérales [1]. Concevons une sphère dont le centre soit au sommet de l'une de nos pyramides; les faces de cette pyramide intercepteront sur cette sphère un polygone sphérique dont les angles seront les angles dièdres mêmes formés par ces faces; si donc on représente par x la valeur de l'un de ces angles dièdres, on aura pour expression de l'aire de ce polygone sphérique $fx - 2(f-2)$, en prenant l'aire du triangle trirectangle pour unité (**664**); par conséquent la somme des aires des polygones que les angles au sommet de toutes les pyramides interceptent sur notre sphère sera $\{fx - 2(f-2)\}F$. Mais cette somme est précisément celle de la sphère, qui vaut 8 fois le triangle trirectangle; donc

$$\{fx - 2(f-2)\}F = 8, \quad \text{d'où} \quad x = \frac{8 + 2(f-2)F}{Ff}.$$

En remplaçant F et f par leurs valeurs respectives, on trouvera que l'inclinaison de deux faces adjacentes de l'une des pyramides intégrantes du tétraèdre est $\frac{4}{3}$,

de l'octaèdre est 1,

de l'icosaèdre est $\frac{4}{5}$,

de l'hexaèdre est $\frac{4}{3}$,

du dodécaèdre est $\frac{4}{3}$,

En conséquence, si l'on veut construire le dodécaèdre, par exemple, on construira une pyramide pentagonale régulière dont le côté soit égal à l'arête donnée, et telle que l'inclinaison de deux faces adjacentes soit les $\frac{4}{3}$ d'un angle droit; puis, réunissant *douze* de ces pyramides, l'espace se trouvera rempli autour de leur sommet commun, et le problème sera résolu (**641**). Les

---

[1] En effet, chaque angle trièdre à la base est isoèdre, et l'on connaît dans ce trièdre l'angle dièdre formé par les deux faces égales et la face qui lui est opposée. Pour obtenir ces faces, il n'y aura donc qu'à renverser la construction par laquelle on détermine l'angle dièdre opposé à la face de développement, lorsque l'on connaît les trois faces (Voy. la Géométrie descriptive).

quatre autres polyèdres réguliers pourront être construits de la
même manière. Observons toutefois que, pour obtenir l'hexaèdre
régulier, il sera plus simple de construire un parallélipipède
rectangle dont les trois arêtes contiguës soient égales à la ligne
donnée ([1]).

([1]) Si l'on suppose nul le dénominateur de la valeur de F (642), on aura l'é-
quation $2(f+s) = fs$, à laquelle on ne peut satisfaire que par les trois couples

$$f = 3, \quad f = 4, \quad f = 6;$$
$$s = 6, \quad s = 4, \quad s = 3.$$

Ainsi *une sphère peut, sous trois points de vue différents, être regardée
comme un polyèdre régulier d'un nombre infini de faces infiniment petites,
formé en réunissant autour d'un même point 1° des triangles* six *à* six; 2° *des
carrés* quatre *à* quatre; 3° *des hexagones* trois *à* trois.

LIVRE IX.

DES AIRES DES CORPS.

CHAPITRE PREMIER.

DES AIRES DES CORPS.

644. La détermination de *l'aire d'un polyèdre quelconque* ne saurait présenter de difficulté, puisqu'elle est évidemment la somme de celles des faces de ce polyèdre, et nous avons vu comment on peut les évaluer. Nous ferons observer seulement que les aires des surfaces latérales de la pyramide régulière et du prisme peuvent s'obtenir par une seule multiplication (n°s **645** et **649**).

THÉORÈME I.

645. *L'aire de la surface latérale d'une pyramide régulière* (598) *est égale à la moitié du produit du périmètre de sa base par son apothème.*

En effet, chaque face de cette pyramide est un triangle isocèle qui a pour mesure un des côtés de la base de cette pyramide multiplié par la moitié de son apothème (599) : on pourra donc, dans l'addition des aires de toutes ces faces, mettre la moitié de l'apothème en facteur commun, et l'on obtiendra ainsi pour mesure de la surface latérale de la pyramide le périmètre de sa base multiplié par la moitié de son apothème.

646. Si l'on inscrit un polygone régulier dans le cercle qui sert de base à un cône droit, et que l'on mène des plans par le sommet du cône et par chacun des côtés de ce polygone, on formera une pyramide régulière inscrite au cône. Supposons, maintenant, que l'on double indéfiniment le nombre des côtés du polygone ; on obtiendra ainsi une série de pyramides régulières inscrites au cône, dans chacune desquelles le nombre des

faces sera de deux en deux fois plus grand ; leurs surfaces latérales, toujours plus petites que la surface latérale du cône, iront
sans cesse en croissant et s'en rapprocheront d'autant plus que
le nombre des côtés du polygone sera plus considérable (¹). Le

_____

(¹) En effet, *toute surface convexe est plus petite qu'une autre surface quelconque qui l'envelopperait en s'appuyant sur le même contour, ou qui l'envelopperait entièrement.* Cette proposition, que l'on peut admettre comme évidente,
est la conséquence des trois lemmes suivants :

LEMME I.

*L'aire de la projection d'un triangle qui n'est point parallèle au plan de pro-
jection est plus petite que celle de ce triangle.*

Nous pouvons supposer que le plan de projection passe par l'un des sommets
de notre triangle, car les projections d'une même figure sur deux plans parallèles sont évidemment égales. Cela posé, deux cas peuvent se présenter, suivant que l'un des côtés du triangle sera dans le plan de projection ou qu'il n'y
sera pas.

Dans le premier cas, A'BC étant la projection du triangle ABC (fig. 253), si
on tire A'I perpendiculairement sur BC, et que l'on joigne AI, on aura la hauteur
du triangle ABC ; or, A'I < AI, donc A'BC < ABC (**370**).

Dans le deuxième cas, je prolonge le côté AC (fig. 254) jusqu'à sa rencontre
avec le plan de projection en D, et alors je puis regarder le triangle ABC comme
la différence des deux triangles ABD et BCD qui ont un côté dans le plan de
projection, de sorte que sa projection BA'C' sera la différence de celles de ces
deux triangles. Or, si des points A' et C' on abaisse des perpendiculaires sur
BD, et que l'on tire AK et CI, ces droites seront les hauteurs des triangles correspondants ; donc

$$\frac{BAD}{BA'D} = \frac{AK}{A'K},$$

$$\frac{BCD}{BC'D} = \frac{CI}{C'I}.$$

Mais les triangles AA'K et CC'I sont équiangles ; donc

$$\frac{BAD}{BA'D} = \frac{BCD}{DC'D} = \frac{AK}{A'K},$$

et partant

$$\frac{BAC}{BA'C'} = \frac{AK}{A'K};$$

donc enfin BA'C' < BAC.

Si le côté AC était parallèle au plan de projection, on mènerait ce plan par ce
côté, et on rentrerait dans le premier cas.

LEMME II.

*Toute surface plane ABCDE (fig. 255) est moindre que toute surface polyédrale
fermée qui est terminée au même contour.*

En effet, les projections sur le plan ABCDE des faces de la surface polyédrale
proposée, qui ne sont pas parallèles à ce plan, sont moindres que ces faces

cône est donc la limite vers laquelle convergent ces pyramides successives, limite qu'elles atteindront lorsque le nombre
des côtés du polygone sera devenu infini, et que ce polygone se
confondra avec la base du cône. On pourra donc considérer un
cône circulaire droit comme une pyramide régulière *infinitésimale*, c'est-à-dire comme une pyramide régulière ayant un
nombre infini de faces infiniment petites ; et il est clair qu'en-
visagé sous ce point de vue, il devra jouir de toutes les propriétés que l'on aura démontrées pour une pyramide régulière,
lorsque ces propriétés seront indépendantes du nombre et de
la grandeur des faces.

On arriverait aux mêmes conséquences en partant d'une pyramide circonscrite au cône, et en doublant indéfiniment le
nombre de ses faces.

647. Nous pourrons donc conclure des considérations qui
précèdent le théorème suivant :

THÉORÈME II.

*L'aire de la surface courbe d'un cône circulaire droit est
égale à la moitié du produit de la circonférence de sa base multipliée par sa génératrice,* c'est-à-dire que

$$C = \tfrac{1}{2} \text{ circ. } R \times G,$$

(*lemme* I), et la somme de ces projections est au moins égale à ABCDE (la figure
représente l'intersection GHIKLMN de la surface enveloppante par un plan perpendiculaire à ABCDE).

COROLLAIRE. Il suit de là et des considérations du numéro 517 que *toute surface plane est moindre que toute surface terminée au même contour.*

LEMME III.

*Toute surface polyédrale convexe est plus petite que toute surface polyédrale
qui l'envelopperait en s'appuyant sur le même contour, ou qui l'envelopperait
entièrement.*

Construisons, en effet, sur chaque face de la surface convexe, un prisme droit
extérieur à cette surface. On pourra regarder chacune de ces faces comme la
projection sur son plan de la portion de la surface enveloppante comprise dans
la surface latérale du prisme correspondant. Or ces prismes ne peuvent pas s'en-
tre-couper, puisque la surface sur laquelle ils reposent est convexe ; on doit
donc conclure du lemme I que cette surface est moindre que celle qui l'enveloppe. (La figure 256 représente la construction analogue exécutée pour deux
lignes brisées situées dans le même plan.)

en désignant par R, G et C le rayon de la base, la génératrice et l'aire de notre cône ([1]).

THÉORÈME III.

648. *L'aire de la surface courbe d'un tronc de cône droit* ABA'B (fig. 231) *à bases parallèles est égale au produit de la demi-somme des circonférences de ses bases par sa génératrice, ou au produit de cette génératrice par la circonférence de la section faite à égale distance des deux bases.*

Coupons, en effet, le cône par un plan SAB conduit suivant son axe ; par le point B menons dans ce plan sur la génératrice SB la perpendiculaire BC égale à la circonférence OB rectifiée ; joignons SC, et tirons la parallèle B'C' à BC. Je dis d'abord qu'elle sera égale à la circonférence O'B'. En effet, les deux circonférences OB et O'B' sont proportionnelles à leurs rayons OB et O'B', et par conséquent aux droites SB et SB' ; mais ces dernières sont entre elles dans le même rapport que BC et B'C' : donc

$$\frac{\text{circ. OB}}{\text{circ. O'B'}} = \frac{\text{BC}}{\text{B'C'}}.$$

Or, BC = circ. OB : donc B'C' = circ. O'B'. Par conséquent, le triangle SB'C' est équivalent à la surface courbe du cône SO'A'B' (647) ; et comme le triangle SBC est aussi équivalent à la surface latérale du cône SOAB, on en conclut que l'aire de la surface courbe du tronc de cône ABA'B' est égale à celle du trapèze BC' : donc l'aire de ce tronc a pour mesure $\frac{1}{2}$(BC + B'C').BB', ou, ce qui revient au même,

$$\tfrac{1}{2}\,(\text{circ. OB} + \text{circ. O'B'}).\ \text{BB'},$$

conformément à la première partie de l'énoncé.

Si par le milieu de BB' on mène un plan A"B" parallèle aux bases du tronc de cône, et une parallèle B"C" à celles du tra-

---

pèze, on verra facilement que $B''C'' = $ circ. $O''B''$; et comme le trapèze ·BC' a pour mesure· $B''C''$. BB', on en conclut encore que l'aire de la surface convexe du tronc de cône est égale à circ. $O''B''$. BB', ce qui s'accorde avec l'énoncé.

Théorème IV.

649. *L'aire de la surface latérale d'un prisme quelconque est égale au produit de l'une de ses arêtes multipliée·par le périmètre de la* section droite, *c'est-à-dire de la section· faite dans ce prisme par un plan perpendiculaire à ses arêtes.*

En effet, chaque côté de la section droite. peut être regardé comme la hauteur de la face .correspondante du prisme, en prenant pour bases de cette face les deux arêtes qui la limitent latéralement : donc, etc.

Si le prisme est *droit,* on pourra dire que *l'aire de sa surface latérale est égale au produit de sa base par sa hauteur.*

650. En inscrivant ou circonscrivant un polygone à la· base d'un cylindre quelconque, et en raisonnant comme au n° **646,** on verra qu'un cylindre quelconque peut être considéré comme un prisme *infinitésimal*, et qu'il jouira·par conséquent de toutes les propriétés que l'on aura démontrées pour un- prisme, lorsque ces propriétés seront indépendantes du nombre et de la grandeur des faces. Nous en conclurons donc le théorème suivant :

Théorème V.

651. *L'aire de la surface courbe d'un cylindre quelconque est égale au produit de sa génératrice par le périmètre de la section droite* ([1]).

Ainsi, *l'aire de la surface courbe d'un cylindre circulaire droit est égale à la circonférence de sa base multipliée par sa hauteur.*

([1]) Cette proposition résulte encore, dans le cas d'un cylindre droit, de ce que le développement de la surface courbe d'un pareil cylindre est un rectangle de même hauteur que.le cylindre, et dont la base est égale en longueur au périmètre de la base du cylindre (549).

Théorème VI.

652. *L'aire de la surface courbe d'un tronc de cylindre circulaire droit a pour mesure la circonférence de sa base multipliée par son axe.*

Car, si l'on prolonge l'axe du tronc d'une quantité égale à lui-même, et que, par son extrémité, on mène un plan parallèle à la base inférieure de ce tronc, on formera un cylindre droit que le plan de la base supérieure du tronc partagera en deux parties superposables : donc, etc.

Théorème VII.

653. *L'aire de la surface engendrée par la base* BC (fig. 257) *d'un triangle isocèle qui tourne autour d'un axe fixe* XY, *mené dans son plan par son sommet* A, *est égale au produit de la circonférence qui a pour rayon la hauteur* AM *de ce triangle, multipliée par la projection* B'C' *de sa base sur l'axe de révolution.*

Il est clair que dans le mouvement de rotation du triangle ABC autour de l'axe XY, supposé extérieur à ce triangle, le trapèze BC' engendrera un tronc de cône, de sorte que la surface courbe produite par BC est précisément la surface courbe de ce tronc : ainsi son aire A a pour expression (**648**)

$$[1] \qquad A = 2\pi.MM'.BC.$$

Mais si l'on mène par le point C la parallèle CI à l'axe de révolution, on formera le triangle BCI semblable à AMM' (**280**) : donc leurs côtés homologues nous donneront la proportion (**281**)

$$\frac{AM}{BC} = \frac{MM'}{CI \text{ ou } B'C'};$$

d'où MM'.BC = AM.B'C' : donc, en substituant dans [1],

$$A = 2\pi.AM.B'C'.$$

Or cette mesure est indépendante de la grandeur de l'angle CAY : donc elle reste la même, soit que l'axe XY coïncide avec le côté AC, ou qu'il soit parallèle à la base BC; donc notre théorème est démontré dans tous les cas (**651**).

Théorème VIII.

654. *L'aire de la surface engendrée par une ligne brisée régulière* ABCDE (fig. 258) *qui tourne autour d'un axe mené dans son plan par le centre de la circonférence qui lui est inscrite, est égale au produit de cette circonférence par la projection* A'E' *de la génératrice sur l'axe de révolution.*

En effet, en tirant les rayons OA, OB, OC,... on formera une série de triangles isocèles qui tourneront chacun autour d'un axe passant par son sommet, et il n'y a plus alors qu'à répéter le raisonnement du n° **645**, en s'appuyant sur le théorème VII.

Théorème IX.

655. *L'aire de la calotte sphérique a pour mesure le produit de la circonférence d'un grand cercle multipliée par sa hauteur*, c'est-à-dire que

$$C = 2\pi R h,$$

en désignant par R, h et C le rayon, la hauteur et l'aire de cette calotte.

En effet, si l'on fait tourner un secteur circulaire autour de l'un des rayons qui le limitent, sa base engendrera une calotte sphérique; or cette base peut être regardée comme une ligne brisée régulière dont les côtés sont infiniment petits: donc, etc. (¹).

656. Corollaire I. *L'aire d'une zone quelconque* NEBC (fig: 259) *est aussi égale à la circonférence d'un grand cercle multipliée par sa hauteur* CN ; car elle est la différence des deux calottes AEN et ABC, et ainsi elle a pour mesure la circonférence d'un grand cercle multipliée par (AC—AN), c'est-à-dire par NC.

657. Corollaire II. *Dans une même sphère, ou dans des sphères égales, les aires des calottes et des zones sont proportionnelles à leurs hauteurs.*

658. Corollaire III. *L'aire de la sphère est égale à la circonfé-*

(¹) Si l'on observe (fig. 259) que $\overline{AB}^2 = 2AO.AC$, on verra que *l'aire de la calotte* ABC *a pour mesure* $\pi \overline{AB}^2$, c'est-à-dire qu'elle *est égale à celle d'un cercle qui a pour rayon la corde qui sous-tend son arc générateur.*

rence d'un grand cercle multipliée par son diamètre([1]), car on
peut la regarder comme une calotte dont la hauteur est égale à
ce diamètre.

Comme le diamètre est quadruple de la moitié du rayon, il
suit du n° **379** que *l'aire de la sphère est quadruple de celle d'un
grand cercle*([2]).

THÉORÈME X.

659. *L'aire du fuseau* CNDGC (fig. 234) *est égale au quart de
celle de la sphère multipliée par l'angle dièdre formé par les plans
des deux demi-circonférences qui le terminent.*

Décrivons, en effet, du point C comme pôle, et avec une ouverture de compas égale à un quadrant, la circonférence de
grand cercle FNGF, et il sera facile de voir, en raisonnant
comme au n° **109**, que *l'aire* F *du fuseau* EST *à celle* S *de la
sphère* COMME *l'arc* NG EST *à la circonférence* ON ; car deux fuseaux
qui interceptent sur cette circonférence des arcs égaux sont
évidemment superposables, et ainsi

$$\frac{F}{S} = \frac{NG}{\text{circ. ON}} \qquad \text{d'où} \qquad F = S . \frac{NG}{\text{circ. ON}}.$$

Mais au rapport de l'arc NG à la circonférence ON, on peut
substituer celui de l'angle dièdre GCDN à quatre angles dièdres
droits (**487**) : donc, si l'on prend l'angle dièdre droit pour
unité, et que l'on représente par A la mesure de l'angle dièdre
GCDN, on aura

$$F = S . \frac{A}{4}, \qquad \text{ou} \qquad F = \frac{S}{4} . A ,$$

ce qu'il fallait démontrer.

660. SCOLIE. *Si l'on prend le triangle sphérique trirectangle
pour unité,* l'aire de la sphère vaudra *huit* unités ; de sorte que
celle du fuseau deviendra F = 2A, c'est-à-dire qu'alors l'*aire du
fuseau aura pour mesure le double de son angle.*

([1]) Ainsi *l'aire de la sphère est les $\frac{4}{6}$ ou le $\frac{2}{3}$ de celle de la surface totale du
cylindre circonscrit;* car celle-ci vaut six fois celle de sa base, c'est-à-dire six
fois celle d'un grand cercle de la sphère.

([2]) Ainsi *l'aire de la sphère est égale à celle de la surface latérale du cylindre
circonscrit.*

Si l'on observe que S = circ. ON.CD (658), on aura : F =
NG.CD. Ainsi l'on peut dire encore que l'*aire du fuseau a pour
mesure le produit du diamètre multiplié par l'arc compris entre ses
côtés et décrit de son sommet comme pôle.*

<h3 style="text-align:center">THÉORÈME XI.</h3>

661. *Deux triangles sphériques symétriques sont équivalents.*

Soient ABC et A'B'C' (fig. 260) les deux triangles proposés : les
triangles rectilignes formés par les cordes qui sous-tendent leurs
côtés étant équilatéraux entre eux, on pourra les faire coïncider,
et par conséquent les pôles P et P' des cercles circonscrits à ces
triangles (¹) seront situés de la même manière à l'égard des
triangles sphériques proposés, l'un au-dessus, l'autre au-dessous
du plan commun, et à égales distances des deux circonférences.
Si donc on joint ces pôles au sommet des deux triangles ABC
et A'B'C' par des arcs de grand cercle, ces six arcs PA, PB, PC,
P'A', P'B', P'C' seront tous égaux. Par conséquent les triangles
PAB et P'A'B', PAC et P'A'C', PBC et P'B'C', ont leurs trois côtés
égaux chacun à chacun; mais ils sont isocèles : donc ils sont
superposables; donc les aires des triangles proposés seront formées de la même manière avec celles des triangles auxiliaires;
donc elles seront égales.

<h3 style="text-align:center">THÉORÈME XII.</h3>

662. *L'aire d'un triangle sphérique est égale à l'excès de la
somme de ses angles sur deux droits, en prenant pour unité celle
du triangle trirectangle.*

Achevons, en effet, les circonférences dont les trois côtés de
notre triangle ABC (fig. 236) font partie, et l'on verra que les
deux triangles ABC et BCA' composent le fuseau ACA'BA;
qu'ainsi (660)

$$ABC + BCA' = 2A.$$

De même
$$ABC + ACB' = 2B.$$

(¹) Ce sont des petits cercles; car si c'étaient des grands cercles, les trois côtés
de chacun de nos triangles étant situés dans un même plan, ces triangles deviendraient des cercles.

La somme des deux triangles A'B'C et A'B'C' forme le fuseau CA'C'B'C; mais le triangle A'B'C' est équivalent (**661**) à son symétrique ABC (¹) : donc

$$ABC + A'B'C = 2C.$$

Si maintenant on additionne ces trois équations, on verra que la somme de leurs premiers membres se compose de deux fois le triangle ABC, et des quatre triangles ABC, BCA', ACB' et A'B'C qui forment l'hémisphère CABA'B', lequel vaut quatre triangles trirectangles, c'est-à-dire *quatre unités;* donc on aura

$$2ABC + 4 = 2A + 2B + 2C;$$

d'où
$$ABC = A + B + C - 2.$$

Ainsi *un triangle sphérique a pour mesure l'excès de la somme de ses angles sur deux droits,* c'est-à-dire le rapport de cet excès à l'angle droit.

Exemple. *Quelle est l'aire d'un triangle dont les angles valent respectivement* 120° 10', 95° *et* 48°? L'excès de la somme des mesures de ces angles sur celle de deux droits est 83° 10' : ainsi il faut prendre le rapport de cet arc à la mesure d'un droit, c'est-à-dire à 90°, ce qui se fera en convertissant ces deux nombres en minutes. On trouvera ainsi que le triangle proposé est les $\frac{4990}{5400} = \frac{499}{540}$ du triangle trirectangle.

663. Corollaire. Si l'on observe que le triangle trirectangle est le huitième de la surface sphérique, on pourra dire que *l'aire d'un triangle sphérique est égale au huitième de celle de la sphère multiplié par l'excès de la somme de ses angles sur deux droits.*

Théorème XIII.

664. *L'aire d'un polygone sphérique convexe dont tous les côtés*

(¹) En effet, les trois droites AA', BB' et CC' sont trois diamètres de la sphère (**562**, 2°); de sorte que les deux triangles ABC et A'B'C' sont interceptés par deux trièdres tels que les arêtes de l'un sont les prolongements de celles de l'autre; ils sont donc bien symétriques.

sont des arcs de grand cercle est égale à la somme de ses angles diminuée d'autant de fois deux droits qu'il a de côtés moins deux.

En effet, si du sommet de l'un des angles on mène des arcs de grand cercle à tous les sommets des angles non adjacents à celui-ci, on décomposera le polygone en autant de triangles qu'il a de côtés moins deux ; donc son aire sera égale à l'excès de la somme des angles de tous ces triangles sur autant de fois deux droits qu'il a de côtés moins deux ; mais la somme des angles de tous ces triangles est égale à la somme même des angles de notre polygone ; donc *son aire est égale*, etc.

CHAPITRE II.

DE LA COMPARAISON DES AIRES DES CORPS SEMBLABLES.

THÉORÈME I.

665. *Les aires des surfaces courbes de deux cônes droits, de deux troncs de cônes droits, de deux cylindres droits* SEMBLABLES (ces corps sont dits semblables lorsqu'ils sont engendrés par des figures semblables), *sont proportionnelles aux carrés de leurs génératrices ou des rayons de leurs bases.*

Soient, en effet, T et T', G et G', R et R', r et r', les aires, les génératrices et les rayons des bases inférieures et supérieures de deux troncs de cône droits semblables. On aura (**648**)

[1]
$$\frac{T}{T'} = \frac{(R+r)G}{(R'+r')G'}.$$

Mais puisque ces deux troncs sont semblables,

$$\frac{R}{R'} = \frac{r}{r'} = \frac{G}{G'};$$

par conséquent

[2]
$$\frac{R+r}{R'+r'} = \frac{G}{G'};$$

donc, en multipliant par ordre les proportions [1] et [2], et simplifiant la proportion-produit,

$$\frac{T}{T'} = \frac{G^2}{G'^2}, \quad \text{et partant} \quad \frac{T}{T'} = \frac{G^2}{G'^2} = \frac{R^2}{R'^2} = \frac{r^2}{r'^2}.$$

Mais les troncs deviennent des cônes ou des cylindres suivant que r et r' sont nuls, ou que r et r' sont respectivement égaux à R et à R' : donc le théorème est démontré.

Théorème II.

666. *Les aires de deux calottes, de deux zones, de deux sphères, de deux fuseaux et de deux triangles sphériques* SEMBLABLES (deux calottes, deux segments sont semblables lorsqu'ils correspondent à des surfaces coniques égales ; deux zones sont semblables quand elles sont des différences de calottes semblables ; deux fuseaux ou deux triangles sphériques sont semblables lorsqu'ils correspondent à des angles dièdres ou trièdres égaux) *sont proportionnelles aux carrés de leurs rayons.*

1° Soient C et C', R et R', h et h' les aires, les rayons et les hauteurs de deux calottes semblables. On aura (**655**)

[1]
$$\frac{C}{C'} = \frac{R.h}{R'.h'}.$$

Mais, d'après la définition des calottes semblables, les deux triangles BOC et B'O'C' (fig. 261) sont semblables (**278**), et ainsi

$$\frac{R}{R'} = \frac{OC}{O'C'};$$

d'où l'on tire

[2]
$$\frac{R-OC}{R'-O'C'} \quad \text{ou} \quad \frac{h}{h'} = \frac{R}{R'}.$$

Donc, en multipliant par ordre les proportions [1] et [2], et simplifiant,

$$\frac{C}{C'} = \frac{R^2}{R'^2}, \quad \text{et partant} \quad \frac{C}{C'} = \frac{R^2}{R'^2} = \frac{h^2}{h'^2}.$$

2° Cette démonstration est indépendante des hauteurs des deux calottes, et convient ainsi à deux hémisphères, et par conséquent à deux sphères. Au reste il est évident que le rapport des aires de deux sphères ayant R et R′ pour rayons est égal à

$$\frac{4\pi R^2}{4\pi R'^2} = \frac{R^2}{R'^2}.$$

3° Soient Z et Z′ les aires de deux zones semblables, et C et c, C′ et c′, celles des calottes semblables dont elles sont les différences. On aura

$$\frac{C}{C'} = \frac{R^2}{R'^2} = \frac{c}{c'},$$

d'où

$$\frac{C-c}{C'-c'} \quad \text{ou} \quad \frac{Z}{Z'} = \frac{R^2}{R'^2}.$$

4° Enfin, il suit des théorèmes des n°s 659 et 663 que les aires de deux fuseaux ou de deux triangles sphériques semblables sont proportionnelles à celles des sphères dont ils font partie, et le sont, par conséquent, aux carrés de leurs rayons.

Théorème III.

667. *Les aires de deux polyèdres semblables quelconques sont proportionnelles aux carrés de leurs lignes homologues.*

Pour le démontrer, il n'y aura qu'à comparer chaque face de l'un avec la face semblable de l'autre, comme on l'a fait au n° 400 pour les triangles semblables dans lesquels on avait décomposé les deux polygones proposés.

LIVRE X.

DES VOLUMES.

CHAPITRE PREMIER.

DE LA MESURE DES VOLUMES.

668. *Le* VOLUME *d'un corps est la portion de l'espace renfermée par la surface de ce corps. Pour mesurer le volume d'un corps, on cherche le rapport de ce volume à un autre que l'on prend pour unité. Nous prendrons désormais pour unité de volume celui du cube dont l'arête est égale à l'unité linéaire,* de sorte que *la mesure du volume d'un corps sera le rapport de son volume à celui du cube qui a pour côté l'unité de longueur.*

THÉORÈME I.

669. *Les volumes de deux parallélipipèdes rectangles* AC *et* FI [1] (fig. 262) *de même base sont proportionnels à leurs hauteurs* AD *et* FK.

Répétez la démonstration même du n° **358**, en menant, par les points de division des hauteurs, des plans parallèles aux bases.

THÉORÈME II.

670. *Les volumes de deux parallélipipèdes rectangles de même hauteur sont proportionnels à leurs bases.*

Désignons, en effet, par P et P' les volumes de deux parallélipipèdes, par e et l, par e' et l', les deux côtés contigus de leurs bases respectives. Construisons un troisième parallélipipède rectangle P'' de même hauteur h que les deux premiers, et qui ait en outre même épaisseur e que le premier, et même largeur

---

[1] Désormais nous conviendrons, pour abréger, de désigner un parallélipipède par les lettres placées à deux sommets opposés.

l' que le second. Cela posé, si l'on compare les deux parallélipipèdes P et P″, et qu'on prenne pour base la face qui, dans chacun, a pour côtés contigus e et h, on verra que l et l' seront alors leurs hauteurs, et qu'ainsi (669)

$$\frac{P}{P''} = \frac{l}{l'}.$$

La comparaison du second parallélipipède avec le troisième donnera de même

$$\frac{P''}{P'} = \frac{e}{e'}.$$

Donc, en multipliant ces deux proportions par ordre, et supprimant le facteur P'' commun aux deux termes du premier rapport,

$$\frac{P}{P'} = \frac{l.e}{l'.e'},$$

ce qui démontre notre théorème.

' THÉORÈME III.

671. *Les volumes de deux parallélipipèdes rectangles sont proportionnels aux produits de leurs bases par leurs hauteurs.*
Même démonstration qu'au n° **360.**

THÉORÈME IV.

672. *Le volume d'un parallélipipède rectangle a pour mesure le produit de sa base par sa hauteur.*
Désignons, en effet, par P le volume du parallélipipède à mesurer, par B l'aire de sa base, et par h sa hauteur ; par C le volume du cube que l'on prend pour unité ; sa base sera donc égale à l'unité de surface, et sa hauteur à l'unité linéaire ; donc, etc. (Voy. le n° **361.**)

673. La vérité de cette proposition devient évidente à l'inspection seule de la figure, lorsque les longueurs des dimensions du rectangle sont des nombres entiers. Mais il est facile aussi de s'en assurer lorsqu'elles sont fractionnaires : car, soit le parallélipipède CE (fig. 263), les trois arêtes AB, AD et AE valent respectivement $4^m\frac{2}{5}$, $3^m\frac{1}{3}$ et $2^m\frac{3}{4}$. Par les points de division de chaque arête, je mène des plans parallèles à celui des deux autres, ce qui partage notre volume en mètres cubes et en parties de mètre cube. Le parallélipipède HM est les $\frac{2}{5}$ d'un mètre cube (668); donc la tranche IABH vaut $4^{mc}\frac{2}{5}$; donc IABK $= 4^{mc}\frac{2}{5}.3$. Or, puisque KC $= \frac{1}{3}^m$, la tranche LKCD est le tiers de IABH, et vaut ainsi $4^{mc}\frac{2}{5}.\frac{1}{3}$; de sorte que IABCD$=4^{mc}\frac{2}{5}.3\frac{1}{3}$, et par conséquent OABCD $= 4^{mc}\frac{2}{5}.3\frac{1}{3}.2$. Mais, puisque EO $= \frac{3}{4}^m$, on voit que la tranche OGEF est les $\frac{3}{4}$ de IABCD, et vaut ainsi $4^{mc}\frac{2}{5}.3\frac{1}{3}.\frac{3}{4}$; donc enfin, le parallélipipède EC vaut $4^{mc}\frac{1}{3}.3\frac{3}{5}.2\frac{3}{4}$.

674. COROLLAIRE. Si l'on observe que l'aire de la base est égale au produit de ses arêtes contiguës, on en conclura que *le volume d'un parallélipipède rectangle a pour mesure le produit de ses trois dimensions.*

THÉORÈME V.

675. *Le volume d'un cube a pour mesure la troisième puissance de son arête.*

En effet, le cube étant un parallélipipède rectangle dont les trois arêtes sont égales, son volume aura pour mesure la troisième puissance de l'une d'elles [1].

676. COROLLAIRE. En France, où l'unité linéaire est le mètre, *l'unité de volume est le* MÈTRE CUBE. *Cette unité se subdivise en mille décimètres cubes, le décimètre cube vaut mille centimètres cubes, et le centimètre cube vaut mille millimètres cubes; ainsi, pour convertir un nombre quelconque de mètres cubes en* DÉCIMÈTRES CUBES, *ou en* CENTIMÈTRES CUBES, *ou en* MILLIMÈTRES CUBES, *il suffit d'avancer la virgule de* TROIS, *ou de* SIX, *ou de* NEUF *rangs vers la droite.*

Autrefois *l'unité de volume était la* TOISE CUBE, *laquelle valait*

---

[1] Ainsi, lorsque l'on forme la troisième puissance d'un nombre, on exécute l'opération nécessaire pour évaluer le volume du cube dont l'arête contiendrait ce même nombre d'unités linéaires. C'est pour cela que l'on a appelé cube d'un nombre la troisième puissance de ce nombre.

216 *pieds cubes. Le pied cube se composait de* 1728 *pouces cubes et le pouce cube de* 1728 *lignes cubes.*

Lorsque les dimensions d'un parallélipipède rectangle sont exprimées en toises et fractions de toise, ce qu'il y a de mieux à faire, pour en calculer le volume, est de convertir chacune d'elles en unités du dernier ordre. Proposons-nous, par exemple, de trouver le côté d'un cube équivalent à un parallélipipède rectangle dont les trois arêtes contiguës vaudraient respectivement $2^t 3^p$, 3^t et $4^p 5^p$: on réduira ces trois nombres en pouces, et, en multipliant.les résultats entre eux, on trouvera que le volume du cube équivaut à 2060640 pouces cubes ([1]); de sorte qu'en extrayant la racine cubique du nombre abstrait 2060640, on aura la longueur de son arête. On trouve pour sa valeur $127^p = 1^t 4^p 7^p$.

Théorème VI.

677. *Deux parallélipipèdes* AG *et* AM (fig. 264) *sont équivalents lorsqu'ils ont une face commune* AC, *et que les faces opposées à celle-ci* EG *et* KM *sont situées dans un même plan et comprises entre les mêmes parallèles* EL *et* IM.

En effet, le prisme triangulaire EAKIDN est.égal à FBLGCM; car le parallélogramme AI est égal à BG, comme faces opposées du même parallélipipède AG (603); par la même raison, AN est égal à BM; de plus le triangle EAK est égal à FBL, comme ayant un angle égal (72) compris entre côtés égaux (196) : donc les prismes EAKIDN et FBLGCM ont un angle trièdre compris entre trois faces égales chacune à chacune, et semblablement disposées; donc ils sont égaux (612). Mais, si l'on retranche le premier du polyèdre ABCDELMI, il reste le parallélipipède AM; et, si l'on retranche le second prisme du même polyèdre, il reste le parallélipipède AG : donc ces deux parallélipipèdes sont équivalents.

([1]) Si l'on veut évaluer ce volume en toises cubes et en pieds cubes, on divisera le nombre 2060640 par 1728, puis le quotient par 216, et l'on trouvera ainsi 5 toises cubes, 112 pieds cubes, 864 pouces cubes.

678. *Deux parallélipipèdes AG et AM* (fig. 265) *de même base et de même hauteur sont équivalents.*

En effet, puisque ces parallélipipèdes ont la même base inférieure et la même hauteur, leurs bases supérieures EG et KM doivent se trouver dans un même plan. Si donc on prolonge les plans des faces AF et DG du premier, ainsi que les plans des faces AN et BM du second, on formera un troisième parallélipipède AR (**602**), qui sera équivalent à chacun des deux autres AG et AM ; car ils ont tous trois la face commune AC ; et les faces opposées à celle-ci PR et EG, PR et KM ; sont situées dans le même plan, et comprises entre les mêmes parallèles EQ et IR, PN et QM : donc les deux parallélipipèdes AG et AM sont équivalents.

679. *Tout parallélipipède peut être transformé en un parallélipipède rectangle de base équivalente et de même hauteur.*

Soit ABFE (fig. 264) la base du parallélipipède proposé. Menons par chacun des côtés de ce parallélogramme des plans perpendiculaires à son plan. L'espace AG, compris entre eux et les plans des bases du parallélipipède proposé, sera un parallélipipède droit (**605**) qui lui sera équivalent (**678**). Si donc la base AF était un rectangle, le théorème serait démontré. S'il n'en est pas ainsi, menez aux points A et B les perpendiculaires AK et BL terminées au prolongement de EF, puis conduisez des plans par les droites AD et AK, BC et BL, et vous formerez ainsi un parallélipipède rectangle AM (**605**) équivalent au parallélipipède proposé (**677**), qui aura même hauteur AD que lui, et une base AL équivalente à la sienne AF (**566**).

680. Corollaire. *Le volume d'un parallélipipède quelconque a pour mesure le produit de sa base par sa hauteur* (**672**).

681. *Tout prisme triangulaire est la moitié d'un parallélipipède de base double et de même hauteur.*

Soit ABCDFG (fig. 266) le prisme proposé. Je mène par les

arêtes BF et GC des plans parallèles à ses faces respectives AG et AF, et je forme ainsi un parallélipipède AK, que le plan CF partage en deux prismes triangulaires ABCDFG et BCIGFK ([1]); donc, en démontrant qu'ils sont équivalents, j'aurai prouvé que le premier est la moitié du parallélipipède AK. Pour y parvenir, je prends sur le prolongement de l'arête AD une longueur A'D' = AD, puis je mène par les points D' et A' deux plans perpendiculaires à cette arête, et l'espace compris entre eux et les plans des faces latérales du parallélipipède AK sera un parallélipipède droit A'K', que le plan CF partagera en deux prismes droits égaux (613). Or je dis que chacun d'eux est équivalent au prisme oblique correspondant; car, si l'on porte le tronc de prisme A'B'C'ABC sur D'F'G'DFG, on pourra évidemment faire coïncider leurs bases inférieures A'B'C' et D'F'G', et alors leurs arêtes latérales coïncideront aussi (437); mais, puisque A'D' = AD, on voit que AA' = DD' : donc le point A tombera sur D; il en sera de même des sommets C et B à l'égard de leurs homologues G et F, de sorte que les deux polyèdres A'B'C'ABC et D'F'G'DFG se recouvriront parfaitement : donc ils sont égaux; mais, si de chacun d'eux on retranche le tronc de prisme D'F'G'ABC, il restera d'une part le prisme droit A'B'C'D'F'G', et de l'autre le prisme oblique ABCDFG : donc ils sont équivalents. Il en est évidemment de même de B'C'I'G'F'K' et de BCIGFK : donc enfin les deux prismes ABCDFG et BCIGFK sont équivalents; donc chacun d'eux est la moitié du parallélipipède AK de base double et de même hauteur.

682. Corollaire I. *Le volume de tout prisme triangulaire a pour mesure le produit de sa base par sa hauteur.*

En effet, un prisme triangulaire quelconque étant la moitié d'un parallélipipède de base double et de même hauteur, son volume aura pour mesure la moitié de la base de ce parallélipipède multipliée par sa hauteur, c'est-à-dire le produit même de sa base par sa hauteur.

---

[1] *Ces prismes sont* SYMÉTRIQUES *par rapport au centre du parallélipipède* (605 et 635).

683. Corollaire II. *Le volume d'un prisme polygonal quel-conque a pour mesure le produit de sa base par sa hauteur ;* car, si l'on partage la base ABCDE (fig. 244) en triangles par des dia-gonales, et que par ces lignes et les arêtes auxquelles elles abou-tissent on mène des plans, on partagera le prisme AI en prismes triangulaires qui auront même hauteur que ce prisme, et dont chacun aura pour mesure le produit de l'aire du triangle qui lui sert de base multipliée par cette hauteur. Dans l'addition de ces volumes partiels, on pourra mettre la hauteur en facteur commun, et alors on trouvera, pour l'expression du volume demandé, la somme des aires des triangles qui composent la base du prisme AI, c'est-à-dire l'aire de cette base multipliée par sa hauteur.

684. Nous avons vu (**650**) qu'un cylindre quelconque pou-vait être considéré comme un prisme infinitésimal ; nous dédui-rons donc du corollaire précédent le théorème suivant :

THÉORÈME X.

Le volume d'un cylindre quelconque a pour mesure le produit de sa base par sa hauteur. Ainsi, dans le cas particulier d'un *cylin-dre circulaire droit* , en désignant par C, h et R le volume, la hauteur et le rayon de la base de ce cylindre, on aura

$$C = \pi R^2 h.$$

Exemple. *Quelle est la mesure de l'effort exercé sur le piston d'une machine à vapeur, en supposant que le diamètre de ce piston ait 5 décimètres, et que l'on travaille sous une pression de 3 atmo-sphères ?* L'aire du piston est $\frac{1}{4}$ 25^{dmq}.3,142 = 19^{dmq},64. Mais la pression atmosphérique est égale au poids d'une colonne d'eau de 10^m,4 de hauteur : donc l'effort exercé sur le piston est le poids d'une colonne d'eau dont le volume est (19,64.10,4.3)^{dmq}, c'est-à-dire qu'il est égal à 612^{kg},69.

685. Corollaire. *Le volume d'un tronc de cylindre circulaire droit a pour mesure le produit de sa base par son axe* (**652**).

THÉORÈME XI.

686. *Deux tétraèdres* SABC *et* s a b c (fig. 267) *qui ont des bases*

équivalentes et des hauteurs égales SO *et* so, *sont équiva-*
lents.

Je partage la hauteur SO du premier tétraèdre en un nombre
quelconque de parties égales; puis, après avoir placé les bases
des deux tétraèdres sur un même plan, je mène par tous les
points de division I, K, L des plans parallèles à celui-ci. Les
tétraèdres seront ainsi partagés en tranches de même hauteur,
et dont les bases seront équivalentes chacune à chacune (601).
Conduisons actuellement par chacun des côtés B'C', B''C'', B'''C'''
des plans B'E, B''E', B'''E'' parallèles à l'arête SA, et par les
côtés $b'c'$, $b''c''$, $b'''c'''$ des plans $b'e$, $b''e'$, $b'''e''$ parallèles à l'arête sa.
Nous formerons ainsi deux séries de prismes, tels que chacun
des prismes inscrits dans le tétraèdre SABC sera équivalent au
prisme correspondant inscrit dans le tétraèdre *sabc* (682);
comme ayant des bases équivalentes et même hauteur; donc la
somme des prismes inscrits dans le premier tétraèdre sera
égale à la somme des prismes inscrits dans le second tétraèdre.

Supposons maintenant que l'on partage la hauteur SO en un
nombre de parties double, quadruple, etc.; le nombre des
prismes inscrits dans chaque tétraèdre sera doublé, qua-
druplé, etc.; mais la somme des prismes inscrits dans le
premier tétraèdre ne cessera pas d'être égale à la somme des
prismes inscrits dans le second tétraèdre; et ces deux sommes
resteront toujours égales quelque grand que soit le nombre des
parties dans lesquelles on aura divisé la hauteur SO. Il en sera
donc encore de même lorsque le nombre de ces parties sera
devenu infini. Mais alors ces deux sommes auront atteint leurs
limites respectives, qui sont évidemment les tétraèdres SABC et
sabc; donc ces deux tétraèdres sont équivalents.

THÉORÈME XII.

687. *Un tronc de prisme triangulaire est la somme de trois té-*
traèdres de même base DEF (fig. 268) *que lui; et dont les sommets*
sont ceux A, B, C *de sa base supérieure.*

Menons, en effet, par le point A et l'arête FE, un plan dont les traces sur les faces CD et BD seront les droites AF et AE. Nous retrancherons du tronc le tétraèdre AFDE, dont la base est celle même du tronc, et qui a pour sommet l'un de ceux A de la base supérieure. Il restera alors une pyramide quadrangulaire ABCFE que l'on partagera en deux tétraèdres ACFE et ACBE, en faisant passer par ses arêtes AC et AE un plan qui coupera sa base suivant CE. On peut substituer au premier le tétraèdre CDFE : car ils ont la même base CFE et même hauteur, puisque leurs sommets A et D sont situés sur une parallèle AD au plan de cette base (448); mais on peut regarder ce tétraèdre CDFE comme ayant pour base celle même DFE du tronc, et pour sommet celui C de sa base supérieure : ainsi il satisfait encore aux conditions de l'énoncé.

Il ne s'agit donc plus que de prouver que le troisième tétraèdre ACBE est équivalent au tétraèdre BDFE, qui a pour base le triangle DFE, et pour sommet le troisième sommet B de la base supérieure du tronc. Or, la chose est manifeste : car, si l'on considère le tétraèdre BDFE comme ayant pour base le triangle BFE, et pour sommet le point D, on reconnaîtra que sa base est équivalente à celle du tétraèdre ACBE (369), et qu'il a même hauteur que lui, puisque leurs sommets D et A sont sur une parallèle au plan de ces bases.

688. Corollaire I. Comme cette démonstration est tout à fait indépendante de l'inclinaison mutuelle des plans ABC et DEF, on voit qu'elle convient au cas où ces plans sont parallèles, c'est-à-dire au cas où le polyèdre ABCDEF est un prisme. Mais alors les trois tétraèdres dont il est la somme sont équivalents (686) ; donc chacun d'eux est alors le tiers de ce prisme; donc *un tétraèdre est le tiers d'un prisme de même base et de même hauteur, et, par conséquent, son volume a pour mesure le tiers du produit de sa base par sa hauteur.*

689. Corollaire II. *Le volume d'une pyramide quelconque a pour mesure le tiers du produit de sa base par sa hauteur.* (Répéter ici le raisonnement du n° 683.)

690. Corollaire III. *Deux pyramides symétriques sont équivalentes ;* car, en prenant le plan de la base de l'une d'elles pour plan de symétrie, il devient alors évident qu'elles ont des hauteurs égales (**636**).

691. Corollaire IV. *Le volume d'un tronc de prisme triangulaire a pour mesure le produit de sa base inférieure par le tiers de la somme des trois perpendiculaires abaissées sur cette base des sommets de l'autre.* On le reconnaît en additionnant les volumes des trois tétraèdres qui le composent, et mettant la base en facteur commun.

On peut dire aussi qu'*un tronc de prisme triangulaire a pour mesure l'aire de sa section droite, multipliée par le tiers de la somme de ses arêtes latérales.*

En effet, la section droite partage le tronc en deux parties qui, étant des troncs de prismes droits, ont chacune pour mesure l'aire de cette section multipliée par le tiers de la somme de ses arêtes latérales ; donc, etc.

692. Nous avons vu (**646**) que l'on pouvait considérer un cône circulaire droit comme une pyramide régulière infinitésimale. Il est clair qu'en considérant une pyramide *quelconque*, puis inscrivant ou circonscrivant un polygone à sa base, et raisonnant de la même manière, on démontrera qu'un cône *quelconque* peut être regardé comme une pyramide infinitésimale. Nous déduirons donc du corollaire II (**689**) le théorème suivant :

Théorème XIII.

Le volume d'un cône quelconque a pour mesure le tiers du produit de sa base par sa hauteur. Ainsi, dans le cas particulier d'un *cône circulaire droit*, en désignant par C, h et R le volume, la hauteur et le rayon de la base de ce cône, on aura

$$C = \tfrac{1}{3}\pi R^2 h.$$

Théorème XIV.

693. *Un tronc de pyramide à bases parallèles est la somme de trois pyramides de même hauteur que lui, et dont les bases respectives seraient les deux bases du tronc et une moyenne proportionnelle entre ces deux bases,*

Soit TGHIKL (fig. 269) une pyramide quelconque. Transfor-
mons sa base en un triangle DEF, et construisons sur ce triangle un tétraèdre de même hauteur que la pyramide. Alors, si,
ayant placé les deux bases sur un même plan, on coupe les
deux polyèdres par un plan parallèle à celui-là, on déterminera
deux sections MNOPQ et ABC qui seront équivalentes : car elles
sont proportionnelles aux bases. Les deux pyramides retran-
chées sont donc équivalentes, puisqu'elles ont même hauteur et
des bases équivalentes. Mais les pyramides totales le sont aussi
par la même raison : donc les deux troncs sont équivalents; et,
comme ils ont même hauteur et des bases équivalentes, on voit
que, si l'on peut démontrer le théorème pour le tronc de pyramide triangulaire, il sera aussi démontré pour le tronc de pyramide polygonale.

Menons un plan par le point A et par l'arête FE, et nous retrancherons du tronc ABCDEF le tétraèdre ADFE qui a pour
base la base inférieure du tronc et même hauteur que lui, puisque son sommet A est un de ceux de la base supérieure. Il restera alors la pyramide quadrangulaire ABCFE, que l'on partagera en deux tétraèdres ACFE et ABCE, en faisant passer un
plan par ses arêtes AC et AE. Le second a pour base la base supérieure du tronc, et même hauteur que lui, puisque son sommet
E est un de ceux de la base inférieure : ainsi, nous avons déjà
deux des trois pyramides dont il s'agit.

Or, si l'on prend FG = CA, et que par le point G et la droite
CE on mène un plan, dont les traces sur les faces SFD et FDE
seront CG et GE, on formera un tétraèdre CFGE, que l'on pourra
substituer au troisième tétraèdre ACFE : car ils ont la même
base CFE, et leurs sommets G et A sont situés sur une parallèle
au plan de cette base. Mais en prenant le point C pour sommet
de CFGE, ce tétraèdre a même hauteur que le tronc : si donc on
peut prouver que sa base FGE est moyenne proportionnelle entre
celles de ce tronc, le théorème sera démontré. Pour le faire
voir, je prends FI = CB, et je joins GI; ce qui forme le triangle
FGI égal à ABC (181). Or, les deux triangles FGI et FGE ont
leurs bases FI et FE en ligne droite, et leurs sommets au même

point G : donc ils ont même hauteur ; donc ils sont entre eux comme leurs bases (370); donc

$$\frac{\text{FGI ou ABC}}{\text{FGE}} = \frac{\text{FI ou BC}}{\text{FE}}.$$

La comparaison des triangles FGE et FDE donne semblablement

$$\frac{\text{FGE}}{\text{FDE}} = \frac{\text{FG ou AC}}{\text{FD}}.$$

Mais les triangles ABC et FDE étant semblables (279) ont leurs côtés homologues proportionnels : ainsi le rapport de BC à FE est égal à celui de AC à FD; donc les seconds rapports de nos deux proportions étant égaux, les premiers le sont aussi, et l'on a

$$\frac{\text{ABC}}{\text{FGE}} = \frac{\text{FGE}}{\text{FDE}},$$

ce qui prouve que le triangle FGE est moyen proportionnel entre les deux bases du tronc, et achève de démontrer notre théorème ([1]).

_____

([1]) On peut démontrer ce théorème de la manière suivante, qui est très-simple :

Désignons par A^2 et par a^2 les aires de deux carrés équivalents aux bases du tronc, par H et par h les hauteurs des pyramides dont il est la différence, par V et par v les volumes de ces pyramides, et par $H - h = k$ la hauteur du tronc : on aura

$$V = \tfrac{1}{3} A^2 H \quad \text{et} \quad v = \tfrac{1}{3} a^2 h, \quad \text{d'où} \quad V - v = \tfrac{1}{3}(A^2 H - a^2 h).$$

Mais en vertu du théorème du n° 600, on a

$$\frac{A^2}{a^2} = \frac{H^2}{h^2} \quad \text{et partant} \quad \frac{A}{a} = \frac{H}{h},$$

proportion de laquelle on tire

$$\frac{A-a}{H-h} = \frac{A}{H}, \quad \text{d'où} \quad H = \frac{Ak}{A-a},$$

$$\frac{A-a}{H-h} = \frac{a}{h}, \quad \text{d'où} \quad h = \frac{ak}{A-a}.$$

En substituant ces valeurs de H et de h dans l'expression du volume du tronc,

694. COROLLAIRE I. *Le volume d'un tronc de pyramide à bases parallèles a pour mesure le tiers du produit de sa hauteur par la somme faite de ses deux bases et de leur moyenne proportionnelle.*

THÉORÈME XV.

695. *Un tronc de cône à bases parallèles est la somme de trois cônes de même hauteur que lui, et dont les bases respectives seraient les bases mêmes du tronc et une moyenne proportionnelle entre ces deux bases.*

Pour le démontrer, il n'y aura qu'à construire un tétraèdre de même hauteur que le cône d'où provient le tronc et dont la base soit équivalente à celle de ce cône. Il sera facile de reconnaître, en raisonnant comme dans le premier paragraphe de la démonstration du théorème XIV, que le tronc de cône est équivalent à un tronc de pyramide triangulaire de même hauteur et dont les bases seront équivalentes aux siennes, de sorte que le théorème étant vrai pour un tronc de pyramide triangulaire, le sera aussi pour un tronc de cône [1].

Si le tronc de cône est circulaire, et qu'on désigne par h sa hauteur, par R et par r les rayons de ses bases, on trouvera facilement que la mesure de son volume a pour expression :

$$\tfrac{1}{3}\,\pi\,h\,(R^2 + r^2 + Rr).$$

---

et mettant $\dfrac{k}{3}$ en facteur commun, il viendra

$$V - v = \frac{k}{3} \cdot \frac{A^3 - a^3}{A - a}.$$

Si l'on effectue la division de $(A^3 - a^3)$ par $(A - a)$, on trouvera

$$V - v = \frac{k}{3}(A^2 + Aa + a^2),$$

ou, ce qui revient au même,

$$V - v = \tfrac{1}{3}A^2 k + \tfrac{1}{3}a^2 k + \tfrac{1}{3}Aa k.$$

Cette formule est l'expression de notre théorème, car Aa est une moyenne proportionnelle entre A² et a².

[1] Il sera encore plus simple d'appliquer ici la démonstration donnée dans la note [1] du n° 693.

Ainsi *le volume d'un tronc de cône circulaire à bases parallèles a pour mesure le tiers du produit du rapport de la circonférence au diamètre multiplié par sa hauteur, et encore par la somme faite des carrés des rayons de ses bases et de leur produit.*

PREMIER EXEMPLE. *Mesurer le volume d'une portion de mur en tour ronde, connaissant le rayon intérieur de la tour, l'épaisseur du talus, la hauteur du mur et le nombre de degrés de l'arc.* Ce volume est évidemment la différence de ceux de deux secteurs semblables de cône tronqué et de cylindre : ainsi il n'y aura qu'à évaluer les volumes de ces deux corps, en prendre la différence, ce qui donnera la mesure V de l'anneau compris entre leurs surfaces, et l'on aura enfin le volume demandé v par la proportion

$$\frac{v}{V} = \frac{n^0}{360^0}.$$

DEUXIÈME EXEMPLE. *Mesurer la capacité d'un tonneau.*

Si l'on suppose que l'on ait divisé l'axe du tonneau en quatre parties égales, et mené par les points ainsi déterminés des plans perpendiculaires à cet axe, on aura partagé le tonneau en quatre parties que l'on pourra, à fort peu près, regarder comme des troncs de cône ; de sorte qu'en les évaluant d'après la règle précédente, on aura résolu la question.

On a trouvé que le rayon de l'une des sections intermédiaires valait à très-peu près $\frac{2R+r}{3}$, en désignant par R et par r les rayons du *bouge* et du *fond*. Alors, si l'on appelle l la longueur du tonneau, on trouvera facilement, pour expression de sa capacité,

$$\frac{\pi l}{54}\,(23R^2 + 17Rr + 14r^2),$$

formule qui donnera très-exactement la capacité du tonneau, en augmentant le résultat trouvé de ses *deux centièmes*.

Remarquons que l'application de cette formule n'exigera que la seule mesure de r : car la longueur intérieure d'un tonneau, le diamètre du bouge et celui du fond sont dans le rapport des nombres 21, 18 et 16. Si donc on a trouvé que $2r = 0^m,435$, on en conclura que

$$2R = \frac{18}{16} \cdot 2r = 0^m,490$$

et que

$$l = \frac{21}{16} \cdot 2r = 0^m,572.$$

Telles sont les dimensions de l'hectolitre ; et, en effet, en substituant les valeurs ci-dessus dans la formule et faisant la correction indiquée, on trouve 100 décimètres cubes, c'est-à-dire 100 litres.

Théorème XVI.

696. *Le volume d'un tronc de parallélipipède a pour mesure le produit de sa base inférieure par le quart de la somme des perpendiculaires abaissées sur cette base des sommets de l'autre.*

Désignons par a, b, c, d les perpendiculaires abaissées des sommets respectifs A, B, C, D (fig. 270) de la base supérieure sur la base inférieure, et représentons l'aire de celle-ci par B. Cela posé, si nous menons un plan par les deux arêtes opposées AE et CG, nous décomposerons le tronc de parallélipipède en deux prismes triangulaires tronqués dont les mesures seront respectivement (691)

$$\frac{B}{2} \cdot \frac{a+b+c}{3}, \quad \text{et} \quad \frac{B}{2} \cdot \frac{a+c+d}{3}.$$

Si nous conduisons de même un plan par les deux arêtes BF et DH, nous décomposerons notre tronc en deux nouveaux prismes tronqués dont les volumes auront pour mesures

$$\frac{B}{2} \cdot \frac{a+b+d}{3} \quad \text{et} \quad \frac{B}{2} \cdot \frac{b+c+d}{3}.$$

Si nous ajoutons ces quatre produits, nous aurons évidemment le double du volume V du tronc de parallélipipède ; donc, en mettant $\frac{B}{2}$ en facteur commun, il viendra

$$2V = \frac{B}{2}(a+b+c+d):$$

car chacune des perpendiculaires a, b, c, d, est répétée *trois* fois. En divisant par 2, on aura enfin

$$V = \frac{B}{4}(a+b+c+d), \quad \text{ou} \quad V = B \cdot \frac{a+b+c+d}{4},$$

ce qu'il fallait démontrer.

On peut dire aussi qu'*un tronc de parallélipipède a pour mesure l'aire de sa section droite multipliée par le quart de la somme de ses arêtes latérales* (691).

Problème I.

697. *Calculer le volume d'un polyèdre quelconque.*

Il n'y aura qu'à décomposer ce polyèdre en pyramides, et évaluer le volume de chacune d'elles.

Mais la nature du polyèdre proposé fournit souvent des moyens plus simples d'en obtenir le volume. Supposons, par exemple, qu'on demande le volume compris entre deux murs en talus terminés chacun par un plan perpendiculaire à sa direction, et soient ABCFED (fig. 271) et A'B'C'F'E'D' les plans inférieur et supérieur de ces murs. Le plan EBE'B' partage le volume demandé en deux troncs de prisme droits FC'B'E et DA'B'E, faciles à mesurer, en les décomposant en troncs de prismes triangulaires. En désignant par a, b, a', b', c, c', et h les arêtes BC, EF, B'C', E'F', CF, C'F' et FF', on trouvera pour le premier tronc FC'B'E :

$$V = \frac{h}{6}\{c'(a+a'+b') + c(a+b+b')\}.$$

Si, au lieu de considérer le volume proposé, on considère un hexaèdre symétrique par rapport à deux plans rectangulaires, il n'y aura qu'à faire dans cette formule $a' = b'$, $a = b$, et regarder c et c' comme les largeurs des faces CE et C'E' et h comme la distance de leurs plans, et on trouvera

$$V = \frac{h}{6}\{c'(2a'+a) + c(2a+a')\}.$$

Si $\qquad c' = 0,$ elle se réduit à $\quad V = \dfrac{ch}{6}(2a + a').$

Ces formules serviront à calculer les capacités des fossés.

THÉORÈME XVII.

698. *Le volume engendré par la révolution d'un triangle autour d'un axe mené dans son plan et par son sommet a pour mesure le produit de l'aire engendrée par la base du triangle multipliée par le tiers de sa hauteur.*

Il peut arriver trois cas, suivant que l'axe de révolution coïncidera avec un des côtés du triangle, qu'il rencontrera sa base, ou qu'il lui sera parallèle :

1° Supposons que le triangle ABC (fig. 272) tourne autour de son côté **AC** : il est clair que le volume V qu'il engendrera sera la somme des cônes produits par la rotation des triangles **ABB'** et **BCB'**; mais, comme ils ont la même base, on voit que la somme de leurs volumes est égale au tiers du produit de cette base par la somme de leurs hauteurs **AB'** et **B'C** : donc

$$V = \tfrac{1}{3}\pi\,\overline{BB'}^2.AC.$$

Or, l'aire A de la surface engendrée par BC a pour expression (**647**)

$$A = \pi BB'.BC;$$

d'un autre côté, la similitude des triangles AMC et BCB' (**278**) donne la proportion

$$\frac{AM}{BB'} = \frac{AC}{BC};$$

d'où $\qquad\qquad BB'.AC = BC.AM;$

et, par conséquent, en multipliant les deux membres de cette dernière égalité par $\tfrac{1}{3}\pi BB'$,

$$\tfrac{1}{3}\pi\,\overline{BB'}^2.AC = \tfrac{1}{3}\pi BB'.BC.AM.$$

Mais le premier membre de cette équation est la mesure du volume cherché V ; le produit $\pi BB'.BC$ est celle de l'aire

A engendrée par BC; donc nous aurons enfin, en remplaçant,

$$V = \tfrac{1}{3} A . AM, \quad ou \quad V = A . \tfrac{1}{3} AM,$$

conformément à l'énoncé.

2° Supposons maintenant qu'il s'agisse du triangle ABD tournant autour de AC. Le volume demandé sera alors la différence des volumes engendrés par les triangles ABC et ADC; et, comme chacun a pour mesure le produit de l'aire de la surface décrite par sa base, multipliée par le tiers de la hauteur commune AM, on voit que la mesure que l'on cherche est encore égale à la différence des aires de ces deux surfaces, c'est-à-dire à l'aire engendrée par BD, multipliée par le tiers de AM.

3° Les cônes engendrés par les triangles BAB′ et DAD′ (fig. 273) sont les tiers respectifs des cylindres AMBB′ et AMDD′ : donc leur somme est le tiers du cylindre BDD′B′, et, par conséquent, le volume engendré par le triangle ABD est les deux tiers de celui de ce cylindre; ainsi

$$V = \tfrac{2}{3} \pi \overline{AM}^2 . BD = 2\pi AM . BD \times \tfrac{1}{3} AM.$$

Mais $2\pi AM . BD$ est la mesure de l'aire A de la surface cylindrique engendrée par BD (**651**) : donc encore

$$V = A . \tfrac{1}{3} AM.$$

†699. COROLLAIRE I. Si l'on joint le sommet du triangle ABD (fig. 272) avec le milieu I de sa base, l'aire A engendrée par cette base aura pour expression $A = 2\pi . II′ . BD$, de sorte que l'on aura ainsi

$$V = \tfrac{2}{3} \pi . II′ . BD . AM.$$

Mais le centre de gravité G du triangle ABD se trouve sur AI et aux deux tiers de cette droite à partir de A (voir à l'appendice, *Théorie des transversales*) : donc $GG′ = \tfrac{2}{3} II′$; d'un autre côté, le produit BD.AM est le double de l'aire du triangle ABD; donc la valeur de V deviendra ainsi

$$V = ABD . 2\pi GG′,$$

c'est-à-dire que *le volume engendré par la révolution d'un triangle autour d'un axe mené dans son plan par son sommet a pour mesure son aire multipliée par la circonférence décrite par son centre de gravité.*

700. COROLLAIRE II. *Le volume engendré par la révolution d'un secteur polygonal régulier autour d'un des rayons qui le terminent, a pour mesure l'aire de la surface engendrée par sa base multipliée par le tiers de son apothème* (**654**).

THÉORÈME XVIII.

701. *Le volume d'un secteur sphérique a pour mesure le produit de l'aire de la calotte qui lui sert de base multipliée par le tiers du rayon*, c'est-à-dire qu'en désignant par V et par R le volume et le rayon de ce secteur et par C l'aire de la calotte qui lui sert de base, on aura

$$V = \tfrac{1}{3} C . R.$$

Ce théorème résulte du corollaire précédent (**700**), en supposant que le nombre des côtés de la base du secteur polygonal augmente indéfiniment ; mais on peut le démontrer directement comme il suit :

On peut, en effet, regarder la calotte qui sert de base au secteur comme une surface polyédrale dont les faces seraient infiniment petites (**517**), de sorte qu'en menant des plans par le centre de la sphère et par chacune des arêtes de cette surface, on décomposera le secteur sphérique en une infinité de pyramides qui auront pour hauteur commune le rayon de la sphère ; le volume de chacune de ces pyramides aura donc pour mesure le produit de sa base par le tiers du rayon ; et par conséquent, le volume du secteur sphérique aura pour mesure le produit de la somme de toutes les bases de ces pyramides, c'est-à-dire de la calotte, par le tiers du rayon.

THÉORÈME XIX.

702. *Le volume de la sphère a pour mesure l'aire de la surface sphérique multipliée par le tiers du rayon*, c'est-à-dire qu'en désignant ce rayon par R, on aura pour expression de ce volume :

$$sph.\,R = 4\pi R^2 . \tfrac{1}{3} R \,(^1) = \tfrac{4}{3}\pi R^3 :$$

ainsi on peut dire que *le volume de la sphère a pour mesure les quatre tiers du rapport de la circonférence au diamètre multipliés par le cube du rayon*, ou *le sixième de ce rapport multiplié par le cube du diamètre* D ; car on a R $= \dfrac{D}{2}$, et partant $\tfrac{4}{3}\pi R^3 = \tfrac{1}{6}\pi D^3$.

On peut en effet regarder le volume de la sphère comme engendré par un demi-cercle tournant autour d'un diamètre, et considérer ce demi-cercle lui-même comme la moitié d'un polygone régulier dont le nombre des côtés est devenu infini : le volume engendré sera donc égal à l'aire de la surface engendrée, c'est-à-dire à l'aire de la surface sphérique, multipliée par le tiers de l'apothème, c'est-à-dire par le tiers du rayon.

On peut dire aussi : Considérons la surface de la sphère comme une surface polyédrale dont les faces seraient infiniment petites (**517**), et menons des plans par le centre de la sphère et par chacune des arêtes de cette surface ; on décomposera la sphère en une infinité de pyramides, etc. (Achever comme au n° **701**.)

Théorème XX.

703. *Le volume d'un onglet sphérique est égal au quart de celui de la sphère multiplié par son angle* (**659**).

Théorème XXI.

704. *Le volume engendré par la révolution d'un segment de cercle* AMBA (fig. 274) *autour d'un diamètre extérieur à ce segment est*

(¹) Ou, ce qui revient au même, l'aire d'un grand cercle multipliée par les $\tfrac{4}{3}$ du rayon ou par les $\tfrac{2}{3}$ du diamètre ; mais le volume du cylindre circonscrit à la sphère est égal à l'aire d'un grand cercle multipliée par le diamètre : donc *le volume de la sphère est les $\tfrac{2}{3}$ de celui du cylindre circonscrit*. Ce théorème et ceux énoncés dans les notes (¹) et (²) du numéro **658** sont dus à *Archimède*.

le sixième d'un cylindre qui aurait pour rayon la corde AB de ce segment, et pour hauteur la projection A'B' de cette corde sur l'axe de révolution OC.

Joignons, en effet, OA et OB, et il est clair que le corps engendré par le segment AMBA sera la différence de ceux engendrés par le secteur OAMB et par le triangle OAB. Or, le premier de ces corps étant la différence des deux secteurs sphériques OCB et OCA, son volume sera égal au tiers du rayon multiplié par la différence des calottes qui leur servent de base, c'est-à-dire par l'aire de la zone AMB : ainsi

$$\text{vol. OAMB} = \text{zone AMB} \cdot \frac{AO}{3} = \tfrac{2}{3}\pi\,\overline{AO}^2.\, A'B'\ (656).$$

D'un autre côté, le volume engendré par le triangle OAB a pour expression (698)

$$\text{vol. OAB} = \text{surf. AB} \cdot \frac{OI}{3} = \tfrac{2}{3}\pi\,\overline{OI}^2.\,A'B'\ (655) :$$

donc

$$\text{vol. AMBA} = \tfrac{2}{3}\pi\,A'B'\,(\overline{AO}^2 - \overline{OI}^2).$$

Mais le triangle rectangle AOI donne

$$\overline{AO}^2 - \overline{OI}^2 = \overline{AI}^2 = \frac{\overline{AB}^2}{4},$$

car $AI = \dfrac{AB}{2}$; donc on aura enfin, en remplaçant,

$$\text{vol. AMBA} = \tfrac{1}{6}\pi\,\overline{AB}^2.\,A'B',$$

ce qui démontre notre théorème (684).

THÉORÈME XXII.

705. *Le volume d'une tranche sphérique est égal à celui d'un cylindre de même hauteur que la tranche et ayant pour base la demi-somme de ses bases, plus le volume d'une sphère qui aurait pour diamètre la hauteur de la tranche.*

Considérons la tranche engendrée par la révolution de la surface A'AMBB' (fig. 274) autour du diamètre CD. Son volume V se compose de ceux engendrés par le segment AMBA et par le trapèze AB′ : ainsi, il a pour expression (**704** et **695**) :

$$V = \tfrac{1}{6}\pi \overline{AB^2}.A'B' + \tfrac{2}{6}\pi A'B'(\overline{AA'^2} + \overline{BB'^2} + AA'.BB');$$

ou, en mettant $\tfrac{1}{6}\pi A'B'$ en facteur commun,

$$V = \tfrac{1}{6}\pi A'B'(\overline{AB^2} + 2\overline{AA'^2} + 2\overline{BB'^2} + 2AA'.BB').$$

Or, comme nous voulons exprimer le volume de la tranche en fonction seulement de ses bases et de sa hauteur, il faut éliminer $\overline{AB^2}$ de l'expression précédente. Pour cela, j'abaisse sur BB′ la perpendiculaire AF, et le triangle rectangle ABF me donne $\overline{AB^2} = \overline{AF^2} + \overline{BF^2}$. Mais, BF étant la différence des droites BB′ et AA′, son carré vaut $\overline{BB'^2} + \overline{AA'^2} - 2AA'.BB'$ (**396**); donc $\overline{AB^2} = \overline{A'B'^2} + \overline{BB'^2} + \overline{AA'^2} - 2AA'.BB'$, car AF = A′B′; donc en remplaçant dans l'expression de V, il viendra, après avoir réduit,

$$V = \tfrac{1}{6}\pi A'B'(\overline{A'B'^2} + 3\overline{AA'^2} + 3\overline{BB'^2}),$$

ou, en effectuant la multiplication de $\overline{A'B'^2}$ par $\tfrac{1}{6}\pi A'B'$, et celle de $3\overline{AA'^2} + 3\overline{BB'^2}$ par $\tfrac{1}{6}\pi$,

$$V = \tfrac{1}{6}\pi \overline{A'B'^3} + A'B'\left(\frac{\pi\overline{AA'^2} + \pi\overline{BB'^2}}{2}\right),$$

formule qui démontre notre théorème; car $\tfrac{1}{6}\pi\overline{A'B'^3}$ est le volume de la sphère dont A′B′ est le diamètre, et $\dfrac{\pi\overline{AA'^2} + \pi\overline{BB'^2}}{2}$ peut être regardé comme un cercle dont l'aire serait la demi-somme des bases de la tranche.

706. Corollaire. En observant qu'un segment sphérique peut être considéré comme une tranche dont la base supérieure est nulle, on voit qu'*un segment sphérique est égal à la moitié d'un cylindre de même base et de même hauteur que lui, plus la sphère dont cette hauteur est le diamètre.*

707. Si l'on représente par R et par h le rayon et la hauteur du segment sphérique engendré par ACA', on aura, pour expression de son volume,

$$V = \tfrac{1}{2}\pi h . \overline{AA'}^2 + \tfrac{1}{6}\pi h^3.$$

Mais (265, 1°) $\overline{AA'}^2 = h(2R - h)$; en substituant, mettant $\tfrac{1}{6}\pi h^2$ en facteur commun et réduisant, il viendra

$$V = \tfrac{1}{3}\pi h^2 (3R - h),$$

de sorte que le *volume d'un segment sphérique a pour mesure le tiers du produit du rapport de la circonférence au diamètre, multiplié par le carré de sa hauteur et encore par l'excès du triple du rayon sur cette même hauteur* [1].

PROBLÈME II.

708. *Évaluer le volume d'un tronc de pyramide dont les bases ne sont point parallèles.*

La question revient évidemment à déterminer les hauteurs de la pyramide totale et de la pyramide retranchée. Pour déterminer celle de la première, je fais aux points G et H (fig. 269) deux angles égaux à QGH et à MHG; puis, du sommet du triangle résultant, j'abaisse sur GH la perpendiculaire indéfinie T'RO. Alors, si l'on replie ce triangle sur TGH, le point T' ira se placer sur T, de sorte que les deux droites TR et RO détermineront un plan perpendiculaire à la base de la pyramide; donc le pied de sa hauteur se trouvera sur T'RO; donc, si l'on fait aussi aux points H et I des angles égaux à MHI et à NIH, et que du point T" on abaisse une perpendiculaire T"S sur HI, le pied de la hauteur de la pyramide devra aussi se trouver sur le prolongement de cette droite; donc il sera le point O. On connaîtra donc dans le triangle rectangle TRO, l'hypoténuse TR = T'R et le côté RO; donc il sera facile de déterminer TO. Une construction semblable fera connaître la hauteur de la petite pyramide.

---

[1] On parviendrait directement à ce résultat en observant que le segment sphérique engendré par ACA' est la différence des volumes du secteur sphérique et du cône engendrés par OAC et par OAA'.

PRÔBLÈME III.

*709. *Trouver le volume engendré par un hexagone régulier ABCDEF (fig. 275) tournant autour de sà première diagonale* AC.

Le volume demandé V se compose du double du volume engendré par le trapèze CDEI et du double du volume engendré par le triangle CBI. Or

$$\text{vol. CDEI} = \tfrac{1}{3}\,\pi.\,\text{CI.}\,(\overline{\text{EI}}^2 + \text{EI.DC} + \overline{\text{DC}}^2)\ (695),$$

$$\text{vol. BCI} = \tfrac{1}{3}\,\pi.\,\overline{\text{BI}}^2.\,\text{CI}\ (692);$$

si nous désignons par a le côté de l'hexagone, nous aurons

$$\text{EI} = \frac{3a}{2};\quad \text{CI} = \frac{a\sqrt{3}}{2};\quad \text{BI} = \frac{a}{2};\quad \text{DC} = a;$$

et par conséquent,

$$\left. \begin{array}{l} \text{vol. CDEI} = \dfrac{19\,\pi\,a^3\sqrt{3}}{24} \\[2mm] \text{vol. BCI} \;=\; \dfrac{\pi\,a^3\sqrt{3}}{24} \end{array} \right\},\quad \text{d'où}\quad V = \frac{5\,\pi\,a^3\sqrt{3}}{3}.$$

PROBLÈME IV.

*710. *Évaluer le volume engendré par une figure plane symétrique par rapport à un axe, en tournant autour d'une droite parallèle à cet axe et tracée dans son plan.*

Soit XY (fig. 276) l'axe de symétrie de la courbe proposée; j'inscris dans cette courbe un polygone quelconque ABCDEFGH qui soit symétrique par rapport à XY, et je cherche les volumes engendrés par les triangles ABH et DEF, et par les trapèzes HC et GD.

Le volume engendré par le triangle BAH est la différence des deux troncs de cône IABK et IAHK; ainsi il a pour mesure

$$\tfrac{1}{3}\pi\text{IK}.(\overline{\text{BK}}^2 + \overline{\text{AI}}^2 + \text{BK.AI} - \overline{\text{AI}}^2 - \overline{\text{HK}}^2 - \text{AI.HK}).$$

Or, $\quad\overline{\text{BK}}^2 - \overline{\text{HK}}^2 = (\text{BK} + \text{HK})\,(\text{BK} - \text{HK}) = 2\text{AI.BH},$

car on sait que la différence des carrés de deux quantités est égale au produit de la somme de ces quantités multipliée par leur différence [note (¹) du n° 596]; d'un autre côté

$$BK.AI - AI.HK = AI(BK - HK) = AI.BH;$$

donc on trouvera en réduisant

$$\pi AI.IK.BH;$$

mais IK.BH est le double de l'aire du triangle ABH; donc

$$V = ABH.2\pi AI.$$

Ainsi le théorème du n° **699** est encore vrai pour un triangle isocèle qui tourne autour d'une droite tracée dans son plan parallèlement à son axe de symétrie.

Si on prolonge les côtés BC et GH jusqu'à leur rencontre en O sur XY, on verra que le trapèze BCGH étant la différence des deux triangles COG et BOH, le volume qu'il engendrera aura pour mesure la différence des volumes engendrés par leurs aires, c'est-à-dire la sienne multipliée par $2\pi AI$.

Donc le volume engendré par le polygone symétrique ABCDEFGH a pour mesure le produit de son aire multipliée par $2\pi AI$.

Ce résultat est vrai, quelle que soit la grandeur des côtés et des angles du polygone symétrique que nous avons inscrit dans la courbe proposée; donc il le sera encore quand ces côtés seront infiniment petits, c'est-à-dire quand ce polygone aura atteint sa limite, qui est la figure proposée. Donc *le volume engendré par une surface plane symétrique par rapport à un axe, en tournant autour d'une parallèle à cet axe et tracée dans son plan, a pour mesure l'aire de cette surface multipliée par la circonférence que décrit un point quelconque de l'axe de symétrie.*

Problème V.

711. *Trouver le volume engendré par un octogone régulier tournant autour d'un de ses côtés.*

Il est facile de voir que le triangle KBC (fig. 277) est isocèle et qu'ainsi $BK = KC = \dfrac{a\sqrt{2}}{2}$; donc $BE = a(1 + \sqrt{2})$; et comme

cette droite est évidémment le double de l'apothème, l'aire de
l'octogone est égale à

$$2\,a^2\,(1+\sqrt{2}).\ \text{Donc } V = 2\,\pi\,a^3\,(1+\sqrt{2})\ (^1).$$

Problème VI.

*712. *Évaluer le volume d'un corps de figure quelconque.*

Le moyen le plus naturel qui se présente pour évaluer le volume d'un corps, c'est de le décomposer en parties dont on
puisse calculer immédiatement les volumes. Supposons donc
que l'on fasse glisser une ligne droite sur la surface du corps,
de manière qu'elle reste perpendiculaire à un plan donné : elle
engendrera la surface d'un cylindre dont la base ABCDEF
(fig. 278), située sur le plan dont il s'agit, sera la projection du
corps sur ce plan. Je divise cette base par deux séries de lignes
droites perpendiculaires entre elles et équidistantes les unes des
autres, et par chacune je mène un plan perpendiculaire à celui
de la base. De cette manière notre corps sera partagé en éléments tels que M'P, que l'on pourra regarder comme la différence de deux troncs mP et mP' de parallélipipèdes rectangles,
si les lignes de division de la base sont suffisamment rapprochées. Or le volume de chacun de ces troncs est égal à l'aire A
de sa base multipliée par le quart de la somme de ses quatre
arêtes : d'où l'on conclut facilement, en mettant A en facteur
commun, que le volume demandé a pour mesure le produit de
l'aire A multipliée par le quart de la somme des arêtes de tous
les éléments dans lesquels on l'aura décomposé ; et, comme il y
aura des arêtes qui appartiendront à 1, 2, 3 ou 4 éléments, il
s'ensuit que, *pour avoir le volume d'un corps, il faut partager sa
projection sur un plan quelconque en rectangles, par deux séries
de lignes droites d'autant plus rapprochées que l'on voudra plus
d'exactitude ; puis, ayant élevé des perpendiculaires aux sommets
de chacun de ces rectangles, mesurer les parties de ces perpendiculaires interceptées par la surface du corps proposé ; enfin multiplier*

l'aire de l'un des rectangles dans lesquels on aura décomposé la projection du corps, par la somme faite des parties de ces perpendiculaires qui répondent à un sommet commun à quatre rectangles, des trois quarts, de la moitié et du quart de celles qui répondent à un sommet commun à trois, deux ou un de ces rectangles.

Dans la marine, on a besoin de mesurer le volume de la partie de la carène d'un vaisseau qui est plongée dans l'eau. Alors on prend le plan vertical mené par la quille pour plan de projection, et l'on applique ensuite la règle précédente.

*713. Scolie. Remarquons toutefois que les éléments dans lesquels nous avons décomposé notre corps n'ont pas tous pour bases des rectangles, mais seulement des portions de rectangles. On néglige alors ceux qui, à vue, paraissent répondre à des bases moindres que la moitié d'un rectangle, et l'on considère les autres comme des éléments entiers.

PROBLÈME VII.

714. Évaluer le volume de la tranche qu'on obtient en coupant un corps par deux plans parallèles.

Partageons l'épaisseur de la tranche en un assez grand nombre de parties égales, menons par tous les points de division des plans parallèles à ses bases, et projetons ensuite toutes les tranches élémentaires dans lesquelles nous l'aurons ainsi décomposée sur un plan perpendiculaire à tous les plans sécants. Soit AB′ (fig. 279) la projection de l'une de ces tranches partielles. Je divise AB en un grand nombre de parties égales, et par les points de division je mène des plans CC′, DD′... perpendiculaires à la droite AB : je partage ainsi la tranche en éléments dont chacun aura pour mesure l'aire de l'un des rectangles élémentaires multipliée par le quart de la somme de ses quatre arêtes. Ainsi en désignant ces arêtes respectivement par a et a', b et b', c et c', ..., on aura pour expression du volume v de la tranche AB′ :

$$v = AC \cdot CC' \cdot \frac{a + a' + 2c + 2c' + 2d + 2d' + \ldots + b + b'}{4},$$

où $\quad v = CC' \cdot \dfrac{AC}{2}\left(\dfrac{a + a' + b + b'}{2} + c + c' + d + d' + \ldots\right).$

Mais, en désignant par A et par A' les aires des bases de la tranche, on a (389)

$$A = AC \left(\frac{a+b}{2} + c + d + \dots \right);$$

et

$$A' = AC \left(\frac{a'+b'}{2} + c' + d' + \dots \right);$$

donc

$$v = \frac{A+A'}{2} \cdot CC'.$$

Ainsi le volume de l'une quelconque des tranches élémentaires est égal à la demi-somme des aires de ses bases multipliée par son épaisseur : d'où l'on conclura facilement, en raisonnant comme au n° 389, que, *pour évaluer le volume d'une tranche quelconque d'un corps, il faut diviser son épaisseur en un assez grand nombre de parties égales, mener par les différents points de division des plans parallèles aux bases, puis ajouter à la demi-somme des aires de ces bases les aires de toutes les sections intermédiaires, et multiplier le résultat par la distance de deux plans sécants consécutifs.*

Cette règle convient surtout pour évaluer le volume d'un corps terminé par une surface de révolution : car, en supposant les deux plans limites perpendiculaires à l'axe aux points mêmes où il perce la surface, les sections sont des cercles, de sorte qu'il est alors facile d'évaluer leurs aires.

Problème VIII.

715. Évaluer l'aire d'une surface courbe quelconque.

Soit ABCDE (fig. 278) la projection de cette surface sur un plan quelconque. Si nous opérons comme au n° 712, nous décomposerons l'aire demandée en quadrilatères curvilignes, que l'on pourra d'autant mieux regarder comme des quadrilatères plans, que les plans sécants seront plus rapprochés les uns des autres. Soit A l'aire de l'un MNPQ de ces petits quadrilatères, et *a* celle de sa projection *mnpq*. Si nous convenons de désigner par *m, n, p, q* les perpendiculaires *mm', nn', pp', qq'* abaissées des sommets de cette projection sur le plan du quadrilatère PM,

et par M, N, P, Q celles abaissées des sommets de celui-ci sur
le plan de projection, nous aurons pour la mesure du volume
du tronc de parallélipipède mP la double expression

$$a \cdot \frac{M+N+P+Q}{4} \quad \text{et} \quad A \cdot \frac{m+n+p+q}{4},$$

partant
$$A = a \cdot \frac{M+N+P+Q}{m+n+p+q}.$$

Mais les triangles rectangles Mmm', Nnn' ..... sont équiangles :
car les angles Mmm', Nnn' ..... mesurent l'inclinaison du plan
du quadrilatère PM sur le plan de projection : donc

$$\frac{M}{m} = \frac{N}{n} = \frac{P}{p} = \frac{Q}{q};$$

d'où $\quad \dfrac{M+N+P+Q}{m+n+p+q} = \dfrac{M}{m}$, et ainsi $\quad A = a \cdot \dfrac{M}{m}$.

Donc, en désignant par A′, M′ et m', par A″, M″ et m'', ..., les
quantités analogues à A, M et m pour les autres quadrilatères
dans lesquels nous avons décomposé la surface à mesurer, nous
trouverons que son aire X a pour expression

$$X = a \left(\frac{M}{m} + \frac{M'}{m'} + \frac{M''}{m''} + \ldots \ldots \right);$$

de sorte qu'il ne s'agit plus que de déterminer les perpendiculaires M, M′, M″ ...... et m, m', m'' ...... Les premières se me-
sureront immédiatement ; quant aux secondes, voici comment
on pourra les obtenir : rabattez les faces mN et mQ du tronc mP
sur le plan de projection, et prolongez les côtés MN et MQ
(fig. 280) jusqu'à leur intersection en R et en S avec les côtés
de l'angle nmq. Il est clair qu'en joignant RS, vous aurez la
trace du plan du quadrilatère MNPQ sur le plan de projection :
par conséquent, si l'on mène mT perpendiculaire sur RS, la
perpendiculaire abaissée de m sur l'hypoténuse du triangle
rectangle formé en joignant le point T avec le point M de l'espace, sera la droite demandée m. Or le rabattement de ce
triangle sur le plan de projection est TmM′ : donc celui de la

perpendiculaire cherchée m est la ligne mO', qu'il est facile de mesurer[1].

Problème IX.

716. On lit dans la *Physique* de M. Biot que, *si l'on dore un cylindre d'argent pesant* 360 *onces avec* 6 *onces d'or, on pourra l'étirer en un fil de* 1351900 *pieds de long sur* ⅛ *de ligne de largeur: quelle est l'épaisseur de la couche d'or, en admettant, avec Réaumur, qu'un pied cube d'or pèse* 21220 *onces, et qu'un pied cube d'argent en pèse* 11523?

Soient AE (fig. 281) le parallélipipède rectangle qui représente le fil, L sa longueur AB, l sa largeur AD, et e son épaisseur AC. Lle est donc l'expression de son volume. Or, d'après les poids donnés d'un pied cube d'or et d'un pied cube d'argent, on verra facilement que 6° d'or et 360° d'argent sont les poids respectifs de 844$^{\text{l.c}}$,293 d'or, et de 93287$^{\text{l.c}}$,702 d'argent; de sorte que $Lle = 94131,995$, équation qui détermine e, puisque L et l sont connus (la ligne est actuellement l'unité linéaire). On trouvera $e = \frac{1^{\text{l}}}{268,5}$.

L'épaisseur x de la couche d'or étant partout la même, il suffira, pour en avoir le volume, de multiplier son aire par x. Or

---

[1] Si l'on veut calculer m, on observera que le triangle rectangle M'mT donne

$$\frac{M}{m} = \frac{M'T}{mT}: \quad \text{d'où} \quad \frac{M^2}{m^2} = 1 + \frac{M^2}{mT^2}.$$

Mais le triangle mSR donne de même $mT.SR = mS.mR$; d'où

$$\frac{1}{mT^2} = \frac{\overline{SR}^2}{mS^2.mR^2} = \frac{1}{mR^2} + \frac{1}{mS^2}: \quad \text{donc} \quad \frac{M^2}{m^2} = 1 + \frac{M^2}{mR^2} + \frac{M^2}{mS^2}.$$

Or, en désignant par b et par c les deux côtés du rectangle mp, et par d et e les différences M—N et M—Q, on tire des triangles semblables MNI et MRm, MQK et MmS :

$$\frac{M}{mR} = \frac{d}{b}, \text{ et } \frac{M}{mS} = \frac{e}{c}; \quad \text{donc} \quad \frac{M}{m} = \sqrt{1 + \frac{d^2}{b^2} + \frac{e^2}{c^2}};$$

par conséquent

$$A = bc\sqrt{1 + \frac{d^2}{b^2} + \frac{e^2}{c^2}}.$$

C'est la formule même donnée par *la méthode des quadratures.*

celle de la face supérieure est évidemment Ll ; celle de la face latérale est L $(e-2x)$, car sa hauteur est bf, et comme le volume de la couche est 844$^{l.c}$,293, nous aurons l'équation

$$2\,\{\,Ll+L\,(e-2x)\,\}\ x = 844,293\,;$$

mais comme x est une très-petite quantité, puisqu'elle est nécessairement beaucoup moindre que e, nous pourrons négliger son carré, ce qui réduira cette équation à

$$2L\,(l+e)\ x = 844,293\,;$$

d'où l'on tire, en opérant par logarithmes,

$$x = \tfrac{1}{59428}\ \text{de ligne.}$$

717. Lorsque le corps dont on demande le volume est d'une forme très-irrégulière, les procédés que nous avons indiqués deviendraient impraticables par leur longueur. On peut alors le placer dans un vase dont on aura préalablement déterminé la capacité ; puis, mesurant la quantité d'eau ou de sable fin nécessaire pour achever de remplir le vase, on voit qu'une simple soustraction suffira pour résoudre le problème.

Si le corps à mesurer est d'un petit volume, on le plongera dans un vase rempli d'eau ; et, en mesurant en grammes le poids de l'eau qu'il aura chassée du vase, on connaîtra le volume de cette eau, et par conséquent celui du corps en centimètres cubes (*Arith.*, n° 168). Observons toutefois que, si l'on avait besoin d'une très-grande exactitude, il faudrait avoir égard à la température de cette eau, comme on l'enseigne dans les traités de physique.

718. On peut encore parvenir à la détermination des volumes des corps au moyen de leurs *poids spécifiques. Le* POIDS SPÉCIFIQUE *d'un corps est le rapport du poids d'un volume quelconque de la substance de ce corps à celui d'un pareil volume d'eau :* d'où l'on voit que, *si l'on multiplie le volume d'un corps évalué en décimètres cubes par son poids spécifique, on aura le poids de ce corps en kilogrammes, et que, par conséquent, en divisant le poids d'un corps par son poids spécifique, on aura son volume en décimètres cubes.* Ces deux règles sont d'une application continuelle dans les arts.

Premier exemple. *Calculer le diamètre intérieur d'un tube de verre.*

On pèsera ce tube, en prenant le *gramme* pour unité ; puis, après y avoir introduit une certaine quantité de mercure, on le pèsera de nouveau. La différence de ces deux poids sera évidemment celui d'une colonne de mercure de même diamètre que le tube : donc, en divisant ce poids par 13,599, poids spécifique du mercure, *on aura le volume de la colonne* en centimètres cubes. Si donc on a mesuré sa longueur, le quotient trouvé en divisant ce volume par cette longueur sera l'aire de la section du tube exprimée en centimètres carrés (684). Il ne s'agira donc plus, pour résoudre le problème, que de diviser cette aire par π, et d'extraire la racine carrée du quotient (380).

Deuxième exemple. *La colonne de Sévère, près d'Alexandrie, est formée d'un fût en granit de* 30^m *de haut sur* 3^m *de diamètre, qui repose sur un piédestal cubique en marbre de* 5^m *de côté. Quel est son poids à moins d'un kilogramme ?*

L'aire de la base est $\frac{\pi}{4}.9$: donc le volume total du fût est $\left(\frac{\pi}{4}.9.30\right)^{m\cdot c}$, et celui du piédestal 125$^{m\cdot c}$; or les poids spécifiques du granit et du marbre étant respectivement 2,716 et 2,960, on voit qu'un mètre cube du premier pèsera 2716^{kg}, et qu'un mètre cube du second en pèsera 2960 : donc le poids total de la masse sera

$$\left(\frac{\pi}{4}.9.30.2716 + 125.2960\right)^{kg}.$$

Or $\frac{9.30.2716}{4} = 183330$: donc, pour ne pas commettre une erreur d'un kilogramme, il faut que la valeur de π ne soit pas fautive d'un millionième (*Arith.*, 342). On prendra donc $\pi = 3,141593$, et on trouvera pour résultat 945948 kilogrammes.

Troisième exemple. *Calculer la valeur en francs d'un tétraèdre régulier d'or, qui a 5 centimètres de côté, sachant que la proportion de l'or à l'argent est 15,5 (Arith., 168) et en supposant que le poids spécifique de l'or soit 19.*

En s'appuyant sur les valeurs données au n° 336, on trouvera facilement que le volume d'un tétraèdre régulier dont l'arête est a a pour mesure $\dfrac{a^3\sqrt{2}}{12}$; donc, en vertu de la règle du

n° **718**, le poids de notre tétraèdre sera $\dfrac{125.19.\sqrt{2}}{12}$ grammes,

de sorte que s'il était en argent il vaudrait $\dfrac{125.19.\sqrt{2}}{12.5}$ francs;

puis donc qu'il est en or, il vaut

$$\frac{125.19.\sqrt{2}.15,5}{12.5} = \frac{125.19.3,1.\sqrt{2}}{12} = 3005 \text{ francs.}$$

QUATRIÈME EXEMPLE. *Quel est, à moins d'un millimètre près, le diamètre d'un boulet en fer de* 12 *kilogrammes, en supposant que le poids spécifique du fer soit* 7 ?

Soit x le diamètre de ce boulet exprimé en décimètres ; nous aurons pour expression de son volume $\frac{1}{6}\pi x^3$, et partant pour celle de son poids, $\frac{7}{6}\pi x^3$ kilogrammes ; donc

$$\frac{7}{6}\pi x^3 = 12, \quad \text{d'où} \quad x = \sqrt[3]{\frac{72}{7\pi}}.$$

x étant un nombre de décimètres et sa valeur devant être exacte à moins d'un millimètre près, il s'agira par conséquent d'extraire la racine cubique de $\dfrac{72}{7\pi}$ à moins d'un centième. Je multiplierai donc ce nombre par 100^3, et il s'agira de savoir avec quel degré d'approximation il faudra évaluer π pour avoir la valeur de $\dfrac{72000000}{7\pi}$ à moins d'une unité près. En appliquant la règle donnée au n° 345 de l'*Arithmétique*, on verra que la valeur de π ne devra pas être fautive d'un billionième. On fera donc $\pi = 3,141592654$, et en effectuant ensuite les calculs, on trouvera que $x = 148$ millimètres.

CINQUIÈME EXEMPLE. *Quel est le diamètre d'un fil de platine pesant* 1 *gramme et dont la longueur est de* 1 *kilomètre, en supposant que le poids spécifique du platine soit* 22 ?

Le gramme étant l'unité de poids, on prendra le centimètre

pour unité linéaire, et on trouvera pour équation du problème

$$22.100000\,\pi\,.\,x^2 = 1, \quad \text{d'où} \quad x = \sqrt{\frac{1}{2200000\,\pi}}.$$

CHAPITRE II.

DE LA COMPARAISON DES VOLUMES.

THÉORÈME I.

719. *Les volumes de deux pyramides semblables sont proportionnels aux cubes de leurs arêtes homologues.*

Puisque les deux pyramides *sabcde* et SABCDE (fig. 242) sont semblables, leurs angles polyèdres *s* et S sont égaux : ainsi on pourra placer la première dans la seconde, de manière que les arêtes homologues de ces deux angles coïncident. De cette manière, la base *abcde* se trouvera en A′B′C′D′E′ parallèlement à la base ABCDE : donc la hauteur SO sera coupée au point O′, en parties proportionnelles à SA et à SA′, et par conséquent à AB et à A′B′ ; de sorte qu'on aura

$$\frac{SO}{SO'} \quad \text{ou} \quad \frac{SO}{so} = \frac{AB}{A'B'} \quad \text{ou} \quad \frac{AB}{ab}.$$

Mais la similitude des bases des deux pyramides donne aussi

$$\frac{ABCDE}{abcde} = \frac{\overline{AB}^2}{\overline{ab}^2};$$

multipliant ces deux proportions par ordre, puis divisant les deux termes du premier rapport par 3, il viendra enfin

$$\frac{ABCDE\,.\,\frac{1}{3}SO}{abcde\,.\,\frac{1}{3}so} = \frac{\overline{AB}^3}{\overline{ab}^3},$$

ce qui démontre notre théorème (**689**).

THÉORÈME II.

720. *Les volumes de deux polyèdres semblables sont proportionnels aux cubes de leurs arêtes homologues.*

En effet, nous pourrons partager les deux polyèdres en un même nombre de tétraèdres semblables chacun à chacun, et semblablement disposés ; puis former autant de proportions, en exprimant que *chacun des tétraèdres du premier polyèdre* EST à *celui qui lui correspond dans le second,* COMME *le cube d'une de ses arêtes* EST *au cube de l'arête homologue de l'autre tétraèdre.* Mais, les polyèdres étant semblables, leurs arêtes et leurs diagonales homologues, et partant les cubes de ces arêtes et de ces diagonales sont proportionnels : donc les seconds rapports de toutes nos proportions sont égaux, car ce sont des rapports de cubes d'arêtes ou de diagonales homologues des deux polyèdres. Les premiers rapports sont donc aussi égaux, et forment ainsi une suite de fractions dont les numérateurs sont les tétraèdres du premier polyèdre, et dont les dénominateurs sont les tétraèdres correspondants du second : donc, en appliquant le principe du n° **105** de l'*Arithmétique,* la somme de tous ces numérateurs, c'est-à-dire le volume du premier polyèdre, etc. (Achever comme au n° **400**).

THÉORÈME III.

721. *Les volumes des cônes, des troncs de cône, des cylindres, des secteurs sphériques, des onglets, des tranches et des segments semblables, sont proportionnels aux cubes de leurs lignes homologues.*

Il sera facile de démontrer ces propositions en imitant les démonstrations du chapitre II du livre IX. Si, par exemple, on considère deux troncs de cône semblables, on désignera par V, R, r et h, le volume, les rayons des bases et la hauteur de l'un, et par les mêmes lettres accentuées les quantités correspondantes du second. On aura alors (**695**)

$$[1] \qquad \frac{V}{V'} = \frac{(R^2 + r^2 + Rr)\,h}{(R'^2 + r'^2 + R'r')\,h'}.$$

mais

$$\frac{R}{R'} = \frac{r}{r'};$$

multipliant les deux rapports de cette proportion par $\frac{r}{r'}$, il viendra :

$$\frac{Rr}{R'r'} = \frac{r^2}{r'^2} = \frac{R^2}{R'^2} = \frac{h^2}{h'^2};$$

d'où l'on tire

$$\frac{Rr + r^2 + R^2}{R'r' + r'^2 + R'^2} = \frac{h^2}{h'^2}.$$

Multipliant enfin la proportion [1] par celle-ci, on trouvera, après avoir simplifié,

$$\frac{V}{V'} = \frac{h^3}{h'^3},$$

ce qu'il fallait démontrer.

THÉORÈME IV.

722. *Les volumes de deux sphères sont proportionnels aux cubes de leurs rayons.*

Cela résulte évidemment de ce que l'expression du volume d'une sphère est $\frac{4}{3} \pi R^3$.

PROBLÈME.

723. *Décrire une sphère double d'une autre.*

La question revient évidemment à trouver l'arête d'un cube double d'un autre, ce qui ne saurait se faire *exactement* en n'employant que la règle et le compas. Voici toutefois une méthode qui donne, *à moins d'un demi-centième du côté du cube proposé,* celui du cube demandé.

Sur une droite AR (fig. 282), triple du côté donné OR, décrivez une circonférence, et joignez le point O avec une des extrémités B du diamètre BC perpendiculaire à AR. Le prolongement OX de la ligne BO sera l'arête du cube double de celui dont OR est le côté.

En effet, on a (**257**)

$$OX . OB = AO . OR;$$

d'où

$$OX = \frac{AO . OR}{OB} = \frac{2OR . OR}{\sqrt{\overline{BI}^2 + \overline{IO}^2}};$$

or $BI = AI = \frac{3}{2} OR$, et $IO = \frac{1}{2} OR$; donc

$$OX \doteq OR . \tfrac{2}{5}\sqrt{10} = 1,26491 . OR.$$

Mais la valeur exacte de l'arête cherchée est

$$x = OR . \sqrt[3]{2} = 1,25992 . OR ;$$

l'erreur commise est donc

$$(1,26491 - 1,25992) . OR = 0,00499 . OR < \tfrac{1}{200} OR.$$

LIVRE XI.

DE QUELQUES COURBES USUELLES.

CHAPITRE PREMIER.

DE L'ELLIPSE.

724. *L'ELLIPSE est une courbe plane telle, que la somme des distances de chacun de ses points à deux points fixes est constante. Ces deux points se nomment les FOYERS de la courbe.*

Ainsi, soient M, M', M''.... plusieurs points d'une ellipse dont les foyers sont F et F' (fig. 283), on aura

$$FM + F'M = FM' + F'M' = FM'' + F'M'' = ...$$

Les deux lignes droites qui, comme FM et F'M, joignent un point quelconque de la courbe aux foyers, ont reçu le nom de *rayons vecteurs*. La demi-distance FO des deux foyers s'appelle l'*excentricité* de l'ellipse.

De cette définition de l'ellipse résulte immédiatement la solution du problème suivant :

PROBLÈME I.

725. *Décrire une ellipse, connaissant la distance des deux foyers et la somme des rayons vecteurs d'un point quelconque.*

1° *Construction de l'ellipse par points.* Soient F, F' (fig. 284) les deux foyers, et soit PQ une longueur égale à la somme constante des rayons vecteurs d'un point quelconque de la courbe. Je porte sur FF', de chaque côté du point O, milieu de cette ligne, deux longueurs OA, OA' égales à la moitié de PQ : il est clair que les points A et A' appartiendront à l'ellipse, car FA = F'A', et, par suite,

$$FA + F'A = FA' + F'A' = AA' = PQ.$$

Pour construire d'autres points de la courbe, je prends sur AA' un point C quelconque ; puis, de chacun des foyers F et F' comme centres, et en prenant successivement pour rayon AC et A'C, je décris quatre arcs de cercle qui se coupent deux à deux au-dessus et au-dessous de AA' en M, M', M″ et M‴ : ces quatre points appartiendront à l'ellipse, puisque la somme des rayons vecteurs de chacun d'eux est égale à AC + A'C = AA' = PQ. On prendra ensuite un second point C', et en répétant la construction précédente avec les rayons AC' et A'C', on déterminera quatre nouveaux points de l'ellipse. Après avoir construit de cette manière un certain nombre de points, il ne restera plus qu'à les unir par un trait continu ; et l'on aura ainsi une courbe qui représentera l'ellipse cherchée avec d'autant plus d'exactitude que le nombre de ces points sera plus considérable.

Pour que les arcs décrits de F, F' avec les rayons AC, A'C puissent se couper, il faut (104) que la distance FF' soit plus petite que la somme de ces rayons et plus grande que leur différence. La première condition est évidemment remplie : et la seconde exige, en supposant le point C à droite de O, que l'on ait

$$FF' > A'C - AC,$$

ou, en observant que FF' = A'C + AC − 2AF,

$$A'C + AC - 2AF > A'C - AC,$$

inégalité qui se réduit, en transposant et en simplifiant, à

$$AC > AF.$$

On prouverait de même, si le point C est à gauche de O, qu'il faut avoir A'C > A'F ; donc le point C devra être pris entre les deux foyers.

2° *Tracé de l'ellipse d'un mouvement continu.* On fixera aux deux foyers les extrémités d'un fil flexible et inextensible dont la longueur soit égale à la somme des rayons vecteurs, et on tendra ensuite ce fil au moyen d'une pointe à tracer ; puis on fera glisser cette pointe de manière que le fil soit toujours tendu, et l'ellipse se trouvera tracée quand la pointe aura fait une révolution tout entière. Il est clair, en effet, que dans chaque position de la pointe, la somme de ses distances aux deux foyers reste égale à la longueur constante du fil.

Tel est le procédé qu'emploient les jardiniers pour tracer une ellipse sur le terrain. Ils plantent aux deux foyers deux piquets auxquels sont fixées les extrémités d'une corde, et ils font mouvoir un troisième piquet le long de la corde en la maintenant constamment tendue.

726. Si l'on suppose que, la longueur du fil restant constante, les deux foyers se rapprochent et finisssent par se confondre, la courbe décrite par la pointe à tracer deviendra évidemment une circonférence de cercle ayant le point O pour centre et la droite AA' pour diamètre (fig. 283). On voit donc que *la circonférence de cercle peut être regardée comme une ellipse dont l'excentricité est égale à zéro.*

Théorème I.

727. *L'ellipse a deux axes de symétrie rectangulaires.*

Je dis que l'ellipse est symétrique par rapport à la ligne AA' des foyers (fig. 285), et par rapport à la perpendiculaire BB' élevée sur cette ligne par son milieu O. En effet, d'un point quelconque M de cette courbe abaissons sur AA' une perpendiculaire MP et prolongeons-la d'une quantité M'P = MP ; le point M' sera le symétrique du point M par rapport à AA' (501, note (')), et il est clair qu'il appartiendra à l'ellipse : car si nous plions la figure le long de AA', le point M tombera en M', et les rayons vecteurs FM, F'M recouvriront exactement les lignes FM', F'M' ; donc

$$FM' + F'M' = FM + F'M.$$

En second lieu, construisons le point M'' symétrique du point M par rapport à BB' : je dis que ce point appartiendra aussi à l'ellipse. Joignons en effet FM'', F'M'' ; les lignes F'M, FM'' se couperont en un même point I de BO (254) ; si donc on plie la figure le long de BB', les points M et F tomberont respectivement en M″ et en F′, et les rayons vecteurs du point M recouvriront exactement ceux du point M″; donc

$$FM'' + F'M'' = FM + F'M.$$

728. Les points A, A′, B, B′ ont reçu le nom de *sommets.* AA′est le *grand axe*, et BB′ le *petit axe* de l'ellipse.

La somme des rayons vecteurs d'un point quelconque est égale au grand axe; en effet,

$$FM + F'M = FA + F'A = F'A' + F'A = AA'.$$

729. Il est d'ailleurs évident que BB′ < AA′; en effet, on a dans le triangle rectangle OBF, OB < FB; or, les rayons vecteurs FB, F′B étant égaux, chacun d'eux est égal à la demi-somme des rayons vecteurs d'un point quelconque, c'est-à-dire (**728**) à $\frac{1}{2}$AA′ = OA ; donc OB < OA, et, par suite, 2OB ou BB′ < 2OA ou AA′.

730. On désigne ordinairement les longueurs AA′, BB′, FF′ par 2*a*, 2*b*, 2*c*, et le triangle rectangle BOF donne la relation

$$a^2 = b^2 + c^2.$$

On tire de cette relation :

$$b^2 = a^2 - c^2 = (a + c)(a - c) = A'F.FA \text{ ou } A'F'.F'A,$$

c'est-à-dire que *chaque foyer divise le grand axe en deux segments dont le produit est égal au carré du demi petit axe.*

Problème II.

731. *Construire une ellipse connaissant les longueurs de ses deux axes.*

D'après ce qui précède (**730**), de l'un des sommets du petit axe comme centre avec une ouverture de compas égale à la moitié du grand axe, on décrira deux arcs de cercle dont les intersections avec le grand axe détermineront les foyers de l'ellipse ; il sera alors facile de construire la courbe soit par points, soit d'une manière continue (problème I).

732. Le point d'intersection O des deux axes est le *centre* de l'ellipse (203). Il est facile de faire voir que toute droite terminée à l'ellipse et passant par ce point y est partagée en deux parties égales ; soit en effet un point M de l'ellipse (fig. 286), joignons MO et prolongeons cette ligne d'une quantité OM′ = MO : les triangles FM′O, F′M′O seront respectivement égaux aux triangles F′MO, FMO (184) ; donc

$$FM' = F'M, \quad F'M' = FM ;$$

donc

$$FM' + F'M' = FM + F'M,$$

et par conséquent le point M′ appartient à l'ellipse.

733. D'après la définition que nous avons donnée de l'ellipse, la somme des distances de chacun de ses points aux deux foyers est constante, et nous avons vu que cette somme était égale au grand axe (728). Il nous reste à faire voir que les points de l'ellipse jouissent exclusivement de cette propriété. Si l'on considère en effet deux points quelconques K et K′ (fig. 287), l'un extérieur et l'autre intérieur à cette courbe, on aura évidemment (31) :

$$F'K + KF > F'M + MF = AA'$$
$$F'K' + K'F < F'M + MF = AA'.$$

Ainsi donc,

Théorème II.

La somme des distances des deux foyers à un point situé hors de l'ellipse ou dans l'intérieur de cette courbe, est plus grande ou plus petite que le grand axe.

La réciproque de ce théorème est vraie. Elle donne le moyen de reconnaître si un point donné sur le plan d'une ellipse lui est extérieur ou intérieur, lorsque cette courbe n'est pas tracée et est seulement déterminée par ses axes.

Théorème III.

734. *La tangente* TMT′ *à l'ellipse forme des angles égaux* TMF, T′MF′ *avec les rayons vecteurs* MF, MF′ *menés au point de contact* M (fig. 288).

. Menons par le point de contact M une sécante quelconque MM', et joignons FM', F'M'; du point F comme centre, avec FM pour rayon, décrivons un arc de cercle qui coupe en N le prolongement de FM', et rabattons de même F'M en F'P sur F'M'; on a

$$FM + F'M = FM' + F'M';$$

d'où l'on tire

$$FM - FM' = F'M' - F'M,$$

ou, en observant que par construction FM = FN et F'M = F'P,

$$M'N = M'P.$$

Actuellement, menons par les foyers F et F' les droites FG et F'H respectivement parallèles aux cordes MN et MP; leurs points d'intersection G et H avec la sécante MM' déterminent les deux triangles M'FG, M'F'H, qui ont deux côtés proportionnels chacun à chacun. En effet, les triangles M'FG et M'MN, M'F'H et M'PM sont semblables comme étant respectivement équiangles entre eux; donc ils ont leurs côtés proportionnels; donc

$$\frac{M'G}{M'F} = \frac{M'M}{M'N} \quad \text{et} \quad \frac{M'H}{M'F'} = \frac{M'M}{M'P};$$

mais nous avons vu que M'N = M'P; donc

[1]
$$\frac{M'G}{M'F} = \frac{M'H}{M'F'}.$$

Supposons maintenant que la sécante MM' tourne autour du point M, de manière que le point M' s'en rapproche indéfiniment; dans ce mouvement, il est clair que le point P ira en se rapprochant indéfiniment du point M, c'est-à-dire que la corde MP tendra à devenir tangente en M à la circonférence que nous avons décrite du point F' comme centre avec F'M pour rayon. Donc, à la limite, lorsque la sécante MM' sera devenue la tangente TMT' (514), la corde MP sera perpendiculaire sur F'M, et il en sera de même de la droite F'H', limite de la parallèle F'H; donc l'angle HF'M sera droit. Par la même raison, la droite FG', limite de FG, sera devenue perpendiculaire à FM, et l'angle G'FM sera droit. Mais dans ce mouvement la proportion [1] n'aura pas cessé de subsister : donc on aura encore

$$\frac{MG'}{MF} = \frac{MH'}{MF'}.$$

Les deux triangles rectangles H'F'M et G'FM, ayant leurs hypoténuses respectivement proportionnelles aux deux autres côtés, seront donc semblables et par conséquent équiangles ; donc l'angle FMT est égal à l'angle F'MT', ce qu'il fallait démontrer [1].

735. Corollaire. *La bissectrice* MN *de l'angle* FMF' *des rayons vecteurs menés à un point* M *de l'ellipse est la* NORMALE *en ce point* (fig. 290). On a en effet

angle FMT = angle F'MT',   angle FMN = angle F'MN,

d'où, en ajoutant membre à membre ces deux égalités,

angle NMT = angle NMT' ;

donc MN est perpendiculaire sur la tangente TMT' (36).

*736. Puisque la normale à l'ellipse divise en deux parties égales l'angle formé par les deux rayons vecteurs menés des foyers à un même point de la courbe, on voit que *le* PIED N *de la normale est l'harmonique conjugué du* PIED T *de la tangente par rapport aux foyers* (voy. l'Appendice au liv. III).

---

[1]. On peut dire aussi : Soit la tangente TMT' (fig. 289), que l'on peut considérer comme le prolongement de l'*élément* MM' de l'ellipse (514). Des foyers F et F' comme centres, avec les rayons respectifs FM' et F'M', je décris les deux petits arcs de cercle M'R et M'S. On aura

$$FM + F'M = FM' + F'M';$$

d'où l'on tire $$FM - FM' = F'M' - F'M,$$

ou $$MR = MS.$$

Or, on peut prendre, pour l'arc infiniment petit M'R, l'élément de la tangente à cet arc au point R, lequel est perpendiculaire à MR ; nous pourrons de même substituer à l'arc M'S l'élément de la tangente à cet arc au point S, lequel est perpendiculaire à MS. Nous pourrons donc considérer les deux triangles rectangles MRM' et MSM', qui sont égaux comme ayant même hypoténuse MM' et un côté égal MR = MS ; donc l'angle TMS = l'angle FMT. Mais l'angle TMS est égal à l'angle F'MT', comme opposés par le sommet ; donc enfin FMT = F'MT'.

737. On sait qu'un corps élastique qui vient frapper un plan se réfléchit en faisant l'angle de réflexion égal à l'angle d'incidence : donc, si un pareil corps est lancé de l'un des foyers d'une ellipse dans le plan de cette courbe, il se réfléchira à l'autre foyer ; car, en frappant la courbe, ce sera comme s'il frappait la tangente au point d'incidence. Donc les rayons lumineux, calorifiques ou sonores, qui émaneront de l'un des foyers d'une ellipse, iront tous se concentrer à l'autre foyer. C'est à cette propriété que les foyers doivent leur dénomination.

738. Si dans la figure 290 je prolonge le rayon vecteur F'M d'une quantité MG = FM, et que je joigne GF, la tangente TMT' sera perpendiculaire sur le milieu de GF. En effet, les deux triangles MPG, MPF ont un angle égal GMP = FMP (50 et 734), compris entre côtés égaux, puisque MG = FM, et que le côté MP est commun : ils sont donc égaux ; donc GP = FP, et l'angle MPG = l'angle MPF.

Soit maintenant un point quelconque S pris sur la tangente TMT'. Tirons SF, SF' et SG. On a SF = SG (56) ; donc

$$SF + SF' = SG + SF' ;$$

or la ligne brisée SG + SF' est plus longue que la ligne droite F'G, laquelle est égale à FM + F'M ; donc

$$SF + SF' > FM + F'M ;$$

donc **(733)** *tous les points de la tangente à l'ellipse autres que le point de contact sont extérieurs à cette courbe.*

Théorème IV.

739. *Le lieu des projections des foyers d'une ellipse sur ses tangentes est la circonférence de cercle décrite sur le grand axe comme diamètre.*

En effet, la projection P (fig. 290) du foyer F sur la tangente TMT' étant le milieu de FG (738), la droite OP qui joint ce point au centre O de l'ellipse, sera parallèle à F'G (246) et égale à $\frac{1}{2}$ F'G = a. Donc le point P se trouve sur la circonférence décrite de O comme centre avec a pour rayon.

740. Scolie. Ainsi, *lorsqu'un angle droit* P″P′P (fig. 291) *se meut de manière que son sommet* P′ *décrive une circonférence* OA *et que l'un de ses côtés* P″P′ *passe toujours par un point* F′ *intérieur à cette circonférence, l'autre côté* P′P *touche constamment une ellipse ayant pour foyer le point* F′, *pour centre le centre* O *de la circonférence, et pour grand axe le diamètre de cette circonférence.*

Théorème V.

741. *Le produit des distances* FP, F′P′ *des foyers* F, F′ *d'une ellipse à une tangente quelconque* TMT′, *est égal au carré du demi petit axe* (fig. 291).

On a en effet

$$P''F'. \ F'P' = A'F'. \ F'A \ (257) = b^2 \ (750);$$

mais l'angle droit P″P′P étant inscrit, la corde P″P′ qui le sous-tend passe par le centre O (**127**), et par conséquent les triangles P″F′O, PFO sont égaux (**181** ou **185**); donc P″F′ = FP; donc enfin

$$F'P'. \ FP = b^2.$$

742. Puisque MG = MF et que F′G = 2a, il est clair que si du foyer F′ comme centre l'on décrit un cercle avec un rayon égal à 2a (fig. 290), tout point M de l'ellipse sera équidistant de ce cercle et de l'autre foyer F. On a donné le nom de *cercle directeur* de l'ellipse à chacun des cercles décrits des foyers de cette courbe comme centres avec son grand axe pour rayon.

743. La considération du cercle directeur de l'ellipse fournit un nouveau procédé pour tracer cette courbe lorsque l'on connaît ses foyers et son grand axe. Il suffira en effet de décrire le cercle directeur qui a le foyer F′, par exemple, pour centre, puis de joindre un point quelconque G de sa circonférence à l'autre foyer F; en élevant sur le milieu I de FG une perpendiculaire TMT′, le point M où elle coupera le rayon F′G appartiendra à l'ellipse, et cette perpendiculaire sera de plus la tangente à la courbe en ce point.

Il résulte de cette construction que *si d'un point* F *pris dans l'intérieur d'un cercle F'G on mène des droites aux points de sa circonférence, les perpendiculaires élevées sur le milieu de ces lignes seront toutes tangentes à une même ellipse qui aura pour foyers le point F et le centre F' du cercle, et pour grand axe le rayon F'G de ce cercle.*

<h3 style="text-align:center">Problème III.</h3>

744. *Mener une tangente à l'ellipse : 1° par un point pris sur cette courbe ; 2° par un point extérieur ; 3° parallèlement à une droite donnée.*

1° Soit M le point donné sur la courbe (fig. 292). Je mène les deux rayons vecteurs FM, F'M, et il suffira évidemment de partager en deux parties égales l'angle FMG formé par l'un d'eux et le prolongement de l'autre (**734**); la bissectrice TMT' de cet angle sera la tangente demandée.

2° Soit S un point extérieur à l'ellipse (fig. 293). Du point S comme centre avec sa distance à l'un des foyers F pour rayon, je décris une circonférence; je trace ensuite le cercle directeur, qui a pour centre l'autre foyer F' (**742**); ces deux circonférences se couperont en deux points G et G' (**104**), je tire les droites F'G, F'G', et je joins le point S aux points M, M' où elles rencontrent l'ellipse : SM et SM' seront les tangentes cherchées. En effet, SG = SF par construction; MG = FM, puisque F'MG = 2a = F'M + MF; donc la droite SM est perpendiculaire sur le milieu de FG, et comme le triangle FMG est isocèle, elle divise en deux parties égales l'angle FMG; donc elle est tangente à l'ellipse au point M (**734**). On ferait voir de même que SM' est tangente au point M'.

Corollaire. Si l'on observe que SF = SG, que si on prolonge FM' d'une quantité M'M" = F'M' on aura SM" = SF', et qu'enfin FM" = 2a = F'G, on en conclura que les deux triangles SM"F et SF'G sont égaux (**189**). Donc

$$\text{angle } FSM'' = \text{angle } GSF',$$

et par suite, en retranchant de chacun d'eux la partie commune FSF',

$$\text{angle } F'SM'' = \text{angle } GSF,$$

d'où, en divisant par deux,

[1]   angle F'SM' = angle FSM.

Il résulte encore de l'égalité des deux triangles SM''F et SF'G que les angles SFM'', SGF' sont égaux ; mais l'angle SGF' est égal à l'angle SFM ; donc,

[2]   angle SFM'' = angle SFM ;

d'où l'on voit que : 1° *les deux tangentes* SM, SM' *menées à l'ellipse par un point extérieur* S *font des angles égaux* FSM, F'SM' *avec les droites qui joignent ce point aux foyers ;* 2° *la droite* FS *qui joint ce point à l'un des foyers* F *divise en deux parties égales l'angle* MFM' *des rayons vecteurs menés de ce foyer aux deux points de tangence.*

3° Soit XY la direction de la droite à laquelle doit être parallèle la tangente demandée (fig. 294). Je construis les points d'intersection Q et Q' du cercle directeur décrit de l'un des foyers F' comme centre avec la perpendiculaire menée par l'autre foyer F sur XY, et je tire F'Q, F'Q'. En abaissant des points M, M', où ces droites coupent l'ellipse, deux perpendiculaires TMT', T''M'T''' sur QQ', on aura les tangentes demandées. En effet, F'MQ = 2a = F'M + MF ; donc MQ = MF ; donc les deux triangles MIQ, MIF sont égaux ; donc l'angle TMQ ou son égal F'MT' est égal à l'angle FMT ; donc TMT' est tangente à l'ellipse au point M. Il en est de même de la droite T''M'T'''.

· COROLLAIRE: *Les points de contact* M, M' *de deux tangentes parallèles sont symétriques par rapport au centre de l'ellipse.*

En effet, les triangles QF'Q' et QMF étant isocèles, les angles QQ'F' et QFM sont chacun égaux à l'angle Q, et par conséquent égaux entre eux : donc MF est parallèle à F'Q'. On déduit aussi de la considération des deux triangles QF'Q' et FM'Q' que M'F est parallèle à F'Q ; donc la figure F'MFM' est un parallélogramme, et ses diagonales se coupent mutuellement en deux parties égales à son centre O, qui, étant le milieu de FF', est précisément le centre de l'ellipse ; donc OM = OM'.

745. Nous avons vu (**726**) que la circonférence pouvait être considérée comme une ellipse dont les foyers coïncident avec le centre ; on pourra donc, pour mener à un cercle déterminé par son centre et son rayon une tangente passant par un point donné sur son plan, employer la construction du n° **744** (2°), puisque cette construction est indépendante de la valeur de l'excentricité. C'est ce que nous avons fait au n° **160**.

746. Remarquons encore que les constructions précédentes supposent que l'ellipse est seulement déterminée par son grand axe et ses foyers, et qu'il n'est pas nécessaire qu'elle soit tracée.

Si au contraire l'ellipse était seulement tracée, on construirait ses axes par la méthode suivante, que nous indiquerons sans démonstration : *On commencera par tracer deux cordes parallèles quelconques PP', QQ'* (fig. 295), *et en joignant leurs milieux on aura une ligne MM' qui passera par le centre O de l'ellipse ; sur ce diamètre MM' on décrira une demi-circonférence, on joindra le point I où elle coupe la courbe aux extrémités de ce diamètre, et il ne s'agira plus que de mener par le centre des parallèles aux cordes IM, IM'. Ces parallèles OA, OB limitées à l'ellipse donneront les axes en grandeur et en position.*

Théorème VI.

747. *Le lieu des sommets des angles droits circonscrits à l'ellipse est un cercle concentrique à cette courbe et dont le rayon est égal à l'hypoténuse du triangle rectangle ayant pour côtés le demi grand axe et le demi petit axe.*

Soient les deux tangentes rectangulaires ST, ST' (fig. 296) ; du centre O, j'abaisse sur leurs directions les perpendiculaires OE, OD. La figure ODSE sera un rectangle. Si je projette les foyers sur la tangente ST', on aura (**744**)

$$FP . F'P' = b^2,$$

ou

$$(PI + IF) (P'I' - I'F') = b^2.$$

Or, $PI = P'I' = OD$, et $IF = I'F'$; donc

[1] $$\overline{OD}^2 - \overline{IF}^2 = b^2.$$

En projetant de même les foyers sur la tangente ST, on trouvera

[2] $\qquad \overline{OE}^2 - \overline{KF}^2 = b^2.$

Ajoutant membre à membre les égalités [1] et [2], et observant que $\overline{OD}^2 + \overline{OE}^2 = \overline{OS}^2$, que $\overline{IF}^2 + \overline{KF}^2 = \overline{OF}^2$, il viendra

$$\overline{OS}^2 - \overline{OF}^2 = 2b^2.$$

Or, $\overline{OF}^2 = c^2 = a^2 - b^2 \,(730)$; donc enfin

$$\overline{OS}^2 - a^2 + b^2 = 2b^2,$$

d'où l'on tire, en réduisant et transposant,

$$\overline{OS}^2 = a^2 + b^2.$$

THÉORÈME VII.

748. *Si l'on décrit une circonférence de cercle sur le grand axe d'une ellipse comme diamètre, toute perpendiculaire à cet axe détermine dans l'ellipse et dans le cercle deux cordes qui sont entre elles dans le rapport du petit axe au grand axe.*

Soit NMQ (fig. 297) une perpendiculaire au grand axe AA', et MQ, NQ les demi-cordes qu'elle intercepte dans l'ellipse et dans le cercle. Je mène au point M la tangente MT, et je projette les foyers en P et P' sur cette tangente; les points P et P' seront sur la circonférence OA (739). Les angles FMP, F'MP' étant égaux (734), les deux triangles rectangles FMP, F'MP' sont semblables; donc

$$\frac{MP}{MP'} = \frac{FP}{F'P'};$$

mais les triangles semblables FPT, F'P'T donnent la proportion

$$\frac{FP}{F'P'} = \frac{PT}{P'T},$$

donc, à cause du rapport commun $\dfrac{FP}{F'P'}$,

$$\frac{MP}{MP'} = \frac{PT}{P'T}.$$

Ainsi, la sécante PP' est divisée en parties harmoniques aux points M et T (**792**), et par conséquent la droite NT est tangente au point N à la circonférence OA.

Actuellement, en observant que le triangle rectangle MQT est semblable à chacun des triangles FPT, F'P'T, on aura les deux proportions :

$$\frac{MQ}{FP} = \frac{QT}{PT},$$

$$\frac{MQ}{F'P'} = \frac{QT}{P'T};$$

multipliant membre à membre, et observant que FP . F'P' = b^2 (**741**) et que PT . P'T = $\overline{NT}^2$ (**256**), il viendra

$$\frac{\overline{MQ}^2}{b^2} = \frac{\overline{QT}^2}{\overline{NT}^2},$$

d'où

$$\frac{MQ}{b} = \frac{QT}{NT}.$$

Mais il résulte des triangles rectangles équiangles ONQ et QNT (**260, 2°**) que le rapport $\frac{QT}{NT}$ est égal au rapport $\frac{NQ}{ON}$; donc, en observant que ON = a,

$$\frac{MQ}{b} = \frac{NQ}{a},$$

ou enfin

$$\frac{MQ}{NQ} = \frac{b}{a}.$$

*749. Scolie. Ce théorème fournit un nouveau procédé pour la description de l'ellipse. On décrira les circonférences OA, OB (fig. 298) sur chacun des axes de l'ellipse comme diamètres, et on mènera arbitrairement un rayon ON; puis on tracera par les points L et N les droites LM, NQ respectivement parallèle et perpendiculaire au grand axe ; leur point d'intersection M appartiendra à l'ellipse. On aura, en effet,

$$\frac{MQ}{NQ} = \frac{OL}{ON} = \frac{b}{a}.$$

Théorème VIII.

*750. *Si une droite RS de longueur invariable se meut de telle sorte que ses deux extrémités R et S glissent sur deux droites rectangulaires XX', YY', l'un quelconque M de ses points décrira une ellipse ayant pour demi-axes les distances MR, MS de ce point aux deux extrémités de la droite mobile* (fig. 299).

Soit RSM une position quelconque de la droite mobile. Du point d'intersection O des deux droites rectangulaires XX', YY', je décris une circonférence avec MR pour rayon, et par ce même point je mène une parallèle ON à RM ; puis je joins NM. Les lignes ON, RM étant égales et parallèles, la figure RONM est un parallélogramme, et par suite NM est perpendiculaire sur XX' ; d'ailleurs les triangles semblables NQO, MSQ donnent

$$\frac{MQ}{NQ} = \frac{MS}{NO} = \frac{MS}{MR} ;$$

donc le point M appartient à l'ellipse décrite avec les demi-axes $b = MS$ et $a = MR$ (748).

La démonstration serait la même, si le point décrivant M était entre les points R et S. Si le point M se trouvait au milieu de RS, l'ellipse se réduirait évidemment à une circonférence.

*751. Scolie. Le *compas à ellipse* est fondé sur cette proposition.

Théorème IX.

*752. *L'aire de l'ellipse est égale au rapport de la circonférence au diamètre multiplié par le produit de ses demi-axes ;* c'est-à-dire qu'en désignant cette aire par A, et les deux demi-axes par a et b, on aura

$$A = \pi \cdot ab.$$

Élevons en effet une série de perpendiculaires infiniment rapprochées sur le grand axe. Nous décomposerons ainsi l'aire de l'ellipse et celle du cercle décrit sur le grand axe comme diamètre en tranches infiniment minces, que l'on pourra considérer comme des trapèzes. Soient MPP'M', NQQ'N' (fig. 300) deux trapèzes correspondants : ces trapèzes ayant même hauteur, leurs aires seront entre elles comme les demi-sommes de leurs côtés parallèles, c'est-à-dire que l'on aura

$$\frac{MPP'M'}{NQQ'N'} = \frac{MS + PT}{NS + QT}.$$

Or on a (748)

$$\frac{MS}{NS} = \frac{PT}{QT} = \frac{b}{a}, \quad \text{d'où} \quad \frac{MS + PT}{NS + QT} = \frac{b}{a};$$

donc

$$\frac{MPP'M'}{NQQ'N'} = \frac{b}{a}.$$

Ainsi les éléments correspondants de l'ellipse et du cercle sont entre eux dans le rapport $\frac{b}{a}$; il en sera donc de même de leurs aires totales ; donc

$$\frac{A}{\text{cercle OA}} \quad \text{ou} \quad \frac{A}{\pi . a^2} = \frac{b}{a},$$

d'où l'on tire

$$A = \pi . ab.$$

*753. Scolie. *L'aire de l'ellipse est moyenne proportionnelle entre les aires des cercles décrits sur les deux axes comme diamètres.* On a en effet la proportion identique

$$\frac{\pi . a^2}{\pi . ab} = \frac{\pi . ab}{\pi . b^2}.$$

CHAPITRE II.

DE LA PARABOLE.

754. La PARABOLE *est une courbe plane telle, que chacun de ses points est également éloigné d'un point fixe et d'une droite fixe. Le point fixe se nomme* FOYER, *et la droite fixe s'appelle* DIRECTRICE.

Ainsi, soient M, M', M'', ..., différents points d'une parabole dont F est le foyer et XY la directrice (fig. 301), on aura

$$FM = MP, \quad FM' = M'P', \quad FM'' = M''P'', \quad ....$$

La ligne droite qui, comme FM, joint un point quelconque M de la parabole au foyer F, a reçu le nom de *rayon vecteur* de ce point.

On appelle *paramètre* la distance FD du foyer à la directrice.

De la définition de la parabole résulte immédiatement la solution du problème suivant :

PROBLÈME I.

755. *Décrire une parabole connaissant le foyer et la directrice.*

1° *Construction de la parabole par points.* Soient F le foyer, et XY la directrice (fig. 301). J'abaisse du foyer la perpendiculaire indéfinie FD sur la directrice : le point A, milieu de FD, est équidistant du foyer et de la directrice; il appartient donc à la parabole, et il est d'ailleurs évidemment le seul point de la perpendiculaire FD qui jouisse de cette propriété. Pour construire d'autres points de la courbe, je prends sur FD un point quelconque C, et j'élève par ce point sur FD la perpendiculaire indéfinie MM'; puis, du foyer F comme centre avec DC pour rayon, je décris deux arcs de cercle qui coupent en deux points M et M' la perpendiculaire MM'; je dis que les deux points M, M' appartiendront à la parabole. En effet, si du point M, par exemple, j'abaisse la perpendiculaire MP sur la directrice, on aura MP = DC = MF ; donc le point M est équidistant du foyer et de la directrice. En prenant une seconde distance DC′, on déterminerait de la même manière deux nouveaux points M″, M‴, et ainsi de suite. Il ne restera plus qu'à réunir tous les points obtenus par un trait continu qui représentera la parabole avec d'autant plus d'exactitude que le nombre de ces points sera plus considérable.

Pour que les arcs de cercle décrits du foyer comme centre avec DC pour rayon puissent couper la perpendiculaire MM′, il faut et il suffit que l'on ait FC < DC. La distance DC devra donc être prise plus grande que DA, et on pourra d'ailleurs la faire croître à partir de DA au delà de toute limite, d'où l'on voit que la parabole est composée de deux branches indéfinies AMM″…. et AM′M‴… qui partent du point A et vont en s'éloignant indéfiniment du foyer et de la directrice.

On peut encore employer le procédé suivant pour construire la parabole par points : Par un point quelconque P, pris sur la directrice, je lui mène une perpendiculaire PQ (fig. 302); je joins PF, et sur le milieu I de PF j'élève une perpendiculaire IM dont l'intersection avec PQ détermine un point M de la parabole. Il est clair en effet que MP = MF (59). Cette construction ne donne à la fois qu'un seul point de la courbe; d'où l'on voit que *toute perpendiculaire à la directrice ne coupe la parabole qu'en un seul point.*

2° *Tracé de la parabole d'un mouvement continu.* Je fixe au foyer F et au sommet C d'une équerre ABC (fig. 303) les extrémités d'un fil dont la longueur soit égale au plus grand côté BC de l'angle droit ; puis je fais glisser le plus petit côté AB le long d'une règle RS appliquée suivant la directrice, en maintenant le fil constamment tendu contre le côté BC au moyen d'une pointe ou d'un crayon. L'arc de courbe engendré par la pointe est un arc de parabole. En effet, dans une position quelconque M de la pointe, la longueur (FM + MC) du fil étant égale par hypothèse au côté BC = BM + MC, il en résulte FM = BM, c'est-à-dire que le point M est équidistant du foyer et de la directrice.

Il est clair que la parabole ayant deux branches infinies, on ne pourra décrire ainsi qu'un très-petit arc de courbe dans le voisinage du foyer Après avoir tracé la branche supérieure, il suffira de retourner l'équerre et d'appliquer le même procédé à la construction de la branche inférieure.

756. Nous avons vu (**726**) que la circonférence de cercle pouvait être considérée comme une ellipse dans laquelle la distance des deux foyers était devenue nulle. Si l'on suppose au contraire que l'un des foyers et le sommet adjacent d'une ellipse restant fixes, l'autre foyer s'éloigne indéfiniment, il est facile de voir qu'à la limite l'ellipse deviendra une parabole. Soient en effet A, F (fig. 304) le sommet et le foyer supposés fixes, et décrivons le cercle directeur F'D qui a pour centre l'autre foyer F'. Supposons maintenant que le foyer F' s'éloigne de plus en plus de F : dans chaque position de F', on aura MP = MF (**742**). Il en sera donc encore de même à la limite, lorsque le foyer F' se sera éloigné indéfiniment; mais alors la ligne F'MP sera devenue la parallèle P'M'Q' menée à DF par le point M' de la courbe limite de l'ellipse, et le cercle directeur F'D se confondra avec la perpendiculaire XY élevée au point D sur DF. Puis donc que l'on aura alors M'P' = M'F, on voit que le point M' appartiendra à une parabole ayant XY pour directrice et F pour foyer.

Ainsi, *la parabole est la limite vers laquelle tend une ellipse, dont l'un des foyers s'éloigne indéfiniment de l'autre foyer supposé fixe ainsi que le sommet adjacent.* On pourra donc, en envisageant la parabole sous ce point de vue, déduire ses propriétés de celles de l'ellipse.

THÉORÈME I.

757. *La parabole a pour axe de symétrie la perpendiculaire abaissée du foyer sur la directrice.*

Cette propriété résulte évidemment de la construction du n° **755**, 1°; il est clair, en effet, que les deux points M, M' (fig. 301) sont symétriques par rapport à la droite FD, puisque cette ligne partage en deux parties égales la corde MM' (**82**). Elle est aussi la conséquence des n°ˢ **727** et **756**

758. La perpendiculaire abaissée du foyer sur la directrice a reçu le nom d'*axe* de la parabole. On appelle *sommet* le point A où cet axe coupe la courbe.

759. On désigne ordinairement par p le paramètre de la parabole. On a donc

$$p = \text{FD} = 2\text{AF}.$$

En désignant par a, b, c les axes et l'excentricité de l'ellipse AFF' (fig. 304), on aura (**730**)

[1]
$$a = c + \frac{p}{2},$$

[2]
$$b^2 = a^2 - c^2 = p \left(c + \frac{p}{4} \right).$$

Si donc une propriété de l'ellipse se trouve exprimée en fonction des quantités a, b, c, il suffira de remplacer a et b par leurs valeurs [1] et [2] et de supposer ensuite $c = \infty$, pour déduire la propriété correspondante de la parabole.

760. Nous avons défini la parabole une courbe dont tous les points étaient équidistants d'un point fixe et d'une droite fixe. Il nous reste à faire voir que les points de la parabole jouissent exclusivement de cette propriété. Si l'on considère en effet deux points K, K' (fig. 305), l'un extérieur, l'autre intérieur à la parabole, et situés sur une même parallèle menée à l'axe par le point M, on aura évidemment

$$\text{KP} < \text{MP} = \text{MF}, \quad \text{K'P} > \text{MP} = \text{MF};$$

d'où l'on conclut le théorème suivant :

Théorème II.

Un point pris sur le plan d'une parabole est plus ou moins éloigné du foyer que de la directrice, suivant qu'il est extérieur ou intérieur à la courbe.

La réciproque de ce théorème est vraie; elle fournit le moyen de reconnaître si un point donné sur le plan d'une parabole lui est extérieur ou intérieur, lorsque cette courbe n'est pas tracée, et est seulement déterminée par son foyer et sa directrice.

THÉORÈME III.

761. *La tangente.* TMT' *à la parabole fait des angles égaux* T'MF, TMQ *avec le rayon vecteur* FM *du point de contact et la parallèle* MP *menée à l'axe par ce point* (fig. 306).

Il est clair en effet que lorsque l'un des foyers F' (fig. 304) d'une ellipse s'éloigne indéfiniment (**756**), le rayon vecteur MF' qui joint ce foyer au point de contact d'une tangente tend à devenir parallèle au grand axe : or, dans chacune des positions du foyer F', le théorème du n° **734** subsistera ; il sera donc encore vrai à la limite, lorsque l'ellipse sera devenue une parabole, et que le rayon vecteur MF' sera devenu la parallèle M'Q' à l'axe. Mais on peut aussi démontrer directement ce théorème de la manière suivante :

Menons par le point M une sécante quelconque MM' (fig. 306), qui coupe au point C' la directrice XY, et joignons FC'. Les deux triangles rectangles semblables M'P'C', MPC' donnent la relation

$$\frac{MC'}{M'C'} = \frac{MP}{M'P'} \quad \text{ou} \quad \frac{MF}{M'F};$$

par conséquent la droite FC' partage en deux parties égales l'angle MFR' (**248**). Actuellement, faisons tourner la sécante MM' autour du point M, de telle sorte que le point M' s'en rapproche indéfiniment ; l'angle MFR' tend évidemment vers deux droits, et par suite l'angle MFC' tend vers un droit ; donc, à la limite, lorsque les deux points M et M' coïncideront, c'est-à-dire lorsque la sécante MM' sera devenue la tangente TMT' (**514**), la droite FC qui joint le foyer au point d'intersection C de la tangente avec la directrice, sera perpendiculaire sur le rayon vecteur FM du point de contact. On aura donc les deux triangles rectangles CMF, CMP qui seront égaux comme ayant l'hypoténuse MC commune et un côté égal FM = MP ; donc

l'angle T'MF = l'angle T'MP = l'angle TMQ (**50**),

ce qu'il fallait démontrer (¹).

_____

(¹) On peut dire aussi : Soit la tangente TMT' (fig. 307) que l'on peut considérer comme le prolongement de l'*élément* MM' de la parabole. J'abaisse du

762. CorollaiRe I. *La bissectrice* MN *de l'angle* FMQ *formé en un point* M *de la parabole par le rayon vecteur* FM *et la parallèle* MQ *à l'axe, est la* normale *en ce point* (fig. 306). On a en effet :

$$\text{angle } T'MF = \text{angle } TMQ, \quad \text{angle } FMN = \text{angle } QMN ;$$

d'où, en ajoutant membre à membre ces deux égalités,

$$\text{angle } T'MN = \text{angle } TMN ;$$

donc MN est perpendiculaire sur la tangente TMT'.

763. CorollaiRe II. *Le point de contact* M *d'une tangente* TMT' (fig. 306) *et le point d'intersection* I *de cette tangente avec l'axe de la parabole, sont équidistants du foyer.*

En effet, l'angle T'MF = l'angle TMQ = l'angle TIF (70,3°); donc le triangle MIF est isocèle. Donc FM = FI.

764. CorollaiRe III. *La tangente au sommet de la parabole est perpendiculaire à l'axe.*

765. Si par le point de contact M (fig. 308) d'une tangente TMT' à la parabole je mène une parallèle MQ à l'axe, et que je joigne le foyer au point P où elle coupe la directrice XY, le triangle MPF sera isocèle, puisque FM = MP; de plus la tangente TMT' partage en deux parties égales l'angle au sommet PMF (761); donc les deux triangles PMK, FMK sont égaux, donc la tangente TMT' est perpendiculaire sur le milieu K de PF.

Soit maintenant un point quelconque S pris sur la tangente TMT'; je tire SF, SP, et je mène la parallèle SV à l'axe. On aura évidemment (59 et 53)

$$SF = SP > SV ;$$

---

point M' là perpendiculaire M'I sur MP, et je rabats FM' en FK sur FM. On aura

$$FM = MP, \quad FM' = M'P',$$

d'où l'on tire

$$FM - FM' = MP - M'P',$$

ou

$$MK = MI.$$

Or, on peut substituer à l'arc infiniment petit M'K sa tangente au point K; on aura ainsi deux triangles rectangles MM'I, MM'K qui seront égaux, comme ayant l'hypoténuse commune MM' et un côté égal MI = MK; donc

$$\text{l'angle } T'MF = \text{l'angle } T'MP = \text{l'angle } TMQ.$$

donc *tous les points de la tangente à la parabole autres que le point de contact sont extérieurs à cette courbe.*

THÉORÈME IV.

766. *Le lieu des projections du foyer d'une parabole sur ses tangentes est la tangente au sommet.*

En effet, la projection K (fig. 308) du foyer F sur la tangente TMT' est le milieu de FP (**765**); le sommet A de la parabole est, d'un autre côté, le milieu de FD : la droite AK sera donc parallèle à la directrice XŸ (**246**), ou perpendiculaire à l'axe, c'est-à-dire que le point K se trouve sur la tangente au sommet de la parabole (**764**).

Ce théorème est d'ailleurs une conséquence évidente des n°ˢ **759** et **756**.

767. SCOLIE. Ainsi, *lorsqu'un angle droit se meut de telle sorte que son sommet décrive une ligne droite, et que l'un de ses côtés passe toujours par un point fixe, l'autre côté touche constamment une parabole ayant pour foyer le point fixe, et pour paramètre le double de la distance de ce point à la droite donnée.*

768. On appelle *sous-tangente* la projection HI (fig. 309), sur l'axe de la parabole, de la partie MI de la tangente comprise entre l'axe et le point de contact.

Le sommet de la parabole partage la sous-tangente en deux parties égales. En effet, nous avons vu (**765**) que PF était perpendiculaire sur MI : de plus, FM = FI (**763**); donc MK = KI, et, comme AK est parallèle à MH, il s'ensuit que le point A est le milieu de HI (**244**).

769. On appelle *sous-normale* la projection HN (fig. 309), sur l'axe de la parabole, de la partie MN de la normale comprise entre l'axe et le point de contact.

La sous-normale est égale à la moitié du paramètre. En effet, nous venons de voir (**768**) que MI = 2KI ; donc MN = 2KF et par suite HN = 2AF = FD.

THÉORÈME V.

770. *Le carré d'une corde MM' perpendiculaire à l'axe de la* *parabole est proportionnel à la distance* AH *de cette corde au sommet* (fig. 309).

En effet, le triangle rectangle MIN donne (**260, 2°**)

$$\overline{MH}^2 = HI \times HN.$$

Or $HI = 2 . AH$ (**768**), $HN = p$ (**769**);

donc $$\overline{MH}^2 = 2\,p . AH.$$

Mais $$\overline{MM'}^2 = 4\,\overline{MH}^2;$$

donc enfin $$\overline{MM'}^2 = 8\,p . AH.$$

On voit donc que le rapport $\dfrac{\overline{MM'}^2}{AH}$ est constant et égal à *huit fois* le rapport du paramètre à l'unité.

COROLLAIRE. Si l'on considère le point G qui se projette au foyer F de la parabole, on aura

$$4\,\overline{GF}^2 = 8\,p . AF = 8\,p . \tfrac{1}{2}\,p . = 4\,p^2;$$

d'où

$$GF = p = 2\,AF;$$

c'est-à-dire que *la longueur de la demi-corde menée par le foyer perpendiculairement à l'axe de la parabole est double de sa distance au sommet.*

PROBLÈME II.

771. *Mener une tangente à la parabole :* 1° *par un point pris sur cette courbe ;* 2° *par un point extérieur ;* 3° *parallèlement à une droite donnée.*

1° Soit M le point donné sur la courbe (fig. **306**). Je tire le rayon vecteur FM, et je mène par le point M la parallèle PQ à l'axe ; il suffira évidemment de partager l'angle FMP en deux parties égales ; la bissectrice TMT' de cet angle sera la tangente demandée (**761**).

Il sera encore plus simple de prendre sur l'axe, à partir du foyer F et du côté de la directrice, une longueur FI = FM : en joignant IM, on aura la tangente demandée (765).

2° Soit S un point extérieur à la parabole (fig. 310). Du point S comme centre avec sa distance SF au foyer pour rayon, je décris une circonférence qui coupe la directrice XY en deux points P, P'; je tire FP, FP', et en abaissant de S sur FP et FP' les deux perpendiculaires ST et ST', on aura les deux tangentes demandées; quant aux points de contact M et M', ils seront déterminés par l'intersection des parallèles à l'axe PQ, P'Q' avec ST et ST'. En effet, la droite ST, par exemple, étant perpendiculaire sur le milieu de la corde FP, les deux triangles rectangles FMI, PMI sont égaux, donc l'angle FMI = l'angle PMI = l'angle TMQ; donc la droite ST est tangente au point M à la parabole (761).

CorOLLAIRE. On démontrera sans peine, soit directement, soit comme conséquence du corollaire du n° 744, 2° et du n° 756, que : 1° *les deux tangentes ST, ST' menées à la parabole par un point extérieur S font des angles égaux TSV, T'SF avec la droite qui joint ce point au foyer et la parallèle menée à l'axe par ce point;* 2° *la droite FS, qui joint ce point au foyer, partage en deux parties égales l'angle MFM' des rayons vecteurs menés du foyer aux points de tangence.*

3° Soit ZU la direction de la droite à laquelle doit être parallèle la tangente demandée (fig. 311). J'abaisse du foyer sur ZU une perpendiculaire qui coupe la directrice en un point P; la perpendiculaire IT élevée sur le milieu de FP sera la tangente demandée, et le point de contact M sera donné par l'intersection de IT avec la parallèle PQ menée à l'axe par le point P.

Il est évident que ce problème n'admet qu'une seule solution.

772. Remarquons que les constructions précédentes supposent que la parabole est seulement déterminée par sa directrice et son foyer, et qu'il n'est pas nécessaire qu'elle soit tracée.

Si la parabole n'était que tracée, on déterminerait son foyer de la manière suivante que nous nous bornerons à indiquer : *On tirera deux cordes parallèles quelconques, et, ayant joint leurs milieux par une droite indéfinie, on tracera une corde perpendi-*

*culaire à cette droite ; en élevant une perpendiculaire sur le milieu de cette corde, on aura l'axe de la parabole. Il ne restera plus qu'à prendre un point quelconque sur cet axe, élever par ce point sur l'axe une perpendiculaire égale au double de sa distance au sommet, et joindre le sommet à l'extrémité de cette perpendiculaire ; en projetant sur l'axe le point où la droite de jonction coupe la parabole, on obtiendra le foyer (**770**, corollaire).*

Théorème VI.

773. *Le lieu des sommets des angles droits circonscrits à la parabole est la directrice.*

Soient les deux tangentes rectangulaires ST, ST' (fig. 312), qui touchent en M et M' la parabole. Menons par les points S et M les droites SD et SV, MV et MP perpendiculaires et parallèles à l'axe, et tirons FS, FM, FM'. On a

angle FMS = angle PMS (**764**) = angle MSV (**70, 1°**)
= angle M'SF (**771, 2°**, corol.) ;

d'ailleurs   angle VMP = 90° = angle MSM' ;

donc

angle VMP — (angles FMS et PMS) = angle MSM'
— (angles MSV et M'SF),

ou   angle VMH = angle FSH.

Les deux triangles VMH, FSH ont donc deux angles égaux ; donc l'angle SFH = l'angle MVH = 90°. Maintenant, les deux triangles rectangles FMS, PMS ont l'hypoténuse commune SM et un angle égal FMS = PMS ; donc ils sont égaux, donc FM = PM, et par conséquent le point P appartient à la directrice. Le sommet S est donc situé sur la directrice : ce qu'il fallait démontrer.

774. Puisque l'angle SFH = 90°, il en est de même de l'angle SFM' (**771, 2°**, corol.) ; donc les trois points M, F, M' sont en ligne droite. Ainsi : 1° *la droite qui joint les points de contact des côtés d'un angle droit circonscrit à la parabole passe par le* *foyer ; 2° cette droite est perpendiculaire à celle qui joint le foyer au sommet de l'angle.*

Théorème VII.

775. *L'aire d'un segment parabolique AMK (fig. 313) est égale aux deux tiers de l'aire d'un rectangle AHMK de même base AK et de même hauteur MK.*

Considérons un élément *mm'* de la parabole, et abaissons sur l'axe les perpendiculaires *mk*, *m'k'*. Menons les tangentes *mt*, *m't'* ; on aura (**768**)

$$At = Ak, \quad At' = Ak',$$

d'où

$$At' - At \text{ ou } tt' = Ak' - Ak \text{ ou } kk'.$$

Donc l'aire du petit trapèze *mm'k'k* est double de l'aire du petit triangle *m't't*. Or, on pourra décomposer le segment parabolique AMK en une infinité de petits trapèzes dont chacun sera le double du petit triangle correspondant, et il est clair que la somme de tous ces petits triangles composera la figure TMA ; d'ailleurs TK = 2 AK (**768**). Donc enfin

segment AMK = 2 figure TMA = $\frac{2}{3}$ triangle TMK = $\frac{2}{3}$ AK.MK.

CHAPITRE III.

DE L'HÉLICE.

776. Considérons un cylindre droit ABCD (fig. 314) à base circulaire. Si l'on conçoit sa surface fendue le long d'une de ses génératrices, et qu'on l'étende sur un plan, le développement de cette surface sera, ainsi que nous l'avons vu (**549**), un rectangle ADD'A' dont la hauteur AD sera celle même du cylindre, et dont les bases AA', DD' seront égales en longueur aux périmètres des bases de ce cylindre.

Partageons la hauteur AD du rectangle et le côté opposé A'D' en un certain nombre de parties égales AE, EF,... A'R, RS..., et tirons les droites AR, ES,...; ces droites seront évidemment parallèles. Si maintenant on enroule le rectangle ADD'A' sur le cylindre ABCD, la droite AR viendra s'appliquer sur la surface convexe du cylindre suivant un arc de courbe partant du point A et aboutissant au point E; la droite ES déterminera semblablement un arc de courbe ayant son origine au point E et se terminant au point F, et ainsi de suite. On obtiendra ainsi une courbe continue, qui a reçu le nom d'*hélice*.

On appelle *spire* chacun des arcs AMM'M''E, ENN'N''F.... de l'hélice qui ont leurs extrémités sur la même génératrice AD de la surface cylindrique, et font le tour entier du cylindre; chaque spire résulte de l'enroulement d'une des droites AR, ES....

La portion constante AE de la génératrice comprise entre les extrémités d'une spire se nomme le *pas de l'hélice*.

777. Ainsi, la longueur de la circonférence de la base du cylindre, la longueur d'une spire de l'hélice tracée sur sa surface, et le pas de cette hélice sont les trois côtés du triangle rectangle AA'R dont l'enroulement sur le cylindre a donné la spire AMM'M''E. L'hélice sera donc complétement déterminée lorsque l'on connaîtra deux des éléments de ce triangle.

Théorème I.

778. *Par deux points donnés sur la surface d'un cylindre, on ne peut faire passer qu'un arc d'hélice; et cet arc est la ligne la plus courte que l'on puisse tracer sur le cylindre entre ces deux points.*

En effet : 1° les deux points donnés ne déterminent qu'une ligne droite sur le développement de la surface du cylindre; 2° si on compare à l'arc d'hélice qui les unit toute autre courbe comprise entre ces deux points, cette courbe ne deviendra pas rectiligne quand on aura développé le cylindre; donc elle sera plus longue que l'arc d'hélice, qui sera devenu une ligne droite.

Théorème II.

779. *La distance MP d'un point M de l'hélice à la base du cylindre est proportionnelle 1° à l'arc AM de cette courbe compris* *entre la base du cylindre et le point* M; 2° *à la projection* AP *de cet arc sur la base du cylindre* (fig. 314).

Développons en effet le cylindre suivant le rectangle ADD'A'. La spire AMM'M"E se développera suivant la ligne droite AR; et les points M, M',M" viendront en m, m', m'', de sorte que l'on aura :

$$Am = AM ; Am' = AM';... AR = AMM'M''E,$$
$$Ap = AP; Ap' = AP',... AA' = APP'BA,$$
$$mp = MP; m'p' = M'P';... A'R = AE.$$

Or, on a évidemment :

$$\frac{mp}{Am} = \frac{m'p'}{Am'} = ... = \frac{A'R}{AR},$$
$$\frac{mp}{Ap} = \frac{m'p'}{Ap'} = ... = \frac{A'R}{AA'},$$

et par conséquent

$$\frac{MP}{AM} = \frac{M'P'}{AM'} = ... = \frac{AE}{AMM'M''E},$$
$$\frac{MP}{AP} = \frac{M'P'}{AP'} = ... = \frac{AE}{APP'BA};$$

ce qu'il fallait démontrer.

780. En désignant par l la longueur d'une spire, par h le pas de l'hélice et par R le rayon de la base du cylindre, il viendra :

$$MP = \frac{h}{l}\cdot AM,$$

et

$$MP = \frac{h}{2\pi R}\cdot AP.$$

THÉORÈME III.

781. *La tangente à l'hélice fait en chaque point* M *un angle constant avec la génératrice* PML *du cylindre* (fig. 315).

Développons le cylindre sur le plan qui lui est tangent tout le long de la génératrice PML (**548**); cette ligne demeurera immobile, et la base du cylindre deviendra une droite

A'PB'p'' perpendiculaire à PL, tandis que les portions des autres génératrices conserveront leurs mêmes longueurs et leur parallélisme. Si donc on porte sur la *transformée* A'PB'p'' de la base du cylindre les distances

$$PA' = PA, \quad PB' = PB, \quad Pp'' = PBP'', \dots$$

et que l'on élève les perpendiculaires

$$B'n' = BN', \quad p''m'' = P''M'', \dots$$

les points A', M, n', m''..., donneront la *transformée* de l'hélice sur le développement du cylindre, et il est clair d'ailleurs que cette transformée sera une ligne droite A'M$n'm''$, puisque l'on a

$$\frac{MP}{A'P} = \frac{n'B'}{A'B'} = \frac{m''p''}{A'p''} = \dots \quad (779).$$

Cela posé, je dis que la droite A'M $n'm''$ est précisément la tangente au point M de l'hélice primitive AMNM''. En effet, cette droite est située dans le plan tangent du cylindre qui contient un élément superficiel (517) LPpl de la surface cylindrique ; et comme cet élément est resté immobile pendant le développement de la surface, il en résulte que l'élément linéaire Mm se trouve commun à la courbe AMNM'' et à la droite A'M$n'm''$; donc ces deux lignes sont tangentes l'une à l'autre (514).

Maintenant, si l'on considère un autre point quelconque M' de l'hélice, et qu'on développe le cylindre sur le plan qui le touche suivant la génératrice P'M', on verra de même qu'en prenant P'A'' = P'PA et joignant A''M', la droite A''M'm''' sera précisément la tangente au point M' de l'hélice primitive AMN'M''. Or, les deux triangles rectangles MPA', M'P'A'' sont semblables, puisque $\dfrac{MP}{A'P \text{ ou } AP} = \dfrac{M'P'}{A''P' \text{ ou } APP'}$ (779) ; donc ils sont équiangles ; donc enfin :

$$\text{angle A'MP} = \text{angle A''M'P'},$$

ce qu'il fallait démontrer.

782. Si l'on convient de compter les arcs d'hélice à partir du point A où cette courbe rencontre la base du cylindre, et d'appeler *sous-tangente* la projection A'P de la tangente A'M sur cette base, on voit que *la sous-tangente A'P d'un point quelconque M de l'hélice est égale à la projection AP de l'arc AM sur la base du cylindre*. Observons de plus que *la tangente A'M a même longueur que l'arc d'hélice AM*, puisque l'une est la transformée de l'autre (**781**).

Problème I.

783. *Mener une tangente à l'hélice par un point pris sur cette courbe.*

Il suffira évidemment de construire dans le plan tangent du cylindre, au point donné M (fig. 315), un triangle rectangle MPA' qui ait pour hauteur la portion de génératrice MP comprise entre le point M et la base du cylindre, et pour base une longueur A'P égale à l'arc AP de la base rectifié; l'hypoténuse A'M de ce triangle sera la tangente demandée.

Problème II.

784. *Construire la projection de l'hélice et de la tangente sur un plan perpendiculaire à la base du cylindre.*

On trouvera la solution de cette question à la fin des *Notions élémentaires de géométrie descriptive*.

NOTES SUR LA GÉOMÉTRIE

ET ADDITIONS.

APPENDICE AU LIVRE III.

---

§ I. — THÉORIE DES TRANSVERSALES.

THÉORÈME I.

785. *Toute transversale MN détermine sur les côtés d'un triangle ABC* (fig. 316) *six segments tels que le produit* A'B.CB'.AC' *de trois segments non consécutifs est égal au produit* A'C.B'A.C'B *des trois autres.*

Menons en effet par le sommet A la parallèle AI à la transversale MN, et la propriété du n° **244** appliquée successivement aux triangles BC'A' et CAI nous donnera les proportions

$$\frac{C'A}{C'B} = \frac{A'I}{A'B},$$

$$\frac{CB'}{B'A} = \frac{A'C}{A'I}.$$

Multipliant ces deux proportions par ordre et faisant disparaître les dénominateurs, il viendra

$$A'B.CB'.C'A = A'C.B'A.C'B,$$

ce qu'il fallait démontrer.

THÉORÈME II.

786. Réciproquement, *trois points* A', B', C', *situés sur les côtés d'un triangle ABC ou sur leurs prolongements, sont en ligne droite, lorsqu'ils déterminent sur ces côtés six segments tels que le produit* A'B.CB'.AC' *de trois segments non consécutifs est égal au produit* A'C.B'A.C'B *des trois autres, pourvu que les trois points ou un seul d'entre eux se trouvent sur les prolongements des côtés du triangle.*

Menons en effet par le sommet A la parallèle AI à la droite A'C' qui joint deux des trois points A', B', C'. On aura (**244**) :

$$\frac{C'A}{C'B} = \frac{A'I}{A'B},$$

d'où :

$$C'A.A'B = A'I.C'B. \qquad [1]$$

Or, on a par hypothèse :

$$A'B.C'B.C'A = A'C.B'A.C'B; \qquad [2]$$

divisant membre à membre l'égalité [2] par l'égalité [1], il viendra :

$$CB' = \frac{A'C.B'A}{A'I},$$

ou

$$\frac{CB'}{B'A} = \frac{A'C}{A'I};$$

c'est-à-dire que la droite A'B' partage les deux côtés AC et IC du triangle AIC en parties proportionnelles; donc elle est parallèle à AI (**246**), et par conséquent elle coincide avec A'C' (**65**); donc les trois points A', B', C' sont en ligne droite.

Théorème III.

787. *Trois droites* OA, OB, OC (fig. 317) *menées d'un même point* O *aux sommets d'un triangle* ABC *déterminent sur ses côtés ou sur leurs prolongements six segments tels que le produit* AC'.BA'.CB' *de trois segments non consécutifs est égal au produit* C'B. A'C. B'A *des trois autres.*

Considérons en effet le triangle ABA' et la transversale CC'; nous aurons, en vertu du n° **785**,

$$CB.C'A.OA' = CA'.BC'.AO.$$

Les intersections des côtés du triangle ACA' par la transversale BB' nous donneront pareillement

$$B'C.BA'.OA = AB'.BC.A'O.$$

En multipliant ces deux égalités membre à membre, et en supprimant les facteurs communs, il viendra

$$AC'.BA'.CB' = C'B.A'C.B'A;$$

c'est ce que nous voulions démontrer.

Théorème IV.

788. Réciproquement, *trois droites issues des trois sommets d'un triangle*

ABC concourent en un même point, lorsqu'elles déterminent, sur ses côtés ou sur leurs prolongements, six segments tels que le produit AC'. BA'. CB' de trois segments non consécutifs est égal au produit C'B. A'C. B'A des trois autres, pourvu que les trois droites ou une seule d'entre elles coupent les côtés.

On démontrera facilement cette réciproque.

789. CorollaiRE I. *Les perpendiculaires abaissées des trois sommets d'un triangle sur les côtés opposés se croisent en un même point.* En effet, les triangles ABA' et CBC', ACA' et BCB', CAC' et BAB' (fig. 318) sont équiangles, et ont par conséquent leurs côtés homologues proportionnels : on aura donc les proportions

$$\frac{BA'}{BC'} = \frac{AB}{BC},$$

$$\frac{CB'}{CA'} = \frac{BC}{AC},$$

$$\frac{AC'}{AB'} = \frac{AC}{AB}.$$

En multipliant ces trois proportions par ordre, il viendra :

$$\frac{BA'.CB'.AC'}{BC'.CA'.AB'} = 1,$$

et par conséquent

$$BA'.CB'.AC' = BC'.CA'.AB';$$

donc les trois perpendiculaires AA', BB' et CC' vont concourir (**788**).

790. CorollaiRE II. *Les droites qui joignent les sommets d'un triangle aux milieux des côtés opposés concourent en un même point. Ce point, que l'on appelle le* CENTRE DE GRAVITÉ *du triangle, est situé au tiers de chacune de ces droites à partir des côtés.* Il est d'abord évident que (fig. 319)

$$BA'.CB'.AC' = A'C.B'A.C'B;$$

ainsi les trois *médianes* vont se croiser en un même point.

Tirons maintenant A'B', cette droite sera parallèle à AB (**226**), de sorte que les triangles CAB et CA'B' seront équiangles ; leurs côtés homologues seront ainsi proportionnels ; or CA' est la moitié de CB, donc A'B' est la moitié de AB. Mais les triangles GAB et GA'B', qui sont aussi équiangles, ont leurs côtés homologues proportionnels, et comme A'B' est la moitié de AB, GA' sera la moitié de GA ou le tiers de AA'.

791. Scolie. *Le centre de gravité G d'un triangle, le centre O du cercle circonscrit, et le point de concours P des perpendiculaires abaissées de ses sommets sur les côtés opposés sont trois points situés en ligne droite, et la distance du premier point au second est la moitié de sa distance au troisième.* En effet, les distances GA' et GC' étant les moitiés respectives de GA et de GC, si l'on prolonge GP d'une quantité GO égale à la moitié de GP, les droites A'O et C'O seront parallèles à AP et à CP, (**71**, 1°) ; car les triangles AGP et OGA', GPC et GOC' sont semblables (**282**), et ainsi les angles A et A′, C et C′ sont égaux. Donc A′O et C′O sont les perpendiculaires élevées sur les milieux des côtés BC et AB, et O est par conséquent le centre du cercle circonscrit au triangle ABC.

792.. *On appelle* POINTS HARMONIQUES *quatre points situés en ligne droite, de telle sorte que les distances du second au premier et au troisième sont proportionnelles aux distances du quatrième à ces mêmes points, ou que le produit de la distance des deux points extrêmes par celle des deux points moyens est égal au produit des distances de ces deux-ci aux deux autres.* Si donc on a (fig. 320)

$$\frac{BA}{BC} = \frac{DA}{DC}$$

ou

$$DA.BC = BA.DC,$$

on dira que les quatre points A, B, C, D forment un *système harmonique*. Les points de rangs pairs ou de rangs impairs sont dits *points conjugués*. Des proportions [1] et [2] du n° **248** on tire (fig. 108)

$$\frac{I'B}{I'C} = \frac{IB}{IC};$$

ainsi les quatre points I′, B, I, C forment un système harmonique; I et I′, B et C sont des points conjugués.

793. *On appelle* FAISCEAU HARMONIQUE *le système de quatre droites qui, issues d'un même point, vont passer par quatre points harmoniques.* Celles qui passent par des points conjugués sont dites *harmoniques conjuguées*. Ainsi, dans la figure 108, les droites AI′, AB, AI et AC forment un faisceau harmonique; AI et AI′, AB et AC sont des harmoniques conjuguées. On voit donc que *les deux côtés d'un angle et les bissectrices de cet angle et de son supplément forment un faisceau harmonique.*

Théorème V.

794. *Quatre droites issues d'un même point O forment un faisceau harmonique, lorsqu'une parallèle EF à l'une d'elle OA est coupée par les trois autres en parties égales* (fig. 321).

Tirons, en effet, une transversale quelconque AD, et je dis que les quatre points A, B, C, D où elle rencontre les droites proposées, sont harmoniques. Pour le démontrer, je mène par le point C une parallèle IK à EF, laquelle sera coupée en deux parties égales en ce point (252). Nous formerons ainsi des triangles équiangles DOA et DKC, BCI et BOA qui nous donneront les proportions

$$\frac{DA}{DC} = \frac{OA}{CK}, \qquad \frac{BA}{BC} = \frac{OA}{CI \text{ ou } CK};$$

donc, à cause du rapport commun, $\frac{OA}{CK}$, on aura

$$\frac{BA}{BC} = \frac{DA}{DC}.$$

Théorème VI.

795. Réciproquement, *si quatre droites issues d'un même point forment un faisceau harmonique, toute parallèle à l'une d'elles sera coupée en parties égales par les trois autres.*

Cette réciproque se démontrera facilement en imitant la démonstration de la proposition directe.

796. Scolie. AD étant une droite quelconque, la démonstration du n° 794 prouve que *toute transversale est coupée harmoniquement par un faisceau harmonique.*

Théorème VII.

797. *Si d'un point O, pris sur le plan d'un angle XAY (fig. 322), on mène une série de transversales OBC, OB'C', OB''C''...., qui coupent les côtés de cet angle, les droites qui, comme BC' et CB', joindront les points de section opposés d'un même couple de transversales, se couperont en des points M, M', M''.... dont le lieu sera l'harmonique conjuguée de OA par rapport aux deux côtés de l'angle XAY.*

Joignons, en effet, le point M au point A, et en appliquant au triangle ABC le théorème du n° 787, nous aurons

$$B'B.IC.C'A = B'A.IB.C'C.$$

Si on considère OB'C' comme une transversale du même triangle ABC, on aura aussi (785)

$$OB.B'A.C'C = OC.B'B.C'A;$$

multipliant ces deux équations membre à membre, et supprimant les facteurs communs, il viendra

$$OB.IC = OC.IB,$$

ce qui montre que les quatre points O, C, I, B forment un système harmonique; donc AM est l'harmonique conjuguée de AO par rapport aux deux droites AX et AY. Par la même raison, AM' sera aussi l'harmonique conjuguée de AO par rapport à ces mêmes droites, et comme une droite ne peut avoir qu'une seule harmonique conjuguée à l'égard de deux autres [1], notre théorème se trouve ainsi démontré.

---

[1] Cela est assez évident de soi-même; au reste, on pourrait dire : si OA avait une seconde harmonique conjuguée AI', on devrait avoir (796)

$$OB.I'C = OC.I'B;$$

et en multipliant cette équation en croix par la précédente, il viendrait

$$I'C.IB = IC.I'B,$$

équation évidemment absurde.

PROBLÈME I.

798. *Trouver l'harmonique conjuguée de la droite* OB *par rapport aux deux droites* OA *et* OC.

1ʳᵉ *solution.* Par un point quelconque E de OB (fig. 321) je mène une parallèle EGF à OA, je prends GF = GE, et en joignant OF j'aurai résolu le problème (**794**).

2ᵉ *solution.* Par un point quelconque M de OB (fig. 323), je mène les deux transversales AF et GC, je joins AC et GF, et en tirant une ligne droite par leur point de concours D et par le point O, on aura l'harmonique conjuguée de OB.

Cette construction a, sur la précédente, l'avantage de pouvoir être efféctuée avec la règle seulement.

Elle pourrait aussi servir à trouver le point harmonique conjugué de B, par rapport aux deux points A et C. Il suffirait, pour cela, de joindre les points A, B, C à un point arbitraire O, de tirer ensuite par A une sécante quelconque AF, ce qui déterminerait le point M ; on joindrait ensuite CM, puis en prolongeant GF on aurait le point D.

THÉORÈME VIII.

799. *Dans tout quadrilatère* COMPLET (¹) BAEDFCB (fig. 324), *chacune des trois diagonales* AC, BD *et* EF *est divisée harmoniquement par les deux autres.*

Il résulte, en effet, de la 2ᵉ solution du problème précédent que BI est l'harmonique conjuguée de BD par rapport aux droites BA et BC ; donc les diagonales EF et AC sont coupées en parties harmoniques, la première aux points E, H, F, I, et la seconde aux points A, G, C, I (**795**). On verra de même que ID est l'harmonique conjuguée de IB par rapport aux droites IG et IH, et qu'ainsi les quatre points B, G, D, H forment un système harmonique.

§ II. — THÉORIE DU POLE ET DE LA POLAIRE.

LEMME.

800. *Le lieu des points harmoniques conjugués d'un point donné* O, *par rapport aux extrémités des cordes que laissent dans un cercle toutes les sécantes issues de ce point, est une ligne droite perpendiculaire au diamètre tiré par ce même point* (fig. 325 et 326).

Tirons le diamètre OAB, et en cherchant l'harmonique conjuguée P de O par rapport aux points A et B, nous aurons un point du lieu. Il s'agit donc de faire voir que si par ce point on mène une perpendiculaire à AB, elle coupera toute corde CD issue du point O en parties harmoniques.

(¹) Si l'on prolonge les côtés opposés d'un quadrilatère simple ABCD jusqu'à leur rencontre en E et en F, on dit que la droite EF est la troisième diagonale du quadrilatère, et que ce quadrilatère est complet.

Pour cela, j'observe que la circonférence ABCD est le lieu de tous les points dont les distances aux points O et P sont dans le rapport

$$\frac{AO}{AP} \text{ ou } \frac{BO}{BP}. \text{ (249)},$$

puisqu'on a, par construction,

$$\frac{AO}{AP} = \frac{BO}{BP};$$

si donc on joint PC et PD, on aura

$$\frac{CO}{CP} = \frac{DO}{DP}.$$

Or, cette proportion prouve que, dans la figure 325, OP est la bissectrice de l'angle CPD', et que par conséquent RS, qui est perpendiculaire à OP, divise l'angle CPD en deux parties égales. On voit de même que, dans la figure 326, OP est la bissectrice de l'angle CPD, et que par conséquent RS, qui est perpendiculaire à OP, divise l'angle CPD' en deux parties égales; donc les quatre droites PO, PC, PR et PD forment un faisceau harmonique (795); donc la droite RS passe par le point conjugué de O, par rapport aux points C et D (796).

Problème I.

801. *Par un point fixe O* (fig. 327), *on mène tant de couples de sécantes que l'on voudra à une circonférence : trouver le lieu des points de concours des droites qui joindront les points où ces sécantes rencontrent la courbe.*

Soient OAB et OA'B' un couple de sécantes; il s'agit de trouver le lieu des points M et M', déterminés en joignant AB' et BA', AA' et BB'. Désignons, pour cela, par N et par N' les points harmoniques conjugués de O par rapport à A et à B, et à A' et à B'. Joignons MO et MN, et nous formerons un faisceau harmonique MOANB qui devra couper OA'B' en parties harmoniques (796); par conséquent MN ira passer par N'; donc le point M est situé sur la direction indéfinie de la droite qui est le lieu des points harmoniques conjugués de O par rapport à la circonférence proposée; et comme on en dirait autant du point M', il faut en conclure que cette droite est précisément le lieu que l'on cherche.

802. Le lieu des points M se nomme la *polaire* du point O, et ce point est appelé réciproquement le *pôle* de cette droite. Nous verrons bientôt la raison de ces dénominations (806 et 810).

803. Nous pourrons, d'après cela, énoncer le lemme (800) en disant que *toutes les cordes dont les directions vont passer par un même point O, situé sur le plan d'une circonférence, sont coupées en parties harmoniques par ce point et par sa polaire RS, laquelle est perpendiculaire au diamètre AB tiré par ce point* (fig. 325 et 326).

Ainsi on a la proportion

$$\frac{AO}{AP} = \frac{BO}{BP}.$$

On tire de cette proportion

$$\frac{BO + AO}{BO - AO} = \frac{BP + AP}{BP - AP},$$

mais, en désignant par G le centre de la circonférence, on voit facilement (fig. 325) que $BO = 2AG + AO$ et que $BP = 2AG - AP$; de même, dans la figure 326, on aura $BO = 2AG - AO$ et $BP = 2AG + AP$; on tirera ainsi de la proportion précédente

$$\frac{AG + AO}{AG} = \frac{AG}{AG - AP}, \quad \text{ou encore} \quad \frac{OG}{AG} = \frac{AG}{PG} \text{ (fig. 325);}$$

et

$$\frac{AG}{AG - AO} = \frac{AG + AP}{AG}, \quad \text{ou encore} \quad \frac{AG}{OG} = \frac{PG}{AG} \text{ (fig. 326).}$$

On voit donc que *le produit des distances du centre au pôle et à sa polaire est égal au carré du rayon.*

804. Si l'on suppose que la sécante OA'B' (fig. 327) tourne autour du pôle et devienne tangente, les points M et M' se réuniront au point de contact R, de sorte que la polaire passera par ce point. Donc *la polaire d'un point* EXTÉRIEUR *à une circonférence est la corde qui joint les points de contact des deux tangentes issues de ce point, et, le pôle d'une sécante est le point de concours des tangentes menées aux points où elle rencontre la circonférence.*

805. Il suit de là que *pour mener une tangente à un cercle par un point extérieur, il n'y aura qu'à chercher la polaire de ce point et la joindre aux points où elle coupera la circonférence.* Cette construction peut, comme on voit (801), s'exécuter avec la règle seulement.

Théorème X.

806. *Si un point mobile glisse le long d'une ligne droite* RS, *sa polaire tournera autour du pôle* O *de cette droite* (fig. 325 et 326).

Soit O' un point quelconque de RS, je joins GO' et j'abaisse de O la perpendiculaire OP' sur cette droite. La similitude des deux triangles GO'P et GOP' donne la proportion

$$\frac{GP}{GP'} = \frac{GO'}{GO},$$

d'où l'on tire

$$GP'.GO' = GP.GO = \overline{AG}^2 \text{ (803).}$$

On voit donc que OP' est la polaire du point O' et qu'ainsi *les polaires de tous les points d'une droite vont se croiser au pôle même de cette droite, ce qui démontre notre théorème.*

807. Corollaire I. *Pour obtenir le pôle d'une droite, il suffira de construire les polaires de deux de ses points, et le point d'intersection de ces deux polaires sera le point demandé.*

808. Corollaire II. *Pour mener une tangente à un cercle par un point pris sur sa circonférence, tirez une sécante quelconque par ce point, cherchez son pôle et joignez-le au point donné* (fig. 328).

809. Corollaire III. *Si plusieurs angles circonscrits à un cercle ont leurs sommets en ligne droite, leurs cordes de contact iront concourir au pôle de cette droite,* car ces cordes étant les polaires de ces sommets (804), vont concourir au pôle de la droite qui les contient (fig. 328).

Théorème XI.

810. *Si une droite tourne autour d'un point fixe, son pôle décrira la polaire de ce point* (fig. 325 et 326).

Soit OP′ une droite quelconque tirée par le pôle O de la droite RS; j'abaisse du centre une perpendiculaire sur OP′, je la prolonge jusqu'à la rencontre de RS en O′, et je dis que ce point est le pôle de cette droite. En effet, la similitude des deux triangles OGP′ et O′GP donne la proportion

$$\frac{GP}{GP'} = \frac{GO'}{GO},$$

d'où je tire

$$GP'.GO' = GP.GO = \overline{AG}^2.$$

Donc O′ est le pôle de OP′, et ainsi *le pôle de toute droite menée par un point donné est situé sur la polaire de ce point,* ce qui démontre notre théorème.

811. Corollaire I. *La droite qui joint les pôles de deux droites est la polaire de leur point d'intersection,* car le pôle de cette droite doit se trouver à la fois sur les droites dont il s'agit.

812. Corollaire II. *Si les cordes de contact de tant d'angles que l'on voudra, circonscrits à une circonférence, concourent en un même point, les sommets de ces angles se trouveront sur la polaire de ce point,* car ces sommets sont les pôles de ces cordes (fig. 328).

813. Il suit du n° 811 que *si deux polygones d'un même nombre de côtés tracés sur le plan d'une circonférence, sont tels que les sommets A, B, C...,* (fig. 329) *de l'un soient les pôles des côtés a, b, c.... de l'autre, réciproquement les sommets ab, bc.... du second*[1] *seront les pôles des côtés AB, BC....,* du premier; *et de plus, le point de concours de deux côtés ou de deux diagonales quelconques de chacun sera le pôle de la droite qui joindra les sommets-pôles de ces deux côtés ou de ces deux diagonales dans l'autre.* Ainsi,

---

[1] Deux droites étant désignées par *m* et par *n*, leur point d'intersection pourra l'être par *mn*.

par exemple, le point *ad* de concours des deux côtés *a* et *d* est le pôle de la droite AD qui joint les sommets A et D, pôles respectifs de *a* et de *d*.

A raison de ces deux propriétés corrélatives, les deux polygones sont appelés POLAIRES-RÉCIPROQUES l'un de l'autre.

THÉORÈME XII.

814. *Dans tout hexagone inscrit à une circonférence, les points de concours des côtés opposés sont tous trois situés sur une même ligne droite.*

Les côtés alternatifs BC, DE et AF (fig. 330) prolongés suffisamment forment le triangle PQR que l'on peut regarder comme coupé successivement par les directions des trois autres côtés de l'hexagone AB, CD et EF; on obtiendra ainsi les égalités (785)

$$LP.BR.AQ = LQ.BP.AR,$$
$$NQ.CR.DP = NR.CP.DQ,$$
$$MR.EP.FQ = MP.EQ.FR.,$$

Si on multiplie ces trois égalités membre à membre en observant que (255)

$$BR.CR = FR.AR, \quad DP.EP = CP.BP,$$
$$AQ.FQ = DQ.EQ,$$

il viendra

$$LP.NQ.MR = LQ.NR.MP,$$

ce qui, d'après le théorème du n° 786, prouve que les trois points L, M, N sont en ligne droite.

815. SCOLIE. Ce théorème est vrai, quelle que soit la forme de l'hexagone inscrit et lors même que ses côtés s'entre-croiseraient de toutes les manières possibles.

THÉORÈME XIII.

816. *Dans tout hexagone circonscrit à une circonférence, les diagonales qui joignent les sommets respectivement opposés se croisent toutes trois en un même point.*

Ce théorème est une conséquence directe du précédent et du principe du n° 813; car les deux polygones ABCDEF et *abcdef* (fig. 330) étant polaires-réciproques l'un de l'autre, les points de concours L, M et N des côtés AB et DE, BC et EF, CD et AF du premier sont les pôles des diagonales *be*, *cf* et *ad* qui, dans le second, joignent les sommets-pôles de ces couples de côtés. Puis donc que les trois points L, M et N sont en ligne droite, les trois diagonales *be*, *cf* et *ad* se croiseront au même point O, qui sera le pôle de cette droite (806).

THÉORÈME XIV.

817. *Si l'on inscrit à une circonférence un quadrilatère quelconque*

ABCD (fig. 331) *et qu'on lui en circonscrive un autre* abcd *dont les côtés touchent cette courbe aux sommets du premier*, 1° *les quatre points de concours* L, M, N, P *des côtés opposés de ces deux quadrilatères seront tous quatre situés sur une même droite;* 2° *leurs quatre diagonales* AC, BD, ac, bd *se croiseront au pôle de la droite* LMNP; 3° *les diagonales du quadrilatère circonscrit iront passer par les points* M *et* L *où se coupent les côtés opposés du quadrilatère inscrit.*

Soit O le point d'intersection des deux diagonales AC et BD : la polaire de ce point sera !a droite LM (801); elle devra donc contenir les pôles N et P de ces diagonales, donc les quatre points L, M, N, P sont situés sur une même ligne droite.

Les deux quadrilatères étant polaires-réciproques, les points L et M sont les pôles des diagonales *ac* et *bd;* puis donc que les quatre points L, M, N, P sont rangés en ligne droite, leurs polaires *ac, bd,* AC, BD iront se croiser au pôle de cette droite.

Enfin OM est la polaire de L (801) et *ac* l'est aussi; donc la droite *ac* va passer par le point M. Par une raison semblable, *bd* va passer par le point L.

THÉORIE GÉNÉRALE DE LA SIMILITUDE.

§ I. — DES FIGURES SEMBLABLES.

818. *Deux lignes sont* SEMBLABLES *lorsqu'on peut les placer de telle sorte qu'en menant par un même point des droites à tous leurs points, les* RAYONS VECTEURS *(c'est ainsi que l'on appelle ces droites) dont les directions coïncident, sont proportionnels.*

Les figures terminées par ces lignes, sont aussi dites semblables.

Ainsi, supposons que l'on ait transporté la ligne *a b c k* en A'B'C'K' (fig. 332), et qu'en tirant par un certain point O les droites quelconques OA, OB, OC.... qui rencontrent la courbe A'B'C'K' aux points respectifs A', B', C', K'.... on ait la suite de rapports égaux

$$\frac{OA}{OA'} = \frac{OB}{OB'} = \frac{OC}{OC'} = \text{etc,}$$

la ligne et la figure *a b c k* seront semblables à la ligne et à la figure ABCK.

L'origine commune O de tous les rayons vecteurs se nomme le *centre de similitude* des deux lignes ou des deux figures ABCK et A'B'C'K', et les rayons vecteurs dont les directions coïncident sont dits *homologues.* Tels sont OA et OA'.

819. Si, en ramenant la ligne A'B'C'K' à sa position primitive *a b c k,* le point O va se placer en *o,* on dit que ces points O et *o* sont *les centres de similitude* de ABCK et de *a b c k.*

Si les rayons homologues sont parallèles et dirigés dans le même sens, les deux lignes sont alors semblables et *semblablement placées*. Sinon, elles sont simplement semblables.

Il est évident que les rayons vecteurs de l'une des deux lignes font entre eux les mêmes angles que les rayons vecteurs homologues de l'autre, c'est-à-dire que ceux auxquels ils sont proportionnels:

820. Il suit de là que pour construire une ligne semblable à une autre ABCK', on mènera d'un point quelconque O des rayons vecteurs à des points A, B, C.... de celle-ci, d'autant plus rapprochés que l'on voudra plus d'exactitude; puis où tirera par un point quelconque o des droites oa, ob, oc.... telles que les angles formés par la première avec toutes les autres soient respectivement égaux à ceux que OA fait avec OB, OC.... Prenant ensuite sur ces droites des distances oa, ob, oc.... proportionnelles à OA, OB, OC...., et unissant les points a, b; c.... par un trait continu, le problème sera résolu.

THÉORÈME I.

821. *Lorsque deux lignes* ABCK *et* abck *sont semblables; on peut prendre pour centre de similitude de l'une tel point que l'on veut de son plan, et il y aura toujours pour l'autre un centre correspondant de similitude.*

Puisque les deux lignes sont semblables, on peut placer abck en A'B'C'K' de telle manière qu'en tirant d'un certain point O des droites quelconques OA, OB, OC.... qui coupent la ligne A'B'C'K' aux points respectifs A', B', C'.... on ait :

$$\frac{OA}{OA'} = \frac{OB}{OB'} = \text{etc.},$$

et O est alors leur centre de similitude. Cela posé, prenons sur le plan des deux lignes un point arbitraire F, et joignons FO, FA, FB...; puis faisons glisser la seconde ligne de manière que, tous ses points décrivant des droites parallèles à OF, le point A' soit venu se placer sur FA : je dis que les points B', C'...., se seront placés aux points B'', C''...., où les parallèles menées à OF par les points B', C'.... coupent les droites respectives FB, FC...; Tirons en effet A'I parallèlement à FA, et joignons IB'; on aura (244) :

$$\frac{OF}{OI} = \frac{OA}{OA'} = \frac{OB}{OB'};$$

donc IB' est parallèle à FB (246), et par conséquent B'B'' = IF = A'A''; par une raison semblable C'C'' = A'A'', et ainsi de suite : donc la ligne A''B''C''K'' n'est autre chose que A'B'C'K' transportée parallèlement à elle-même (236). Or, il est évident que les rapports $\frac{FA}{FA''}$, $\frac{FB}{FB''}$, $\frac{FC}{FC''}$.... sont respectivement égaux aux rapports $\frac{OA}{OA'}$, $\frac{OB}{OB'}$, $\frac{OC}{OC'}$.... et sont par conséquent égaux entre eux; donc le point F est aussi un centre de similitude des deux lignes ABCK et A″B″C″K″ (818), et le rapport de similitude n'a pas varié.

822. SCOLIE. Remarquons que le point F aurait pu être pris sur l'une des deux lignes, ABCK par exemple. Dans ce cas, le point I eût été un point du périmètre de la seconde : car il divise OF dans le rapport de OA à OA′, de sorte qu'en transportant la ligne A′B′C′K′ en A″B″C″K″, le point I aurait été se placer en F : donc I eût été le centre de similitude de A′B′C′K′ correspondant au centre de ABCK.

823. Avant d'aller plus loin, nous observerons que *dans deux circonférences différentes* (fig. 137) *les arcs AMB et A′M′B′, les secteurs OAMB et O′A′M′B′, et les segments AMBA et A′M′B′A′ qui correspondent à des angles au centre égaux, sont semblables :* car, en faisant coïncider ces deux angles, on reconnaît immédiatement que le rayon du plus grand des deux arcs, et les droites menées de son centre à sa corde, sont coupés en parties proportionnelles respectivement par le plus petit arc et par sa corde.

On peut conclure de là que *deux circonférences sont semblables*, mais il est facile aussi de le démontrer *a priori*.

Il suit en effet du n° 253 que *les droites qui*, comme AA′ ou AA″, *joignent les extrémités de deux rayons parallèles et dirigés dans le même sens ou en sens contraires, vont concourir en un même point* C *ou* C′ *sur la droite* OO′ *qui joint les centres*. Or je dis que ces points C et C′ sont chacun un centre de similitude commun aux deux circonférences : car, si par le point C on mène un rayon vecteur quelconque CB′B, et que l'on joigne OB et O′B′, ces deux lignes seront parallèles, sans quoi, en menant par le centre O le rayon OI parallèle à O′B′ et joignant IB′, cette droite devrait aller passer par le point C, ce qui est absurde. Les triangles OCB et O′CB′ sont donc équiangles : donc le rapport de CB à CB′ est le même que celui de OB à O′B′, et est par conséquent constant.

Donc deux circonférences sont deux courbes semblables qui ont deux centres communs de similitude. L'un C se nomme le *centre de similitude* DIRECT et l'autre C′ le *centre de similitude* INVERSE, parce que les rayons vecteurs homologues qui en partent sont dirigés en sens contraires.

THÉORÈME II.

824. *Si deux figures sont semblables, et que l'une soit rectiligne, l'autre le sera aussi ; elles auront chacune le même nombre d'angles et de côtés ; leurs angles seront égaux chacun à chacun, et leurs côtés homologues* (ceux qui sont adjacents à des angles égaux) *seront proportionnels.*

Puisque les deux figures sont semblables, on pourra les placer de manière qu'elles aient un même centre de similitude O (fig. 333). Joignons maintenant ce point aux sommets A, B, C.... de la figure rectiligne, et soient A′, B′, C′.... les points où les droites de jonction rencontrent le périmètre de la seconde figure. Si l'on tire A′B′, on verra que cette droite, étant parallèle à AB (246), coupe en parties proportionnelles à OA et à OA′ toutes les droites menées de O à AB (252) ; mais la portion du périmètre de la seconde figure qui est comprise entre OA′ et OB′ jouit de la même propriété : donc elle coïncide avec A′B′ ; donc à chaque côté du polygone ABCDE, correspond un côté de la seconde figure, qui est ainsi un polygone, *et les sommets homologues de ces deux polygones sont situés sur des droites issues du point O.* En second lieu, les angles des deux figures seront égaux chacun à chacun comme ayant les côtés parallèles et dirigés dans le même sens. Enfin leurs côtés homologues seront proportionnels : car, comme deux triangles équiangles jouissent de cette propriété, le rapport de AB· à A'B' est le même que celui de OA à OA', et est par conséquent constant.

825. Scolie. Remarquons que l'on aurait pu prendre pour centre de similitude l'un quelconque des sommets du polygone ABCDE, et qu'alors le centre de similitude du second eût été le sommet homologue de ce second polygone.

Si le centre de similitude du premier polygone eût été placé en I sur un côté quelconque AB, le centre de similitude du second aurait divisé le côté homologue *ab* dans le rapport de AI à BI.

Enfin, si le centre de similitude du polygone ABCDE est un point quelconque O de son plan, on obtiendra celui du second en construisant sur un quelconque de ses côtés *ab* un triangle équiangle au triangle OAB, qui a pour base le côté homologue de ABCDE.

826. Il suit de là que, *dans deux polygones semblables, les côtés et les diagonales homologues sont proportionnels.*

Théorème III.

827. Réciproquement, *deux polygones sont semblables lorsqu'ils ont leurs angles égaux chacun à chacun et leurs côtés homologues proportionnels.*

Soient ABCDE et A'B'C'D'E' (fig. 333) les deux polygones, et supposons que les sommets homologues soient désignés par les mêmes lettres. *Plaçons ces deux polygones de manière que deux angles homologues A et A' aient leurs côtés homologues parallèles et dirigés dans le même sens,* ce qui est toujours possible, puisque ces angles sont supposés égaux. Il suit immédiatement de cette disposition et de ce que les deux polygones sont équiangles entre eux, que tous leurs autres côtés homologues seront aussi parallèles et dirigés dans le même sens : ainsi l'égalité des angles B et B' exige que les côtés CB et C'B' soient parallèles et dirigés dans le même sens. Mais les deux polygones ont, en outre, leurs côtés homologues proportionnels; donc, en vertu de la proposition du n° 253, les droites AA', BB' et CC' iront se croiser en un même point O; de même DD' ira concourir avec AA' et BB', c'est-à-dire aussi en O, et ainsi de suite, de sorte que les droites qui joindront les sommets homologues des deux polygones concourront toutes en ce point O. Or, ces polygones ont de plus leurs côtés parallèles; donc tous les rayons vecteurs homologues issus de O sont proportionnels, et par conséquent ces polygones sont semblables.

828. Scolie. Remarquons qu'*il suffit pour que les polygones soient semblables qu'ils aient tous leurs côtés moins un proportionnels et les angles compris égaux chacun à chacun,* ou bien que tous leurs angles moins *un soient égaux chacun à chacun et que les côtés adjacents à ces angles soient proportionnels.* Si l'on suppose, en effet, que cette dernière condition soit remplie, de sorte que

$$E = E', \quad A = A', \quad B = B', \quad C = C',$$

et que

$$\frac{AE}{A'E'} = \frac{AB}{A'B'} = \frac{BC}{B'C'},$$

on verra immédiatement, en répétant le raisonnement du n° 827, que les droites EE', AA', BB' et CC' iront concourir en un même point O; or, je dis que le point D' est sur la droite OD, car les droites E'D' et C'D', étant respectivement parallèles à ED et à CD, doivent diviser OD, l'une dans le rapport de OE' à E'E et l'autre dans le rapport de OC' à C'C, c'est-à-dire dans le même rapport. Donc les droites E'D' et C'D' doivent concourir sur OD.

829. COROLLAIRE. 1° *Tous les carrés sont semblables; 2° deux losanges qui ont un angle égal, 3° deux rectangles dont deux côtés adjacents sont proportionnels, 4° deux parallélogrammes qui ont un angle égal compris entre côtés proportionnels, sont semblables.*

THÉORÈME IV.

830. *Deux polygones semblables quelconques peuvent être décomposés en un même nombre de triangles semblables chacun à chacun et semblablement disposés.*

Nous pouvons d'abord décomposer l'un des polygones ABCDE (fig. 333), par exemple, en triangles. Cela posé, en reprenant la démonstration du n° 824, on reconnaîtra que les deux polygones peuvent être placés de manière que leurs sommets homologues se trouvent sur des droites qui concourent à leur centre commun O de similitude, et divisent ces droites en parties proportionnelles. Par conséquent, tous leurs côtés et toutes leurs diagonales homologues sont parallèles : ainsi les triangles ABE et A'B'E', BED et B'E'D', etc., sont semblables chacun à chacun (818) et semblablement disposés (¹).

Si les triangles dans lesquels est décomposé le polygone ABCDE avaient des sommets autres que ceux de ce polygone, tels que S, on joindrait OS; on partagerait cette droite, au point S', en parties proportionnelles à OA' et à A'A, puis on tirerait S'A', S'B' et S'E', et comme ces droites seraient parallèles respectivement à SA, SB et SE (246), on en conclurait que les triangles ASB et A'S'B', ASE et A'S'E', etc., sont semblables (818).

THÉORÈME V.

831. Réciproquement, *deux polygones qui sont composés d'un même*

---

*nombre de triangles semblables chacun à chacun et semblablement disposés,
sont semblables.*

Plaçons, en effet, *les deux polygones de manière que deux angles homologues* A *et* A' *de deux triangles semblables aient leurs côtés homologues parallèles et dirigés dans le même sens.* Il suit immédiatement de cette disposition et de ce que tous les triangles qui composent les deux polygones
sont semblables chacun à chacun et semblablement placés, que tous les
côtés homologues de ces triangles seront parallèles et dirigés dans le
même sens. Ainsi l'égalité des angles ABC et A'B'C', CBD et C'B'D'....
exige que les côtés BC et B'C', CD et C'D'.... soient parallèles et dirigés
dans le même sens. Mais ces côtés sont en outre proportionnels; donc,
en vertu de la proposition du n° 253, les droites AA', BB' et EE' iront se
croiser en un même point O; de même CC' ira concourir avec BB' et EE',
c'est-à-dire en O, et ainsi de suite, de sorte que les droites qui joignent
les sommets homologues des deux polygones concourront en ce point O.
Or, ces polygones ont de plus leurs côtés parallèles; donc tous leurs
rayons vecteurs homologues issus de O sont proportionnels, et par conséquent ces polygones sont semblables.

852. COROLLAIRE. *Deux polygones sont égaux lorsqu'ils sont composés
d'un même nombre de triangles égaux chacun à chacun, et semblablement
placés.*

THÉORÈME VI.

853. *Deux polygones* ABCDE *et* A'B'C'D'E' *(fig.* 334, *pl.* XIII) *sont semblables
lorsqu'en joignant les extrémités* F *et* G, F' *et* G' *de deux droites* FG *et* F'G'
*avec tous les sommets de ces polygones, les triangles ainsi formés sont
semblables chacun à chacun et semblablement disposés.*

Plaçons, en effet, nos deux polygones de manière que deux angles homologues F et F' des deux triangles semblables FAG et F'A'G' aient leurs
côtés homologues parallèles et dirigés dans le même sens. On voit immédiatement qu'en vertu du théorème du n° 253 les trois droites FF', AA'
et GG' iront concourir en un même point O. Mais parce que les triangles
BFG et B'F'G' sont semblables et semblablement placés, FB et F'B' seront
parallèles; donc BB' ira concourir avec FF' et GG', c'est-à-dire à ce
même point O, et de même pour CC', DD' et EE'. Donc les droites qui
joignent les sommets homologues des deux polygones concourent en un
même point, et comme ces polygones ont de plus leurs côtés parallèles,
puisque les points A',B',C'.... divisent OA, OB, OC.... en parties proportionnelles (244), on voit que tous les rayons vecteurs homologues issus
de O sont proportionnels et que, par conséquent, les deux polygones
sont semblables.

THÉORÈME VII.

854. *Les périmètres de deux polygones semblables sont proportionnels
aux côtés homologues de ces polygones.*

Voyez le n° **294.**

855. Les conditions de similitude de deux polygones doivent renfermer
implicitement celles qui établissent que deux triangles sont semblables;

mais on conçoit cependant que quelques-unes de ces conditions peuvent être une conséquence indispensable des autres. C'est ainsi, par exemple, que deux losanges sont semblables par cela seul qu'ils ont un angle égal (829). On a, en effet, reconnu que deux triangles sont semblables dans cinq cas, que nous allons examiner successivement.

THÉORÈME VIII.

836. *Deux triangles sont semblables quand ils ont deux angles égaux chacun à chacun.*

En effet, leurs côtés homologues sont proportionnels, de sorte que ces triangles satisfont ainsi aux conditions énoncées au n° 827.

On pourrait, au reste, démontrer cette proposition directement de la manière suivante :

Soient, en effet, ABC et A'B'C' (fig. 109) les deux triangles proposés. Prenons AD = A'B', AF = A'C', et joignons DF. Le triangle ADF sera égal à A'B'C' (181), car l'angle A = A'. Ainsi les angles homologues B' et D seront égaux : donc B = D; donc les droites DF et BC sont parallèles; donc tous les rayons vecteurs menés de A à BC seront coupés en parties proportionnelles par DF; donc les triangles ABC et ADF ou A'B'C' sont semblables.

THÉORÈME IX.

837. *Deux triangles sont semblables lorsque leurs côtés sont respectivement parallèles.*

Voyez le n° **279.**

THÉORÈME X.

838. *Deux triangles sont semblables lorsque leurs côtés sont respectivement perpendiculaires.*

Voyez les n°˙ **280** et **281.**

THÉORÈME XI.

839. *Deux triangles ABC, A'B'C' (fig. 109) sont semblables lorsque leurs côtés sont proportionnels.*

Supposons les côtés AB, AC et BC proportionnels aux côtés respectifs A'B', A'C' et B'C'. Prenons, comme au n° 836, AD = A'B', AF = A'C', et joignons DF. Cette droite coupera donc les côtés AB et AC en parties proportionnelles, et sera par conséquent parallèle à BC : ainsi les triangles ADF et ABC seront semblables, et leurs côtés homologues seront proportionnels : on aura donc

$$\frac{AB}{AD} = \frac{BC}{DF}.$$

Mais on a aussi, par hypothèse,

$$\frac{AB}{A'B'} = \frac{BC}{B'C'}.$$

donc, puisque AD $=$ A'B', ces deux proportions ont trois termes correspondants égaux, et ainsi leurs *quatrièmes* termes DF et B'C' sont égaux. Il s'ensuit que le triangle A'B'C' est égal à ADF (189), et par conséquent semblable à ABC.

THÉORÈME XII.

840. *Deux triangles* ABC, A'B'C', *qui ont un angle égal* A $=$ A' *compris entre côtés proportionnels* AB *et* A'B', AC *et* A'C', c'est-à-dire tels que l'on ait

$$\frac{AB}{A'B'} = \frac{AC}{A'C'},$$

sont semblables.

Cette proposition est une conséquence immédiate du scolie du n° 828. Au reste, on pourra la démontrer *a priori* en répétant la démonstration du n° 836.

§ II. — DES SURFACES ET DES CORPS SEMBLABLES.

841. *Deux* SURFACES *sont* SEMBLABLES *lorsqu'on peut les placer de telle sorte qu'en menant par un même point des droites à tous leurs points, les rayons vecteurs dont les directions coïncident sont proportionnels.*

Les CORPS *terminés par ces surfaces sont aussi dits* SEMBLABLES.

842. Il suit immédiatement de cette définition que *si l'on coupe une pyramide par un plan parallèle à sa base, la petite pyramide sera semblable à la grande* (466).

THÉORÈME XIII.

843. *Lorsque deux surfaces sont semblables, on peut prendre pour centre de similitude de l'une tel point que l'on veut de l'espace, et il y aura toujours pour l'autre un centre correspondant de similitude.*

Même démonstration qu'au n° 821.

THÉORÈME XIV.

844. *Deux cônes droits, deux troncs de cône droits à bases parallèles et deux cylindres droits, sont semblables, lorsqu'ils sont engendrés par des figures semblables tournant autour de deux côtés homologues.*

Même démonstration qu'au n° 823.

THÉORÈME XV.

845. *Deux calottes, deux segments et deux secteurs sphériques sont semblables, lorsqu'ils correspondent à deux surfaces coniques égales.*

Deux zones sont semblables, quand elles sont des différences de calottes semblables.

Deux tranches sphériques qui correspondent à des zones semblables sont semblables.

Même démonstration qu'au n° 823.

846. Corollaire. *Deux sphères sont toujours semblables.* Elles ont deux centres de similitude, dont chacun est le centre d'une surface conique tangente aux deux sphères (825).

Théorème XVI.

847. *Deux triangles sphériques sont semblables, quand ils correspondent à des trièdres égaux.*

Deux fuseaux et deux onglets qui correspondent à des angles dièdres égaux sont semblables.

Ceci est une conséquence immédiate de la définition des corps et des surfaces semblables.

Théorème XVII.

848. *Si deux corps sont semblables et que l'un soit un polyèdre, l'autre en sera aussi un; ils auront chacun le même nombre de faces; ces faces seront semblables et semblablement disposées* ([1]), *et leurs angles dièdres et polyèdres seront égaux chacun à chacun.*

Puisque ces deux corps sont semblables, on pourra les placer de manière qu'ils aient un même centre de similitude O (fig. 334, pl. XIII). Par ce point et par chaque arête du polyèdre menons des plans, et nous formerons une série de pyramides ayant O pour sommet commun, et pour bases les différentes faces du polyèdre. Soient OABCDE une quelconque de ces pyramides, et A′, B′, C′, D′, E′ les points où ses arêtes percent la surface du second corps. Ces points, divisant ces arêtes en parties proportionnelles (841), sont dans un même plan parallèle à la base ABCDE (467), lequel divise dans le même rapport toutes les droites qui, issues de O, vont se terminer à cette base. Mais la surface du second corps jouit de la même propriété : donc la portion de cette surface qui est comprise dans la pyramide coïncide avec le polygone A′B′C′D′E′, et est par conséquent semblable à ABCDE : donc à chaque face du polyèdre correspond une face semblable du second corps, qui est ainsi un polyèdre, *et les sommets homologues de ces deux polyèdres sont situés sur des droites issues du point O.* En second lieu, tous les angles dièdres homologues sont égaux comme ayant leurs faces parallèles et dirigées dans le même sens ; enfin tous les angles polyèdres seront égaux chacun à chacun, puisque les angles plans qui les forment étant des angles homologues de polygones semblables, ont ainsi leurs faces homologues égales, semblablement placées et également inclinées.

849. Scolie. Remarquons que l'on aurait pu prendre pour centre de simi-

---

([1]) C'est-à-dire, 1° que les deux angles dont le sommet commun est à l'une des extrémités de la droite qui assemble les deux faces du premier polyèdre auxquelles ils appartiennent, sont homologues de ceux dont le sommet commun est à l'une des extrémités de la droite qui assemble les deux faces semblables du second ; 2° que si l'on place l'une de ces deux faces sur sa correspondante de manière que deux côtés homologues coïncident, les deux autres faces seront d'un même côté du plan commun.

litude l'un quelconque des sommets du polyèdre, et qu'alors le centre de similitude du second eût été le sommet homologue de ce second polyèdre.

850. D'où il suit que *dans deux polyèdres semblables les arêtes et les diagonales homologues sont proportionnelles.*

THÉORÈME XVIII.

851. Réciproquement, *deux polyèdres* P *et* P' *sont semblables lorsqu'ils ont leurs faces semblables chacune à chacune, semblablement placées et également inclinées.*

Plaçons les deux polyèdres de manière que deux angles homologues A *et* A' *de deux faces semblables aient leurs côtés homologues parallèles et dirigés dans le même sens.* Il suit immédiatement de cette disposition et de ce que ces deux faces sont équiangles entre elles, que tous leurs côtés homologues seront parallèles et dirigés dans le même sens. Mais ces côtés sont en outre proportionnels : donc les droites qui joindront les sommets homologues de ces deux faces concourront en un même point O, car le théorème du n° 253 est encore vrai quand les angles ne sont pas dans un même plan. Or, l'angle dièdre GABC est égal à G'A'B'C'; et comme les faces homologues sont semblablement placées par hypothèse, il s'ensuit que le plan A'B'F'G' est parallèle à ABFG et que les arêtes homologues de ces deux faces sont parallèles et dirigées dans le même sens. Puis donc qu'elles sont proportionnelles, FF' et GG' iront concourir avec AA' et BB', c'est-à-dire en O, et il en sera ainsi pour toutes les autres faces, de sorte que les droites qui joindront les sommets homologues des deux polyèdres concourront en ce point O. Or, ces polyèdres ont de plus toutes leurs faces parallèles : donc tous les rayons vecteurs homologues issus de O sont proportionnels, et par conséquent ces polyèdres sont semblables.

852. COROLLAIRE. 1° *Tous les cubes sont semblables;* 2° *deux parallélipipèdes rectangles qui ont leurs arêtes proportionnelles,* 3° *deux parallélipipèdes obliques qui ont un angle trièdre égal compris entre des arêtes proportionnelles,* 4° *deux prismes qui ont un angle trièdre compris entre les plans de trois polygones semblables chacun à chacun et semblablement placés, sont semblables :* car toutes les faces latérales sont semblables chacune à chacune (829); et, comme elles sont d'ailleurs semblablement placées, leurs trièdres, et par conséquent leurs angles dièdres homologues sont égaux.

853. Remarquons que le théorème précédent renferme plus de conditions qu'il n'en faut pour établir la similitude de deux polyèdres (621).

THÉORÈME XIX.

854. *Deux polyèdres semblables quelconques peuvent être décomposés en un même nombre de pyramides semblables chacune à chacune et semblablement placées([1]).*

([1]) Voyez le renvoi de la page 294.

Nous pourrons d'abord décomposer l'un des polyèdres proposés en pyramides (616). Cela posé, en reprenant la démonstration du n° 848, on reconnaîtra que les deux polyèdres peuvent être placés de manière que leurs sommets homologues se trouvent sur des droites qui vont concourir en un même point O, qui est leur centre commun de similitude, et divisent ces droites en parties proportionnelles. Par conséquent, toutes leurs faces et tous leurs plans diagonaux homologues seront parallèles (467): ainsi les pyramides formées par ces faces et ces plans sont semblables chacune à chacune et semblablement placées.

Si les pyramides dans lesquelles est décomposé le premier polyèdre avaient des sommets autres que ceux de ce polyèdre, tels que S, on joindrait OS; on partagerait cette droite au point S' en parties proportionnelles à OA' et à A'A, puis on ferait passer des plans par S' et par les arêtes homologues à celles des pyramides dont le sommet est en S, et comme ces plans S'A'B', S'A'E' .... seraient parallèles respectivement à SAB, SAE.., on en conclurait que les pyramides telles que SABCDE et S'A'B'C'D'E' sont semblables et ont le point O pour centre de similitude.

855. Scolie. Si l'on observe que deux pyramides quelconques peuvent être partagées en tétraèdres semblables et semblablement placés, on pourra donner du théorème précédent l'énoncé suivant :

Deux polyèdres semblables quelconques peuvent être décomposés en un même nombre de tétraèdres semblables chacun à chacun et semblablement placés.

Théorème XX.

856. Réciproquement, *deux polyèdres qui sont composés d'un même nombre de pyramides SABCDE et S'A'B'C'D'E', SABFG et S'A'B'F'G'....,semblables chacune à chacune et semblablement placées, sont semblables.*

Plaçons, en effet, les deux polyèdres de manière que deux angles homologues BAE et B'A'E' de deux pyramides semblables aient leurs côtés homologues parallèles et dirigés dans le même sens. Il suit immédiatement de cette disposition et de la similitude des deux faces auxquelles ces angles appartiennent que tous les côtés homologues de ces faces seront parallèles et dirigés dans le même sens; mais ces côtés sont en outre proportionnels, donc les droites qui joindront leurs sommets homologues concourront en un même point O. Or, l'angle dièdre S'A'B'C' est égal à SABC (847); donc le plan S'A'B' est parallèle à SAB, et les arêtes homologues de ces deux faces semblables seront parallèles et dirigées dans le même sens; donc SS' ira concourir avec AA' et BB', c'est-à-dire en O. Mais parce que les pyramides qui composent nos deux polyèdres sont semblables chacune à chacune et semblablement disposées, les angles dièdres SABF et S'A'B'F' sont égaux; par suite, les faces ABFG et A'B'F'G' auront leurs plans parallèles, leurs arêtes homologues parallèles, proportionnelles et dirigées dans le même sens; de sorte que les droites FF' et GG' iront concourir avec AA' et BB', c'est-à-dire en O, et ainsi de suite. Nous voyons donc que les droites qui joignent les sommets homologues de nos polyèdres concourent en ce point O; or, ces polyèdres ont, de plus, leurs faces parallèles; donc tous les rayons vecteurs homologues issus de O sont proportionnels, et par conséquent ces polyèdres sont semblables.

857. Corollaire. *Deux polyèdres sont égaux lorsqu'ils sont composés d'un même nombre de pyramides égales chacune à chacune et semblablement placées.*

858. Les conditions de similitude de deux polyèdres renferment implicitement celles qui établissent que deux tétraèdres sont semblables, mais on conçoit cependant que quelques-unes de ces conditions peuvent être une conséquence nécessaire des autres. C'est ainsi, par exemple, que deux prismes sont semblables par cela seul qu'ils ont un trièdre compris entre trois polygones semblables chacun à chacun et semblablement placés (852). On a effectivement reconnu que deux tétraèdres sont semblables dans quatre cas que nous allons examiner successivement.

Théorème XXI.

859. *Deux tétraèdres sont semblables lorsqu'ils ont leurs arêtes proportionnelles et que les faces formées par les arêtes homologues sont semblablement placées.*

Je prends sur les arêtes SA, SB, SC (fig. 245) des parties SD, SE, SF respectivement égales à S'A', S'B', S'C', et par les trois points D, E, F je mène un plan. Ce plan sera parallèle à ABC, puisqu'il divise les arêtes du trièdre S en parties proportionnelles : donc le tétraèdre SDEF est semblable à SABC (842). Or, il est égal à S'A'B'C'; car les faces des deux tétraèdres proposés étant semblables chacune à chacune (275), les faces du trièdre S sont respectivement égales à celles du trièdre S'; et comme nous avons supposé qu'elles étaient semblablement placées, ces deux trièdres sont égaux : de sorte que les tétraèdres S'A'B'C' et SDEF sont superposables. Donc S'A'B'C' est semblable à SABC.

860. Corollaire. Si l'on forme un tétraèdre avec quatre sommets d'un polyèdre, et qu'on en forme un second avec les quatre sommets homologues d'un polyèdre semblable, ces deux tétraèdres seront semblables (850).

Théorème XXII.

861. *Deux tétraèdres SABC et S'A'B'C' sont semblables, lorsqu'ils ont un angle dièdre égal compris entre deux faces SAB et S'A'B', SAC et S'A'C' semblables chacune à chacune et semblablement placées.*

Voyez le n° 624.

Théorème XXIII.

862. *Deux tétraèdres sont semblables, lorsqu'ils ont une face semblable adjacente à trois dièdres égaux chacun à chacun, et dont les faces homologues sont semblablement placées.*

Voyez le n° 625.

Théorème XXIV.

863. *Deux tétraèdres sont semblables, lorsqu'ils ont leurs dièdres égaux* *chacun à chacun, et que leurs faces homologues sont semblablement placées.*

Voyez les nᵒˢ **626** et **627**.

864. *Si l'on coupe une surface conique par deux plans parallèles, les intersections seront des courbes semblables dont le rapport de similitude sera celui même des parties d'une même génératrice comprises entre ces plans et son centre, et dont les aires seront proportionnelles aux carrés des distances des plans sécants au centre de la surface.*

Menons, en effet, par le centre S (fig. 234) une droite quelconque SO; puis, par cette droite et une génératrice quelconque SA, faisons passer un plan. Soient AO et A'O' les traces de ce plan sur les deux plans sécants. Les triangles SAO et SA'O' seront équiangles, et par conséquent le rapport $\dfrac{AO}{A'O'}$ sera égal à celui de SA à SA'. Mais ce dernier est constant (466) : donc le premier l'est aussi; donc les deux courbes d'intersection sont semblables, et leur rapport de similitude est effectivement $\dfrac{SA}{SA'}$.

Maintenant les aires des deux sections sont proportionnelles aux carrés des rayons vecteurs homologues AO et A'O', et par conséquent aussi aux carrés des lignes SO et SO'. Si donc on a mené SO perpendiculaire au plan AOB, la seconde partie du théorème est démontrée.

DE LA SYMÉTRIE.

865. *Deux* SURFACES *sont* SYMÉTRIQUES *lorsqu'on peut les placer de telle sorte que toutes les droites menées par un certain point de l'espace vont les percer en des points deux à deux équidistants du point dont il s'agit. Ce point se nomme le* CENTRE DE SYMÉTRIE *des deux surfaces, qui alors sont dites symétriques par rapport à ce point.*

Les CORPS *terminés par deux surfaces symétriques sont eux-mêmes* SYMÉTRIQUES.

866. Il suit immédiatement de cette définition que, *si l'on coupe deux angles polyèdres opposés par le sommet par deux plans parallèles et équidistants de ce sommet, les deux pyramides ainsi formées seront symétriques.*

867. *Lorsque deux surfaces sont symétriques, on peut toujours les placer de telle sorte que tel point qu'on voudra de l'espace soit leur centre de symétrie.*

En effet, puisque les deux surfaces sont symétriques, on peut toujours les placer de manière qu'en menant d'un certain point O (fig. 335) des rayons vecteurs aux différents points A, B, C.... de la première, ces rayons, prolongés de quantités égales à eux-mêmes, aillent aboutir en A', B', C'.... à la seconde surface. Le point O est leur centre de symétrie. Cela posé, prenons un point arbitraire F, et joignons FO, FA, FB, FC.... Menons A'I parallèle à AF, jusqu'à la rencontre de OF, et tirons B'I. On aura OI = OF, à cause de l'égalité des triangles AOF et A'OI (185) : donc les triangles OFB et OIB' sont égaux (184) ; donc B'I est égale et parallèle à BF; donc, si par les points A', B', C'.... on mène des parallèles A'A'', B'B'', C'C''.... à FI, jusqu'à la rencontre des lignes respectives AF, BF, CF..., ces parallèles seront égales à FI, et la surface qui sera le lieu de tous les points A'', B'', C''..., ne sera autre chose que la surface A'B'C'..... transportée parallèlement à elle-même. Mais FA'', FB'', FC''.... sont égales à IA', IB', IC'..., et partant à FA, FB, FC...; donc le point F est un centre de symétrie des deux surfaces ABC.... et A''B''C''....

Théorème II.

868. *Deux corps symétriques peuvent être placés symétriquement par rapport à un plan donné quelconque*, c'est-à-dire de telle sorte que les points homologues de leurs surfaces seront situés à égales distances du plan dont il s'agit, sur une même perpendiculaire à ce plan.

Plaçons les deux corps symétriquement par rapport à un point quelconque O du plan donné MN, et menons par ce point une perpendiculaire OZ à ce plan.

Voyez n° **635.**

Théorème III.

869. Réciproquement, *si deux corps* A B C.... *et* A''B''C''.... *sont symétriques par rapport à un plan* MN, *ils pourront être placés symétriquement par rapport à un point quelconque* O *de ce plan, et, par suite, par rapport à tout point de l'espace.*

Voyez le n° **636.**

370. Il résulte de la définition des corps symétriques et du théorème du n° **867**, qu'il existe une grande analogie entre ces corps et les corps semblables. Le rapport de similitude est alors l'unité; mais les rayons vecteurs homologues, au lieu d'être dirigés dans le même sens, le sont ici en sens contraires. On conçoit, d'après cela, que si l'on introduit ces deux modifications dans les énoncés et dans les démonstrations des théorèmes que nous avons établis sur les corps semblables, on aura les énoncés et les démonstrations des propositions correspondantes des corps symétriques.

Théorème IV.

871. *Si deux corps sont symétriques, et que l'un soit un polyèdre, l'autre sera aussi un polyèdre : ils auront chacun le même nombre de faces; ces faces seront égales chacune à chacune, et inversement placées; leurs angles dièdres seront égaux chacun à chacun, et leurs angles polyèdres seront symétriques* (848).

872. Corollaire. *Dans deux polyèdres symétriques les arêtes et les diagonales homologues sont égales* (850).

Théorème V.

873. Réciproquement, *deux polyèdres sont symétriques, lorsqu'ils ont leurs faces égales chacune à chacune, inversement placées et également inclinées* (851).

874. Corollaire. Deux triangles sphériques équilatéraux entre eux sont symétriques, lorsque leurs côtés homologues sont inversement placés.

Théorème VI.

875. *Deux polyèdres symétriques peuvent être décomposés en un même nombre de pyramides symétriques chacune à chacune, et inversement placées* (854).

Théorème VII.

876. Réciproquement, *deux polyèdres qui sont composés d'un même nombre de pyramides symétriques chacune à chacune et inversement placées, sont symétriques* (856).

TABLE DES CORDES
POUR UN RAYON ÉGAL A CENT UNITÉS.

D.	0′	10′	20′	30′	40′	50′	DIFF.
0°	0,00	0,29	0,58	0,87	1,16	1,45	29
1	1,75	2,04	2,33	2,62	2,91	3,20	
2	3,49	3,78	4,07	4,36	4,65	4,94	
3	5,23	5,53	5,82	6,11	6,40	6,69	
4	6,98	7,27	7,56	7,85	8,14	8,43	
5	8,72	9,01	9,31	9,60	9,89	10,18	
6	10,47	10,76	11,05	11,34	11,63	11,92	
7	12,21	12,50	12,79	13,08	13,37	13,66	
8	13,95	14,24	14,53	14,82	15,11	15,40	
9	15,69	15,98	16,27	16,56	16,85	17,14	
10	17,43	17,72	18,01	18,30	18,59	18,88	
11	19,17	19,46	19,75	20,04	20,33	20,62	
12	20,91	21,20	21,48	21,77	22,06	22,35	
13	22,64	22,93	23,22	23,51	23,80	24,09	
14	24,37	24,66	24,95	25,24	25,53	25,82	
15	26,11	26,39	26,68	26,97	27,26	27,55	
16	27,83	28,12	28,41	28,70	28,99	29,27	
17	29,56	29,85	30,14	30,42	30,71	31,00	
18	31,29	31,57	31,86	32,15	32,44	32,72	
19	33,01	33,30	33,58	33,87	34,16	34,44	
20	34,73	35,02	35,30	35,59	35,87	36,16	
21	36,45	36,73	37,02	37,30	37,59	37,88	
22	38,16	38,45	38,73	39,02	39,30	39,59	
23	39,87	40,16	40,44	40,73	41,01	41,30	
24	41,58	41,87	42,15	42,44	42,72	43,00	28
25	43,29	43,57	43,86	44,14	44,43	44,71	
26	44,99	45,27	45,56	45,84	46,12	46,41	
27	46,69	46,97	47,25	47,54	47,82	48,10	
28	48,38	48,67	48,95	49,23	49,51	49,79	
29	50,08	50,36	50,64	50,92	51,20	51,48	
30	51,76	52,04	52,33	52,61	52,89	53,17	
31	53,45	53,73	54,01	54,29	54,57	54,85	
32	55,13	55,41	55,69	55,97	56,25	56,52	
33	56,80	57,08	57,36	57,64	57,92	58,20	
34	58,47	58,75	59,03	59,31	59,59	59,86	
35	60,14	60,42	60,70	60,97	61,25	61,53	
36	61,80	62,08	62,36	62,64	62,91	63,19	
37	63,46	63,74	64,01	64,29	64,56	64,84	
38	65,11	65,39	65,66	65,94	66,21	66,49	
39	66,76	67,04	67,31	67,59	67,86	68,13	27
40	68,40	68,68	68,95	69,22	69,49	69,77	
41	70,04	70,31	70,59	70,86	71,13	71,40	
42	71,67	71,95	72,22	72,49	72,76	73,03	
43	73,30	73,57	73,84	74,11	74,38	74,65	
44	74,92	75,19	75,46	75,73	76,00	76,27	

TABLE DES CORDES

POUR UN RAYON ÉGAL A·CENT UNITÉS (SUITE).

D.	0'	10'	20'	30'	40'	50'	DIFF.
45°	76,54	76,80	77,07	77,34	77,61	77,88	27
46	78,15	78,41	78,68	78,95	79,22	79,48	
47	79,75	80,02	80,28	80,55	80,82	81,08	
48	81,35	81,61	81,88	82,14	82,41	82,67	
49	82,94	83,20	83,47	83,73	84,00	84,26	
50	84,52	84,79	85,05	85,32	85,58	85,84	26
51	86,10	86,36	86,63	86,89	87,15	87,41	
52	87,67	87,94	88,20	88,46	88,72	88,98	
53	89,24	89,50	89,76	90,02	90,28	90,54	
54	90,80	91,06	91,32	91,57	91,83	92,09	
55	92,35	92,61	92,87	93,12	93,38	93,64	
56	93,89	94,15	94,41	94,66	94,92	95,18	
57	95,43	95,69	95,94	96,20	96,45	96,71	
58	96,96	97,22	97,47	97,72	97,98	98,23	
59	98,48	98,74	98,99	99,24	99,49	99,75	25
60	100,00	100,25	100,50	100,75	101,01	101,26	
61	101,51	101,76	102,01	102,26	102,51	102,76	
62	103,01	103,26	103,51	103,75	104,00	104,25	
63	104,50	104,75	105,00	105,24	105,49	105,74	
64	105,98	106,23	106,48	106,72	106,97	107,21	
65	107,46	107,71	107,95	108,19	108,44	108,68	
66	108,93	109,17	109,41	109,66	109,90	110,14	24
67	110,39	110,63	110,87	111,11	111,36	111,60	
68	111,84	112,08	112,32	112,56	112,80	113,04	
69	113,28	113,52	113,76	114,00	114,24	114,48	
70	114,72	114,95	115,19	115,43	115,67	115,90	
71	116,14	116,38	116,61	116,85	117,09	117,32	
72	117,56	117,79	118,03	118,26	118,50	118,73	
73	118,96	119,20	119,43	119,66	119,90	120,13	
74	120,36	120,60	120,83	121,06	121,29	121,52	23
75	121,75	121,98	122,21	122,44	122,67	122,90	
76	123,13	123,36	123,59	123,82	124,05	124,27	
77	124,50	124,73	124,96	125,18	125,41	125,64	
78	125,86	126,09	126,32	126,54	126,77	126,99	
79	127,21	127,44	127,66	127,89	128,11	128,33	22
80	128,56	128,78	129,00	129,22	129,44	129,66	
81	129,89	130,11	130,33	130,55	130,77	130,99	
82	131,21	131,43	131,65	131,87	132,09	132,31	
83	132,52	132,74	132,96	133,18	133,39	133,61	
84	133,83	134,04	134,26	134,47	134,69	134,90	21
85	135,12	135,33	135,55	135,76	135,97	136,19	
86	136,40	136,61	136,82	137,04	137,25	137,46	
87	137,67	137,88	138,09	138,30	138,51	138,72	
88	138,93	139,14	139,35	139,56	139,77	139,97	
89	140,18	140,39	140,60	140,80	141,01	141,21	

NOTIONS ÉLÉMENTAIRES

DE

GÉOMÉTRIE DESCRIPTIVE.

——————

§ I. — DÉFINITIONS ET PRINCIPES GÉNÉRAUX.

1. *La* GÉOMÉTRIE DESCRIPTIVE *a deux objets : le premier de donner des méthodes pour représenter sur une feuille de dessin, qui n'a que deux dimensions,* savoir, longueur et largeur, *tous les corps susceptibles d'être définis rigoureusement.*

Le deuxième objet est de donner les moyens de reconnaître, d'après une exacte description graphique, les formes des corps, et d'en déduire toutes les vérités qui résultent de leur forme et de leurs positions respectives.

C'est par la *méthode des projections* que l'on est parvenu à atteindre ce double but.

2. *Un* POINT, *une* DROITE *ou une* COURBE *sont déterminés de position dans l'espace lorsque l'on connaît les projections de ce point* (G., *449*), *de cette droite ou de cette courbe* (G., **450**) *sur deux plans qui se coupent.* Soient, en effet, A et A' (fig. 1) les projections d'un certain *point* sur les deux plans *fixes* LTH et LTV : si par le point A nous élevons une perpendiculaire au plan LTH, cette droite sera le lieu de tous les points qui se projettent en A sur ce plan (G., **457**), donc elle passera par le point dont il s'agit. Par une raison semblable, ce point devra se trouver sur la perpendiculaire élevée par le point A' sur le plan LTV; donc il se trouvera au point *a* où ces deux perpendiculaires se rencontrent. Ainsi sa position est complétement déterminée.

Soient maintenant AB et A'B' les projections d'une même *droite* (G., **451**) sur les deux plans LTH et LTV; si par la première on conduit un plan perpendiculaire à LTH, ce plan sera le lieu de toutes les droites qui ont AB pour projection sur LTH, donc il passera par la droite dont il s'agit; par une raison semblable, cette droite devra se trouver sur le plan élevé perpendiculairement à LTV par la droite A'B'; donc elle se trouvera à l'intersection *ab* de ces deux plans. Ainsi sa position est entièrement déterminée.

Enfin soient PQR et P'Q'R' les projections d'une même *courbe*. On construira deux surfaces cylindriques qui aient pour directrices les courbes PQR et P'Q'R', et dont les génératrices soient respectivement perpendiculaires aux plans LTH et LTV : il est clair que la courbe inconnue devra se trouver sur chacune de ces deux surfaces, et par conséquent elle sera précisément leur intersection *pqr*. Donc sa forme et sa position dans l'espace sont complétement déterminées.

3. L'angle que font entre eux les plans de projection est tout à fait arbitraire : cependant les artistes qui font usage de la méthode des projections ont jugé plus commode de prendre les plans de projection perpendiculaires entre eux; et, à cause de la grande habitude qu'ils ont du niveau et du fil à plomb (454), ils ont coutume de supposer que l'un de ces deux plans est horizontal et que l'autre est vertical; en conséquence, leur intersection LT se nomme *la ligne de terre*.

4. D'après cette convention, que nous adopterons, quand nous dirons désormais qu'un point ou une ligne sont donnés, nous entendrons que leurs *projections horizontale* et *verticale*, c'est-à-dire leurs projections sur un plan horizontal et sur un plan vertical fixés d'avance, sont connues.

5. Maintenant que nous savons déterminer la position d'un point ou d'une ligne dans l'espace, il convient d'indiquer le moyen de représenter ce point ou cette ligne sur une feuille de dessin. Pour y parvenir, on suppose que le plan vertical LTV ait tourné autour de la ligne de terre LT, comme charnière, pour se rabattre sur le plan horizontal et ne former avec lui qu'un seul et même plan HV'.

La partie de la feuille de dessin située au-dessus de la ligne de terre LT représentera à la fois la portion supérieure du plan vertical et la portion postérieure du plan horizontal, tandis que la partie de cette feuille située au-dessous de LT représentera la portion antérieure du plan horizontal et la portion inférieure du plan vertical. Ainsi toutes les constructions, qui devraient être exécutées sur les deux plans de projection, se feront sur une seule feuille de dessin, et pour avoir dans leur véritable position les projections horizontales et verticales des points et des lignes situés dans l'espace, il n'y aura qu'à relever le plan vertical, en lui faisant faire un quart de révolution autour de la ligne de terre LT.

6. Il suit immédiatement de la convention qui précède que *les projections horizontale et verticale de tout point de l'espace seront toujours* FIGURÉES *sur une même perpendiculaire à la ligne de terre.* Considérons, en effet, les deux plans de projection dans leur véritable position rectangulaire : le plan déterminé par les perpendiculaires aA et aA', abaissées du point a sur ces deux plans, sera perpendiculaire à la ligne de terre et par conséquent les coupera suivant deux perpendiculaires AO et A'O à cette ligne. Or, la seconde ne cessera pas d'être perpendiculaire à LT pendant le mouvement de rotation du plan LTV; donc, après le rabattement de ce plan sur LTH, la droite A'O sera devenue le prolongement même OA" de AO; donc *les deux projections horizontale et verticale* A *et* A" *du point* a *se trouveront alors sur une même perpendiculaire à la ligne de terre, et on voit de plus que leurs distances* AO *et* A"O *à cette ligne sont égales aux distances de ce même point au plan vertical et au plan horizontal.*

7. Il est important de remarquer que *deux points* A *et* A" *situés sur une même perpendiculaire à la ligne de terre sont nécessairement les projections d'un point déterminé de l'espace ;* car si on relève le plan vertical et que par chacun des deux points donnés on mène une perpendiculaire au plan sur lequel il se trouve, ces perpendiculaires seront tout entières dans le plan A'OA perpendiculaire aux plans de projection, et par conséquent elles se rencontreront.

8. De même *deux droites qui, tracées sur les plans de projection, ne sont pas perpendiculaires à la ligne de terre, sont né-*

cessairement les projections d'une droite dont la position dans l'espace est déterminée. Mais si ces droites sont perpendiculaires à la ligne de terre et au même point, elles seront les projections de toutes les droites situées dans le plan mené par l'une d'elles perpendiculairement à LT, et par conséquent elles ne suffiront plus pour déterminer une droite.

9. Observons encore que *tous les points et toutes les lignes situés sur l'un des plans de projection se projettent sur l'autre plan, suivant la ligne de terre* (G.; **482**).

10. Nous déterminerons la position d'un plan en nous donnant ses deux traces sur les plans de projection (G., **19**). Ces traces se croiseront nécessairement sur la ligne de terre, mais l'angle qu'elles formeront après le rabattement du plan vertical sur le plan horizontal sera tout à fait différent de celui qu'elles forment dans l'espace.

Si le plan est perpendiculaire aux plans de projection, ses traces formeront une seule ligne droite perpendiculaire à la ligne de terre (G., **484**).

S'il est parallèle à l'un des plans de projection, sa trace sur l'autre est parallèle à la ligne de terre (G., **454**) et suffit pour le déterminer.

S'il est parallèle à la ligne de terre, ses deux traces sont parallèles à cette droite.

11. Nous conviendrons de noter par des *lettres sans accent* les projections *horizontales* d'un point ou d'une droite, et par des *lettres accentuées* les projections *verticales;* de plus, pour désigner un point *a* de l'espace, nous écrirons entre parenthèses les deux lettres qui correspondent à ses projections; de sorte que le symbole (A,A') désigne le point *a* de l'espace qui a A et A' pour projection horizontale et pour projection verticale. Par analogie, on écrira (AB, A'B') pour indiquer la droite *ab* de l'espace qui a AB et A'B' pour projections horizontale et verticale.

12. On est convenu de représenter par *un trait plein et continu* les *données* et les *inconnues* d'un problème, lorsqu'elles seront *visibles;* mais si ces lignes sont *invisibles*, elles seront *ponctuées*, c'est-à-dire tracées en *points ronds*.

On suppose l'observateur placé au-dessus du plan horizontal et en avant du plan vertical, et à une distance infinie de ces plans; alors les rayons visuels, menés de son œil aux projections d'un objet, peuvent être regardés comme étant perpendiculaires aux plans où ces projections sont tracées, de sorte que ces rayons visuels coïncident avec les droites par lesquelles on projette les différents points de cet objet. *Si donc une ligne est située au-dessous du plan horizontal ou derrière le plan vertical, on devra la regarder comme invisible, et partant la* PONCTUER. *De même, si une ligne se trouve cachée au spectateur par une surface qui fait partie des données de la question, cette ligne sera encore figurée en* POINTS RONDS.

Au contraire, TOUTES *les lignes de construction*, c'est-à-dire celles que l'on tracera pour parvenir à la détermination des inconnues d'un problème, *seront* POINTILLÉES, c'est-à-dire formées de très-petits traits, *qu'elles soient visibles ou non.*

§ II. — PROBLÈMES SUR LES LIGNES DROITES ET LES PLANS.

PROBLÈME I.

13. *Étant données les deux projections* AB *et* A'B' (fig. 2) *d'une droite, construire ses* TRACES, *c'est-à-dire les points où elle perce les plans de projection* ([1]).

La trace horizontale de la droite donnée, étant elle-même sa propre projection horizontale, doit ainsi se trouver sur AB : d'un autre côté, elle se projette verticalement et sur la ligne de terre LT et sur A'B' (9), c'est-à-dire au point C' où ces droites se coupent; donc elle se trouve sur la perpendiculaire élevée par ce point à LT (6); donc elle est au point C. Donc, *pour construire la trace horizontale d'une droite il faut prolonger la projection*

([1]) Avant d'entreprendre une *épure*, on trace, avec le plus grand soin et à l'aide d'un compas, deux droites qui soient rectangulaires (G., 141) et qui partagent chacune la feuille de dessin en deux parties égales. Ces deux droites serviront de directrices pour tracer avec une *équerre* la ligne de terre parallèlement à l'une d'elles (G., 151, 3°), ainsi que les droites qui devront lui être parallèles ou perpendiculaires.

verticale de cette droite jusqu'à la ligne de terre ; au point d'in-
tersection élever une perpendiculaire à cette ligne, et le point où
cette perpendiculaire coupera la projection horizontale de la droite,
sera la trace cherchée.

La trace verticale de la droite donnée étant elle-même sa
propre projection verticale, doit ainsi se trouver sur A'B' : d'un
autre côté, elle se projette horizontalement et sur la ligne de
terre et sur AB, c'est-à-dire au point D, où ces droites se
coupent ; donc elle se trouve sur la perpendiculaire élevée par
ce point à LT ; donc elle est au point D'. Donc *pour construire
la trace verticale d'une droite il faut prolonger sa projection horizontale jusqu'à la ligne de terre ; au point d'intersection, élever une
perpendiculaire à cette ligne, et le point où cette perpendiculaire
coupera la projection verticale de la droite, sera la trace cherchée.*

Problème II.

14. *Par un point* (M, M') (fig. 2) *donné dans l'espace, mener une
parallèle à une droite donnée* (AB, A'B'), *et trouver la longueur d'une
partie de cette droite comprise entre le point* (M, M') *et un autre de
ses points choisi arbitrairement.*

Nous avons vu (G., **462**) que la condition nécessaire et suffisante pour que deux droites situées dans l'espace soient parallèles, c'est que leurs projections, sur deux plans qui se coupent,
soient elles-mêmes parallèles ; ainsi les projections de la droite
demandée doivent être parallèles à AB et à A'B' ; mais, parce
que cette droite doit être tirée par le point (M, M'), ses projections doivent passer par celles de ce point ; nous les obtiendrons
donc en menant par M et par M' des parallèles respectives
ME et M'E' à AB et à A'B'.

Actuellement, d'un point quelconque N' de M'E', abaissons sur
la ligne de terre une perpendiculaire que nous prolongerons
jusqu'à la rencontre de ME, et le point (N, N'), ainsi déterminé,
sera un point de notre parallèle. Il s'agira donc de trouver sa
distance au point (M, M'), c'est-à-dire la longueur de la droite
qui a pour projections MN et M'N'. Cette droite est le quatrième

côté d'un trapèze formé par MN et les verticales qui projettent ses extrémités sur le plan horizontal : or, il est clair qu'en faisant tourner ce trapèze autour de MN, comme charnière, pour le *rabattre* sur le plan horizontal, ses angles M et N ne cesseront pas d'être droits, de sorte qu'on obtiendra son *rabattement* en élevant aux points M et N des perpendiculaires $Mm = FM'$ et $Nn = GN'$ (6) sur MN, et en joignant les points *m* et *n*. La droite *mn* est donc la longueur demandée.

Il est clair que le prolongement de *mn* doit aller passer par la trace horizontale E de la droite (ME, M'E'). Cette remarque fournit une *vérification* de notre construction et donne le moyen de trouver l'inclinaison *m*M d'une droite donnée sur le plan horizontal. Il suffira, pour cela, de construire le rabattement horizontal d'un point de cette droite et de le joindre avec sa trace horizontale. On déterminerait d'une manière analogue l'inclinaison d'une droite sur le plan vertical.

On peut encore déterminer la longueur de la droite (MN, M'N') de la manière suivante : Supposons, en effet, que l'on fasse tourner le plan qui projette cette droite horizontalement, autour de la verticale du point (M, M'), jusqu'à ce que ce plan soit devenu parallèle au plan vertical. Le point N sera venu se placer sur la parallèle MI à LT, en décrivant un arc de cercle, de sorte que le point (N, N') se projettera alors verticalement sur la perpendiculaire IK à LT ; mais il est clair que, dans ce mouvement, ce point restera toujours à la même hauteur au-dessus du plan horizontal ; donc il se projettera aussi sur la parallèle N'K menée à LT par le point N', et, par conséquent, au point K. Ainsi, M'K sera actuellement la projection verticale de la distance demandée ; cette droite est donc égale à cette distance, puisque la droite (MN, M'N') étant maintenant parallèle au plan vertical est égale à sa projection sur ce plan.

Donc *la distance des deux points* (M, M') *et* (N, N') *est l'hypoténuse* M'K *d'un triangle rectangle* M'KO *dont la hauteur* M'O *est la différence des hauteurs des deux points au-dessus du plan horizontal, et dont la base* KO *est égale à la distance* MN *des projections horizontales de ces deux points.*

PROBLÈME III.

15. *Par un point donné* (A, A') (fig. 3), *mener un plan parallèle à un autre plan donné par ses traces* PQ *et* QR'.

Lorsque deux plans sont parallèles, leurs traces sur les plans de projection sont parallèles, et réciproquement; ainsi, les traces du plan cherché doivent être parallèles à PQ et à QR', de sorte qu'elles seront déterminées si on peut obtenir un point de l'une d'elles, puisqu'elles doivent d'ailleurs concourir sur la ligne de terre. Pour y parvenir, je remarque que si l'on mène par le point (A,A') une parallèle à une droite quelconque située dans le plan PQR', cette parallèle sera tracée dans le plan demandé (G., **456**); par conséquent, en construisant ses traces, on aura un point de chacune de celles du plan inconnu, et on aura une vérification, en ce que les parallèles menées à PQ et à QR' par les points trouvés devront aller concourir sur LT.

Mais au lieu de prendre la *droite auxiliaire* parallèle à une droite *quelconque* tracée dans le plan PQR', il sera beaucoup plus simple de la mener parallèlement à l'une des traces de ce plan, à sa trace horizontale, par exemple, qui est connue. En conséquence, on tirera par le point A une parallèle à PQ, et par le point A' une parallèle à LT (**14**), car PQ est elle-même sa projection horizontale et a LT pour projection verticale (**9**); on construira ensuite (**13**) la trace verticale B' de cette droite (AB, A'B'), et il ne restera plus qu'à mener par le point B' une parallèle M'N à R'Q, puis par le point N une parallèle NM à PQ, et le problème sera résolu.

Si l'on veut se fournir une vérification de la construction précédente, il n'y aura qu'à chercher un point de la trace horizontale du plan demandé, ce qui se fera en tirant par le point (A,A') une parallèle à la trace verticale du plan donné, et ce point devra se trouver sur MN.

16. Si les traces PQ et P'Q' (fig. 4) du plan donné sont parallèles à la ligne de terre, la construction précédente deviendra impossible, puisque la ligne auxiliaire sera aussi parallèle à LT et ne pourra pas en conséquence rencontrer les plans de projection. Il faudra donc tirer par le point (A, A') une parallèle à une ligne quelconque tracée dans le plan donné; mais il sera encore plus simple de mener par le point (A, A') un *plan de profil*, c'est-à-dire un plan perpendiculaire à la ligne de terre; ses traces OR et OR' formeront une perpendiculaire à LT (**10**), laquelle coupera les traces du plan donné aux points P et P'. Par conséquent, l'intersection de ces deux plans sera la droite qui dans l'espace joindra P avec P'. Cela posé, je rabats le plan auxiliaire sur le plan horizontal, en le faisant tourner autour de OR; la trace verticale OR' se rabattra sur LT, et le point P' viendra, en décrivant un quart de cercle, se placer en P'', de sorte que la trace du plan donné sur le plan de profil aura PP'' pour rabattement. Mais le point (A, A'), emporté par le plan auxiliaire, aura décrit aussi un quart de cercle dont A est le centre, A'O le rayon, et dont le plan est perpendiculaire à OR, de sorte qu'il se sera rabattu en A''; donc, si par ce point je tire une parallèle CD à PP'', cette droite CD sera le rabattement d'une droite menée par le point (A, A') parallèlement à une droite située dans le plan donné. Or, quand on ramènera le plan de profil à sa position primitive, le point D, qui se trouve sur l'axe de rotation, ne variera pas; le point C décrira le quadrant CD'; donc la parallèle menée par le point (A, A') à la droite qui dans l'espace joint P et P', perce les plans de projection en D et en D' : donc les traces du plan demandé sont les parallèles DS et D'S' à la ligne de terre.

PROBLÈME IV.

17. *Faire passer un plan par trois points donnés* (A,A'), (B,B') et (C,C') (fig. 5).

Joignez les trois points donnés deux à deux par des lignes droites qui seront évidemment tout entières dans le plan inconnu, de sorte qu'en construisant les traces horizontales D,E,F, et les traces verticales D',E',F' de ces droites (**13**), vous aurez trois points de chacune des traces du plan cherché, et, par conséquent elles seront plus que déterminées. Vous joindrez donc D et F, D' et F' par deux droites qui résoudront le problème, et

vous aurez trois vérifications, puisqu'elles devront passer respectivement par E et par E', et aller concourir sur LT.

Il sera également facile de *faire passer un plan par un point et
une droite donnés,* car il n'y aura qu'à prendre deux points sur
cette droite, par exemple ses deux traces, pour revenir au problème précédent.

PROBLÈME V.

18. *Construire l'intersection de deux plans donnés par leurs
traces* PQ *et* QR', PS *et* SR' (fig. 6).

Le point P, où se croisent les traces horizontales des deux
plans, est évidemment le point où leur commune intersection
perce le plan horizontal; de même le point R' est la trace verticale de cette droite : mais le point P a pour projection verticale le pied A' de la perpendiculaire PA' à la ligne de terre ; le
point R' a pour projection horizontale le point B de cette même
ligne ; donc, en tirant les droites R'A' et PB, on aura les projections verticale et horizontale de l'intersection demandée.

Ainsi, *pour construire la projection horizontale de l'intersection de deux plans, abaissez une perpendiculaire sur la ligne de
terre, du point où se croisent leurs traces verticales, et joignez le
pied de cette perpendiculaire avec le point où leurs traces horizontales se rencontrent. Vous déterminerez la projection verticale de
cette intersection par une construction analogue.*

19. Si les traces des plans donnés PQP' et RSR' (fig. 7) ne
peuvent pas se couper dans les limites de l'épure, la règle que
nous venons de donner sera inapplicable. Dans ce cas, on mènera un *plan auxiliaire* parallèlement à l'un des plans de projection, au plan vertical par exemple, et il est clair que ses traces, sur les plans donnés, se croiseront sur leur intersection, de
sorte qu'en construisant ces traces, on obtiendra un point de
cette intersection. Soit donc AB la trace horizontale de notre
plan auxiliaire : les droites suivant lesquelles il coupera PQP' et
RSR' seront des parallèles à QP' et à SR', issues respectivement de A
et de B; donc elles auront C'F' et D'F' pour projections verticales.
Donc, si de F' on abaisse sur LT une perpendiculaire que l'on

prolongera jusqu'à la rencontre de AB, on aura un point (F,F') de
l'intersection demandée, et en répétant cette construction, on
en obtiendra un second point, ce qui achèvera de la déterminer.

20. Supposons que le plan PSR' (fig. 6) se meuve de telle manière que, sa trace verticale restant fixe, sa trace horizontale
tende à devenir parallèle à celle du plan PQR'; les points P et A'
s'éloigneront ainsi indéfiniment des points respectifs B et R', en
décrivant les droites QP et LT, de sorte qu'à la limite PB et
R'A' seront devenues parallèles, l'une aux deux traces horizontales, et l'autre à la ligne de terre. Et, en effet, dans l'hypothèse
actuelle, les deux plans étant conduits suivant deux parallèles
QP et US, leur intersection est parallèle à ces droites (G., **447**);
par conséquent ses projections BC et R'C' sont parallèles à celles
de ces droites, c'est-à-dire à ces mêmes droites et à la ligne de
terre.

Observons toutefois que si les traces horizontales des deux
plans donnés étaient perpendiculaires à la ligne de terre, la
projection verticale de leur intersection se réduirait au point R'
(G., **484**).

21. Si les traces horizontales et verticales des deux plans
donnés étaient parallèles, la construction que nous avons donnée (**18**) deviendrait impossible, mais aussi les deux plans seraient parallèles, et par conséquent il n'y aurait plus d'intersection.

Il y a toutefois un cas où cette construction ne pourrait pas
s'effectuer, bien que les deux plans se coupent : c'est celui où
leurs traces PQ et P'Q', RS et R'S' (fig. 8) seraient toutes quatre
parallèles à la ligne de terre. Alors leur intersection sera aussi
parallèle à LT, ainsi que ses projections ; de sorte qu'il suffira,
pour les déterminer, de trouver un point de chacune d'elles.
Or, si l'on mène un plan de profil (**16**) MOM', ses intersections
avec les plans donnés seront les droites qui, dans l'espace, joindront P et P', R et R'. Cela posé, rabattons le plan MOM' sur le
plan horizontal, en le faisant tourner autour de OM ; sa trace
verticale OM' se rabattra sur OL, et les points P' et R' de cette
droite viendront se placer en P'' et en R'', de sorte que les traces

des plans donnés sur le plan de profil auront pour rabattements PP″ et RR″, et par conséquent le point A″, où elles se croisent, est le rabattement du point où l'intersection des deux plans donnés perce le plan MOM′. Si donc on abaisse A″A perpendiculairement sur OM et qu'on ramène le plan auxiliaire à sa position primitive, ce point A″ décrira un quart de cercle dont A sera le centre et A″A le rayon, et ainsi se projettera horizontalement en A et verticalement sur OM′ à une distance de O égale à A″A. Les parallèles AB et A′B′ menées à la ligne de terre par A et par A′ résoudront le problème.

Remarquons qu'au lieu de prendre le plan auxiliaire perpendiculaire à la ligne de terre, on aurait pu l'assujettir à la seule condition de couper les deux plans donnés; mais les constructions auraient été beaucoup moins simples.

22. Enfin il peut arriver que les traces OP et OP′, OR et OR′ (fig. 9) des deux plans rencontrent la ligne de terre au même point O. Coupez encore les plans donnés par un plan de profil que vous rabattrez ensuite sur le plan horizontal, en le faisant tourner autour de sa trace sur ce plan; vous obtiendrez ainsi les rabattements PP″ et RR″ des traces des plans donnés sur le plan de profil, de sorte qu'en ramenant celui-ci à sa position primitive, le point A″ où elles se coupent sera projeté en A et en A′. Mais les projections de l'intersection doivent évidemment passer par le point O; donc ces projections sont OA et OA′.

Problème VI.

23. *Construire le point d'intersection d'une droite* (AB, A′B′) *avec un plan donné* PQR′ (fig. 10).

Si, par la droite donnée, nous conduisons un plan quelconque, il est clair que le point où elle percera le plan PQR′ appartiendra à la trace de ce plan auxiliaire sur le plan donné, et qu'en conséquence les projections du point demandé se trouveront à la fois sur les projections de cette trace et sur celles de la droite donnée, de sorte qu'elles seront ainsi déterminées. La première chose à faire est donc de mener un plan par la droite (AB, A′B′).

Pour plus de simplicité dans les constructions, nous prendrons pour plan auxiliaire celui même qui projette cette droite horizontalement : AB sera donc sa trace horizontale, et BR', perpendiculaire élevée à LT par le point B, sera sa trace verticale (G., 484). On construira la projection verticale R'D' de l'intersection des deux plans PQR' et ABR' (18), et le point M', où elle rencontrera A'B', sera la projection verticale du point d'intersection de la droite (AB, A'B') avec le plan PQR', de sorte qu'en abaissant de M' la perpendiculaire M'M sur LT on déterminera la projection horizontale M de ce même point.

On obtiendra une vérification si l'on prend pour plan auxiliaire le plan qui projette (AB, A'B') verticalement, parce que la projection horizontale de la trace de ce plan sur PQR' devra passer par le point M.

Remarquons que, dans notre figure, la partie (MA, M'A') de la droite (AB, A'B') est tout entière au-dessus du plan PQR', et par conséquent est visible, tandis que la partie (MB, M'B') de la même droite est invisible, parce qu'elle est au-dessous de ce plan : voilà pourquoi l'une est figurée par un *trait plein*, et que l'autre est *ponctuée*.

24. Si la droite donnée (AB, A'B') (fig. 11) est perpendiculaire à l'un des plans de projection, au plan horizontal par exemple, la trace horizontale du plan auxiliaire ne sera assujettie qu'à la seule condition de passer par le point A, et ce qu'il y aura de mieux à faire sera de la diriger parallèlement à la trace horizontale du plan donné; soient donc AC et CC' les traces de ce plan : la projection verticale de son intersection avec PQR' sera la parallèle C'M' à la ligne de terre (20), de sorte que A et M' sont les deux projections du point cherché.

25. Il est bon de remarquer que cette construction donne la solution de ce problème : *Étant donnée l'une des projections d'un point appartenant à un plan, trouver l'autre projection de ce point.* On voit, en effet, que le point du plan PQR', qui se projette horizontalement en A, est l'intersection même de ce plan avec la verticale menée par le point A.

26. Si la droite donnée était parallèle à la ligne de terre (fig. 12), on construirait encore la projection verticale de la droite suivant laquelle le plan PQR' est coupé par le plan qui la projette horizontalement (19).

27. Si le plan donné est perpendiculaire à la ligne de terre, ses traces formeront une perpendiculaire à LT, et les points où cette perpendiculaire rencontrera les projections de (AB, A'B') seront la réponse à la question.

28. Si l'on veut résoudre le problème du n° **23** en employant un plan auxiliaire quelconque, on observera que ses traces n'étant assujetties qu'à la seule condition de passer par les traces horizontale et verticale C et C' de la droite (AB, A'B') (fig. 13) on tirera par le point C une droite quelconque OCP, et en joignant le point C' avec le point où cette droite rencontre LT, on aura les traces d'un plan POR', qui contiendra la droite donnée, puisqu'elle aura deux points dans ce plan. On construira donc l'intersection (PD, R'D') de ce plan avec le plan PQR', et le point (M, M') commun à cette droite et à (AB, A'B') résoudra le problème. La droite MM' devra être perpendiculaire à LT, ce qui fournit une vérification.

PROBLÈME VII.

29. *D'un point donné* (A, A') *abaisser une perpendiculaire sur un plan donné* PQR' *et trouver la longueur de cette perpendiculaire* (fig. 14).

Nous avons vu (G., 485 et 486) que la condition nécessaire et suffisante pour qu'une droite soit perpendiculaire à un plan, est que ses projections sur deux plans qui se coupent, soient perpendiculaires aux traces du plan donné sur ces plans ; ainsi les projections de la droite demandée doivent être perpendiculaires à PQ et à QR' ; mais, parce que cette droite doit être tirée par le point (A, A'), ses projections doivent passer par celles de ce point : nous les obtiendrons donc en menant par A et par A' les perpendiculaires respectives AB et A'B' sur PQ et sur QR'.

Pour trouver ensuite la longueur de la partie de cette perpendiculaire comprise entre le point (A, A') et le plan PQR', il n'y aura qu'à chercher (**25**) l'intersection (M, M') de la droite

(AB, A'B') avec ce plan, et la question sera ramenée à trouver la distance des deux points (A, A') et (M, M'). En conséquence, on mènera par le point M' une parallèle à la ligne de terre, on prendra sur cette droite, à partir de AA', une distance CM″=AM, et en joignant A'M″ on aura la longueur demandée (14).

30. Supposons que les traces PQ, P'Q' (fig. 15) du plan donné soient parallèles à la ligne de terre : on mènera par le point (A, A') un plan de profil que l'on rabattra ensuite sur le plan horizontal ; la trace du plan de profil sur le plan donné et le point (A, A') auront ainsi pour rabattements la droite PP″ et le point a (16), de sorte qu'en abaissant de ce point a la perpendiculaire am sur cette droite, on aura la longueur de la perpendiculaire demandée. Pour obtenir la projection du pied de cette droite, on ramènera le plan auxiliaire à sa position primitive. Dans ce mouvement, le point m décrira un quadrant dont le rayon sera la perpendiculaire mM abaissée de m sur l'axe de rotation, de sorte que le pied de notre perpendiculaire se projettera horizontalement en M et verticalement en M' à une distance de la ligne de terre égale à mM.

Problème VIII.

31. *D'un point donné* (C, C') *abaisser une perpendiculaire sur une droite donnée* (AB, A'B') *et trouver la longueur de cette perpendiculaire* (fig. 16).

Si par le point donné on mène un plan perpendiculaire à la droite donnée (AB, A'B') et qu'on joigne le point d'intersection de ce plan et de cette droite avec le point (C, C'), on aura évidemment résolu la première partie de la question, et la seconde ne présentera aucune difficulté (14).

Il s'agit donc de *mener par un point donné* (C, C') *un plan perpendiculaire à une droite donnée* (AB, A'B').

Les traces du plan inconnu doivent être perpendiculaires aux projections de la droite donnée (G., 485) : d'où l'on voit qu'elles seront déterminées si l'on peut obtenir un point de l'une d'elles, puisqu'elles doivent d'ailleurs concourir sur la ligne de terre. Pour y parvenir, je remarque que si l'on mène par le point (C, C') une parallèle à la trace horizontale du plan demandé, cette droite sera située dans ce plan, de sorte qu'en construisant le point où elle percera le plan vertical, on aura un point de la trace verticale du plan cherché. Or, les projections de cette *droite auxiliaire* doivent être parallèles à celles de la trace horizontale de notre plan ; donc en menant par C une perpendiculaire CD à AB et par C' une parallèle C'D' à la ligne de terre, on aura ces projections. On cherchera donc la trace verticale D' de (CD, C'D'), et en tirant ensuite R'D'Q et PQ perpendiculairement à A'B' et à AB, on aura les traces du plan demandé. Il ne restera donc plus qu'à construire l'intersection (M, M') de la droite (AB, A'B') avec le plan PQR', à joindre cette intersection avec le point (C, C'), et à trouver la distance de ces deux points.

32. Si la droite donnée (A, A'B') (fig. 17) est perpendiculaire au plan horizontal, le plan qui lui sera mené perpendiculairement par le point (C, C') sera horizontal et sera par conséquent déterminé par sa trace verticale (10), laquelle passera par C', puisqu'elle est le lieu des projections verticales de tous les points du plan ; donc (A, M') sera le point d'intersection du plan auxiliaire avec la perpendiculaire demandée ; CA et C'M' seront donc les projections de cette droite et CA en sera la longueur.

33. Si la droite donnée (AB, A'B') (fig. 18) est parallèle à la ligne de terre, les traces du plan auxiliaire se confondront avec la droite qui joint les projections du point (C, C'), de sorte que CM et C'M' seront les projections de la perpendiculaire demandée ; on prendra donc M'M″ = CM, et en joignant C'M″ on aura la longueur de cette perpendiculaire.

34. On peut résoudre le problème du n° **31** par la *méthode* dite *des rabattements*, dont nous avons déjà donné quelques applications et avec laquelle il est important de se familiariser.

Par le point (C, C') (fig. 19) et la droite (AB, A'B') conduisons un plan D'QA, ce qui se fera en joignant ce point à la trace horizontale (A, A')-de la droite donnée, puis en tirant une première droite D'B'Q par les traces verticales de (AC, A'C') et de (AB, A'B'), et une seconde par les points Q et A. Il est clair alors que, en rabattant ce plan sur le plan horizontal avec la droite (AB, A'B') et le point (C, C'), il n'y aura plus aucune difficulté pour abaisser de ce point une perpendiculaire sur cette droite. Or, quand le plan D'QA tournera autour de sa trace horizontale QA, le point B' décrira un arc de cercle dont le plan sera perpendiculaire à cette trace, de sorte que ce point viendra se rabattre sur la perpendiculaire abaissée de B sur AQ. Mais comme le point Q restera immobile, sa distance au point B' ne variera pas; donc ce point B' se rabattra au point b, où la perpendiculaire indéfinie BE est coupée par l'arc décrit de Q comme centre avec QB' pour rayon; donc le rabattement de la droite donnée est Ab, puisqu'elle n'a fait que tourner autour de A. Si l'on prend sur Qb une distance Qd = QD', et qu'on joigne Ad, on aura de même le rabattement de la droite (AD, A'D'), de sorte qu'en abaissant du point C une perpendiculaire sur l'axe de rotation AQ, le point c où elle coupera Ad sera le rabattement du point donné (C, C'). Par conséquent, en abaissant cm perpendiculairement sur Ab, on aura la longueur de la perpendiculaire demandée.

Actuellement, pour déterminer les projections de cette perpendiculaire, nous ramènerons le plan AQD' à sa position primitive. Dans ce mouvement, le point m décrira un arc de cercle dont le plan sera perpendiculaire à l'axe de rotation AQ, de sorte que, quand il sera revenu à sa position primitive, il se projettera horizontalement sur l'intersection M de AB avec la perpendiculaire abaissée de m sur AQ. On aura donc la projection verticale M' de ce point en tirant la perpendiculaire MM' à la ligne de terre.

35. Remarquons que la solution que nous venons de donner du problème VIII renferme celle de cet autre problème, *trouver l'angle formé par les traces d'un plan* B'QA, car cet angle est égal à bQA. Ainsi, pour résoudre ce problème il faut rabattre le plan donné, en le faisant tourner autour de sa trace horizontale, par exemple, construire le rabattement d'un point quelconque de la trace verticale, et joindre ce rabattement avec le point de la ligne de terre où se joignent les deux traces.

PROBLÈME IX.

56. *Construire les angles rectilignes correspondants aux angles dièdres qu'un plan donné* PQR' *forme avec les plans de projection* (fig. 20).

Il est clair que si nous menons un plan perpendiculaire à PQ, l'angle que formeront ses traces sur le plan horizontal et sur le plan donné, sera l'angle rectiligne correspondant à l'angle dièdre de ces deux plans. La trace horizontale de notre plan auxiliaire est une perpendiculaire AO menée à PQ par un point quelconque de cette droite (G., 485), et sa trace verticale sera la perpendiculaire A'O élevée au point O sur la ligne de terre. Donc la droite qui dans l'espace joindra les points A et A', sera la trace de notre plan auxiliaire sur PQR'. Cette droite est donc l'hypoténuse d'un triangle rectangle dont OA et OA' sont les deux autres côtés. Pour construire ce triangle, il n'y aura qu'à le rabattre sur le plan vertical, en le faisant tourner autour de OA'; le point A décrira l'arc AA'', et en joignant A'A'' on obtiendra l'angle demandé A'A''O.

On aurait construit le rabattement de notre triangle sur le plan horizontal, en élevant sur AO la perpendiculaire OA''' = OA' et en joignant A'''A.

On construira semblablement l'inclinaison OBA ou OB'A'ᵛ du plan PQR' sur le plan vertical.

Si les traces du plan donné étaient parallèles à la ligne de terre, le plan auxiliaire deviendrait un plan de profil, et les angles demandés seraient ceux du triangle formé par les traces de ce plan sur le plan donné et sur les plans de projection.

PROBLÈME X.

57. *Construire l'angle rectiligne correspondant à l'angle dièdre formé par deux plans donnés* PQR' *et* PSR' (fig. 21).

Si nous menons un plan perpendiculaire à l'intersection des deux plans donnés, ses traces sur ces plans et sur le plan horizontal formeront un triangle, dans lequel l'angle opposé au côté horizontal sera l'angle rectiligne correspondant à l'angle dièdre cherché. Or, la trace horizontale de notre plan auxiliaire doit être perpendiculaire à la projection horizontale de l'intersection des deux plans PQR' et PSR' : nous construirons donc cette projection PA, et la perpendiculaire BC menée à cette droite par l'un quelconque de ses points, pourra être considérée comme la base de notre triangle. Son sommet, qui est un point de l'intersection des plans PQR' et PSR', se projette sur AP, d'où il suit que si on le joint au point D, la droite ainsi tracée sera la hauteur de notre triangle (G., **442**). Si donc nous pouvons déterminer cette hauteur, il n'y aura qu'à la porter sur DP, à partir du point D, pour avoir le rabattement du sommet; car, dans le mouvement de rotation du plan auxiliaire autour de sa trace horizontale BC, ce point décrira un arc de cercle qui a le point D pour centre et dont le plan est perpendiculaire à BC. Or, la hauteur de notre triangle est la perpendiculaire abaissée du point D sur la droite qui, dans l'espace, joint les points P et R', puisque cette droite, intersection des deux plans, est perpendiculaire au plan de ce triangle. Mais cette droite est aussi l'hypoténuse d'un triangle rectangle dont les deux autres côtés sont PA et AR'; en conséquence, je rabats ce triangle sur le plan vertical, en le faisant tourner autour de R'A; les points P et D viennent ainsi se placer en P' et en D', de sorte qu'en menant D'D″ perpendiculairement à R'P' j'aurai la hauteur cherchée. Je prendrai donc DE = D'D″, et, en joignant EB et EC, je formerai l'angle demandé AEC.

Si les traces horizontales des plans donnés sont parallèles, il n'y aura rien de changé à la construction précédente, sinon que l'hypoténuse R'P' deviendra infinie, c'est-à-dire parallèle à la ligne de terre, de sorte que la hauteur de notre triangle sera R'A.

Si les traces PQ et P'Q', RS et R'S' (fig. 8) des deux plans sont parallèles à la ligne de terre, le plan auxiliaire deviendra un plan de profil MOM'; on le rabattra donc sur le plan horizontal, et l'angle PA″R, formé par les rabattements PP″ et RR″ de ses traces sur les deux plans donnés sera l'angle demandé (**21**).

38. Si l'on veut *mener un plan qui partage en deux parties égales l'angle dièdre formé par les plans* PQR' *et* PSR' (fig. 21), on remarquera que la trace de ce plan bissecteur sur le plan auxiliaire doit partager l'angle que nous venons de construire en deux parties égales; donc la bissectrice de l'angle BEC sera le rabattement de la trace dont il s'agit, de sorte que le plan demandé doit passer par le point F, car, lorsque l'on ramènera le plan auxiliaire à sa position primitive, la droite EF tournera autour de ce point F; d'un autre côté, ce plan doit aussi passer par le point P; donc PFG est sa trace horizontale, et par conséquent R'G est sa trace verticale.

PROBLÈME XI.

39. *Construire l'angle de deux droites données* (fig. 22).

Nous avons vu (G., **471**) que lorsque deux droites ne se rencontraient pas, on mesurait leur inclinaison mutuelle par l'angle formé par l'une d'elles avec une parallèle menée par un de ses points à l'autre : nous pourrons donc supposer que l'on ait effectué cette construction([1]), et nous proposer en conséquence de trouver l'angle formé par les deux droites (AB, A'B') et (BC, B'C') qui se coupent au point (B, B'). Si l'on joint les tracés horizontales A et C de ces deux droites, on formera un triangle dont AC sera la base et dont l'angle au sommet (B, B') sera l'angle cherché. Si donc on abaisse la perpendiculaire BD sur sa base, et qu'on joigne le point D avec le sommet, on aura la hauteur de ce triangle (G., **442**); de sorte que si on rabat le plan de ce triangle sur le plan horizontal, en le faisant tourner autour de AC, son sommet viendra se placer sur DB, à une distance de D égale à cette hauteur; car il décrira un arc de cercle qui aura pour centre le point D et dont le plan sera perpendiculaire à AC. Mais cette hauteur est l'hypoténuse d'un triangle rectangle dont BD est la base et B'E la hauteur : ainsi nous la

---

([1]) Deux droites ne se coupent pas, lorsque la droite qui joint le point d'intersection de leurs projections verticales avec le point où se coupent leurs projections horizontales, n'est pas perpendiculaire à la ligne de terre (6).

déterminerons en prenant sur la ligne de terre une distance EF = BD et en joignant B'F. Il ne s'agira donc plus que de porter B'F de D en b sur DB, et de tirer bA et bC. L'angle AbC résoudra le problème.

40. Si les droites données se croisaient sur le plan horizontal, on mènerait par un point quelconque de l'une une parallèle à l'autre, et la question serait ramenée à trouver l'angle formé par cette parallèle et par la première droite.

41. Si l'on suppose que la seconde droite (fig. 23) tourne autour du point (B, B') et tende à devenir parallèle au plan horizontal en conservant la même projection horizontale, sa projection verticale tendra à devenir parallèle à la ligne de terre, de sorte que le point C s'éloignera indéfiniment sur la projection BC; donc à la limite, c'est-à-dire quand la seconde droite sera parallèle au plan horizontal, la droite AC sera devenue parallèle à BC; et il est clair, en effet, qu'un plan conduit suivant une parallèle au plan horizontal, doit couper ce plan suivant une parallèle à cette droite et par suite à sa projection horizontale. On mènera donc par le point A une parallèle AC" à BC, et on achèvera la construction comme précédemment.

PROBLÈME XII.

42. *Construire l'angle formé par une droite* (AB, A'B') *avec un plan donné* PQR' (fig. 24).

D'un point quelconque (B, B') de la droite donnée, j'abaisse une perpendiculaire (BC, B'C') sur le plan PQR', et il est clair que l'angle formé par ces deux droites sera le complément de celui que la droite donnée forme avec sa projection sur ce plan, c'est-à-dire qu'il sera le complément de l'angle demandé (G., **472**). On construira donc l'angle AbC des droites (AB, A'B') et (BC, B'C'), et en élevant au point b une perpendiculaire bG sur Cb, on obtiendra l'angle demandé AbG.

PROBLÈME XIII.

43. *Trouver la plus courte distance de deux droites* (AB, A'B') *et* (CD, C'D') *qui ne sont pas situées dans un même plan* (fig. 25).

Nous avons démontré au n° **470** de la Géométrie que cette plus courte distance était la perpendiculaire commune aux deux droites données, et que, pour la construire, il fallait mener par un point quelconque de *cd* une parallèle *cf* à la droite *ab* (fig. 25 *bis*), d'un point quelconque *b* de celle-ci abaisser une perpendiculaire *bg* sur le plan *fcd* ; par le pied *g* de cette perpendiculaire, mener *gi* parallèlement à *ab*, et par le point *i* tirer la parallèle *ik* à *cd*. Nous allons donc exécuter ces diverses constructions qui, comme on le voit, ne sont que des applications de problèmes résolus précédemment.

On commencera par déterminer les traces (**13**) de la droite (CD, C'D') ; par sa trace verticale, on tirera la parallèle (CF, C'F') à la droite (AB, A'B'), on cherchera la trace horizontale F de cette parallèle, et en joignant DFQ et QC' on aura les traces du plan *fcd*. De la trace horizontale B de (AB, A'B'), on abaissera la perpendiculaire (BG, B'G') sur ce plan (**31**), puis ayant déterminé le pied (G, G') de cette perpendiculaire (**25**), on mènera par ce point la parallèle (GI, G'I') à la droite (AB, A'B'), laquelle coupera (CD, C'D') au point (I, I'), de sorte que la droite II' devra être perpendiculaire à la ligne de terre, ce qui fournira une vérification de toutes les constructions précédentes. On mènera ensuite (IK, I'K') parallèlement à (BG, B'G'), et les projections K et K' du point où elle coupera la droite (AB, A'B') devront encore se trouver sur une perpendiculaire à la ligne de terre. Cette droite (IK, I'K') est la perpendiculaire demandée, de sorte que, pour en trouver la vraie grandeur, il n'y aura qu'à prendre sur l'horizontale tirée par le point K' une longueur NM = IK et à tirer la droite I'N qui résoudra le problème.

44. Remarquons que si les projections des deux droites données ne sont point parallèles, et si la droite qui joint le point d'intersection de leurs projections verticales avec celui où se croisent leurs projections horizontales n'est pas perpendiculaire à la ligne de terre, ces deux droites ne seront pas dans un même plan (**39**, note (¹), et G., **462**).

§ III. — PROBLÈMES SUR LES TRIÈDRES.

PROBLÈME XIV.

45. *Étant donnés trois des six éléments d'un trièdre, détermi-*
ner les trois autres par une construction graphique.

On distingue dans un trièdre six éléments, savoir : ses trois
faces et ses trois angles dièdres, de sorte que l'énoncé du problème présente six questions à résoudre : car on peut donner
successivement,

1° Les trois faces ;

2° Deux faces et l'angle dièdre compris ;

3° Deux faces et l'angle dièdre opposé à l'une d'elles ;

4° Une face, et les deux angles dièdres adjacents ;

5° Une face, et deux angles dièdres dont l'un est opposé à
cette face ;

6° Les trois angles dièdres.

Or ces six questions peuvent se réduire à trois : car si l'on
donnait, par exemple, les trois angles dièdres A, B, C d'un
trièdre[1], les faces du trièdre supplémentaire vaudraient respectivement 180° — A, 180° — B, 180° — C. Si donc on savait résoudre la première question, on pourrait déterminer les angles
dièdres de ce trièdre supplémentaire, de sorte qu'en en prenant les suppléments, on aurait les faces du trièdre proposé[2].
Ainsi la sixième et la première question se réduisent à une
seule. Il en est de même de la cinquième et de la troisième,

---

[1] Nous conviendrons de représenter par A, B, C les angles dièdres d'un
trièdre quelconque, et par a, b, c les faces opposées de ce trièdre, de sorte
que a, par exemple, représente la face opposée à l'angle dièdre A.

[2] Remarquons que pour qu'on puisse former un trièdre avec trois angles
dièdres donnés A, B et C, il ne suffit pas que la somme de ces trois angles
soit comprise entre deux droits et six droits (G., 498), il faut encore que la
plus grande face du trièdre supplémentaire soit plus petite que la somme des
deux autres, de sorte que si A est le plus petit des trois angles dièdres A, B
et C, on devra avoir 180° — A < 180° — B + 180° — C, ou, ce qui revient au
même, A > (B + C) — 180°, c'est-à-dire que *le plus petit angle doit surpasser*
l'excès de la somme des deux autres sur deux droits.

ainsi que de la quatrième et de la seconde. Nous n'aurons donc à nous occuper que des trois premiers problèmes.

46. PREMIÈRE QUESTION. *Étant données les trois faces* a, b, c *d'un trièdre, construire les angles rectilignes correspondants à ses angles dièdres* (fig. 26).

Si l'on fait sur un plan quelconque un angle $ASB = c$, et ensuite les deux angles $ASC' = b$ et $BSC'' = a$, on pourra regarder ces deux derniers angles comme les rabattements des faces b et a sur le plan de la première c. Si donc on prend les deux distances égales SC' et SC'', et qu'on abaisse des points C' et C'' les perpendiculaires $C'AO$ et $C''BO$ sur SA et sur SB, lorsqu'on aura ramené les angles b et a à leur position primitive, les points C' et C'' viendront se réunir en un seul, que j'appellerai C, et, comme les droites $C'A$ et $C''B$ n'auront pas cessé d'être perpendiculaires à SA et à SB, elles formeront alors avec AO et BO des angles CAO et CBO, qui seront les angles rectilignes correspondants aux angles dièdres SA et SB.

Pour construire le premier, j'observe que dans le mouvement de rotation de la face b autour de SA, le point C décrit une circonférence qui a pour centre et pour rayon le point A et la droite $C'A$, et dont le plan est perpendiculaire à SA (G., 436). Si donc on fait tourner ce plan autour de sa trace $C'AO$, le point C viendra se rabattre sur le plan ASB, en un certain point de la circonférence $C'C_1$. Mais dans ce mouvement la droite CO, intersection des deux plans CAO et CBO, ne cessera pas d'être perpendiculaire (G., 484) sur AO : donc elle se rabattra sur la perpendiculaire C_1O à AO, de sorte que le point C se trouvera alors en C_1. L'angle C_1AO est donc le rabattement de CAO, et est ainsi l'angle rectiligne correspondant à l'angle dièdre SA.

On verra de la même manière que l'angle C_2BO, correspondant à l'angle dièdre SB, s'obtiendra en joignant le point B avec le point C_2, intersection de la perpendiculaire élevée au point O sur OB avec la circonférence décrite du point B comme centre et du rayon BC''.

On aura une vérification de l'exactitude des constructions si les deux droites OC_1 et OC_2 sont égales.

Enfin, pour avoir le troisième angle dièdre SC, il n'y aura qu'à prendre pour plan de développement celui de la face *b* ou celui de la face *a*. Mais il sera *en général* plus simple de concevoir par le point C un plan perpendiculaire à la troisième arête SC. Ses traces sur les plans des deux faces *a* et *b* formeront un angle, qui sera l'angle rectiligne correspondant à l'angle dièdre SC, et leurs rabattements sur le plan de développement seront les perpendiculaires C'D, C''E aux droites SC' et SC''; et, comme dans le mouvement des faces *a* et *b*, les points D et E sont restés immobiles, puisqu'ils se trouvent sur les deux axes de rotation, on voit que la droite DE est la trace du plan dont il s'agit sur ASB. Si donc on le rabat sur ce dernier, en le faisant tourner autour de DE, les distances du point C aux points D et E resteront égales à C'D et à C''E ; de sorte que le rabattement du point C sera le point γ, intersection des arcs décrits avec ces rayons : donc l'angle DγE est le troisième angle demandé.

Remarquons toutefois que si l'angle *b*, par exemple, était droit ou obtus, la trace du plan perpendiculaire à l'arête SC, sur le plan de cette face, serait parallèle à SA, ou ne la rencontrerait que dans son prolongement. Dans le premier cas, la construction ne serait plus possible, et dans le second l'angle DCE pourrait être le supplément de l'angle demandé.

Si la construction est possible, les trois points S, O et γ doivent se trouver sur une même droite perpendiculaire à DE. En effet, puisque le plan CDE est perpendiculaire à la droite SC, sa trace DE sur ASB doit être perpendiculaire à la projection SO de cette droite sur ce plan (G., 485). Donc la droite qui joint le point C avec I, est perpendiculaire sur DE (G., 442); donc son rabattement Iγ l'est aussi; donc ce rabattement est le prolongement de SOI.

Le problème que nous venons de résoudre sera toujours possible si la somme des trois angles *a*, *b*, *c* est moindre que quatre droits, et si la plus grande de ces trois faces est plus petite que la somme des deux autres (G., 507).

47. SECONDE QUESTION. *Étant donnés deux faces* b *et* c *et* *l'angle dièdre* A *qu'elles comprennent, déterminer la troisième face et les deux autres angles dièdres.*

Cette question se réduit à trouver la troisième face : car alors on pourra construire les deux angles dièdres inconnus, comme nous l'avons fait dans le problème précédent.

Faisons sur un plan quelconque deux angles ASB $= c$ et C'SA $= b$ (fig. 27); on pourra regarder celui-ci comme le ra-. battement de la face b sur le plan de c. Si donc on abaisse d'un point quelconque C' de SC' la perpendiculaire C'AO sur SA, lorsqu'on aura ramené la face b à sa position primitive, la droite C'A formera avec AO un angle qui sera l'angle rectiligne correspondant à l'angle dièdre SA. Mais, dans le mouvement de rotation de la face b autour de SA, le point qui est rabattu en C', et que nous appellerons C, décrit une circonférence dont A est le centre et C'A le rayon : si donc on fait tourner son plan autour de sa trace C'AO, le point C viendra se rabattre sur le plan ASB, en un certain point de la circonférence C'C$_1$; mais, dans son mouvement, l'inclinaison de CA sur AO ne changera pas; donc, cette droite se rabattra sur la ligne AC$_1$, qui fait avec AO un angle égal à l'angle rectiligne correspondant à l'angle dièdre SA, de sorte que le point C se trouvera alors en C$_1$; par conséquent, si l'on abaisse de ce point la perpendiculaire C$_1$O sur AO, le point O sera la projection de C sur le plan ASB. Donc, si l'on joint C avec le pied de la perpendiculaire OB à SB, la droite CB sera aussi perpendiculaire à SB; de sorte que, quand la troisième face sera rabattue sur le plan ASB, le point C se trouvera sur le prolongement de OB; mais sa distance au point S, qui appartient à la charnière SB, n'aura pas varié; ainsi, ce point sera aussi sur la circonférence SC'; donc il sera déterminé par leur intersection C''; de sorte que BSC'' sera le rabattement de la troisième face.

48. Troisième question. *Étant donnés deux faces* a *et* c *et l'angle dièdre* A *opposé à la première, déterminer la troisième face et les deux autres angles dièdres.*

Ce problème se réduit encore comme le précédent à la détermination de la troisième face b.

Faisons encore, sur un plan, les angles $ASB = c$ et $BSC'' = a$ (fig. 28); on pourra regarder ce dernier comme le rabattement de la face a sur le plan de c. Cela posé, si on conçoit un plan vertical BA' perpendiculaire à SA et qu'on ait fait dans ce plan l'angle KA'B, égal à l'angle rectiligne correspondant à l'angle dièdre donné A, le plan conduit suivant les droites A'K et SA sera celui même de la face inconnue. Si donc on ramène la face a à sa position primitive, l'arête SC'' viendra se placer dans le plan KA'S. Mais, dans ce mouvement, le point C'', déterminé par la perpendiculaire BC'' à SB, décrira un arc de cercle dont le plan sera vertical et aura pour trace horizontale la droite C''BA : donc il s'arrêtera sur l'intersection du plan de cet arc de cercle avec le plan KA'S. Mais cette intersection contient évidemment le point K, où la verticale élevée en B rencontre A'K, donc cette intersection est la droite qui joint ce point K au point A, de sorte qu'elle est l'hypoténuse d'un triangle rectangle dont les deux côtés de l'angle droit sont BA et BK. Nous ferons donc, aux points B et A', deux angles, l'un droit et l'autre égal à l'angle rectiligne correspondant à l'angle dièdre A, nous rabattrons BK' en BK'' sur SB, et, en tirant AK'', nous aurons le rabattement de l'intersection du plan SA'K avec celui de l'arc de cercle décrit par le point C'', de sorte qu'en décrivant du centre B la circonférence C''MM$_1$, l'un ou l'autre des deux points où elle coupera AK'' sera le rabattement d'un point de l'arête opposée à la face c.

Actuellement, si l'on fait tourner le plan de la troisième face autour de SA, comme charnière, pour l'abattre sur le plan ASB, les distances du point C, supposé rabattu en M, aux points A et S de la charnière, ne varieront pas; de sorte que ce point viendra se placer au point C', intersection des arcs AM et SC''; donc C'SA est la troisième face correspondante au point M.

On trouverait de la même manière l'angle C$_1$SA pour la troisième face correspondante au point M$_1$.

On voit ainsi que le problème admettra en général deux solutions. Cependant, si les deux points de section de la droite AK'' avec la circonférence BC'' étaient situés de part et d'autre du point A, il n'y aurait qu'une solution ; car, en construisant le trièdre déterminé par le point de section situé à gauche de A, l'angle dièdre dont l'arête est SA, serait le supplément de A. Si la droite AK″ était tangente à la circonférence, il n'y aurait plus qu'une solution, et il n'y en aurait aucune si cette droite et cette circonférence ne se rencontraient pas.

Remarquons que si l'on ramenait le plan C″MM₁ à sa position primitive, les points M et M₁ se projetteraient en P et en P₁ ; de sorte que la troisième face, en venant se rabattre sur le plan ASB, les emportera sur les prolongements des perpendiculaires abaissées de P et de P₁ sur SA ; donc ces perpendiculaires doivent aller passer par les points respectifs C′ et C₁, ce qui fournit une vérification de l'exactitude des constructions.

PROBLÈME XV.

49. *Réduire un angle à l'horizon.*

Dans l'arpentage, on a souvent à construire la projection horizontale *acb* (fig. 29 *bis*) de l'angle *asb* formé par deux droites *sa* et *sb* inclinées sur l'horizon ; c'est ce qu'on appelle *réduire un angle à l'horizon*. Or, si l'on imagine par leur point de concours *s* une verticale, et que l'on mesure les angles *asc* et *asb* qu'elle forme avec chacune des deux droites dont il s'agit, on aura les trois faces d'un trièdre dont l'angle dièdre *sc*, qui a pour arête la verticale, a pour angle rectiligne correspondant la projection horizontale *acb* de la face opposée, c'est-à-dire de l'angle proposé *asb*. Il sera donc facile d'obtenir cette projection (**46**).

On réduit encore un angle à l'horizon de la manière suivante, qui est fort simple :

Supposez que SC représente la verticale, et SA et SB les deux côtés de l'angle à réduire à l'horizon (fig. 29) ; tracez les trois angles B′SC, CSA, ASB″, respectivement égaux aux trois angles observés, et menez la perpendiculaire indéfinie LT à SC ; vous pourrez la regarder comme la trace d'un plan horizontal sur celui de la face verticale CSA. Or, dans le mouvement de rotation des deux faces autour des charnières SC et SA, les distances des points S, C et A de ces charnières à la trace B de la troisième arête sur ce plan n'ont pas varié; donc SB′ et B′C sont ces deux premières distances; ét si, ayant pris SB″ = SB′, on ·joint AB″, cette ·droite sera la troisième, car le triangle ASB″ est évidemment égal au triangle ASB de l'espace (G., 181). Si donc on décrit des centres C et A les arcs B′B et B″B, le triangle ACB sera égal au triangle formé par les traces des faces du trièdre S sur le plan horizontal (G., 189); de sorte que l'angle B′CB sera égal à la projection horizontale de l'angle observé ASB, et, par conséquent, sera cet angle *réduit à l'horizon*.

Si l'une des deux droites, SA par exemple (fig. 30), est horizontale, la construction précédente deviendra impossible. Faites encore les angles CSB′, CSA et ASB″ égaux respectivement aux trois angles observés, menez toujours le plan horizontal LT, et la trace horizontale de la droite SB sera encore sur l'arc dont le rayon est CB′. Cela posé, concevez que du point B, où ce côté de l'angle à réduire perce le plan horizontal LT, on ait abaissé une perpendiculaire sur SA, et vous formerez un triangle rectangle que vous construirez en prenant SB″ = SB′ et menant la verticale B″A. Mais si vous ramenez ce triangle à sa position primitive, en le faisant tourner autour de SA, le point B″ viendra se placer sur le prolongement de la verticale B″A, et par conséquent au point B, où elle rencontre l'arc BB′ : donc l'angle demandé est B′CB.

§ IV. — PROBLÈMES SUR LES PLANS TANGENTS.

PROBLÈME XVI.

50. *Mener un plan tangent à une surface conique par un point donné sur cette surface* (fig. 31).

Nous déterminerons la surface conique proposée en nous donnant sa trace horizontale ACBD, que nous supposerons ici être une circonférence de cercle, et les projections S et S′ de son centre. Cette surface sera ainsi complétement déterminée, car nous pourrons construire telle génératrice que nous voudrons, puisqu'il suffira, pour cela, de joindre le sommet avec un point quelconque de la courbe ACBD.

Cela posé, si nous menons du point S deux tangentes SA et SB à la circonférence ACBD, et que nous concevions deux plans par ces droites et par le sommet du cône, ces plans seront tangents à la surface conique, puisque d'ailleurs ils contiendront respectivement les génératrices qui passent par A et par B (G., **535**); mais ils sont verticaux, donc les tangentes SA et SB seront les limites de la projection horizontale de la surface conique; car il est évident que toutes les génératrices doivent se projeter entre ces deux lignes (1).

On verra de la même manière que si nous menons à la circonférence ACBD deux tangentes qui soient perpendiculaires à la ligne de terre, les projections verticales S'C' et S'D' des génératrices correspondantes aux points C et D seront les limites de la projection verticale de la surface conique (2).

Supposons que le point par lequel le plan tangent doit être mené soit donné par sa projection horizontale M; il s'agira de trouver la projection verticale de ce point. Or la génératrice sur laquelle il est situé se projette horizontalement suivant SM, donc la trace de cette génératrice est le point E ou le point F, donc il appartient à la génératrice qui a pour projection verticale S'E' ou S'F'; donc sa projection verticale est le point M' ou le point M" (**6**). Ainsi il y a deux points (M, M') et (M, M"), qui se projettent horizontalement en M.

Proposons-nous de mener le plan tangent par le premier de ces points. Sa trace horizontale sera la tangente PQ à la circonférence ACBD, et comme ce plan doit contenir la génératrice (SE, S'E'), sa trace verticale sera déterminée en joignant le point Q au point (G, G') où cette génératrice perce le plan vertical.

Si le point (G, G') sort des limites de l'épure, on mènera par le point (M, M') une parallèle (MI, M'I') à la trace horizontale du plan tangent, et en joignant le point Q au point I' on aura la

---

(1) Il suit de là que pour un spectateur situé à une distance infinie au-dessus du plan horizontal, les génératrices qui aboutissent sur la partie BCA de la circonférence sont seules *visibles*.

(2) Ainsi les génératrices qui aboutiront à la demi-circonférence CBD seront *invisibles* pour un spectateur placé à une distance infinie du plan vertical.

trace verticale de ce plan, car il doit contenir notre droite auxiliaire. Si le point (G, G') se trouve dans les limites de l'épure, la construction précédente fournira une vérification du tracé du plan tangent.

On construira semblablement le plan tangent au point (M, M''), et comme les plans PQR et P'Q'R' renferment chacun une génératrice, ils passeront par le point (S, S'), de sorte que les projections de leur intersection devront passer l'une par S et l'autre par S', ce qui fournira une vérification de toutes les constructions.

Problème XVII.

51. *Mener un plan tangent à une surface conique, par un point donné hors de cette surface.*

Le plan demandé devant contenir une génératrice passera nécessairement par le centre de la surface conique : donc les traces de la droite qui joindra ce centre avec le point donné appartiendront aux deux traces de notre plan tangent; mais sa trace horizontale doit être tangente à la base du cône, donc elle est déterminée, et par conséquent sa trace verticale l'est aussi.

Problème XVIII.

52. *Mener un plan tangent à une surface conique et qui soit parallèle à une droite donnée.*

Comme le plan demandé doit passer par le sommet du cône, on voit que la parallèle, menée par ce sommet à la droite donnée, sera tout entière dans le plan tangent, de sorte que les points où elle percera les plans de projection appartiendront aux traces horizontale et verticale de ce plan; mais la première de ces traces doit être tangente à la base du cône, donc elle est déterminée, donc la seconde l'est aussi.

Problème XIX.

53. *Mener un plan tangent à une surface cylindrique, 1° par un point donné sur cette surface* (par une de ses projections); *2° par un point donné hors de cette surface; 3° parallèlement à une droite donnée.*

Une surface cylindrique pouvant être regardée comme une surface conique dont le centre s'est éloigné indéfiniment, on voit que les solutions du problème actuel ne sont que des cas particuliers des problèmes analogues que nous venons de résoudre pour la surface conique. Nous observerons seulement que, dans le troisième cas, la parallèle menée à la droite donnée par le centre de la surface conique devenant tout à fait indéterminée, il faudra mener par un point de cette droite une parallèle aux génératrices de la surface cylindrique, dont la direction est une des données de la question; le plan déterminé par ces deux droites sera parallèle au plan tangent (G., 461), de sorte que la trace horizontale de ce dernier sera une tangente menée à la base du cylindre parallèlement à la trace horizontale du plan auxiliaire. Cette trace sera donc déterminée, et par conséquent l'autre le sera aussi.

Nous engageons les élèves à exécuter les épures des problèmes XVII, XVIII et XIX. Ils auront soin de déterminer d'abord les limites de la projection horizontale et de la projection verticale de la surface conique ou cylindrique, ce qui leur fera distinguer les parties de ces surfaces qui seront visibles de celles qui ne le seront pas.

PROBLÈME XX.

54. *Mener un plan tangent à une surface de révolution, par un point donné sur cette surface* (fig. 32).

Nous supposerons, pour plus de simplicité, que l'on ait pris, pour plan horizontal, un plan perpendiculaire à l'axe de révolution, et nous déterminerons alors la surface proposée par la trace horizontale O de cet axe et par la projection verticale A'B'C'D' de l'intersection de cette surface par un plan parallèle au plan vertical, projection qui sera égale à cette intersection. Il est évident, en effet, que la projection d'un polygone sur un plan parallèle au sien est égale à ce polygone, et que cette proposition étant vraie indépendamment de la grandeur de ses côtés et de ses angles, elle le sera encore lorsque ce polygone dégénérera en une ligne courbe. Menons à la courbe A'B'C'D', que

nous supposerons être une ellipse (G., **724**), deux tangentes
EB' et FD' perpendiculaires à LT (G., **744, 3°**); leurs prolongements seront aussi tangents à la circonférence décrite du point O
comme centre avec un rayon égal à O'B'. Cette circonférence
sera la limite de la projection horizontale de la surface, de
même que A'B'C'D' est celle de sa projection verticale.

Cela posé, soit M la projection horizontale du point donné. La
trace du plan de la courbe méridienne, sur laquelle ce point est
situé, est donc la droite OM. Supposons que l'on fasse tourner ce
plan autour de l'axe jusqu'à ce qu'il soit devenu parallèle au
plan vertical de projection, la méridienne se projettera alors sur
A'B'C'D', et, comme le point M aura décrit dans ce mouvement
l'arc MN, sa projection verticale devra être alors l'un des deux
points N' ou N", où A'B'C'D' est rencontrée par la perpendiculaire NN'N" à LT. Mais si l'on ramène le méridien à sa position
primitive, le point cherché décrira un arc de cercle qui, parce
que son plan sera horizontal, se projettera verticalement sur la
parallèle menée à LT par le point N' ou par le point N"; donc enfin la projection verticale du point cherché sera l'un ou l'autre
des deux points M' ou M". Ainsi il y a deux points (M, M') et
(M, M") de la surface proposée qui ont le point donné M pour
projection horizontale.

Proposons-nous de mener le plan tangent par le point (M,M').
Il sera déterminé par les tangentes menées en ce point à la
méridienne et au parallèle sur lesquels il est situé (G., **515**).
Donc ses traces passeront par les traces de ces deux droites.

Le parallèle ayant la circonférence MN pour projection horizontale, sa tangente au point (M, M') se projettera horizontalement suivant la tangente MG à cette circonférence (¹), et verti-

_____

(¹) *Si l'on projette sur un même plan, le plan horizontal par exemple, une
courbe* CMB (G., fig. 233), *et sa tangente* MT, *les projections de ces deux lignes
seront elles-mêmes tangentes.* Concevons en effet que l'on fasse passer par cette
courbe et par la tangente un cylindre et un plan verticaux, leurs traces C'M'B' et
M'T' sur le plan de projection seront les projections de la courbe et de sa tangente; mais notre plan vertical étant tangent au cylindre (G., **515**) doit renfermer la tangente menée au point M' de C'M'B'; cette tangente doit aussi se trouver dans le plan de projection de la courbe, donc elle n'est autre que M'T'.

calement suivant la droite N'M', trace verticale de son plan. Donc elle perce le plan vertical au point G'.

Pour construire la tangente à la méridienne au point (M, M'), je ramène son plan à être parallèle au plan vertical de projection. Le point (M, M') viendra ainsi se placer sur (N, N') : la tangente en ce point aura alors pour projection verticale la tangente N'H' (G., 744, 1°) à la courbe A'B'C'D', et pour projection horizontale la droite DB, de sorte que sa trace horizontale sera actuellement le point H. Mais en ramenant notre méridien à sa véritable position, cette trace H viendra se placer en I, en décrivant l'arc HI, de sorte que notre tangente perçant le plan horizontal en I et passant par (M, M') aura M'I' et MI pour projections.

Notre plan tangent est maintenant déterminé; car, puisqu'il est perpendiculaire au méridien (G., 519), sa trace horizontale doit être perpendiculaire à ce plan (G., 484). En conséquence, on tirera sur le point I une perpendiculaire à la trace OI de ce méridien, et on joindra ensuite le point où elle coupera la ligne de terre avec le point G'.

Pour avoir une vérification des constructions précédentes, il n'y aura qu'à chercher la trace verticale de la tangente (MI, M'I') au méridien, et cette trace devra se trouver sur la trace verticale du plan tangent.

Si l'on remarque que les droites N'H' et M'I' vont concourir sur OO' (puisque dans son mouvement la tangente (NH, N'H') n'a pas cessé de couper l'axe au même point), on verra que le plan tangent doit passer par le point (O, K'); d'où il suit que si l'on joint le point K' avec le pied P' de la perpendiculaire abaissée sur LT du point P, où DB prolongée coupe la trace horizontale du plan tangent, cette droite K'P' sera la projection verticale de l'intersection de ce plan par le plan vertical OP, donc elle devra être parallèle à la trace verticale du plan tangent, ce qui fournira une nouvelle vérification.

Observons enfin que les normales (G., 527), menées par tous les points d'un parallèle, vont couper l'axe de révolution au même point; car, si dans le plan d'un méridien CMD (G., fig. 227), on mène une perpendiculaire ME à la tangente MT à cette courbe, cette droite ME sera la normale à la surface au point M (G., **482**), donc elle sera perpendiculaire sur la tangente MV au parallèle MM'Q; mais quand la méridienne CMD tournera autour de CD, le point M décrira ce parallèle et la droite ME ne cessera pas d'être perpendiculaire aux deux tangentes MT et MV, c'est-à-dire d'être normale à la surface de révolution.

Il suit de là que si par le point N' on tire la perpendiculaire N'Q' à la tangente N'H', et que l'on joigne Q'M', cette droite sera la projection verticale de la normale au point (M, M'), et par conséquent elle devra être perpendiculaire à la trace verticale du plan tangent (G., **482**), ce qui nous donne encore un moyen très-simple de vérification.

En répétant pour le point (M, M'') les constructions que nous avons exécutées pour le point (M, M'), on obtiendra les traces du plan tangent en ce point, et la symétrie de la figure montre clairement que le point d'intersection des traces verticales des deux plans tangents, ainsi que ceux où se croiseront les projections verticales des tangentes aux points (N, N') et (N, N''), (M, M') et (M, M'') seront situés tous trois sur la droite D'B'.

PROBLÈME XXI.

55. *Mener un plan tangent à une sphère par une droite donnée.*
Si d'un point A (G., fig. 56) on mène une tangente AT à une circonférence et que l'on fasse ensuite tourner la figure autour du diamètre AO, il est clair que la droite AT décrira une surface conique circonscrite à la sphère engendrée par le demi-cercle BTC; que la *courbe de contact* sera une circonférence qui aura pour centre le pied de la perpendiculaire abaissée de T sur AO, pour rayon cette perpendiculaire, et dont le plan sera perpendiculaire à AO. On voit, en outre, que tout plan tangent à ce cône le sera à la sphère, car il contiendra deux tangentes à cette dernière surface, savoir : une génératrice du cône et une tangente à la courbe de contact.

Ces principes établis, nous supposerons que les deux plans de projection passent par le centre de la sphère, de sorte que le rabattement de la trace verticale de la surface sphérique coïncidera avec sa trace horizontale (fig. 39). Il suffira, pour résoudre le problème, de concevoir un cône circonscrit à la sphère, et dont le sommet serait un point de la droite donnée (AB, A'B'), et de mener par cette droite un plan tangent à ce cône.

Or, si l'on prend la trace horizontale de la droite (AB, A'B') pour sommet de ce cône, les génératrices horizontales de sa surface seront les tangentes AC et AD à la circonférence, de sorte que sa ligne de contact avec la sphère sera la circonférence décrite sur CD comme diamètre dans le plan vertical CD ; donc les points où les plans demandés toucheront la sphère, seront deux points de cette circonférence. Si donc on fait, pour la trace verticale (B, B') de la droite donnée, la même construction que pour (A, A'), on aura une seconde courbe qui devra contenir les points de contact, de sorte qu'ils seront ainsi déterminés.

Pour les obtenir, j'observe d'abord que la droite qui joint ces points a pour projections horizontale et verticale CD et F'E', de sorte qu'elle perce les plans de projection aux points I et G' ; or, si je rabats le plan vertical du cercle CD sur le plan horizontal, en le faisant tourner autour de CD, ce point G' viendra se placer en G" sur une perpendiculaire à CD et à une distance de G égale à GG' ; mais le point I n'aura pas varié, donc la *corde de contact* se trouvera rabattue sur IG" ; et, par conséquent, ses extrémités, c'est-à-dire les points de contact se trouveront à l'intersection de cette droite avec la circonférence CD, c'est-à-dire en *m* et en *n*. Pour avoir les projections de ces points, je ramène le plan mobile à sa position primitive, et les points *m* et *n* viennent ainsi se projeter horizontalement sur les pieds M et N des perpendiculaires abaissées de *m* et de *n* sur l'axe de rotation CD ; donc leurs projections verticales sont les points M' et N', où les perpendiculaires MM' et NN' à LT rencontrent E'F', de sorte que, pour achever la solution du problème, il n'y aura qu'à faire passer des plans par la droite (AB, A'B') et par chacun des points (M, M') et (N, N') ; mais le plan tangent à la sphère étant perpendiculaire sur le rayon qui va au point de contact, il sera plus simple de construire les projections des rayons menés aux points de tangence, et d'abaisser ensuite des points A et B′ des perpendiculaires respectivement sur leurs projections horizontales et sur leurs projections verticales. Il y aura une vérification, parce que les deux traces de chaque plan devront se croiser sur la ligne de terre.

§ V. — PROBLÈMES SUR LES INTERSECTIONS DE SURFACES.

56. Lorsque le mode de génération de deux surfaces courbes est connu pour chacune d'elles, de manière à déterminer complètement la suite de tous les points de l'espace par lesquels elles passent, la position de tous les points communs que ces deux surfaces peuvent avoir dans l'espace se trouve nécessairement aussi déterminée d'une manière absolue. La suite de tous ces points communs forme en général une certaine courbe, qui est, dans le plus grand nombre des cas, une *courbe à double courbure* (G., **524**); on lui donne ce nom parce qu'elle participe ordinairement des courbures des deux surfaces courbes sur chacune desquelles elle se trouve en même temps, et dont elle est l'intersection commune. Ce n'est que dans des cas très-restreints que la série des points communs à deux surfaces courbes peut se trouver dans un même plan et n'avoir qu'une seule courbure (intersection de deux sphères, par exemple), ou devenir une ligne droite et n'avoir aucune courbure (intersection de deux surfaces coniques ayant même sommet et une génératrice commune), ou enfin se réduire à un point unique (intersection de deux surfaces coniques ayant seulement même sommet).

57. Proposons-nous la solution générale du problème suivant :

Les générations de deux surfaces courbes S *et* Σ *étant connues, et toutes les données qui fixent ces générations étant déterminées sur les plans de projection, construire la courbe à double courbure suivant laquelle ces deux surfaces se coupent.*

Concevons une série de plans indéfinis P, Q, R..., placés d'une manière convenue dans l'espace, et supposons-les par exemple tous horizontaux; leurs traces sur le plan vertical de projection seront des parallèles indéfinies à la ligne de terre p', q', r'....

Considérons l'un de ces plans, P par exemple; il coupera la première surface S suivant une certaine courbe A, qu'il sera toujours possible de construire par points; car cette courbe est la suite des points dans lesquels le plan horizontal P est coupé par la génératrice dans toutes ses positions successives. Cette courbe étant plane et horizontale aura sa projection horizontale égale à elle-même et placée de la même manière; il sera donc facile de construire cette projection, que nous désignerons par a.

Le même plan P coupera aussi la seconde surface Σ suivant. une autre courbe plane horizontale B, dont il sera également facile de construire la projection horizontale b.

Maintenant il peut arriver que les deux courbes A et B, suivant lesquelles le plan P coupe les deux surfaces, se coupent elles-mêmes ou qu'elles ne se coupent pas : si elles ne se coupent pas, ce sera une preuve qu'à la hauteur du plan P les deux surfaces S et Σ n'ont aucun point commun; mais si ces deux courbes se coupent, elles le féront en un certain nombre de points, qui seront par suite communs aux deux surfaces, et seront par conséquent autant de points de l'intersection demandée. Or, les projections horizontales des points dans lesquels se coupent les deux courbes A et B doivent se trouver à la fois et sur la projection a de la première et sur la projection b de la seconde; donc les points de rencontre m, n.... des deux courbes a et b seront les projections horizontales d'autant de points M, N.... de l'intersection demandée des deux surfaces S et Σ. Pour avoir les projections verticales des mêmes points, j'observe qu'ils sont tous situés dans le plan horizontal P, et que par conséquent leurs projections verticales appartiennent à la trace verticale p' de ce plan; il suffira donc, pour obtenir ces projections verticales, de projeter les points m, n.... sur la trace p'.

Actuellement, en répétant la même opération pour chacun des plans Q, R, etc., on obtiendra semblablement les projections horizontales et verticales de nouveaux points de l'intersection cherchée. Il ne restera plus qu'à réunir par un trait continu, d'une part les projections horizontales de tous ces points, d'autre part leurs projections verticales, et l'on obtiendra ainsi deux courbes qui seront, l'une la projection horizontale, l'autre la projection verticale de l'intersection des deux surfaces.

58. La méthode que nous venons d'exposer est générale, même en supposant que l'on ait choisi pour système de plans coupants une suite de plans horizontaux. Cependant ce choix n'est pas toujours indifférent, ainsi que nous le verrons dans les problèmes particuliers dont nous allons donner plus loin la solution, et même il peut être plus avantageux d'employer, au lieu d'un système de plans, une suite de surfaces courbes qui ne diffèrent entre elles que par une de leurs dimensions.

59. Le second problème général à résoudre est le suivant :

Par un point pris à volonté sur l'intersection de deux surfaces courbes, mener la tangente à cette intersection.

Le point donné sur l'intersection des deux surfaces courbes se trouve en même temps sur l'une et sur l'autre de ces surfaces. Si donc par ce point, considéré sur la première surface, on mène à cette surface un plan tangent, ce plan contiendra la tangente à la courbe d'intersection au point donné (G., 515). Pareillement, si par le même point considéré sur la seconde surface, on mène à cette surface un plan tangent, ce plan contiendra encore la tangente cherchée. Les deux plans tangents contiendront donc la tangente à la courbe d'intersection des deux surfaces au point donné, qui sera en même temps un de leurs points communs, c'est-à-dire un point de la droite suivant laquelle ils se coupent : donc l'intersection des deux plans tangents sera la tangente demandée.

60. Nous allons actuellement faire l'application des considérations précédentes à quelques cas particuliers ; et nous supposerons d'abord que l'une des deux surfaces dont on demande l'intersection soit un plan.

PROBLÈME XXII.

61. *Construire l'intersection d'un cylindre droit et vertical par un plan perpendiculaire au plan vertical de projection. — Mener la tangente à la courbe d'intersection. — Développer la surface*

*cylindrique, et rapporter sur le développement la courbe d'inter-
section ainsi que sa tangente.*

Soient PQ, QR' (fig. 33) les traces horizontale et verticale du
plan sécant; PQ sera perpendiculaire à la ligne de terre, puisque
ce plan est supposé perpendiculaire au plan vertical de projection. Soit ABCD la trace horizontale de la surface cylindrique;
il est évident que si on lui mène les deux tangentes indéfinies
AaA', CcC' perpendiculaires à la ligne de terre LT, les droites
aA', cC' seront les projections verticales de la génératrice dans
ses positions extrêmes; et que les points A', C' où elles couperont la trace verticale QR' du plan sécant, seront les limites de
la projection verticale A'C' de l'intersection demandée, qui aura
d'ailleurs pour projection horizontale la trace horizontale ABCD
de la surface cylindrique.

Actuellement, proposons-nous de construire cette intersection telle qu'elle existe dans son plan. Il suffira de faire tourner
le plan sécant PQR', qui contient cette intersection, autour de sa
trace verticale QR' comme charnière, de manière à le rabattre
sur le plan vertical de projection. Concevons une série de plans
verticaux menés perpendiculairement au plan vertical de projection par les points M, N..., pris arbitrairement sur ABCD;
on aura en même temps leurs traces horizontales et verticales
en abaissant sur LT les perpendiculaires MμmM', NνnN'.... Chacun de ces plans, MμmM' par exemple, coupera le plan sécant
suivant une droite horizontale (Mm, M') perpendiculaire à la
charnière; cette droite rencontrera la charnière en M' et la
courbe demandée en des points dont les projections horizontales seront les intersections M et μ de Mm avec ABCD; d'ailleurs,
cette droite et toutes ses parties se projettent horizontalement
en vraie grandeur. Or, lorsque le plan sécant tournera autour
de la charnière QR' pour se rabattre sur le plan vertical de projection, toutes les droites telles que (Mm, M'), qui d'abord étaient
horizontales, ne cesseront pas d'être perpendiculaires à la charnière QR'; si donc, par tous les points A'; M', N'.... C', on mène
à QR' des perpendiculaires indéfinies, et que l'on porte sur ces
perpendiculaires des distances A'A'' $=$ aA; M'M'' $=$ mM et

$M'\mu'' = m\mu$, $N'N'' = nN$ et $N'\nu'' = n\nu...$, $C'C'' = cC$; on aura autant de points que l'on voudra de la courbe d'intersection
$A''M''N''C''\nu''\mu''$.

Supposons maintenant que, la courbe étant construite dans
son plan, on veuille lui mener une tangente par un de ses
points M''. Il est clair que l'on aura la projection verticale M' de
ce point en abaissant de M'' une perpendiculaire sur QR', puis
sa projection horizontale M en projetant M' en M sur $ABCD$; la
projection horizontale de la tangente demandée sera donc la
droite MV qui touche en M la courbe $ABCD$ (54, note (')), et cette
tangente se projettera d'ailleurs verticalement suivant QR'.
Pour la rapporter sur le plan de la courbe, je construis sa trace
verticale V', et j'observe que dans le mouvement de rotation du
plan PQR' autour de QR' le point V' reste immobile, puisqu'il se
trouve sur la charnière : il suffira donc de tirer $V'M''$, pour
avoir la tangente demandée $V'M''V''$ au point M''. On aurait pu
aussi prendre un point quelconque (K, N') de la tangente, le
rabattre en K'' sur le plan de la courbe et joindre $M''K''$.

Il peut arriver que l'on ait besoin de rapporter sur le développement de la surface cylindrique la trace laissée par le plan
sécant. A cet effet, je suppose le cylindre fendu suivant une de
ses génératrices, comme (A, aA'); et je déroule sa surface sur le
plan tangent au cylindre tout le long de la génératrice (M, mM'),
par exemple; il est clair que la courbe $ABCD$ deviendra une ligne
droite. En conséquence, sur une ligne indéfinie XY (fig. 33 bis),
on portera des distances M_1A_1, M_1N_1, $N_1D_1....$ μ_1A_2 égales respectivement aux arcs MA, MN, $ND....$ μA, et par tous les points
A_1, M_1, $N_1....$ A_2 on élèvera des perpendiculaires, sur lesquelles il n'y aura qu'à porter les longueurs des parties des
génératrices du cylindre correspondantes. Or, ces parties de
génératrices sont égales à leurs projections verticales comprises
entre LT et $A'C'$; on prendra donc $A_1A''_1 = aA'$; $M_1M''_1 = mM'...$;
$A_2A_2'' = aA'$, et la suite de tous les points A''_1, M''_1, $N''_1.... A''_2$
sera la courbe cherchée, ou la *transformée* de l'intersection. Il est
d'ailleurs évident qu'en prenant une distance $M_1U_1 = MU$ et
tirant M''_1U_1, la droite M''_1U_1 sera la tangente à la transformée au

point M″₁; et cette conséquence serait d'ailleurs vraie, quel que fût le plan tangent au cylindre sur lequel on eût développé la surface cylindrique, car dans ce développement les éléments courbes tracés sur le cylindre et par conséquent leurs tangentes, ne changent pas d'inclinaison par rapport au plan horizontal.

PROBLÈME XXIII.

62. *Construire l'intersection d'une surface conique à base quelconque par un plan perpendiculaire à l'un des plans de projection. — Mener la tangente à la courbe d'intersection. — Développer la surface conique dans le cas d'un cône circulaire droit, et rapporter sur le développement la courbe d'intersection ainsi que sa tangente.*

Soient S, S′ (fig. 34) les projections du sommet du cône, et ABCD la trace de la surface conique sur le plan horizontal. En menant les tangentes Aa, Cc perpendiculaires à LT, on déterminera les positions des génératrices extrêmes (AS, aS′) et (CS, cS′).

Supposons d'abord le plan sécant PQR′ perpendiculaire au plan vertical de projection. Menons par le sommet du cône une série de plans perpendiculaires au plan vertical de projection, tels que S′eE, S′gG..., et considérons l'un de ces plans, S′eE par exemple; il coupera la surface conique suivant deux génératrices qui auront pour projection verticale la trace verticale S′e de ce plan, et pour projections horizontales les droites SE, SF qui joignent le point S aux points E, F où la trace horizontale Ee de ce plan coupe la base du cône. Ce même plan S′eE coupera le plan sécant PQR′ suivant une ligne horizontale perpendiculaire au plan vertical de projection, qui aura pour trace verticale M′ et pour projection horizontale mM. Par conséquent, les points d'intersection M et μ de SE et de SF avec mM seront les projections horizontales de deux points de l'intersection cherchée, lesquels se projetteront verticalement en M′. Chacun des autres plans S′gG,... servira de même à déterminer d'autres points de la projection horizontale de la courbe d'intersection; et en réunissant par un trait continu tous les points ainsi obtenus, on obtiendra la projection horizontale aMN$\gamma v\mu$ de cette intersection.

Si, par l'un des points (M, M′) de cette intersection, on veut lui mener une tangente, on observera que cette tangente est comprise dans le plan qui touche le cône le long de la génératrice (SE, S'e), menée par le point (M, M'), et qui a pour trace horizontale la tangente EU au point E ; d'ailleurs elle se trouve aussi dans le plan sécant PQR' : donc sa trace horizontale se trouve au point U où se coupent les traces horizontales de ces deux plans ; donc, en tirant UM, on aura sa projection horizontale.

Actuellement, si l'on veut construire la courbe d'intersection dans son plan, on n'aura qu'à opérer comme nous l'avons fait dans le problème précédent : c'est-à-dire que l'on rabattra le plan PQR' sur le plan vertical de projection, en le faisant tourner autour de sa trace verticale QR' comme charnière. On construira ainsi la courbe $\alpha''\mu''\nu''\gamma''N''M''$. Il sera aussi facile de lui mener une tangente par un quelconque de ses points M'' : il suffit de rabattre ce point en M', de tirer la droite S'M' prolongée jusqu'à sa rencontre en e avec la ligne de terre, de projeter e en E sur la trace horizontale du cône, et de mener au point E la tangente EU ; il ne restera plus qu'à prendre QU'' = QU et à tirer U''M''.

Remarquons que tout ce qui précède n'exige en rien que le cône soit droit ou à base circulaire, et s'applique par conséquent à une surface conique quelconque.

Proposons-nous maintenant d'effectuer le développement de la surface conique *dans le cas d'un cône circulaire droit* comme nous l'avons supposé dans la figure 34, et de tracer ensuite sur ce développement la *transformée* de l'intersection. Le développement de la surface conique sera (G., **538**) le secteur $S_1A_1C_1A_2$ (fig. 34 bis), dont le rayon S_1A_1 est égal à la génératrice S'a et dont la base $A_1C_1A_2$ a même longueur que la circonférence ABCD de la base du cône. Pour construire la position du point (M, M'), par exemple, de l'intersection, je prends l'arc $A_1E_1 = AE$, et je tire S_1E_1 : la droite S_1E_1 sera évidemment la position qu'occupera la génératrice (SE, S'e) sur laquelle est situé le point (M, M') ; et il ne s'agira plus que de porter sur cette droite, à partir de S_1, une longueur $S_1M''_1$ égale à la distance du point (M, M') au sommet (S, S') du cône. On aura cette distance S'M''', en menant par le point

M' (fig. 34) une parallèle à la ligne de terre jusqu'à sa rencontre en M''' avec S'c. En construisant de même successivement tous les autres points de l'intersection et faisant passer une courbe par tous ces points, on aura la transformée $\alpha''_1 M''_1 \delta''_1 \alpha''_2$ de l'intersection rapportée sur le développement de la surface conique. Il est facile de voir qu'en menant au point E_1 une tangente à l'arc $A_1C_1A_3$, prenant sur cette tangente une longueur $E_1U_1 = EU$, et joignant $U_1M''_1$, la droite $U_1M''_1$ sera tangente à la transformée au point M''_1.

Si le plan sécant était perpendiculaire au plan horizontal de projection, on ferait passer par le sommet du cône une série de plans également perpendiculaires au plan horizontal, et dont les traces horizontales seraient des droites issues du point S ; et l'on construirait pour chacun de ces plans les points d'intersection de la verticale suivant laquelle il coupe le plan sécant avec les génératrices suivant lesquelles il coupe la surface conique.

PROBLÈME XXIV.

63. *Construire la* SECTION DROITE *d'un cylindre oblique* (on appelle ainsi la courbe d'intersection du cylindre par un plan perpendiculaire aux génératrices). — *Mener la tangente à la courbe d'intersection.* — *Développer la surface cylindrique, et rapporter sur le développement la courbe qui servait de base, ainsi que ses tangentes.*

Soient ABCD (fig. 35) la trace horizontale du cylindre, IK et I'K' les projections de la droite à laquelle sont parallèles les génératrices du cylindre. Soit PQR' le plan sécant ; ses traces horizontale et verticale seront respectivement perpendiculaires à IK et à I'K' (G., **485** et **486**).

Concevons une suite de plans parallèles aux génératrices de la surface cylindrique et qui soient, de plus, perpendiculaires au plan horizontal de projection : leurs traces horizontales pq, rs,... seront parallèles à IK. Ces plans couperont la surface suivant des génératrices qui perceront le plan horizontal aux points d'intersection E et F, G et H. . . : de leurs traces pq, rs. . . : avec la courbe ABCD ; si donc on abaisse les perpendiculaires Ee et Ff, Gg et Hh, ... sur LT, et que l'on mène les parallèles *ee'* et *ff'*, *gg'* et *hh'*. ... à I'K', on aura les projections verticales de ces génératrices.

Ces mêmes plans couperont le plan sécant PQR' suivant des droites qui seront toutes parallèles entre elles (G₂; 454); qui auront toutes leurs traces horizontales aux points X, Y₂..; et dont toutes les projections verticales seront parallèles entre elles. Il suffira donc de chercher la direction de l'une de ces projections, de celle, par exemple, de l'intersection du plan PQR' avec le plan vertical mené par IK, ce qui est facile (18): Soit *j*Z' la projection verticale de cette intersection; en abaissant des points X, Y₂... des perpendiculaires X*x*, Y*y*₂... sur LT; et menant les parallèles *xx'*, *yy'*₂... à *j*Z', on aura les projections verticales des intersections du plan PQR' avec tous les plans coupants. Donc enfin les points de rencontre M' et μ'; N' et ν₂,... de *xx'* avec *ee'* et *ff'*, de *yy'* avec *gg'* et *hh'*, etc., seront les projections verticales d'autant de points de la section droite du cylindre, et en les unissant par un trait continu, on aura la projection verticale de cette section. On aura les projections horizontales M et μ, N et ν,... de ces mêmes points en projetant M' et μ' sur *pq*; N' et ν' sur *rs*, etc.; et la suite des points M, μ; N; ν₂.. sera la projection horizontale de la section droite du cylindre.

Si l'on veut mener la tangente au point (M; M') de la courbe d'intersection, on observera (59) que cette tangente est l'intersection du plan sécant PQR' avec le plan tangent au cylindre le long de la génératrice (*p*E, *ee'*), sur laquelle est situé le point (M, M'). Or, la trace horizontale du plan tangent au cylindre est la tangente UE menée à sa base au point E : donc la trace horizontale de la tangente cherchée est en U au point de rencontre de UE et de PQ. Par conséquent, UM et *u*M' seront les projections horizontale et verticale de la tangente au point (M; M') à la courbe d'intersection; d'ailleurs ces droites toucheront en M et en M' les courbes MμνN et M'μ'ν'N' (54, note (¹)).

Proposons-nous actuellement de construire la courbe d'intersection, telle qu'elle existe dans son plan. Je fais tourner le plan sécant autour de sa trace horizontale PQ comme charnière; dans ce mouvement, chacun des points de la courbe, le point

(M, M') par exemple, décrira un arc de cercle dont le plan sera vertical et perpendiculaire à PQ, et dont la trace horizontale sera par conséquent pq : donc, lorsque le plan sera rabattu, ce point se trouvera quelque part sur pq ; quant à sa distance à la charnière, elle est l'hypoténuse d'un triangle rectangle ayant pour base MX et pour hauteur mM'. On portera donc sur la ligne de terre une longueur $mX' = MX$, on joindra M'X' ; et en prenant, sur pq, M''X = M'X', on aura le rabattement M'' du point (M, M'). La courbe M''μ''ν''N'' ainsi construite sera la courbe demandée. Pour avoir sa tangente au point M'', il est clair qu'il suffira de tirer UM'', puisque dans le mouvement de rotation du plan sécant la tangente à la courbe n'a pas cessé de passer par le point U de la charnière.

Supposons actuellement que l'on veuille faire le développement de la portion de la surface cylindrique comprise entre le plan PQR' et le plan horizontal de projection. Il est clair que la section droite du cylindre se transformera en une ligne droite de longueur égale à la courbe M''μ''ν''N'', et à laquelle toutes les génératrices seront perpendiculaires. En conséquence, sur une droite indéfinie (fig. 35 bis), je porte les longueurs α''_1M''$_1$, M''$_1\delta''_1$,... N''$_1\alpha''_2$ respectivement égales aux arcs α''M'', M''δ'',... N''α'' de la courbe M''μ''ν''N'', puis j'élève des perpendiculaires aux points α''_1, M''$_1$, δ''_1,... ; ces perpendiculaires seront, sur le développement de la surface cylindrique, les positions des génératrices dont les traces horizontales sont A, E, D,... Il faudra ensuite porter sur ces perpendiculaires des longueurs égales aux portions des génératrices comprises entre les points (α, α') et (A, a), (M, M') et (E, e),..., longueurs qu'il est facile de construire ; on obtiendra ainsi les points A$_1$, E$_1$, D$_1$,... dont la suite donnera la transformée de la base ABCD du cylindre.

En développant la surface cylindrique, la tangente (UM, uM') au point (M, M') de la courbe aura pour transformée la ligne indéfinie $\alpha''_1\alpha''_2$, puisqu'elle se trouve située dans un plan perpendiculaire aux génératrices, et le point U viendra en U$_1$ à une distance U$_1$M''$_1$ égale à UM''. En joignant U$_1$E$_1$, on aura la transformée de la tangente UE à la base du cylindre.

Nous avons supposé dans la figure que la base du cylindre était une circonférence ; mais il est évident qu'elle pourrait être une courbe quelconque.

PROBLÈME XXV.

64. *Construire la courbe d'intersection d'une surface de révolution par un plan, et les tangentes à cette courbe.*

Nous prendrons l'un des plans de projection, le plan horizontal par exemple, perpendiculaire à l'axe de la surface de révolution, lequel sera par conséquent vertical ; la surface sera d'ailleurs déterminée par la projection verticale de son méridien, comme dans le problème XXI.

Ceci posé, concevons une série de plans horizontaux, dont les traces verticales seront des parallèles à la ligne de terre. Chacun d'eux étant perpendiculaire à l'axe, coupera la surface suivant un parallèle dont on aura immédiatement la projection verticale et le rayon, et il sera par suite facile de décrire le cercle qui en est la projection horizontale. D'un autre côté, ces plans couperont le plan sécant suivant des droites dont on construira sans peine les projections horizontales, qui seront parallèles à la trace horizontale du plan sécant. Les points où la projection horizontale de l'intersection de chaque plan avec le plan sécant rencontrera la projection horizontale du parallèle correspondant, seront évidemment les projections horizontales de points appartenant à la courbe d'intersection cherchée, et on aura leurs projections verticales en les projetant par une perpendiculaire à la ligne de terre sur la trace verticale du parallèle. En répétant cette construction pour chaque plan coupant horizontal, on obtiendra de nouveaux points de l'intersection, et on arrivera ainsi à tracer les deux courbes suivant lesquelles elle se projette.

Si, par l'axe de la surface, on fait passer un plan vertical perpendiculaire au plan sécant, ce plan coupera respectivement la surface et le plan sécant suivant une méridienne et une ligne droite dont les points de rencontre seront les points de la courbe d'intersection le plus haut et le plus bas par rapport au plan horizontal. On construira donc ce plan, dont la trace horizontale sera la perpendiculaire menée à la trace horizontale du plan sécant par le point où l'axe de révolution perce le plan horizontal, et dont la trace verticale sera perpendiculaire à la ligne de terre, et l'on construira la projection verticale de son intersection avec le plan sécant. On déterminera ensuite les points où cette intersection rencontre la surface, en faisant tourner autour de l'axe et rabattant sur le plan vertical le plan méridien, comme on l'a fait dans le problème XXI.

Si l'on veut mener la tangente à la courbe d'intersection par un de ses points, on observera que cette tangente n'est autre chose que l'intersection du plan sécant et du plan tangent à la surface au point donné (59); on construira en conséquence ce plan tangent (54), et le point où sa trace horizontale rencontrera celle du plan sécant sera précisément la trace horizontale de la tangente.

Enfin, si l'on veut construire la courbe d'intersection en vraie grandeur, telle qu'elle est dans son plan, on rabattra le plan sécant sur le plan horizontal, en le faisant tourner autour de sa trace horizontale comme charnière.

Nous engageons les élèves à faire l'épure de ce problème; elle ne présente aucune difficulté, après les explications que nous venons de donner.

Problème XXVI.

65. *Construire l'intersection de deux surfaces coniques à bases quelconques, et les tangentes à cette courbe.*

Nous supposerons les deux surfaces données par les projections de leurs sommets, et par leurs traces sur le plan horizontal.

Si, dans l'hypothèse de deux surfaces coniques à bases quelconques, on employait, comme nous l'avons supposé dans l'exposition de la méthode générale (57), un système de plans coupants horizontaux, on se trouverait entraîné dans des opérations beaucoup trop longues pour ce cas : car chacun de ces plans couperait les deux surfaces suivant des courbes qui seraient à la vérité respectivement semblables aux traces horizontales de ces deux surfaces, mais dont on serait obligé, pour chacune en particulier, de construire par points les projections horizontale et verticale. Ce n'est que dans le cas où les deux surfaces coniques seraient à bases circulaires et auraient leurs axes parallèles entre eux, que l'on pourrait employer une série de plans coupants horizontaux : en effet, les sections faites par chaque plan dans les deux surfaces seront alors des cercles faciles à construire. Mais dans le cas général, il vaudra mieux concevoir une ligne droite passant par les sommets des deux surfaces, et mener par cette droite une série de plans; chacun d'eux coupera les deux surfaces coniques suivant des génératrices, et ces génératrices se couperont en des points qui appartiendront à l'intersection cherchée, et dont les projections horizontales et verticales seront données respectivement par les points de rencontre des projections horizontales et verticales de ces mêmes génératrices.

Soient donc AEBH, CFDG (fig. 38) les traces horizontales des deux surfaces données, (S, S') et (Σ, Σ') leurs sommets. Je fais passer par les deux sommets une droite (SΣ, S'Σ') dont je construis la trace horizontale O; tous les plans menés par cette droite passeront par le point O; je peux donc mener par ce point une série de droites, dont chacune pourra être considérée comme la trace horizontale d'un plan passant par les sommets des deux surfaces.

Soit OH la trace d'un de ces plans : il coupera la première surface suivant la génératrice (SH, S'h), et la seconde surface suivant les génératrices (ΣG, Σ'g) et (ΣF, Σ'f) : les points M, N de rencontre de SH avec ΣG et ΣF, et les points M', N' de rencontre de S'h avec Σ'g et Σ'f, seront respectivement les projections horizontales et verticales d'autant de points de l'intersection cherchée. En répétant cette construction pour d'autres droites issues du point O, on pourra déterminer autant de points qu'on le voudra des courbes MN et M'N', projections horizontale et verticale de la courbe d'intersection des deux surfaces coniques; et on aura une vérification de l'exactitude des constructions en ce que les points M et M', N et N', etc., devront se trouver sur une même perpendiculaire à la ligne de terre.

Pour obtenir les projections de la tangente au point (M, M')
par exemple, de la courbe d'intersection, on observera que
cette tangente est l'intersection des deux plans qui touchent les
surfaces coniques en ce point, et que par conséquent sa tracé
horizontale est à la rencontre des traces horizontales de ces
deux plans tangents. Or la trace horizontale du plan qui touche en (M, M') la première surface est la tangente UH menée à
la courbe AEBH au point (H,h) de la génératrice (SH, S'h); de
même, la trace horizontale du plan qui touche la seconde surface en (M, M') est la tangente UG à la courbe CFDG au point
(G,g) de la génératrice (ΣG, Σ'G); donc U est la trace horizontale
de la tangente demandée. La projection horizontale de cette
tangente est donc UM, et on aura sa projection verticale en
projetant U en u sur la ligne de terre et tirant uM'.

PROBLÈME XXVII.

66. *Construire l'intersection de deux surfaces cylindriques à
bases quelconques et les tangentes à cette courbe.*

Nous supposerons les deux surfaces déterminées par leurs traces sur le plan horizontal, et par la direction de leurs génératrices.

Le système des plans horizontaux que nous avons employés
dans l'exposé de la méthode générale pour construire l'intersection de deux surfaces (57), ne serait pas encore ici le plus
avantageux. Chacun de ces plans couperait, à la vérité, les
deux surfaces cylindriques suivant des courbes qui seraient,
ainsi que leurs projections horizontales, égales à leurs traces respectives sur le plan horizontal ; mais il faudrait construire ces projections par points, pour déterminer leurs points
de rencontre. Si l'on choisit au contraire un système de plans
parallèles en même temps aux génératrices des deux surfaces,
chacun d'eux coupera les deux surfaces suivant des lignes droites, et ces droites se couperont en des points qui appartiendront
à l'intersection cherchée, et dont les projections horizontales et
verticales seront données par des rencontres de simples lignes
droites; c'est ainsi que nous procéderons.

Soient donc ABCD, PQRS (fig. 36) les traces horizontales données des deux surfaces cylindriques; soient (IK, I'K'), (HO, H'O'), les droites qui fixent les directions respectives de leurs génératrices. Je construis (14 et 17) la trace horizontale IO d'un plan parallèle en même temps à ces deux droites (¹); puis je mène sur le plan horizontal une série de lignes parallèles à IO : chacune de ces lignes pourra être considérée comme la trace horizontale d'un plan parallèle aux génératrices des deux cylindres. Soit AR la trace de l'un de ces plans : il coupera la première surface suivant les génératrices (AE, aE') et (CF, cF'), et la seconde surface suivant les génératrices (PX, pX') et (RZ, rZ'); les points M, N, μ, ν de rencontre de AE et CF avec PX et RZ, et les points M,'N',μ',ν' de rencontre de aE' et cF' avec pX' et rZ', seront respectivement les projections horizontales et verticales d'autant de points de la courbe cherchée. On construira ainsi par points les projections MNμν et M'N'μ'ν' de l'intersection des deux surfaces cylindriques; et on aura une vérification de l'exactitude des constructions, en ce que les points M et M', N et N', μ et μ', ν et ν'',... devront se trouver sur une même perpendiculaire à la ligne de terre.

Pour obtenir la projection de la tangente au point (M, M'), par exemple, de la courbe d'intersection, on construira la trace horizontale CU du plan tangent en ce point à la première surface cylindrique, et la trace horizontale RU du plan tangent au même point à la seconde surface : leur point de rencontre U sera la trace horizontale de la tangente demandée, dont la projection horizontale sera par conséquent UMV, et dont on aura la projection verticale en projetant U en u sur la ligne de terre et tirant UM'.

Problème XXVIII.

67. *Construire l'intersection de deux surfaces de révolution dont les axes sont dans un même plan, et les tangentes à cette courbe.*

---

(1) Par un point quelconque (I, I') pris sur la première droite (IK, I'K'), on mènera une parallèle à la seconde droite : on construira sa trace horizontale O, et on joindra le point O à la trace horizontale I de la première droite.

Nous considérerons deux cas, suivant que les axes des deux surfaces sont parallèles ou qu'ils se rencontrent.

1° *Les axes des deux surfaces sont parallèles.* On prendra le plan horizontal, par exemple, perpendiculaire aux axes; et chaque surface sera déterminée par la projection verticale de sa méridienne et la trace horizontale de son axe. Le système de plans coupants le plus avantageux sera alors une suite de plans horizontaux; car chacun de ces plans coupera les deux surfaces suivant des parallèles dont les rayons seront égaux aux distances de la courbe méridienne à l'axe mesurées à la hauteur du plan coupant, et dont les projections horizontales seront par conséquent des cercles connus de grandeur et de position. Tous les points de la projection horizontale de la courbe d'intersection seront donc donnés par des intersections d'arcs de cercle; et en projetant chacun de ces points sur la trace verticale du parallèle correspondant par une perpendiculaire à la ligne de terre, on aura la projection verticale de la courbe d'intersection des deux surfaces.

2° *Les axes des deux surfaces se rencontrent.* On prendra le plan horizontal, par exemple, perpendiculaire à l'un des axes, et le plan vertical parallèle au plan des deux axes; et au lieu de plans coupants, on adoptera un système de surfaces sphériques ayant pour centre commun le point de rencontre des deux axes. Chacune de ces surfaces sphériques coupera les deux surfaces de révolution suivant les circonférences de deux cercles qui auront leurs centres sur les axes respectifs, et dont les plans seront perpendiculaires au plan des deux axes; les traces verticales des plans de ces cercles seront donc des lignes droites dont les points de rencontre seront les projections verticales de points de la courbe d'intersection cherchée. Pour avoir leurs projections horizontales, on observera que le parallèle suivant lequel chaque surface sphérique coupe celle des deux surfaces dont l'axe est vertical, se projette horizontalement en vraie grandeur suivant un cercle qui peut être construit facilement; il suffira donc de projeter successivement sur chacun de ces cercles, par une perpendiculaire à la ligne de terre, tous les points correspondants de la projection verticale de l'intersection, pour obtenir la projection horizontale de cette courbe.

Soient donc (A, A′a), (AB, A′b) (fig. 37), les axes de deux surfaces de révolution dont les courbes méridiennes ont pour projections verticales respectives les courbes P′X′Q′ et R′Z′S′. Du point (A, A′) où leurs axes se rencontrent, je décris une suite de surfaces sphériques : chacune d'elles, comme P′Q′R′S′, coupe la première surface suivant un parallèle dont le plan, perpendiculaire au plan vertical, a pour trace verticale la ligne P′Q′, et la seconde surface suivant un parallèle dont le plan, également perpendiculaire au plan vertical, a pour trace verticale la droite R′S′; le point M′, où se rencontrent P′Q′ et R′S′, est un point de la projection verticale de l'intersection cherchée. En abaissant de M′ sur la ligne de terre une perpendiculaire M′m qui coupera en deux points M et μ le cercle PMQ qui projette horizontalement et en vraie grandeur le parallèle P′Q′ de la première surface, on obtiendra deux points M et μ de la projection horizontale de la courbe d'intersection des deux surfaces. On arrivera ainsi à construire les deux projections de cette intersection.

Proposons-nous maintenant de mener une tangente à l'intersection, au point (M, M′) par exemple. Cette tangente étant la ligne suivant laquelle se rencontrent les plans tangents menés à chacune des deux surfaces au point (M, M′), il s'agit de construire ces deux plans. Pour construire le plan tangent en (M, M′) à la première surface (54), je mène au point Q′ la tangente Q′H′ à la méridienne ; je projette H′ en H sur PQ, et je rabats H en I sur le rayon AM ; la tangente IK à l'arc HI sera la trace horizontale du plan tangent dont la trace verticale J′KG′ s'obtiendra en joignant le point K soit à la trace verticale J′ de la tangente (MI, MI′) à la méridienne du point (M, M′), soit à la trace verticale G′ de la tangente (MG, M′G′) au parallèle du même point (M, M′).

Pour construire facilement le plan tangent au point (M, M′) de la seconde surface dont l'axe n'est pas perpendiculaire au plan horizontal de projection, nous la rapporterons à un nouveau plan de projection perpendiculaire à son axe, en conservant d'ailleurs le même plan vertical de projection. Soit donc L_1T_1 la nouvelle ligne de terre; soient B_1 la trace de l'axe de la seconde surface, $R_1S_1M_1$ et M_1 les projections du parallèle $R'S'$ et du point (M, M') sur le nouveau plan de projection. Je pourrai alors construire comme précédemment la trace du plan tangent au point (M_1, M') sur le plan vertical de projection; soit $K_1G'_1$ cette trace. Le point d'intersection U' des traces $J'KG'$ et $K_1G'_1$ sera donc la trace verticale de la tangente à l'intersection au point (M, M'), de sorte qu'en joignant $U'M'$, on aura la projection verticale $U'M'V'$ de cette tangente; pour avoir sa projection horizontale, on projettera Un u sur la ligne de terre, et on joindra uM.

§ VI. — PROBLÈMES DIVERS.

PROBLÈME XXIX.

68. *Circonscrire un cercle à un triangle donné dans l'espace par les projections de ses sommets* (A, A'), (B, B'), (C, C') (fig. 40).

On conduira d'abord un plan PQR' par ces trois points (**17**), puis on fera tourner ce plan autour de sa trace horizontale, jusqu'à ce qu'il vienne s'appliquer sur le plan horizontal, et on construira ainsi le rabattement abc du triangle que les trois points donnés forment dans l'espace. Pour cela, on abaissera du point D une perpendiculaire sur l'axe de rotation PQ, on la coupera par un arc de cercle décrit du point Q comme centre avec le rayon QD', et, en joignant QD'', on aura le rabattement de la trace verticale de notre plan auxiliaire, de sorte qu'en joignant le point D'' avec la trace horizontale E de la droite $(BC, B'C')$, on obtiendra le rabattement de cette droite. On déterminera semblablement les rabattements $F''G$ et $I''H$ des droites $(AC, A'C')$ et $(AB, A'B')$, et on aura une vérification en ce que les points a et A, b et B, c et C devront se trouver sur des perpendiculaires à PQ. Cela posé, le centre o du cercle circonscrit au triangle abc sera le rabattement du centre du cercle demandé, qui aura par conséquent ao pour rayon. Pour déterminer les projections du centre de ce cercle, je ramène le plan auxiliaire à sa position primitive, et le point o décrira ainsi un arc de cercle dont le plan aura pour trace horizontale la perpendiculaire oO à PQ, de sorte que sa projection horizontale se trouvera sur cette droite. Mais, d'un autre côté, si l'on joint le point o au point b, la droite ainsi déterminée aura pour trace horizontale le point K, de sorte que ses projections seront BK et B′K′ : donc le centre cherché se projettera sur BK et B′K′, et par conséquent il aura pour projection horizontale le point O, intersection de oO et de BK, et pour projection verticale le point O′, intersection de B′K′ avec la perpendiculaire OO′ à la ligne de terre.

PROBLÈME XXX.

69. *Circonscrire une sphère à un tétraèdre donné, ou, ce qui revient au même, faire passer sa surface par quatre points donnés* (fig. 41).

Nous prendrons pour plan horizontal celui de l'une quelconque, ABC par exemple, des faces du tétraèdre, et soit (S, S′) le quatrième sommet. Le centre de la sphère demandée doit se trouver sur la verticale menée par le centre O du cercle qui passe par les trois points A, B, C. D'un autre côté, si l'on fait passer un plan par la verticale du point (S, S′) et par le point O, son intersection avec la sphère sera une circonférence de grand cercle, de sorte que si l'on rabat ce plan sur le plan horizontal en le faisant tourner autour de sa trace SO, on déterminera les rabattements du centre et du rayon de la sphère. Or le point (S, S′) se rabat au point s obtenu en élevant au point S sur SO une perpendiculaire Ss = S′F. Donc, en faisant passer une circonférence par les trois points s, D et E, son centre o et son rayon os seront les rabattements du centre et du rayon de la sphère, de sorte que si l'on prend sur le prolongement de OG la distance GO′ = Oo, on aura la projection verticale de ce centre, et le problème sera résolu.

PROBLÈME XXXI.

70. *Inscrire une sphère dans un tétraèdre* (fig. 42).

Prenons encore pour plan horizontal celui de l'une quelconque, ABC par exemple, des faces de ce tétraèdre, et soit (S, S′)

le quatrième sommet; nous savons que le centre de la sphère demandée doit se trouver à l'intersection des plans bissecteurs des trois angles dièdres AB, BC, AC (G., **512, 1°**), de sorte que ce centre est le sommet du tétraèdre déterminé par ces trois plans et par le triangle ABC. Il s'agit donc de trouver ce sommet, et pour cela de déterminer les directions des trois arêtes qui y aboutissent.

Pour y parvenir, à l'aide de trois plans verticaux conduits par le sommet (S, S') perpendiculairement aux trois arêtes AB, BC et AC, je construis les angles S'D's, S'E's, S'F's, correspondants aux trois angles dièdres AB, BC et AC; puis je partage ces angles chacun en deux parties égales par les droites D'd', E'e', F'f'; les angles que ces dernières droites formeront avec LT seront égaux à ceux que formeraient, avec la base ABC, les faces de la pyramide dont nous cherchons le sommet; de sorte que si, par les points D, E et F, on menait dans les plans verticaux SD, SE et SF des droites qui fissent, avec les traces horizontales de ces plans, des angles respectivement égaux à d'D's, e'E's, f'F's, ces droites seraient tracées dans les faces de cette pyramide. Par conséquent, en construisant les projections horizontales des points où ces mêmes droites sont coupées par un plan horizontal quelconque L'T', on aura les projections de trois points de la section faite par ce plan dans notre pyramide inconnue, section dont les côtés sont parallèles à ceux de la base ABC. Or la trace verticale de ce plan coupe les droites D'd', E'e', F'f' respectivement aux points d', e', f', desquels j'abaisse sur LT les perpendiculaires d'd, e'e, f'f; je porte ensuite les trois distances D'd, E'e, F'f sur les droites respectives DS, ES, FS, et les points δ, ε et φ, ainsi déterminés, sont les projections des trois points dont il s'agit. Je mène donc par ces points des parallèles aux côtés respectifs AB, BC et AC de la base et je forme ainsi la projection horizontale abc de l'intersection du tétraèdre cherché par le plan horizontal L'T', de sorte que les arêtes de ce tétraèdre auront, pour projections horizontales, les droites Aa, Bb et Cc; donc leur point de concours O sera la projection de son sommet, c'est-à-dire du centre de la sphère demandée.

Pour en avoir la projection verticale O', nous projetterons le point a en a' sur L'T', et, en joignant A'a', nous aurons la projection verticale de l'arête qui aboutit au point A, de sorte qu'en abaissant de O une perpendiculaire sur la ligne de terre, nous obtiendrons le point O', et les cercles décrits des points O et O' avec le rayon O'R' seront les deux projections de la surface sphérique.

Problème XXXII.

71. *Construire les points d'intersection d'une droite et d'une surface conique données.*

Menons un plan par la droite donnée et par le centre de la surface conique, et il est clair que les points demandés appartiendront aux génératrices suivant lesquelles ce plan coupera la surface; or les pieds de ces génératrices seront les points où la trace horizontale de notre plan rencontre celle de la surface ; donc elles seront déterminées, et la question sera ramenée à construire leurs points d'intersection avec la droite donnée.

Problème XXXIII.

72. *Construire les points d'intersection d'une droite avec la surface d'une sphère donnée* (fig. 43).

Le plan qui projette notre droite horizontalement coupe la sphère suivant un petit cercle dont les points d'intersection avec cette droite sont ceux mêmes que l'on cherche. Soient donc (O, O') le centre de la sphère et (AB, A'B') la droite donnés. Le diamètre du petit cercle dont il s'agit sera évidemment égal à la corde CD que AB laisse dans le cercle OCD. Si donc on rabat le plan vertical AB sur le plan horizontal, le centre de ce petit cercle viendra se placer sur la perpendiculaire OE à une distance de E égale à O'F, car il est le pied de la perpendiculaire abaissée de (O, O') sur le plan vertical AB : donc il sera facile de tracer le rabattement de ce cercle. On obtiendra de même celui AB″ de la droite donnée, en construisant le rabattement du point (B, B'). De sorte que m et n sont les rabattements des deux points demandés. On ramènera donc le plan auxiliaire à sa position primitive, et on déterminera ainsi leurs projections horizontales M et N, et par suite leurs projections verticales M' et N'.

On pourrait prendre pour plan auxiliaire celui qui serait conduit par la droite donnée et par le centre de la sphère, puis construire les rabattements sur le plan horizontal du grand cercle suivant lequel il coupe la sphère et de la droite donnée, ce qui fera connaître les rabattements des points demandés; de sorte qu'en ramenant le plan auxiliaire à sa position primitive, il sera facile d'obtenir les projections de ces points.

Cette construction est moins simple que la précédente, mais nous engageons cependant les élèves à l'exécuter, parce qu'elle offre une nouvelle application de la méthode des rabattements.

Problème XXXIV.

75. *Construire les projections de l'hélice et de sa tangente sur un plan perpendiculaire à la base du cylindre sur lequel cette courbe est tracée.*

Nous prendrons pour plan horizontal de projection le plan de la base du cylindre, et pour plan vertical un plan parallèle au plan vertical passant par l'axe du cylindre et l'origine de l'hélice. Soit ABCD (fig. 44) la trace du cylindre circulaire droit sur lequel l'hélice est tracée; (A, aA'), (C, cC') seront les projections verticales des génératrices extrêmes du cylindre, et (A, a) les projections de l'origine de l'hélice.

Prenons un point quelconque M sur la circonférence ABCD; ce point sera la projection horizontale des points où les différentes spires de l'hélice sont coupées par la génératrice (M, mG). Proposons-nous de construire la projection verticale de celui de ces points situé sur la première spire. Nous avons vu (G., **779**) que la distance d'un point de l'hélice à la base du cylindre est proportionnelle à la projection sur cette base de l'arc de courbe compris entre ce point et l'origine; donc le rapport de la hauteur du point considéré au-dessus du plan horizontal à l'arc AM de la base du cylindre, est égal au rapport $\dfrac{h}{\text{circ. OA}}$, en désignant par h le pas de l'hélice. Il suffira donc de construire une quatrième proportionnelle à AM, h et circ. OA, de la porter de m en M' sur mG', et M' sera la projection verticale cherchée.

Pour construire d'une manière prompte et facile la projection verticale de l'hélice, on partage la circonférence de la base du cylindre en un certain nombre de parties égales, en douze par exemple; on divise le pas de l'hélice aH' en un même nombre de parties; puis, par chaque division correspondante du pas et de la circonférence, on mène à la ligne de terre une parallèle et une perpendiculaire, dont l'intersection donne un point de la projection verticale de l'hélice. Il est clair, en effet, que pour un quelconque des points ainsi déterminés (μ, μ'), par exemple, on a

$$\frac{\mu'n}{\text{arc A}\mu} = \frac{h}{\text{circ. OA}};$$

donc ce point appartient à l'hélice.

Si l'on veut construire les projections de la tangente à l'hélice au point (M, M'), on observera d'abord que sa projection horizontale n'est autre que la tangente MV, trace du plan vertical qui touche le cylindre suivant la génératrice (M, mM'). D'un autre côté, nous avons vu (G., **782**) que la sous-tangente d'un point quelconque de l'hélice est égale à la projection AM sur la base du cylindre de l'arc d'hélice compris entre ce point et l'origine de la courbe; donc, en prenant une longueur MU égale à l'arc AM de la circonférence de la base rectifié, on aura la trace horizontale de la tangente à l'hélice au point (M, M'). En projetant U en u sur la ligne de terre et tirant uM', on aura la projection verticale uM'V' de cette tangente.

74. Problèmes a résoudre. 1° *Trouver sur une droite donnée un point tel que sa distance à un autre point de cette droite soit égale à une droite donnée* m **(14).**

2° *Par un point donné, mener une droite qui rencontre deux droites données.* Par le point donné et chacune des deux droites, conduisez des plans, et leur intersection résoudra le problème.

3° *Par un point donné sur le plan vertical, mener une droite qui fasse des angles* α *et* β *avec les plans de projection.*

4° *On donne la projection horizontale d'un point et sa distance à un plan connu : déterminer la projection verticale de ce point.*— Si, par le point cherché, on mène un plan vertical perpendiculaire au plan donné, le pied de la perpendiculaire, dont la longueur est connue, se trouvera sur l'intersection de ces deux plans.

5° *Trouver sur une droite donnée un point dont la distance à un point donné soit égale à une droite donnée* (**34**).

6° *Construire un plan qui ait pour trace horizontale une droite donnée et qui fasse avec le plan vertical un angle donné.* — Discussion.

7° *Mener un plan qui fasse avec les plans de projection des angles donnés* α *et* β. — La solution de ce problème est fondée sur ce principe, que les perpendiculaires abaissées du point O (fig. 20) sur les hypoténuses des triangles rectangles OA'A″ et OB'A″ sont égales, car elles ne sont que les rabattements de la perpendiculaire abaissée de ce point sur le plan PQR'.

8° *Évaluer le volume d'un tétraèdre, connaissant les projections de ses quatre sommets* (**14, 17** et **29**).

9° *Mener par une droite donnée* AB (G., fig. 212) *un plan qui fasse un angle donné* k *avec un plan donné* MN. — D'un point quelconque pris sur la droite AB, abaissez une perpendiculaire AO sur le plan MN, puis du pied de cette perpendiculaire, comme centre, décrivez une circonférence dont le rayon soit égal au côté adjacent à l'angle k dans un triangle rectangle AOC dont l'autre côté de l'angle droit serait égal à cette perpendiculaire. La tangente menée à ce cercle par le point B, où son plan est percé par la droite donnée, achèvera de déterminer le plan demandé. Cette construction s'exécutera par la méthode des rabattements. Elle se simplifiera beaucoup si le plan donné est l'un des plans de projection.

FIN DE LA GÉOMÉTRIE DESCRIPTIVE.

TABLE DES MATIÈRES.

Numéros
des articles.

NOTIONS PRÉLIMINAIRES...................................... Page 1
   Ce qu'on entend par *corps* en géométrie.' — *Surfaces, lignes,
points.* — Objet de la *géométrie*................................ 1-5
   On distingue trois sortes de lignes : *droites, brisées et courbes.* —
*Deux droites qui ont deux points communs coïncident dans toute leur
étendue.* — *Deux points donnés déterminent la position d'une droite..* 6-15
   Définitions du *plan* et de la *surface courbe.* — *Trois points qui ne
sont pas situés en ligne droite, deux droites qui se coupent ou qui
sont parallèles,* DÉTERMINENT *un plan.* — Intersection de deux et de
trois plans.. 16-20, 428
   Définition de la *circonférence du cercle.* — Son tracé............. 21

LIVRE I.

DES LIGNES.

CHAPITRE Iᵉʳ. DE LA LIGNE DROITE .... Page 7

§ I. *De la mesure des lignes droites*.................... Page 7
   MESURER *une droite donnée.* — *Trouver la commune mesure de
deux droites.* — Évaluer leur rapport.—*Si les deux droites sont commensurables, ce rapport est exprimé par une fraction irréductible.*—
Qu'entend-on par rapport de deux grandeurs incommensurables ?... 23-30

§ II. *Des perpendiculaires et des obliques*.............. Page 11
   Définition de *l'angle,* — *d'où dépend sa grandeur ?* — Usage de la
fausse équerre. — Définition de la *perpendiculaire* à une droite. —
Angles *droits, aigus, obtus*.................................... 32-50
   *Par un point donné on ne peut mener qu'une seule perpendiculaire
à une droite*.. 37, 43, 51
   Comparaison d'une perpendiculaire avec une *oblique;* — de deux
obliques entre elles. — LIEUX *de tous les points équidistants de deux
points donnés*.. 52-61

§ III. *Des parallèles*.................................... Page 19
   Définition des parallèles. — *Postulatum d'Euclide.* — *Par un point
donné on ne peut mener qu'une parallèle à une droite donnée*....... 62-65
   *Si deux droites sont parallèles, toute perpendiculaire sur l'une
l'est aussi sur l'autre.* — *Deux parallèles à une troisième sont parallèles entre elles.* — *Deux parallèles sont partout équidistantes*...... 66-68
   Théorème résultant de l'intersection de deux parallèles par une
sécante. — Angles qui ont les côtés parallèles ou perpendiculaires... 69-75

Numéros
des articles.

CHAPITRE II. DE LA CIRÇONFÉRENCE................ .. Page 25.

§ I. *Propriétés générales de la circonférence*............ Page 25

*Trois points qui ne sont pas situés en ligne droite, déterminent
une circonférence*.. 80, 81
.Conditions auxquelles satisfait la perpendiculaire abaissée du centre sur une corde. — Définition et propriétés de la *tangente*........ 82-89
*Deux parallèles interceptent sur la circonférence des arcs égaux. —
Deux arcs égaux sont sous-tendus par des cordes égales, et réciproquement. — De deux arcs inégaux, le plus grand est sous-tendu par
la plus grande corde et réciproquement. — Cordes également ou inégalement distantes du centre*................................... 90-96

§ II. *Des circonférences tangentes et sécantes*............ Page 32

Conditions de *contact* de deux circonférences............ :....... 99-103
Conditions d'*intersection* de deux circonférences............ 98, 104, 105

§ III. *De la mesure des angles*........................ Page 37

Relations qui existent entre deux angles au centre et les arcs compris entre leurs côtés... 106-109
Mesure de l'angle. — Division de la circonférence en *grades* et en
degrés. — Conversion des grades en degrés et réciproquement:..... 110-116
Mesure d'un angle dont le sommet n'est pas au centre. — *Lieu des
sommets de tous les angles droits dont les côtés passent par deux
points donnés*.. 117-127

CHAPITRE III. PROBLÈMES SUR LE LIVRE I................ Page 46

*Mener une ligne droite par deux points donnés. — Vérification de
la règle*... 128-131
Mesurer une ligne droite. — Vernier. — Chaîne d'arpenteur...... 132-134
Décrire une circonférence.................................... 135-137
Mesurer un angle donné. — Rapporteur. — Table des cordes....... 138, 139
Problèmes sur les perpendiculaires. — *Vérification de l'équerre*... 140-146
Problèmes sur les angles...................................... 147-150
Mener une parallèle à une droite donnée..................... 151, 152
*Décrire une circonférence qui satisfasse à trois conditions don-
nées*......... .... 153-155, 161, 163
Décrire sur une droite donnée un arc CAPABLE *d'un angle donné*.. 156
Mener une tangente à une circonférence....:................. 157-160
Mener une tangente commune à deux circonférences............ 162
Problèmes à résoudre....................................... 164

LIVRE II.

DES POLYGONES.

Définitions..... ̄............................... Page 69　165-169
CHAPITRE Iᵉʳ. DES TRIANGLES........................ Page 71
Somme des angles d'un triangle. — Relations entre les angles et
les côtés d'un triangle.. 170-180

Numéros
des articles.

Conditions d'égalité de deux triangles........................ 181-192

CHAPITRE II. DES QUADRILATÈRES...................... Page 77

Propriétés du *parallélogramme*............................ 195-204
Losange. — Rectangle. — Carré.............................. 206-210
Conditions pour qu'un quadrilatère soit inscriptible ou circonscrip-
tible... 212-217

CHAPITRE III. DES POLYGONES EN GÉNÉRAL............... Page 84

Somme des angles d'un polygone. — Somme de ses angles extérieurs.. 218-221
Conditions d'égalité de deux polygones. — Nombre des données nécessaires pour déterminer un polygone...................... 222-227

CHAPITRE IV. — PROBLÈMES SUR LE LIVRE II............. Page 89

Problèmes sur les triangles.................................. 228-233
Problèmes sur les polygones. — Construire un polygone égal à un
polygone donné. — Méthode des carreaux.. 234-238
Problèmes à résoudre.... 239

LIVRE III.

DES LIGNES PROPORTIONNELLES ET DES POLYGONES SEMBLABLES.

CHAPITRE Ier. DES LIGNES PROPORTIONNELLES........... Page 97

Définitions... 240
Propriétés dont jouissent des *droites coupées par des parallèles*. 242-247, 252
Propriétés des points d'intersection d'un côté d'un triangle par les
bissectrices de l'angle opposé et de son supplément.............. 248
*Lieu de tous les points dont les distances à deux points donnés sont
dans un rapport constant*.................................... 249
*Deux triangles équiangles ont leurs côtés homologues propor-
tionnels*... 250, 251
Propriétés dont jouissent deux *angles qui ont leurs côtés propor-
tionnels, parallèles et dirigés dans le même sens ou dans des sens
contraires*... 253, 254
Propriétés des sécantes et des cordes qui se croisent dans le cercle.
— *La tangente est moyenne proportionnelle entre la sécante et sa
partie extérieure*.. 255-258
Propriétés du *triangle rectangle*............................ 259-264
Relation entre les longueurs des côtés d'un triangle obli-
quangle.. 265, 266, 268, 270
Élever une perpendiculaire à l'extrémité d'une ligne droite....... 267
*Lieu de tous les points qui sont tels, que la somme ou la différence
des carrés de leurs distances à deux points fixes est constante*....... 269, 271
Relation entre les longueurs des côtés d'un *quadrilatère quelcon-
que*; — d'un *quadrilatère inscriptible*...................... 272, 274

CHAPITRE II. DES POLYGONES SEMBLABLES.............. Page 117

Définition des triangles semblables. — Il y a de pareilles figures.. 275, 276

Numéros
des articles.

Différents cas de similitude de deux triangles................ 277-282
Définition des polygones semblables........................ 283
Deux polygones semblables ont leurs angles égaux chacun à chacun et leurs côtés homologues proportionnels. — L'une de ces conditions est-elle une conséquence de l'autre?...................... 284, 286
Conditions de similitude de deux polygones................ 287-290, 293
Les périmètres de deux polygones semblables sont proportionnels aux côtés homologues de ces polygones......................... 294

CHAPITRE III. PROBLÈMES SUR LE LIVRE III .... Page 126

Partager une droite donnée en parties proportionnelles à des droites données, — en parties égales 295, 296
Trouver une QUATRIÈME PROPORTIONNELLE *à trois droites données. — Une* TROISIÈME PROPORTIONNELLE *à deux droites données. — Une* MOYENNE PROPORTIONNELLE *entre deux droites données*......... 297-300, 304
Mener une tangente commune à deux circonférences.............. 303
Partager une droite en moyenne et extrême raison.... .... 305, 306
Décrire une circonférence qui passe par deux points donnés et soit en outre tangente à une droite ou à une circonférence donnée........ 307, 308
Construction de triangles semblables à des triangles donnés..... 309, 312
Construction de polygones semblables à des polygones donnés. — *Compas de réduction*................................. 310, 311
Construction d'une *échelle*................................ 313
Problèmes à résoudre.................................... 314

LIVRE IV.

DES POLYGONES RÉGULIERS ET DU RAPPORT DE LA CIRCONFÉRENCE AU DIAMÈTRE.

CHAPITRE Iᵉʳ. DES POLYGONES RÉGULIERS............. Page 142

Définition des polygones réguliers. — Ils sont inscriptibles et circonscriptibles à la circonférence. — Ceux qui ont le même nombre de côtés sont semblables et leurs périmètres sont proportionnels aux rayons des cercles qui leur sont inscrits ou circonscrits............ 315-322
Un polygone régulier étant inscrit dans un cercle, 1° circonscrire à ce cercle un polygone régulier semblable; — 2° inscrire dans ce cercle un polygone régulier de deux fois plus de côtés;—3° calculer les côtés des nouveaux polygones, en fonction du côté du polygone primitif et du rayon du cercle.................................. 323-328
Étant donnés les périmètres de deux polygones réguliers semblables inscrit et circonscrit à un cercle, calculer les périmètres des polygones réguliers inscrit et circonscrit d'un nombre double de côtés.. 329
Inscription du *carré*, — de *l'hexagone*, — du *triangle*, — du *décagone*, — du *pentagone* et du *pentédécagone* réguliers dans le cercle. — Calcul de leurs côtés en fonction du rayon................. 330-340
Solution approchée du problème de la trisection de l'arc........ 343

Numéros
des articles.

Chapitre II. Du rapport de la circonférence au diamètre.. Page 162
   On peut regarder un cercle comme un polygone régulier d'un nombre infini de côtés — Éléments. — Tangente. — Extension à une
courbe quelconque..................................... 344-346
   Deux circonférences sont proportionnelles à leurs rayons........ 348
   Règles pour calculer la longueur d'une circonférence dont on con-
nait le diamètre et réciproquement.......................... 350
   Trouver le rapport de la circonférence au diamètre: — Rectifica-
tion de la circonférence, solution approchée.................. 351-356

LIVRE V.

DES AIRES DES SURFACES PLANES ET DE LEUR COMPARAISON.

Chapitre Ier. Des aires des surfaces planes.......... Page 173
   Rapport des aires de deux rectangles............ 358-360
   Expression de l'aire du rectangle, — du carré — du parallélo-
gramme, — du triangle, — du trapèze, — d'un polygone régulier,
— du cercle, — d'un secteur, — d'un segment de cercle........... 361-386
   Mesurer l'aire d'une figure plane quelconque.................. 387-390
   Tracer une courbe semblable à une courbe donnée.............. 391

Chapitre II. Comparaison des aires................... Page 197
   Rapports des aires des carrés construits sur les côtés d'un triangle
rectangle, — sur les cordes issues des extrémités d'un même diamètre. 393-395
   Expression de l'aire du carré construit sur la somme ou sur la différence de deux droites, — du rectangle construit sur la somme et
sur la différence de deux droites............................ 396
   Rapport des aires de deux triangles qui ont un angle commun, —
de deux triangles ou de deux polygones semblables, — de deux cercles, — de deux secteurs ou de deux segments semblables........... 397-405

Chapitre III. Problèmes sur le livre V.............. Page 205
   Transformer un polygone en un triangle, — un triangle en un
carré, — un triangle en un autre qui ait pour sommet un point donné. 406-409
   Par un point donné sur le périmètre d'un polygone, mener une
droite qui en retranche une aire donnée...................... 410
   Construire un carré ou un polygone équivalent soit à la somme,
soit à la différence de deux carrés ou de deux polygones semblables
donnés... 411-413
   Construire un carré qui soit à un autre carré dans un rapport
donné, — une droite qui soit à une autre droite dans le rapport de
deux carrés... 414-418
   Construire un polygone semblable à un polygone donné et dont
l'aire soit à celle de ce polygone dans un rapport donné.......... 419
   Transformer un polygone en un autre qui soit semblable à un polygone donné.. 421,422
   Partager un trapèze en plusieurs autres qui soient proportionnels
à des droites données, — qui soient égaux................... 423,424

*Transformer un carré en un rectangle tel, que la somme ou la
différence de ses deux dimensions soit égale à une droite donnée...*   425
Problèmes à résoudre....................................   427

LIVRE VI.

DES SURFACES PLANES INDÉFINIES.

CHAPITRE Ier. DES PLANS ET DES LIGNES DROITES......... Page 218

Génération du plan....................................... 430,436
*Propriétés des droites perpendiculaires, obliques et parallèles à
un même plan. — Niveau des maçons*.................. 431-435, 437-448
Ce qu'on entend par *projection d'un point, — d'une ligne sur un
plan. — La projection d'une ligne droite est une autre ligne droite.
— Plan projetant*.. 449-452
Propriétés des plans parallèles.................. 453-460, 464-467
Angles dont les côtés sont parallèles....................... 461
Pour que deux droites soient parallèles, il FAUT et il SUFFIT
*que leurs projections sur deux plans qui se coupent soient paral-
lèles*... 462
*Par un point donné mener une perpendiculaire à un plan, — à
une droite donnée dans l'espace*.......................... 468,469
Trouver la plus courte distance de deux droites............ 470
*Mesure de l'inclinaison mutuelle de deux droites qui ne sont pas
situées dans un même plan. — De l'inclinaison d'une droite sur un
plan*... 471,472
Problèmes à résoudre.................................... 473

CHAPITRE II. DES ANGLES DIÈDRES ET POLYÈDRES......... Page 231

*Définition de l'angle dièdre, — de son angle rectiligne correspon-
dant. — Propriétés des plans perpendiculaires entre eux* 474,475,478-484
Pour qu'une droite soit perpendiculaire à un plan, il FAUT et il
SUFFIT *que ses projections sur deux plans qui se coupent soient perpendiculaires aux traces de ce plan sur ces deux-là*.............. 485,486
*Relations qui existent entre deux angles dièdres et leurs angles rec-
tilignes correspondants. — Mesure de l'angle dièdre*........ 476,477,487,488
*Angles polyèdres. — Trièdres supplémentaires. — Dans tout triè-
dre une face quelconque est plus petite que la somme des deux autres
et plus grande que leur différence. — Limites de la somme des angles
dièdres d'un trièdre*............................... 490-496,498
Limite de la somme des faces d'un angle polyèdre convexe....... 497
*Deux trièdres qui ont leurs faces égales chacune à chacune ont
leurs angles dièdres homologues égaux*....................... 499
*Conditions d'égalité de deux trièdres. — Trièdres et angles polyèdres
symétriques. — Conditions nécessaires et suffisantes pour qu'on puisse
construire un trièdre avec trois angles plans donnés*.............. 500-508
Mesure d'un angle trièdre, — d'un angle polyèdre............. 509-510
Théorèmes à démontrer.................................... 512

Numéros
des articles.

LIVRE VII.

DES SURFACES COURBES.

CHAPITRE Iᵉʳ. DES DIFFÉRENTES ESPÈCES DE SURFACES COURBES ET DE
LEURS PROPRIÉTÉS GÉNÉRALES...................... Page 250

*Toute surface peut être engendrée par le mouvement d'une ligne de
forme constante ou variable dans l'espace... ....*   513
Définition de la TANGENTE *à une courbe quelconque, — du* PLAN
TANGENT *à une surface courbe. — Construction d'un pareil plan. —*
Principes de la MÉTHODE INFINITÉSIMALE........................ 514-517
Surfaces de RÉVOLUTION. *— Surfaces* GAUCHES. *— Surfaces* DÉVE-
LOPPABLES. *—* NORMALE *à une surface....................* 518-527

CHAPITRE II. DES SURFACES CONIQUES................... Page 256

*Définition de la surface conique et du cône circulaire droit ou
oblique. —* Propriété du plan tangent à une surface conique. —
Toute surface conique est développable...................... 528-540

CHAPITRE III. DES SURFACES CYLINDRIQUES.............. Page 261

*Définition de la surface cylindrique et du cylindre circulaire droit
ou oblique. —* Propriété du plan tangent à une surface cylindrique.
— Toute surface cylindrique est développable................... 541-549

CHAPITRE IV. DE LA SURFACE SPHÉRIQUE............... Page 263

Définitions... 550-557
*Quatre points qui ne sont pas situés dans un même plan détermi-
nent une sphère. —* Intersection d'une sphère par un plan. *— Grands
et petits cercles. — Mesure d'un angle sphérique. —* Propriétés du
plan tangent à une sphère. — Intersection et contact de deux
sphères... 558-571
Définition du *triangle sphérique. — Propriétés et conditions d'égalité de deux triangles sphériques. — Triangles polaires............* 572-581
*Plus courte distance de deux points situés sur la surface d'une
sphère, — sur une surface quelconque.....................* 582-583
Problèmes sur la sphère.............................. 584-586
Sphère terrestre.................................. 587
Problèmes à résoudre.............................. 588

LIVRE VIII.

DES POLYÈDRES.

CHAPITRE Iᵉʳ. PROPRIÉTÉS GÉNÉRALES DES POLYÈDRES..... Page 279

Polyèdre. — Différentes espèces de polyèdres 589-591
Conditions d'égalité de deux tétraèdres................... 592-594

Numéros
des articles.

Pyramide. — Cônes inscrit et circonscrit à une *pyramide régulière.* — Intersection d'une pyramide par un plan parallèle à sa base.. 596-601
Parallélipipède. — Ses propriétés. — *Cube*.................... 602-606
Prisme. — Cylindres inscrit et circonscrit à un *prisme régulier.* — *Conditions d'égalité de deux prismes*........................ 607-615
Tout polyèdre peut être partagé en tétraèdres.................. 616
*Théorème d'*EULER. — Divers théorèmes....................... 617-621

CHAPITRE II. DES POLYÈDRES SEMBLABLES.............. Page 292

Définition des tétraèdres semblables. — Conditions de similitude de deux tétraèdres... 622-627
Définition des polyèdres semblables. — Deux polyèdres semblables ont leurs faces semblables chacune à chacune, leurs angles dièdres et polyèdres homologues égaux et leurs droites homologues proportionnelles.. 628,630,633
Section d'une pyramide par un plan parallèle à sa base........ 629
Conditions de similitude de deux polyèdres.................... 631

CHAPITRE III. DES POLYÈDRES SYMÉTRIQUES............. Page 299

Définition des polyèdres symétriques. — Propriétés dont jouissent deux pareils polyèdres.. 634-637

CHAPITRE IV. DES POLYÈDRES RÉGULIERS............;..... Page 301

Définition des polyèdres réguliers. — Tout polyèdre régulier est inscriptible et circonscriptible à une sphère. — Il n'y a que cinq sortes de polyèdres réguliers. — Construction d'un polyèdre régulier d'espèce donnée... 638-643

LIVRE IX.

DES AIRES DES CORPS.

CHAPITRE Ier. DES AIRES DES CORPS.................... Page 307

Aire d'un polyèdre quelconque............................... 644
Expression de l'aire de la surface latérale d'une PYRAMIDE RÉGULIÈRE, — *de la surface courbe d'un* CÔNE CIRCULAIRE DROIT, — *de la surface courbe d'un tronc de cône* DROIT *à bases parallèles*, — *de la surface latérale d'un* PRISME, — *de la surface courbe d'un* CYLINDRE, — *de la surface courbe d'un* TRONC DE CYLINDRE CIRCULAIRE DROIT. 645-652
Aire de la surface engendrée par la base d'un triangle isocèle qui tourne autour d'un axe mené dans son plan par son sommet, — par un secteur polygonal régulier............................... 653,654
Aire de la calotte sphérique, — de la zone, — de la sphère, — du fuseau, — d'un triangle sphérique, — d'un polygone sphérique convexe... 655-664
Aire d'une surface courbe quelconque 715

Numéros
des articles.

CHAPITRE II. DE LA COMPARAISON - DES AIRES DES CORPS SEMBLA-
BLES.. Page 317

   *Rapport des aires de deux cônes droits, — de deux troncs de cônes
droits, — de deux cylindres droits semblables, — de deux calottes,
de deux zones, de deux sphères, de deux fuseaux, de deux triangles
sphériques semblables, — de deux polyèdres semblables*............ 665-667

LIVRE X.

DES VOLUMES.

CHAPITRE Iᵉʳ. DE LA MESURE DES VOLUMES............... Page 320

   Rapport des volumes de deux parallélipipèdes rectangles........ 669-671
   Volume du parallélipipède rectangle, — du cube............... 672-676
   Théorèmes sur lesquels est fondée la mesure du parallélipipède
oblique... 677-679
   *Volume du parallélipipède oblique, — du prisme triangulaire, —
du prisme polygonal, — du cylindre, — d'un tronc de cylindre droit.* 680-685
   *Deux tétraèdres qui ont des bases équivalentes et des hauteurs égales
sont équivalents.* — Décomposition d'un tronc de prisme triangulaire en trois tétraèdres....................................... 686,687
   *Volume du tétraèdre, — d'une pyramide quelconque, — d'un
tronc de prisme triangulaire; — d'un cône quelconque, — d'un tronc
de pyramide à bases parallèles, — d'un tronc de cône à bases parallèles, — d'un tronc de parallélipipède.*........................ 688-696
   Calculer le volume d'un polyèdre quelconque.................. 697
   *Volume engendré par un triangle qui tourne autour d'un axe
mené dans son plan par son sommet, — par un secteur polygonal
régulier*.. 698-700
   *Volume du secteur sphérique, — de la sphère, — d'un onglet
sphérique*.. 701-703
   *Volume engendré par un segment de cercle qui tourne autour d'un
diamètre. — Volume de la tranche sphérique, — du segment sphérique*... 704-707
   *Volume engendré par une figure plane symétrique par rapport à
un axe, en tournant autour d'une droite parallèle à cet axe et tracée
dans son plan*... 710
   *Évaluer le volume d'un corps de figure quelconque,—d'une tranche
comprise entre deux plans parallèles*.......................... 712-714
   Règle pour évaluer le volume d'un corps à l'aide de son POIDS
SPÉCIFIQUE.. 718

CHAPITRE II. DE LA COMPARAISON DES VOLUMES......... Page 353

   *Rapport des volumes de deux pyramides semblables, — de deux
polyèdres semblables, — de deux corps ronds semblables.*........ 719-722
   Décrire une sphère double d'une autre; méthode approximative... 723

LIVRE XI.

DE QUELQUES COURBES USUELLES.

CHAPITRE Ier. DE L'ELLIPSE............................ Page 357

Définition de l'ellipse. — Construction de l'ellipse par points ou d'un mouvement continu. — La circonférence du cercle peut être regardée comme une ellipse dont l'excentricité est égale à zéro 724-726

Axes de symétrie de l'ellipse, sommets, centre................ 727-732

La somme des distances des deux foyers à un point situé hors de l'ellipse ou dans l'intérieur de cette courbe est plus grande ou plus petite que le grand axe.................... 733

La tangente à l'ellipse forme des angles égaux avec les rayons vecteurs menés au point de contact. — Normale. — Propriétés physiques des foyers.. 734-738

Lieu des projections des foyers d'une ellipse sur ses tangentes. — Produit des distances des foyers à une tangente.................... 739-741

Cercle directeur de l'ellipse. — Son usage pour tracer cette courbe.. 742-743

Mener une tangente à l'ellipse : 1° par un point pris sur cette courbe; 2° par un point extérieur; 3° parallèlement à une droite donnée... 744

Méthode pour construire les axes d'une ellipse qui n'est que tracée.. 746

Lieu des sommets des angles droits circonscrits à l'ellipse........ 747

Aire de l'ellipse.. 752

CHAPITRE II. DE LA PARABOLE............................ Page 373

Définition de la parabole. — Construction de la parabole par points ou d'un mouvement continu. — La parabole est la limite vers laquelle tend une ellipse dont l'un des foyers s'éloigne indéfiniment de l'autre foyer supposé fixe ainsi que le sommet adjacent........ 754-756

Axe de symétrie de la parabole, sommet, paramètre........... 757-759

Un point pris sur le plan d'une parabole est plus ou moins éloigné du foyer que de la directrice, suivant qu'il est extérieur ou intérieur à la courbe.. 760

La tangente à la parabole fait des angles égaux avec le rayon vecteur du point de contact et la parallèle menée à l'axe par ce point. — Normale.. 761,762

Lieu des projections du foyer d'une parabole sur ses tangentes 766

Sous-tangente, sous-normale; leurs propriétés................ 768,769

Le carré d'une corde perpendiculaire à l'axe est proportionnel à la distance de cette corde au sommet................................ 770

Mener une tangente à la parabole : 1° par un point pris sur cette courbe; 2° par un point extérieur; 3° parallèlement à une droite donnée... 771

Méthode pour construire le foyer d'une parabole qui n'est que tracée.. 772

Lieu des sommets des angles droits circonscrits à la parabole..... 773

Aire d'un segment parabolique.................................. 775

Numéros
des articles.

CHAPITRE III. DE L'HÉLICE.................................. Page 383

Génération de l'hélice ; spire, pas........................ 776,777
Par deux points donnés sur la surface d'un cylindre ; on ne peut
faire passer qu'un arc d'hélice ; et cet arc est la ligne la plus
courte que l'on puisse tracer sur le cylindre entre ces deux points.... 778
La distance d'un point de l'hélice à la base du cylindre est pro-
portionnelle : 1° à l'arc de cette courbe compris entre la base du cy-
lindre et ce point ; 2° à la projection de cet arc sur la base du cy-
lindre... 779
La tangente à l'hélice fait en chaque point un angle constant avec
la génératrice... 781
Sous-tangente. — Mener une tangente à l'hélice par un point pris
sur cette courbe....................................... 782,783

NOTES SUR LA GÉOMÉTRIE ET ADDITIONS.

APPENDICE AU LIVRE III.

§ I. THÉORIE DES TRANSVERSALES.................... Page 388

Toute transversale détermine sur les côtés d'un triangle six seg-
ments tels que le produit de trois segments non consécutifs est égal
au produit des trois autres............................ 785
Les perpendiculaires abaissées des sommets d'un triangle sur les
côtés opposés, où les droites qui joignent les sommets d'un triangle
aux milieux des côtés opposés concourent en un même point. — Centre
de gravité d'un triangle.................................. 789-791
Points harmoniques, faisceaux harmoniques ; leurs propriétés.... 792-799

§ II. THÉORIE DU PÔLE ET DE LA POLAIRE............... Page 393

Définition du pôle et de la polaire..................... 800-802
Principes de la théorie des polaires réciproques.......... 813
Propriétés des hexagones et des quadrilatères inscrits et circon-
scrits à une circonférence.............................. 814-817

THÉORIE GÉNÉRALE DE LA SIMILITUDE.................. Page 398

§ I. *Des figures planes semblables.......................* 818-840

§ II. *Des surfaces et des corps semblables.................* 841-863

Intersections d'une surface conique par deux plans parallèles.... 864

THÉORIE GÉNÉRALE DE LA SYMÉTRIE.............. Page 410   865-876

TABLE DES CORDES POUR UN RAYON ÉGAL A CENT UNITÉS... Page 413

GÉOMÉTRIE DESCRIPTIVE.

§ I. DÉFINITIONS ET PRINCIPES GÉNÉRAUX.............. Page 415

Double objet de la géométrie descriptive.................. 1
Comment on détermine la position d'un point ; — d'une ligne
dans l'espace... 2-4

Numéros
des articles.

Comment on représente ce point ou cette ligne sur une feuille de
dessin.. 5
*Les projections de tout point de l'espace sont toujours figurées sur
une même perpendiculaire à la ligne de terre*..................... 6
Comment on détermine la position d'un plan sur l'épure......... 10
Conventions qu'on a faites pour distinguer, sur une épure, les
lignes principales des lignes de construction, les lignes visibles de
celles qui ne le sont pas.. 11-12

§ II. PROBLÈMES SUR LES LIGNES DROITES ET LES PLANS... Page 419.

PROBLÈME I. *Construire les traces d'une droite donnée.*.......... 13

PROBLÈME II. *Par un point donné dans l'espace, mener une parallèle à une droite donnée, et trouver la longueur de la partie de
cette droite qui est comprise entre ce point et un autre de ses
points choisi arbitrairement.*..................................... 14

PROBLÈME III. *Par un point donné mener un plan parallèle à un
plan donné. — Les traces du plan donné sont parallèles à LT*..... 15-16

PROBLÈME IV. *Faire passer un plan par trois points donnés.*....... 17

PROBLÈME V. *Construire l'intersection de deux plans donnés. — Les
traces de ces plans ne se coupent pas dans les limites de l'épure. —
Leurs traces horizontales sont parallèles. — Les traces des deux
plans sont toutes quatre parallèles à LT.—Elles rencontrent LT au
même point.*.. 18-22

PROBLÈME VI. *Construire le point d'intersection d'une droite avec
un plan. — La droite est perpendiculaire à l'un des plans de projection. — Étant donnée une des projections d'un point d'un
plan, construire l'autre projection de ce point. — La droite
donnée est parallèle à LT. — Le plan donné est perpendiculaire
à LT.*.. 23-27
On résout encore le même problème à l'aide d'un plan auxiliaire
quelconque... 28

PROBLÈME VII. *Trouver la plus courte distance d'un point à un plan.
— Les traces du plan sont parallèles à LT.*....................... 29-30

PROBLÈME VIII. *Trouver la plus courte distance d'un point à une
droite. — Cette droite est verticale, — elle est parallèle à LT.*.... 31-33
Solution du même problème par la *méthode des rabattements*.... 34
Construction de l'angle formé par les traces d'un plan........... 35

PROBLÈME IX. *Construire les inclinaisons d'un plan sur les plans de
projection. — Les traces sont parallèles à LT.*.................... 36

PROBLÈME X. *Construire l'angle de deux plans. — Les traces horizontales sont parallèles.—Les traces sont parallèles à LT.—Mener
le plan bissecteur de l'angle des deux plans.* 37,38

PROBLÈME XI. *Construire l'angle de deux droites. — Elles se
croisent sur le plan horizontal. — L'une d'elles est parallèle au
plan horizontal.*... 39-41

Numéros
des articles.

PROBLÈME XII. *Construire l'inclinaison d'une droite sur un plan...* 42

PROBLÈME XIII. *Construire la plus courte distance de deux droites qui ne sont pas situées dans un même plan...* 43-44

§ III. PROBLÈMES SUR LES TRIÈDRES......... Page 437

PROBLÈME XIV. *Étant donnés trois des six éléments d'un angle trièdre, construire les trois autres...* 45-48

PROBLÈME XV. *Réduire un angle à l'horizon. — L'un des côtés de l'angle est horizontal...* 49

§ IV. PROBLÈMES SUR LES PLANS TANGENTS............. Page 443

PROBLÈMES XVI, XVII, XVIII. *Mener un plan tangent à une surface conique, 1° par un point de cette surface ; 2° par un point extérieur ; 3° parallèlement à une droite donnée...* 50-52

PROBLÈME XIX. *Mener un plan tangent à une surface cylindrique, 1° par un point de cette surface; 2° par un point extérieur ; 3° parallèlement à une droite donnée...* 53

PROBLÈME XX. *Mener un plan tangent à une surface de révolution par un point de cette surface...* 54

PROBLÈME XXI. *Mener un plan tangent à une sphère par une droite donnée...* 55

§ V. PROBLÈMES SUR LES INTERSECTIONS DE SURFACES..... Page 451

Méthode générale pour construire la courbe d'intersection de deux surfaces...... 57

Méthode générale pour mener la tangente à la courbe d'intersection de deux surfaces, par un point pris sur cette intersection..... 59

PROBLÈME XXII. *Construire l'intersection d'un cylindre droit et vertical par un plan perpendiculaire au plan vertical de projection. — Mener la tangente à la courbe d'intersection. — Développer la surface cylindrique, et rapporter sur le développement la courbe d'intersection, ainsi que sa tangente...* 61

PROBLÈME XXIII. *Construire l'intersection d'un cône circulaire droit par un plan perpendiculaire à l'un des plans de projection.—Mener la tangente à la courbe d'intersection. — Développer la surface conique et rapporter sur le développement la courbe d'intersection, ainsi que sa tangente...* 62

PROBLÈME XXIV. *Construire la section droite d'un cylindre oblique. — Mener la tangente à la courbe d'intersection. — Faire le développement de la surface cylindrique, et y rapporter la courbe qui servait de base, ainsi que ses tangentes...* 63

PROBLÈME XXV. *Construire l'intersection d'une surface de révolution par un plan, et la tangente à la courbe d'intersection...* 64

PROBLÈME XXVI. *Construire l'intersection de deux cônes obliques et la tangente à cette courbe...* 65

PROBLÈME XXVII. *Construire l'intersection de deux surfaces cylindriques et la tangente à cette courbe...* 66

Numéros
des articles.

PROBLÈME XXVIII. *Construire l'intersection de deux surfaces de révolution dont les axes sont dans un même plan, et les tangentes à cette courbe* 67

§ VI. PROBLÈMES DIVERS .... Page 468.

PROBLÈME XXIX. *Circonscrire un cercle à un triangle donné dans l'espace* 68

PROBLÈME XXX. *Circonscrire une sphère à un tétraèdre donné* 69

PROBLÈME XXXI. *Inscrire une sphère dans un tétraèdre* 70

PROBLÈME XXXII. *Construire les points d'intersection d'une droite et d'une surface conique* 71

PROBLÈME XXXIII. *Construire les points d'intersection d'une droite et d'une surface sphérique* 72

PROBLÈME XXXIV. *Construire les projections d'une hélice et de sa tangente* 73

PROBLÈMES A RÉSOUDRE 74

FIN DE LA TABLE.

Ch. Lahure, Imprimeur du Sénat et de la Cour de Cassation,
rue de Vaugirard, 9, près de l'Odéon.

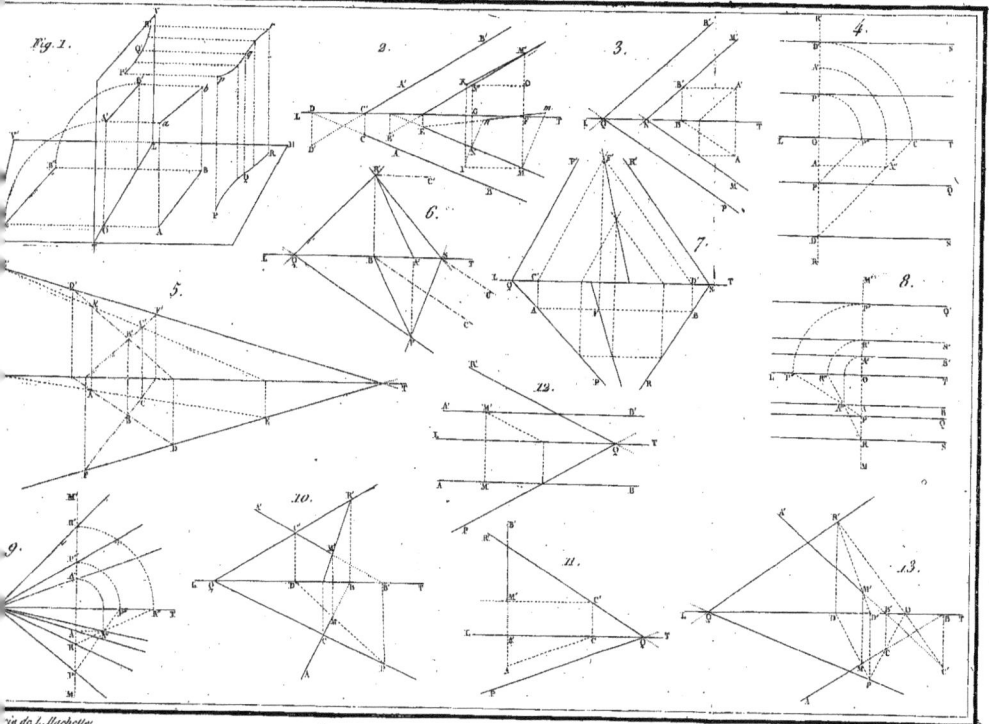

Fig. 1.

2.

3.

4.

5.

6.

7.

8.

9.

10.

11.

12.

13.

Fig.14.

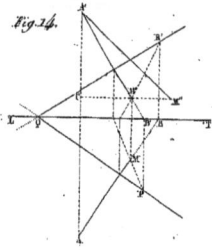

15.

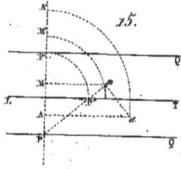

16.

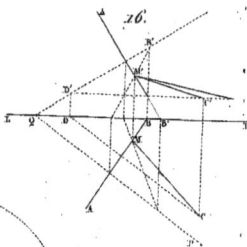

17.

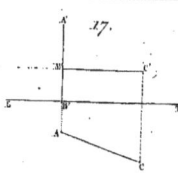

19.

21.

18.

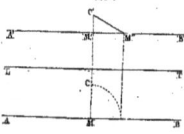

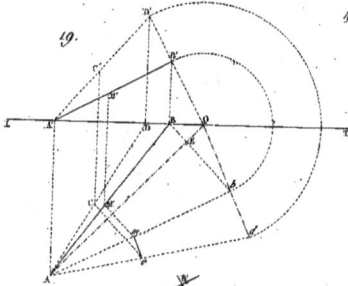

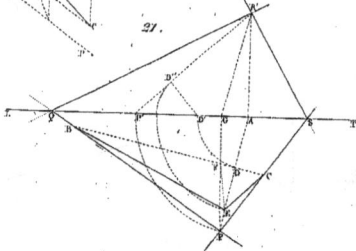

20.

22.

23.

24.

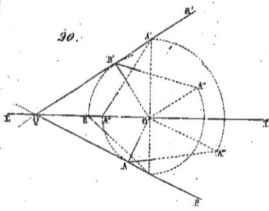

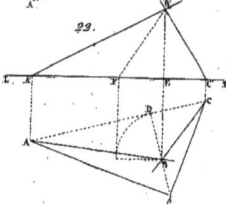

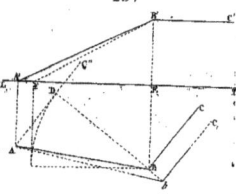

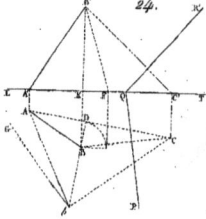

Librairie de l. Hachette.

Gravé par Duran

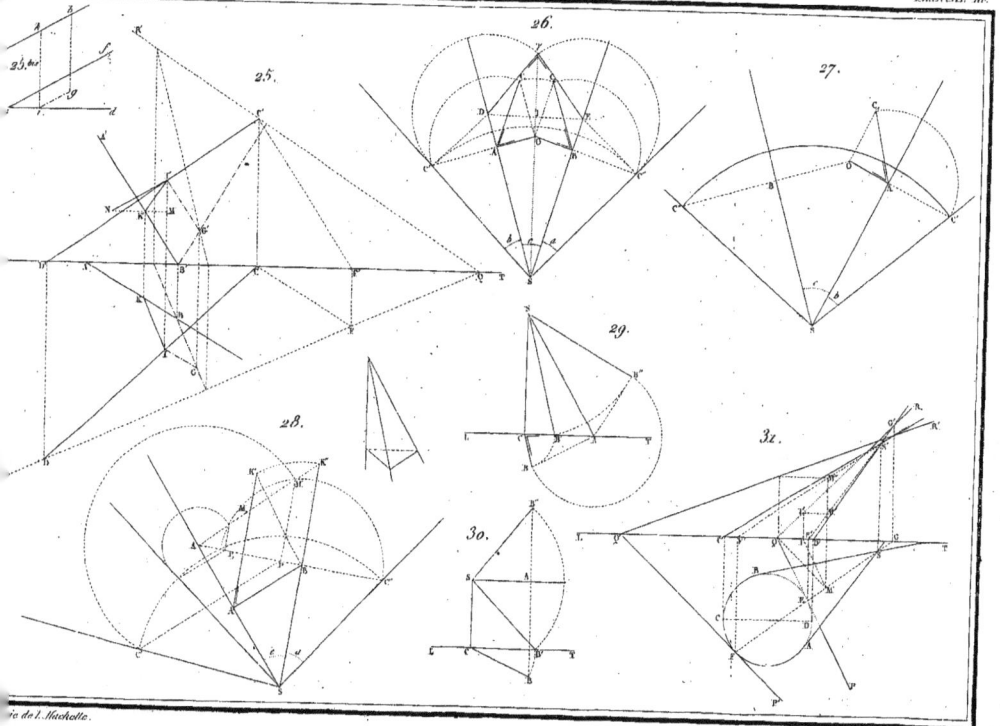

25.bis.

25.

26.

27.

28.

29.

30.

31.

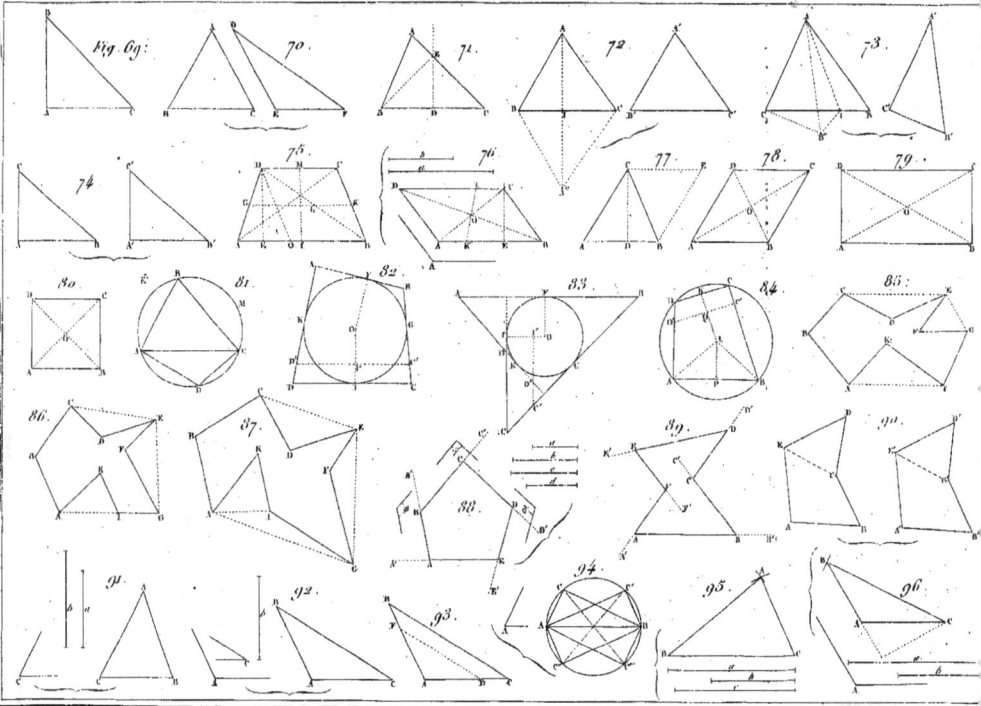

Fig. 36

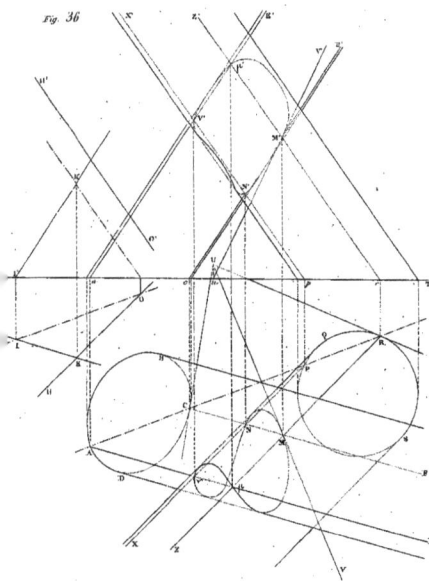

37

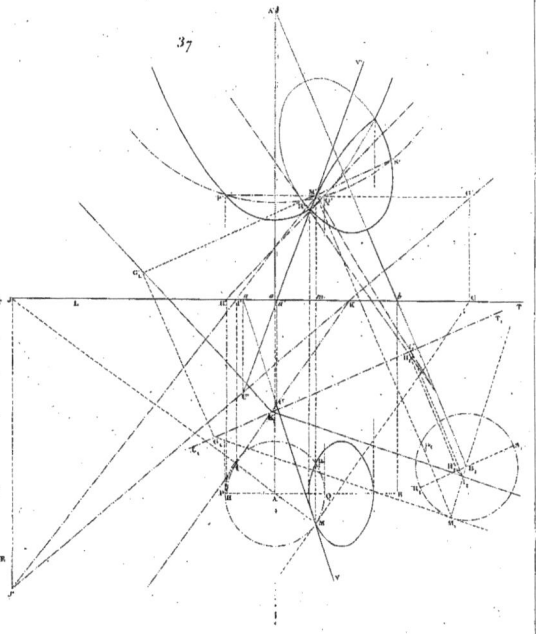

rie de L. Hachette

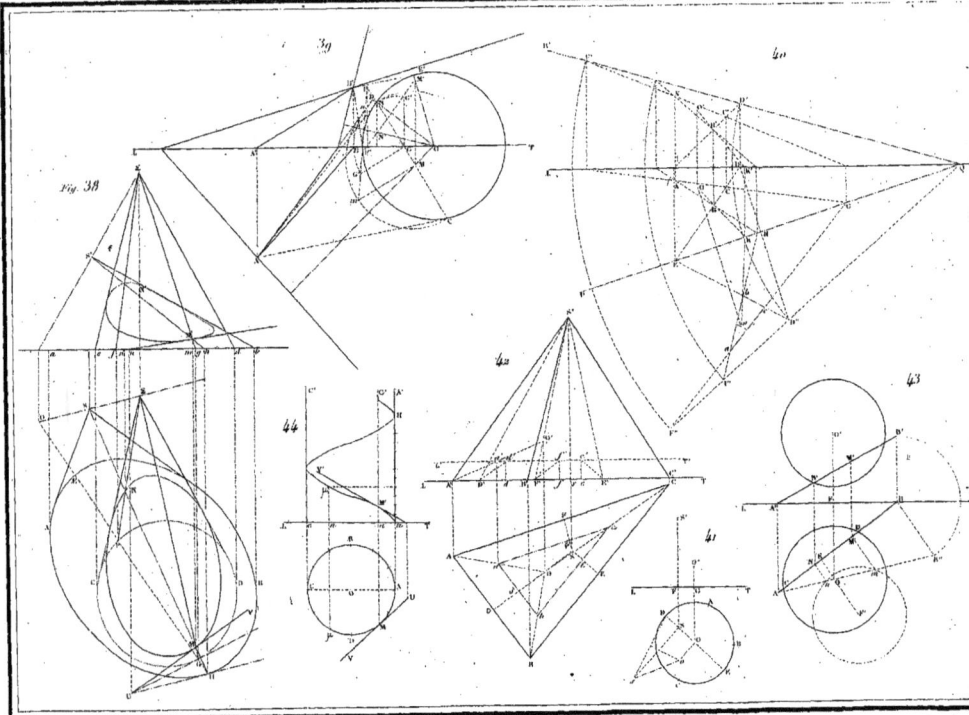

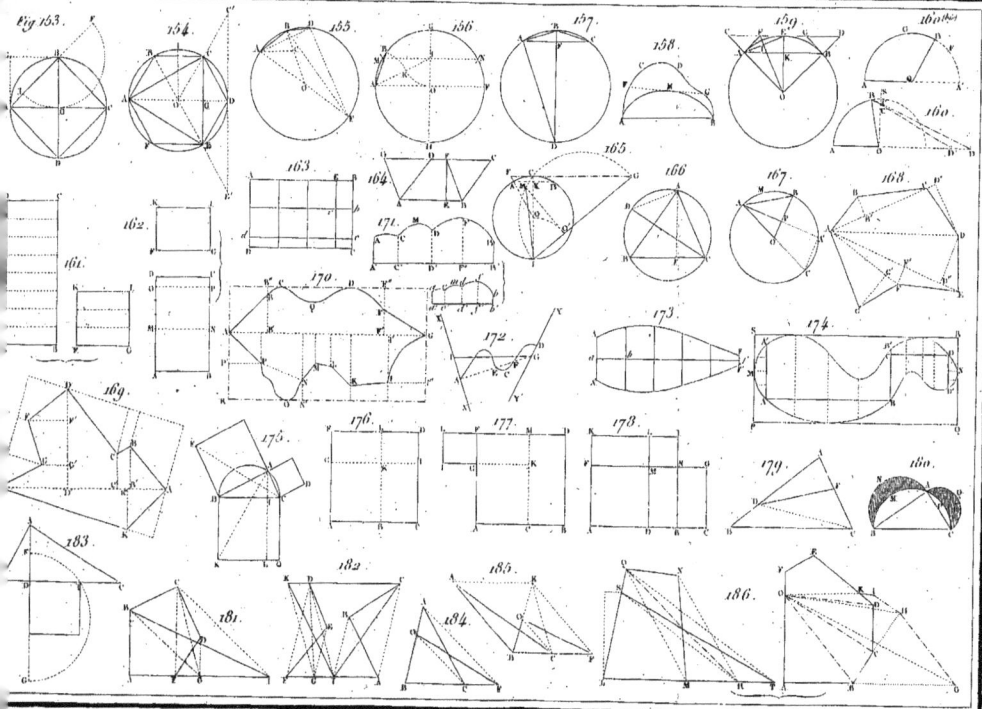

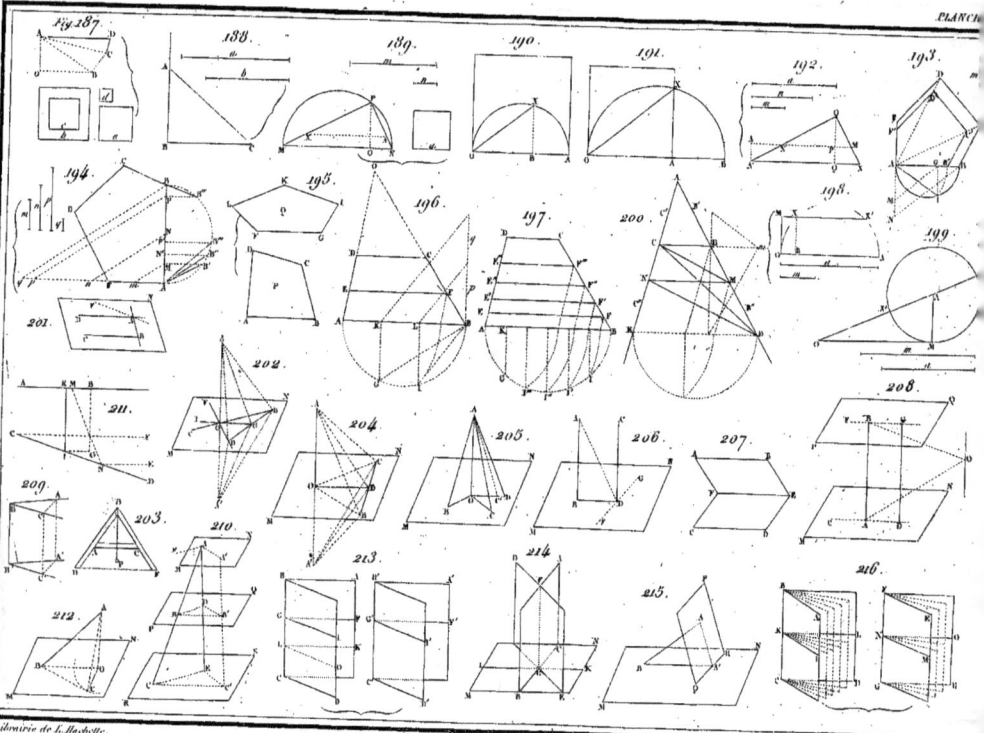

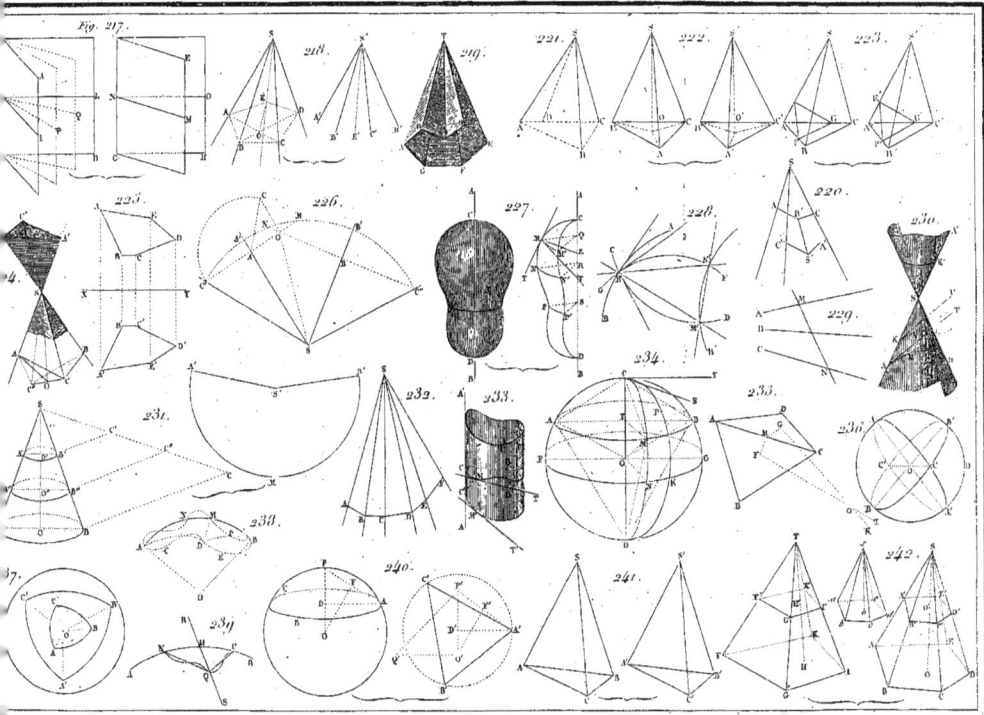

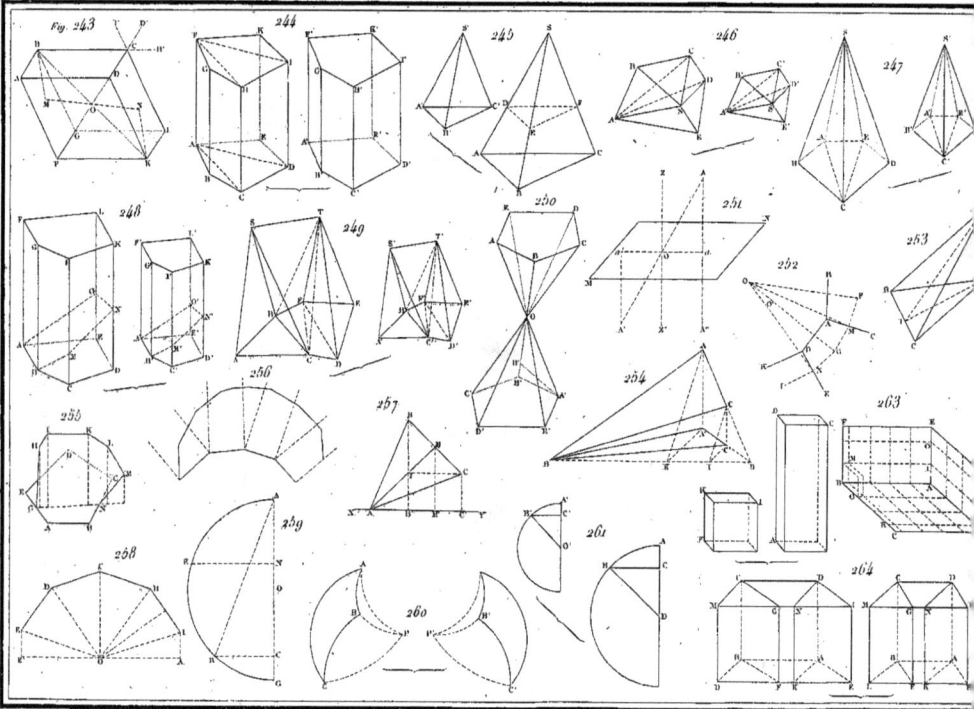

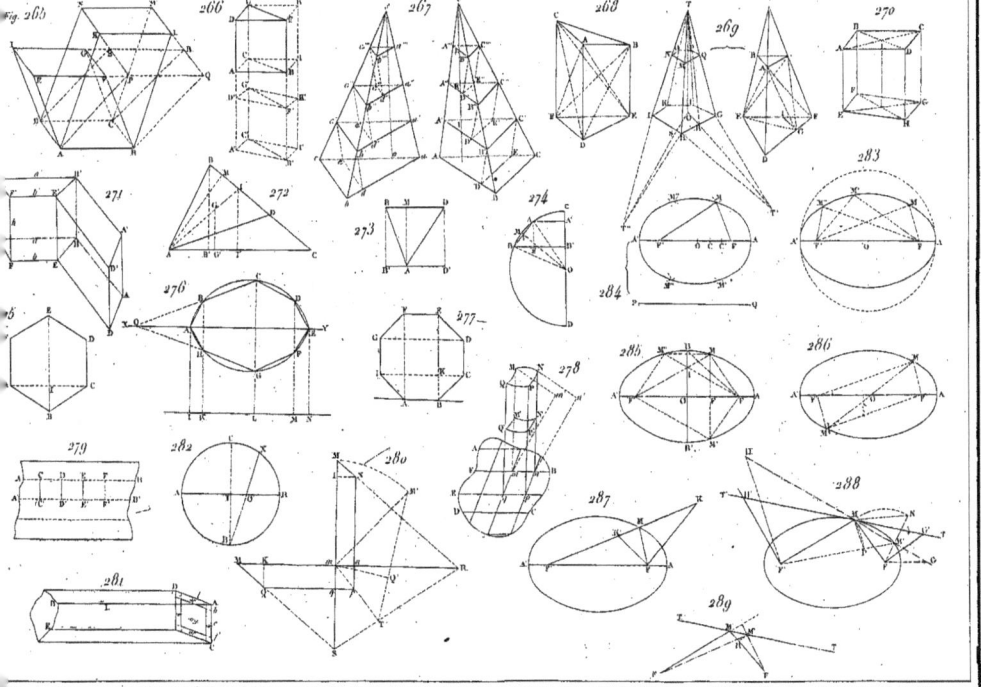

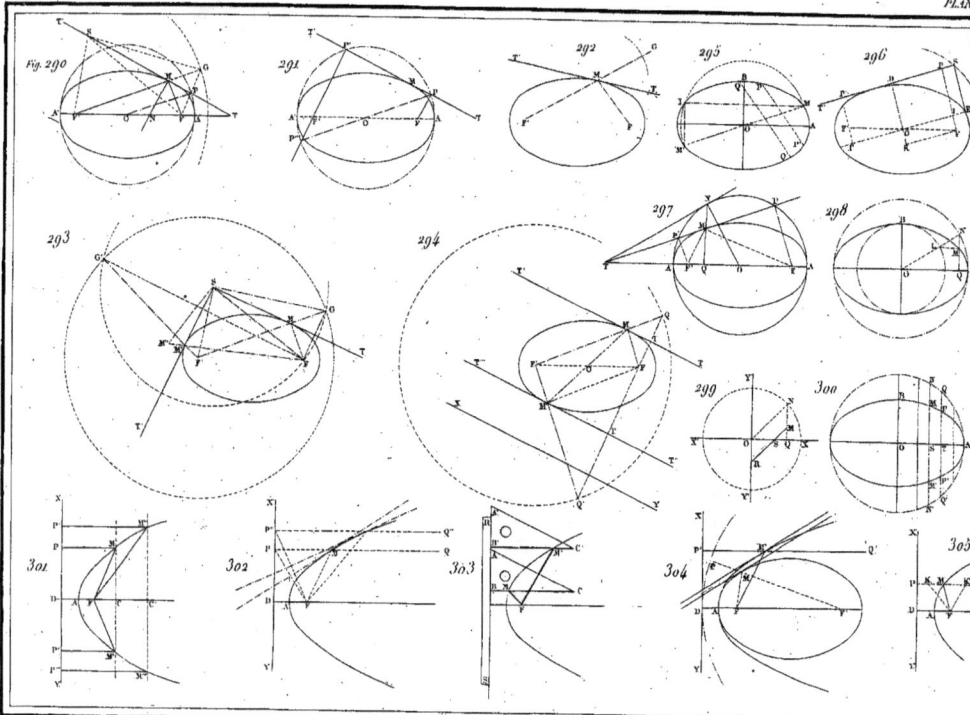

Fig. 290   291   292   295   296

293   294   297   298

299   300

301   302   303   304   305

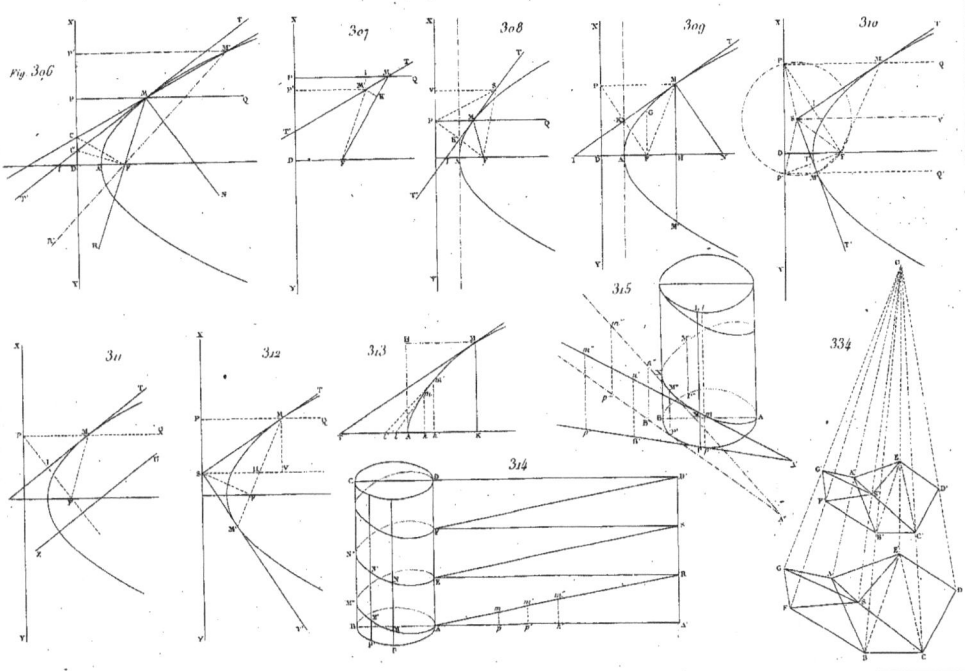

Fig. 306.

307.

308.

309.

310.

311.

312.

313.

314.

315.

334.

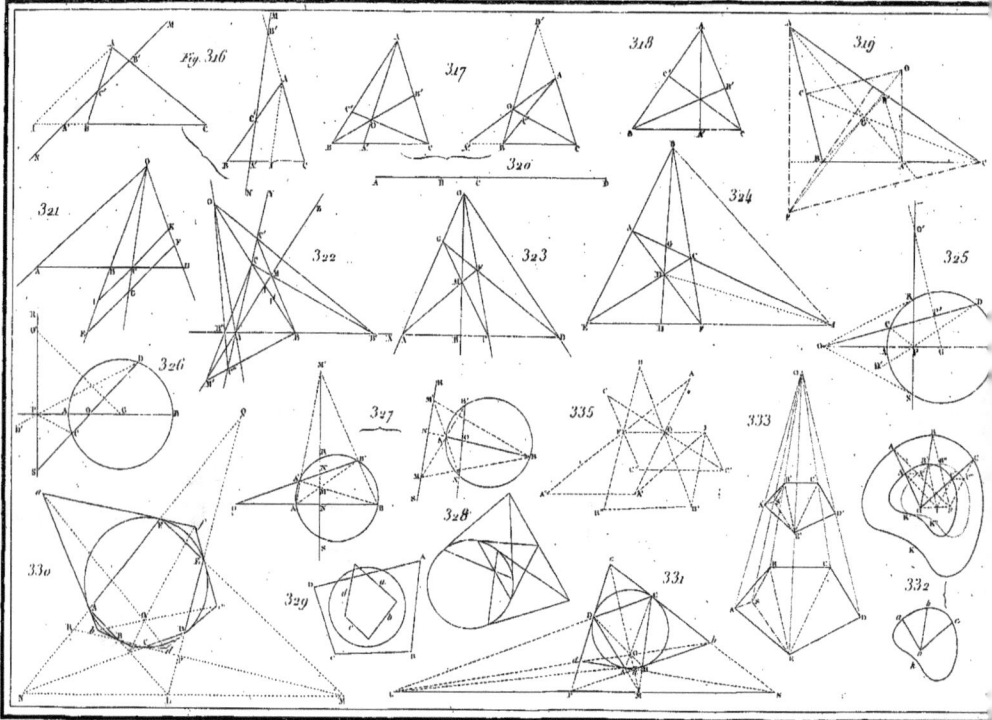

Fig. 316
317
318
319
320
321
322
323
324
325
326
327
335
333
330
329
328
331
332

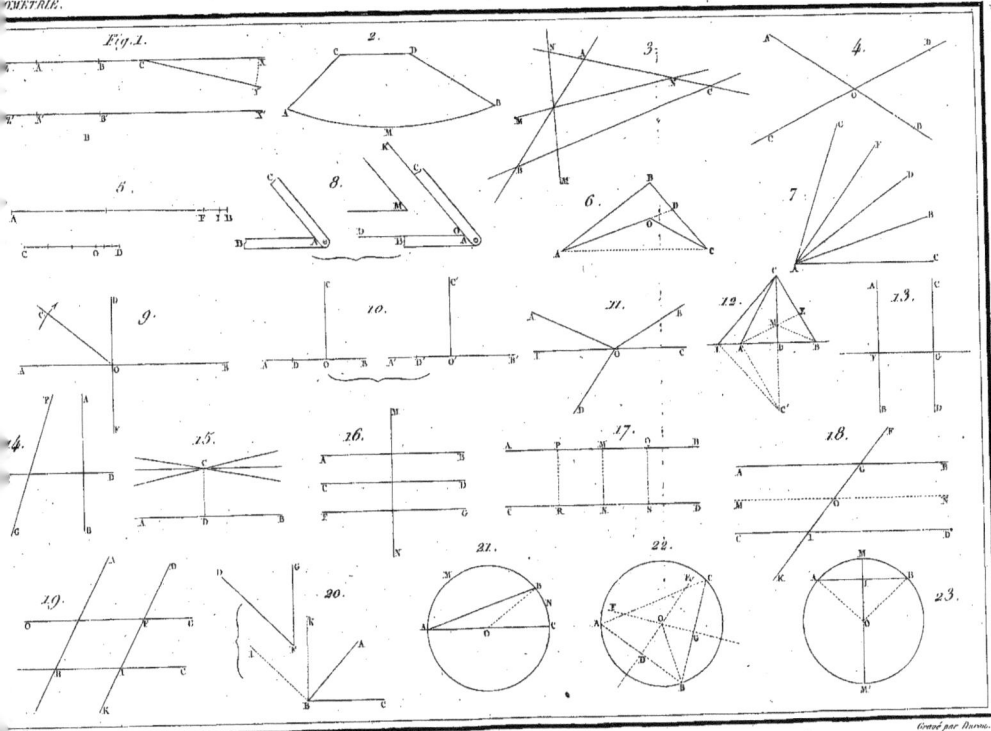

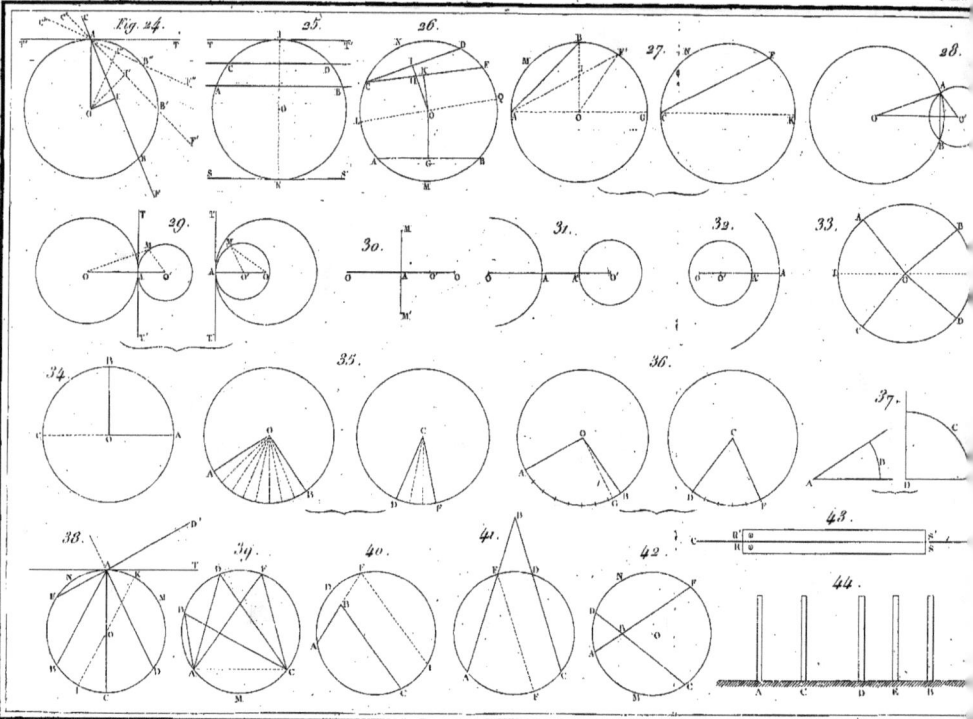

Fig. 24. 25. 26. 27. 28.

29. 30. 31. 32. 33.

34. 35. 36. 37. 43.

38. 39. 40. 41. 42. 44.

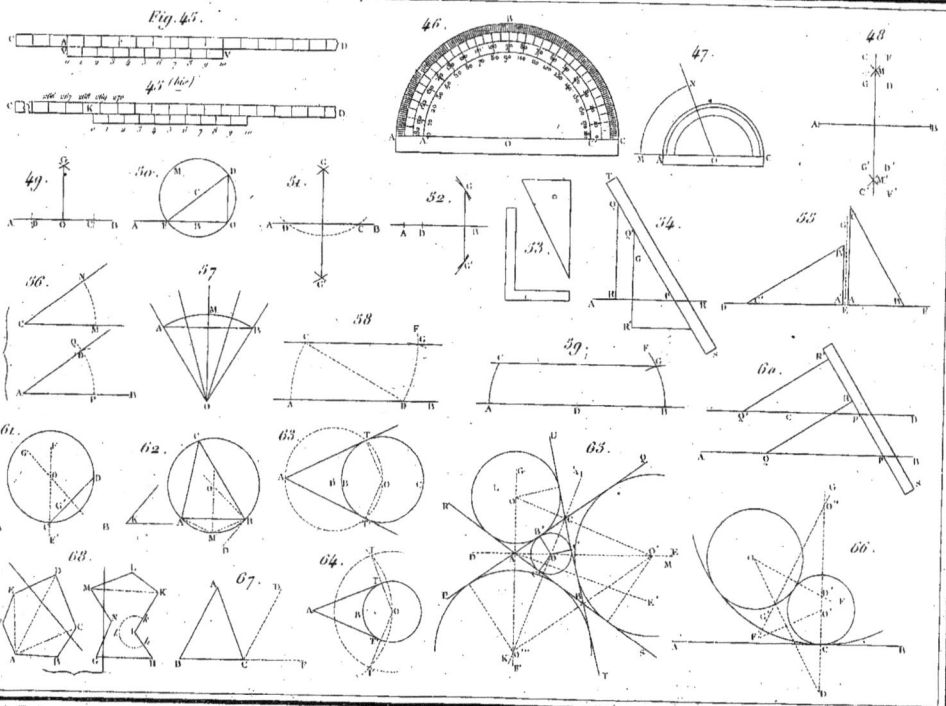

Fig. 45.

45 (bis)

46.

47.

48.

49.

50.

51.

52.

53.

54.

55.

56.

57.

58.

59.

60.

61.

62.

63.

65.

66.

68.

67.

64.

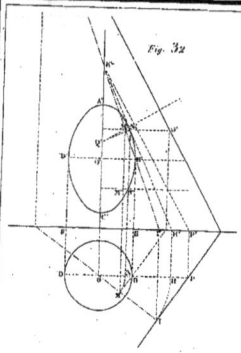

Fig. 32

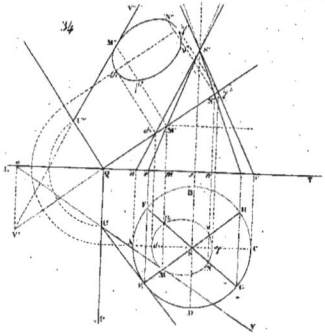

34

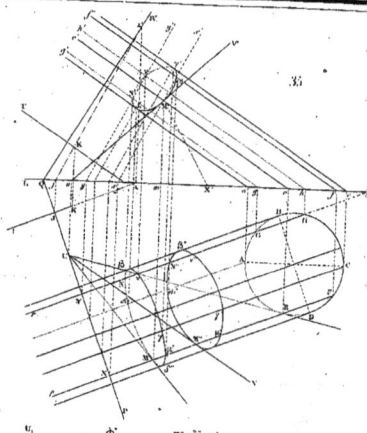

35

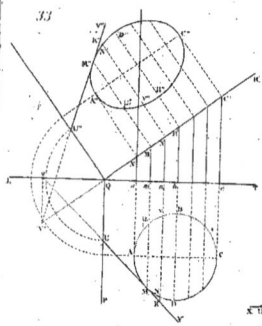

33

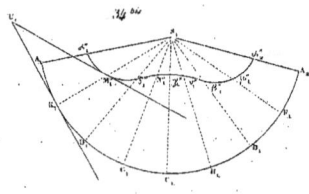

34 bis

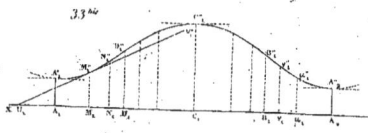

33 bis

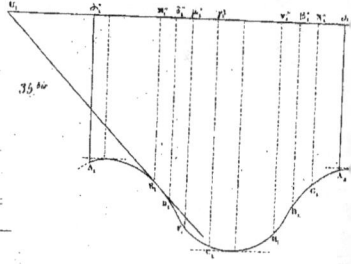

35 bis

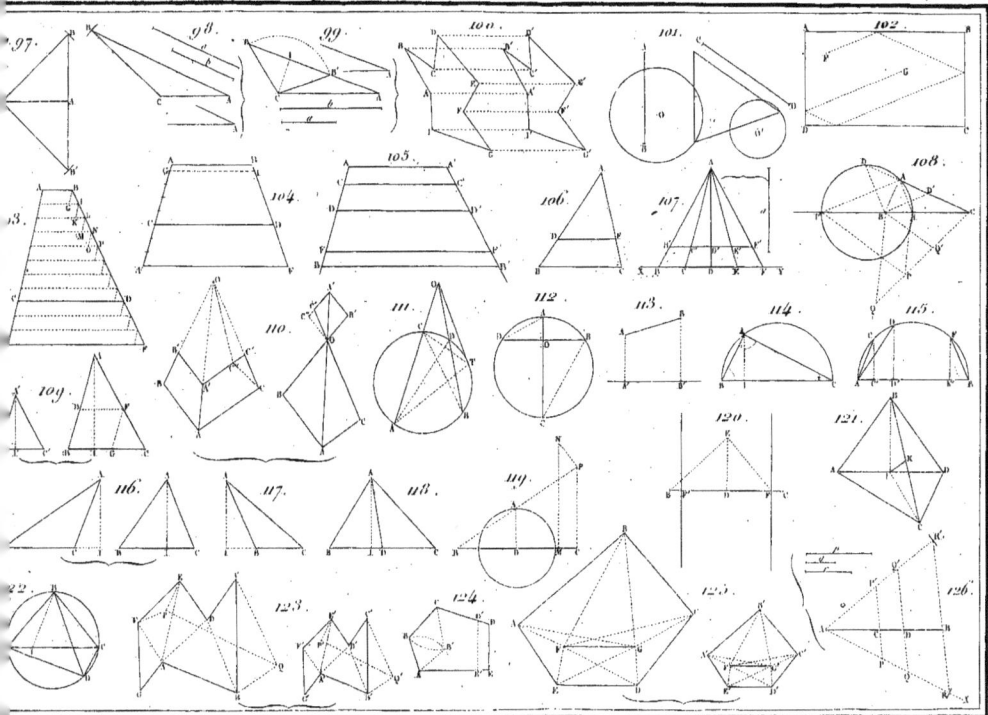

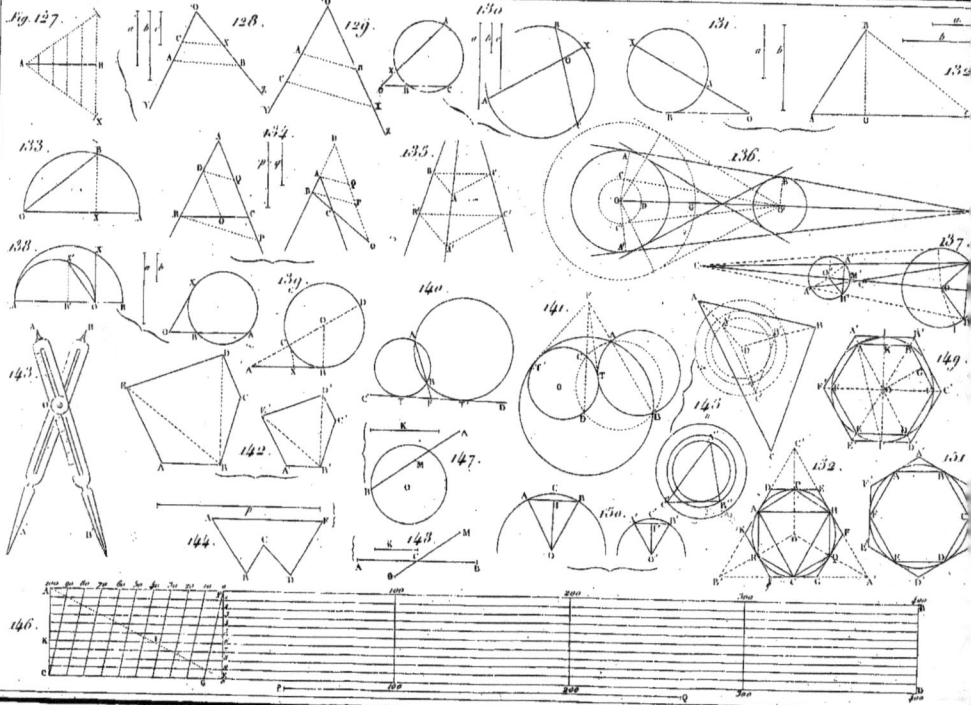

www.ingramcontent.com/pod-product-compliance
Lightning Source LLC
Chambersburg PA
CBHW060921220326
41599CB00020B/3036